碳中和的
关键问题与颠覆性技术

胡志宇 主编

清华大学出版社
北京

内 容 简 介

工业革命以来,人类活动使得全球气候变暖,这已经成为了人类不得不直接面对的事实,人们一直在积极寻找一种能够减缓或降低全球气温升高的能源技术。事实上,从工业革命到现在的 300 年间,人类消耗的化石能源已远超地球本身的负碳能力,产生了显著的温室效应,因此实现碳中和是当前最紧迫的使命。我国作为以煤炭为主、化石能源占很大比重的发展中大国,要在 10 年内实现碳排放达峰、40 年内实现碳中和,任务十分艰巨,急需能够解决此问题的新一代先进能源技术。

2021 年 7 月教育部为深入贯彻党中央、国务院关于碳达峰、碳中和的重大战略部署,印发了《高等学校碳中和科技创新行动计划》,要求各高等学校开展碳中和相关的学科建设,发挥高校基础研究主力军和重大科技创新策源地作用,为实现碳达峰、碳中和目标提供科技支撑和人才保障。

本书从与实现碳达峰、碳中和目标相关的关键碳税及碳交易的政策、法律问题入手,系统性地介绍了一批有可能对实现碳达峰与碳中和目标产生重大影响的颠覆性技术。本书内容新颖、覆盖面广、结构清晰,阐述深入浅出,可供大专院校碳中和和新能源及其相关专业师生使用,同时也可作为碳达峰与碳中和的专业科普书籍供广大读者参阅。

图书在版编目(CIP)数据

碳中和的关键问题与颠覆性技术/胡志宇主编.—北京:清华大学出版社,2023.3
ISBN 978-7-302-62109-6

Ⅰ.①碳… Ⅱ.①胡… Ⅲ.①二氧化碳－节能减排－研究－中国 Ⅳ.①X511

中国版本图书馆 CIP 数据核字(2022)第 200227 号

责任编辑:宋成斌
封面设计:赵美东
责任校对:王淑云
责任印制:沈 露

出版发行:清华大学出版社
　　　　网　　　址:http://www.tup.com.cn,http://www.wqbook.com
　　　　地　　　址:北京清华大学学研大厦 A 座　　邮　　编:100084
　　　　社 总 机:010-83470000　　　　　　　　邮　　购:010-62786544
　　　　投稿与读者服务:010-62776969,c-service@tup.tsinghua.edu.cn
　　　　质量反馈:010-62772015,zhiliang@tup.tsinghua.edu.cn
印 装 者:三河市龙大印装有限公司
经　　销:全国新华书店
开　　本:185mm×260mm　　**印 张:**23　　　　　**字　　数:**557 千字
版　　次:2023 年 3 月第 1 版　　　　　　　　**印　　次:**2023 年 3 月第 1 次印刷
定　　价:140.00 元

产品编号:094882-01

编委会成员

主　编：胡志宇

编委会成员：（按姓氏拼音排列）

布天昭　　陈　力　　陈志炜　　曹道帆　　何彦君　　胡志宇

孔　彪　　刘　科　　刘泽昆　　李　涛　　李　键　　李俊国

李培俊　　木二珍　　裴艳中　　上官之春　唐　军　　谭　扬

王中林　　吴振华　　吴　放　　吴昌宁　　魏　嫣　　谢　磊

徐鸿彬　　夏建军　　肖无云　　杨建华　　叶　松　　杨晓霖

张　弛　　张武寿　　张召阳　　张　帅　　张馨月　　张婧怡

校订：（按姓氏拼音排列）

陈熹梦　　黄　菲　　李培俊　　裴彦婷　　盛　虹　　魏　嫣　　张婧怡

序

　　工业革命以来的人类活动使得全球气候变暖,这已经成为了人类不得不面对的事实,人们一直在积极寻找一种能够减缓或降低全球气温升高的技术。应对气候变化,就要推动以二氧化碳为主的温室气体减排。党中央提出实现碳达峰、碳中和是一场广泛而深刻的经济社会系统性变革,要把碳达峰、碳中和纳入生态文明建设整体布局。我国已经向全世界庄严承诺:力争二氧化碳排放 2030 年前达到峰值,2060 年前实现碳中和。而我国作为一个以煤炭为主、化石能源占很大比重的发展中大国,要在 10 年内实现碳排放达峰,40 年内实现碳中和,任务十分艰巨,急需能够解决此问题的新一代先进能源技术。

　　为深入贯彻党中央、国务院关于碳达峰、碳中和的重大战略部署,发挥高校基础研究主力军和重大科技创新策源地作用,为实现碳达峰、碳中和目标提供科技支撑和人才保障,2021 年 7 月教育部印发了《高等学校碳中和科技创新行动计划》。其中明确要求在全国高校系统布局建设一批碳中和领域科技创新平台,汇聚一批高水平创新团队,不断调整优化碳中和相关专业、学科建设,推动人才培养质量持续提升,推动碳中和相关交叉学科与专业建设,实现碳中和领域基础理论研究和关键共性技术新突破。加快与哲学、经济学、管理学、社会学等学科融通发展,培养碳核算、碳交易、国际气候变化谈判等专业人才。建设一批国家级碳中和相关一流本科专业,加强能源碳中和、资源碳中和、信息碳中和等相关教材建设,鼓励高校开设碳中和通识课程,将碳中和理念与实践融入人才培养体系。

　　本书涵盖了碳达峰与碳中和的挑战、碳排放权交易的制度制定与法律问题、碳中和实现路径等相关内容。在颠覆性技术方面由多个国际著名学者团队介绍了摩擦纳米发电机、热电材料、微纳加工技术、发电芯片、辐射制冷、水热电联产、磁约束核聚变、凝聚态核科学、功能介孔碳基薄膜、气体水合物等最新国际前沿技术。此外,还介绍了核电核能供热示范工程的实施情况。本书内容覆盖面广、结构清晰、阐述深入浅出,所介绍的技术都是国际前沿研究热点,可作为各高校开设碳中和通识课程和新能源相关专业课程的教材或参考书,对于广大读者也是一部内容丰富的专业科普书籍。

倪维斗

中国工程院院士,清华大学教授

2021 年 9 月

全球共同应对日益严重的气候变化

随着化石能源危机和温室效应日益显著,碳达峰、碳中和已成为当前全球经济发展主题,能源利用的结构已从传统单一能源向多元化的新型洁净能源(风能、太阳能、氢能、核能等)演化。工业革命以来人类活动使得全球气候变暖,这已经成为了人类不得不面对的事实,人们一直在积极寻找能够有效减缓或降低全球气温升高的能源技术。事实上,从工业革命到现在300多年间,人类消耗化石能源已远超地球本身的负碳能力(如植物固碳),从而产生了显著的温室效应。到2020年,美国航空航天局测量地球表面温度已经比工业化前升高了1.2℃左右,距2015年联合国制定的《巴黎协议》所规定的2030年目标1.5℃已经非常接近了,形势日益严峻。联合国秘书长安东尼奥·古特雷斯呼吁:实现碳中和是世界上最紧迫的使命。

在"2060年实现碳中和"愿景牵引下,我国能源结构转型按下"加速键"。2020年9月,习近平主席在第七十五届联合国大会一般性辩论上表示,我国将提高国家自主贡献力度,采取更加有力的政策和措施,二氧化碳排放力争于2030年前达到峰值,努力争取2060年前实现碳中和。2020年12月20日召开的中央经济工作会议,明确将"做好碳达峰、碳中和工作"确定为2021年八大重点任务之一。2020年12月21日,国务院新闻办公室发布《新时代的我国能源发展》白皮书,更清晰描绘了我国2060年前实现碳中和的"路线图"。

2021年3月15日习近平主席在主持召开中央财经委员会第九次会

议时强调：推动平台经济规范健康持续发展，把碳达峰、碳中和纳入生态文明建设整体布局。2021年4月中央政治局会议上，习近平总书记在主持学习时指出：实现碳达峰、碳中和是我国向世界作出的庄严承诺，也是一场广泛而深刻的经济社会变革……各级党委和政府要拿出抓铁有痕、踏石留印的劲头，明确时间表、路线图、施工图，推动经济社会发展建立在资源高效利用和绿色低碳发展的基础之上。

万物生长靠太阳，由于有太阳持续的照射，地球会一直保持一定的温度，更重要的是，因为有太阳持续巨大的光能与热能输入到地球，我们就有可靠、充沛、持续的能源资源。工业革命以来的人类活动使得全球气候变暖，人类消耗了无数的石化能源产生了巨大的温室效应，这已经成为了人类不得不直接面对的事实，为此人们一直在积极寻找能够减缓或降低全球气温升高的技术。

碳中和意味着经济社会活动引起的碳排放和商业碳汇等活动抵消的二氧化碳，以及从空气中吸收的二氧化碳总量相等。由于实际生产生活中不可能不排放二氧化碳，碳中和的概念其实是通过拥有等量碳汇或国外碳信用冲抵自身碳排放，来实现净碳排放接近于零。

针对碳达峰与碳中和的目标，世界各国已经在采取措施与行动：

日本政府宣布将于2050年实现碳中和。一是2035年后禁燃油车，二是2030年后每年使用约1000万吨氢气发电，并加大财政支援，朝实现碳中和目标迈进。日本政府将投入2万亿日元的财政预算用来促进生态友好型的商业模式和创新发展，以尽快落实2050年的碳中和目标，并且强调"日本希望成为环境友好型投资领域的引领者"。2020年10月，时任日本首相菅义伟宣布，到2050年，日本的目标是将温室气体排放量减少到净零。菅义伟表示，政府将专注于实现"绿色社会"，他表示"积极的气候变化措施会带来产业结构以及我们的经济和社会的转型，从而带来强劲的经济增长"。

2020年10月28日时任韩国总统文在寅在国会发表演说时提出，"作为积极应对气候变化的努力之一，我们将力争在2050年之前实现碳中和。"报道称，文在寅还表示将"力争"达到这一目标，但并非承诺。

欧盟就为实现碳中和目标采取了积极的行动，早在2014年欧盟就设定了实现碳中和的中期目标，即到2030年欧盟整体温室气体排放量比1990年减少40%。欧盟计划到2050年实现碳中和，即温室气体净排放量到2050年降为零。在2020年12月11日，欧盟27国领导人在比利时布鲁塞尔的欧盟总部，通过了欧盟委员会关于提高实现碳中和中期目标的提议。欧洲理事会主席米歇尔表示："在抗击气候变化的斗争中，欧盟居领先地位。我们决定，到2030年，欧盟温室气体排放将减少至少55%。"

其他积极参与碳中和行动的国家还包括瑞典、瑞士、英国、芬兰、法国、德国、冰岛、爱尔兰、奥地利、不丹、丹麦、新加坡、斯洛伐克、斐济、匈牙利、西班牙、马绍尔群岛、新西兰、挪威、加拿大、智利、哥斯达黎加、葡萄牙、南非、乌拉圭等国,这些国家都已经公布了碳中和时间表。

2021年8月9日,联合国政府间气候变化专门委员会(Intergovernmental Panel on Climate Change,IPCC)召开记者会,介绍IPCC第六次气候变化评估报告第一工作组报告《2021年气候变化:自然科学基础》。该委员会历时3年多,邀请来自全球66个国家的234位作者,通过对14 000多篇科研文献的综合评估而完成报告。编写过程经过两次政府与专家评审和一次针对决策者摘要(summary for policymakers,SPM)的政府评审,共收到近8万条政府/专家评审意见。发现"人类活动已经导致全球气温急剧上升",委员会大声疾呼,这样急剧的气候变化给人类"一个红色警告",未来各种极端天气的发生率将会大幅上升,全球必须采取果断措施,大幅减少温室气体的排放量。

根据该报告数据,几十年来,地球正在经历几千年来前所未有的变暖,并且最近的气候变化是迅速的、广泛的,且还在不断加剧。该报告指出过去10年中全球气温比1850—1900年平均高出约1.1℃,自工业化以来每个过去的40年都是记录中最热的。自1970年以来,全球表面温度的上升速度超过了过去2000年来,甚至更长时间里的任何时候的变化速度。气候变化已经影响到地球上每个区域,造成许多极端天气和气候事件,人类活动正在使得包括干旱、洪灾、火灾、热浪、强降水在内的各种极端气候事件变得更频繁和更严重。气候变化已经在通过不同方式影响着全球各个区域,工业化以来人为气候影响正在导致复合型极端事件(即并发极端事件)增加,而这样的变化未来将随着气候增暖而增强。

2021年11月联合国COP26气候大会在苏格兰的格拉斯哥召开,通过了《格拉斯哥气候公约》(Glasgow Climate Pact),为期两周的紧张会谈集中讨论了如何让1.5℃温控目标仍可实现。大会达成了一系列有关停止和扭转森林损失、土地退化并逐步淘汰煤炭和控制甲烷排放的专项协议,还进一步就车辆电气化和逐步淘汰石油和天然气达成了一致。中国和美国在大会期间发布的强化气候行动联合宣言,受到了联合国秘书长与相关国家的欢迎。

我国碳排放的主要来源分析

目前从我国的能源消费结构和碳排放现状来看,在自然资源先天条件的约束下,我国的能源结构仍然以化石能源为主,我国目前是全球碳排放量最多的国家(见图0.1)。由于各个国家工业化进程阶段的不同,欧盟已经在1990年完成了碳达峰,美国也在2007年完成了碳达峰,全世界已经有49个国家的碳排放实现达峰,占全球碳排放总量的36%,能源消费总量保持稳定且下降的态势。与其他国家相比,我国电热行业排放了 40% 以上的碳,这与其他国家(如美国)排放量类似。此外,在我国除了电热行业之外,一些高耗能制造业(如建材行业)也贡献了较多的碳,如每生产 1 t 水泥就要产生 0.86 t 二氧化碳(除了燃煤以外,水泥制造过程本身就有大量二氧化碳产生)。而在全球,第二大碳排放来源是包括公路、航空与水运等的交通运输业。

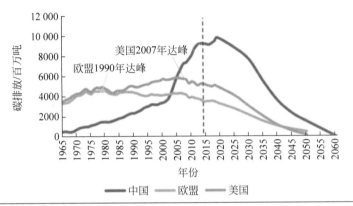

数据来源:BP,广发证券发展研究中心
注:2019年以后的数据来自BP预测

图 0.1 中国、美国与欧盟碳排放走势

根据全球碳项目(Global Carbon Project,GCP)公布的数据,伴随着我国经济的高速增长,2000 年后二氧化碳排放量也迅速攀升,我国二氧化碳排放量增速在 2003 年曾一度高达 17.7%,随后在 2006 年,我国超过美国成为了全球碳排放量最大的经济体。从图 0.1 可以看到,我国二氧化碳排放曲线自 2012 年起已趋于平缓,总的排放量增速明显下降,在 2015 年和 2016 年连续两年实现了碳排放总量的下降。受到总体经济发展与产业活跃度的影响,虽然 2017 年后我国二氧化碳排放量略有反弹,2017 年和 2018 年碳排放增速分别为 1.4% 和 2.3%,但这个增速已远低于 2012 年以前的水平。

根据我国生态环境部于 2019 年 11 月发布的《中国应对气候变化的政策与行动 2019 年度报告》,2018 年我国单位国内生产总值(GDP)二氧化碳排放比 2005 年累计下降了 45.8%,已提前完成了我国在 2009 年向国际社会承诺的到 2020 年碳强度比 2005 年下降 40%~45% 的目标。我国碳强度逐步下降,已提前完成 2020 年的阶段性目标。2019 年,我国煤炭消费占比 57.5%,石油消费占比 18.9%,天然气消费占比 8.1%,化石能源消费总量占比接近 85%。不断增长的能源需求以及化石能源为主的能源消费结构导致我国二氧化碳排放量较高,这给我们实现碳达峰与碳中和目标带来了很大的压力。目前我国由化石能源消费产生的碳排放量接近 10^{10} t,而从分品种化石能源碳排放来看,煤炭消耗导致的二氧化碳排放量已经超过 7.5×10^9 t,占化石能源碳排放总量超过 75%;其次为石油和天然气消耗导致的二氧化碳排放,其占比大致为 14% 和 7%。

按不同行业的碳排放来看,作为一个已经高度工业化的国家,我国的碳排放主要集中于发电、建材、钢铁等行业,此外,随着全国公路网的覆盖面进一步拓宽,我国机动车年度销售量已经超过 2400 万辆,成为世界上第一大机动车生产与销售国,这导致与交通相关的碳排放也占有较大的份额,而居民、商业、农业和公共服务等行业的碳排放相对较低。具体分析一下各个行业,发电行业作为一个国家的经济命脉,在国民生活中具有不可或缺的地位。目前我国的电能源结构仍然是以煤电为主,截至 2019 年底,燃煤发电装机容量占发电装机总容量的 51.8%,2019 年燃煤发电量则占总发电量的 62.2%。根据 2020 年国际能源署(International Energy Agency,IEA)的最新数据,全球电力和热力生产行业贡献 42% 的二氧化碳排放,工业、交通运输业分别贡献为 18.4% 和 24.6%,而我国的情况是,电力和热力生产行业贡献了 51.4%,工业、交通运输业分别贡献了 27.9%、9.7%。也就是说在我国,二氧化碳排放来自电热、工业的占比相比全球更高,这给我们后续要实现碳达峰与碳中和带来了较大的压力。

从其他工业端来看,能源加工行业、钢铁行业以及化学原料制造业等相关高耗能行业不仅是煤炭消费的主要用户,也是二氧化碳排放的主要来源。在电力和热力生产行业之外,其他工业行业贡献了将近 30% 的化石能源碳排放。最后,从交通行业来看,随着我国城镇化的持续推进,交通行业的能源消费和碳排放也呈现出显著递增趋势。我国的交通行业以石油消费为主,目前贡献了大概 10% 的化石能源碳排放,而在其他国家(如美国)交通行业的化石能源碳排放要高很多(超过 20%)。

实现碳中和目标的对策

我国在 2030 年实现碳达峰之后,需要在接下来的 30 年内完成碳中和目标,考虑到如此巨大的碳排放总量,时间很有限、任务十分艰巨!为此,国家自然科学基金委组织专家进行了评估,如果还是按部就班地靠现有的技术手段与工作模式,是完全无法实现这个宏伟目标的。在如此紧迫的形势下,要求我们国家的管理人员和科技人员对我国能源技术与管理运行系统进行一场革命性与颠覆性的改变。未来需要一批颠覆性技术来大幅加速推广可再生能源、储能、节能等相关低碳、零碳以及负碳行业,用可再生能源替代化石能源,使之成为碳中和目标实现的主导方向。但是,由于不同减排技术与运行模式的成本收益差异较大,针对不同行业的实施难易度也有较大的不同,需要按照行业具体情况统筹规划、分类分步实施。

对于电力行业来说,由于我国煤电占比超过 60%,在电力系统开展深度脱碳的技术改造是我国实现碳中和目标的关键着力点。随着信息化、现代化与城市化进程的推进,电气化与电力化发展非常快速,未来全国性的电力管理营运系统将进一步整合,增强系统性、协调性与整体性,形成以可再生能源与高效储能为主的电力供给体系。我们看到在过去的十年中,可再生能源(光伏与风电等)的发电成本已经显著下降,尤其是光伏发电成本在过去十多年间下降超过 90%,在部分地区,光伏上网电价与煤电相差无几。目前,我国生产了全世界 90% 的光伏组件,这样规模与幅度的巨大变化在十年前是完全不可想象的。存在的问题是光伏与风电的年平均有效发电时间有限,并且可发电时间与发电量受气候影响很大,在大部分地区有效光伏发电时间不足 1/5(每年有 8760 h,而年平均光伏发电时间在 1000~1600 h),并且发电时间受到光照、气候等的严格限制,如果出现长时间无光照(如梅雨季节或极寒大雪天气),光伏与风供电缺口还需要传统火电与核电等来保障。

而随着国家大力推进扩大清洁能源的发展,在规模经济的作用下,其光伏成本有望进一步下降 20%~30%,使之成为具有强大竞争力的规模化电力供给方式。可再生能源中风电、光伏具有显著的间接性和波动性的特点,在大规模并网之后,会对电力系统和电网的稳定性产生冲击。进一步推进储能技术与再生能源发电的结合,可以大幅改善可再生能源发电随时间与气候变化的波动性,储能系统可以通过多模式负荷管理进行电网调峰。可再生能源与储能系统的结合不仅可以有效提升可再生能源发电的可靠性和稳定性,同时可以有效降低电力系统的碳排放,推动碳中和目标的实现。但是,目前超大功率的电池储能技术还不是很完善,安全性还需提高,而其他储能技术(如抽水储能),效率比较低,并且受地域条件等应用场景的限制比较多。

从总体工业端来看,未来我国必须摆脱"高能耗、高污染"的产业结构模式。随着城镇化建设的逐步完成,我国对水泥、钢铁、装修等产品的需求可能出现较大幅度的下降,这样工业部门的化石能源的消耗和碳排放将会大幅下降。煤炭、石油等化石能源将主要作为工业原材料投入使用,排放的二氧化碳较少。而要实现工业端的完全零碳排放,需要结合先进的规模化废热回收发电技术,提高工业端的总能源使用效率、控制煤炭消费以及加快煤炭替代则是降低碳排放的重要手段。

对于交通部门来说,随着新能源汽车技术的发展以及交通基础设施的快速发展与完善,未来电动汽车将对传统燃油汽车实现有效替代,路面交通将实现完全电气化。过去 5 年,动力电池的容量按平均每年 20% 提升,同时价格平均每年下降 20%。同时,电池组件与电控系统的安全性持续得到改善。未来随着钠离子电池等新型高效电池的的规模化推广,电池的成本将大幅下降。按照欧盟的要求,2035 年后将不得再销售纯油车,欧洲部分城市与地区甚至宣布不允许任何以化石能源为动力的车辆进入城市道路。因此，电动汽车加上完善的交通基础设施将是路面交通部门实现脱碳的重要途径。同时存在的挑战是我国总体汽车的普及率与人均保有率(目前汽车保有量仅仅为发达国家的 1/4 左右)还在一个快速提升的阶段，而目前电力的主要来源是煤，即使未来都是电动汽车，如果改变不了以煤电为主的能源结构，就仍然不能到达减碳的目的。未来第一阶段的主要工作是提高能源使用效率，逐步替代发电和工业端的煤炭消费，控制煤炭消费总量，大力发展可再生能源，推进新能源汽车对传统燃油汽车的替代，引导消费者向低碳生活方式转型。第二阶段是需要系统性地改造路网系统，更好地保障电动汽车的普及，包括实现交通部门全面电力化、智能化与网络化。

据统计，2020 年，我国二氧化碳排放大约是 10^{10} t，其中，超过 95% 的碳排放来自煤炭、石油、天然气的使用，另外一部分是来自沼气、生物质等的排放。在碳达峰目标实现之后，我国需要在接下来的 30 年内将超过 10^{10} t 的碳排放实现净零排放，因此在开始的 15 年内，我国需要快速降低碳排放。要实现深度脱碳，实现碳中和目标，仅仅依靠现有技术手段是不够的，未来还需要加强新兴技术的研发和创新，本书介绍了一些正在研发中的颠覆性技术，未来这些技术的广泛应用，能够保障我国碳中和目标的实现。特别是需要鼓励全社会的积极参与，面对未来巨大的市场，相关的国营与民营企业应该尽早入局，利用雄厚的资金和成熟的技术与积累的市场优势，"借船出海"成为新一代清洁、低碳、安全、高效的能源体系下的重要参与者和获利者。

实现碳达峰与碳中和，事关中华民族永续发展和构建人类命运共同体。我们应该积极参与能源国际合作，成为全球碳减排进程的重要参与者。目前全球提出了碳中和目标的国家已经超过 120 个，我国作为目前全球最大的碳排放和煤炭消费国，我国对于碳中和目标的努力必然会加快全球气候变化治理进程。碳排放关系全人类未来的发展，加强国际合作不仅可以提升我国的国际影响力、话语权与领导力，同时可以通过合作、创新，在相关技术上互补不同国家之间在节能减排、低碳、零碳以及负碳等方面的不足，最终实现互惠互利、合作共赢，最后最大的赢家就是我们所有人都赖以生存的地球。

开展颠覆性创新面临的挑战与机遇

能源与环境保护是关系到我国国民经济发展和国家安全的重大问题。当今世界，能源安全是各国国家安全的重要组成部分，我国作为世界最大的能源消费国，如何有效保障国家能源安全、有力保障国民经济和社会发展，始终是我国能源发展的首要问题。世界正处于能源革命的浪潮中，本次能源革命的发展趋势主要呈现以下几个特点：①一次能源结构正处于由高碳向低碳转变的进程;②新能源和可再生能源将成为未来世界能源结构低碳演变的重要方向;③电力将成为终端能源消费的主体;④能源技术创新将在能源革命中起决定性作用。科技发展是当今世界的主题,我国已进入了世界舞台,我国制造更需向世界展现实力和威力。近100年来我们一直在学习国外先进的科学技术,"山寨"目前在我国仍有很大市场。我国要成为世界强国,必须采取"超越"战略,占领科技制高点,引领经济发展,从"跟踪模仿和学习"转向"原始创新与超越"。

如果还是亦步亦趋地模仿他国科技,我国科技将一直落后。即使我们紧跟世界先进科技步伐,最多只能学到"N-1代"的技术。"山寨"和模仿需要投入大量的人力、财力和物力,关键是大规模的投入之后技术还是处于落后状态。以我国引进彩色电视机生产线为例,20世纪80年代,我国从世界各国引进了200多条显像管彩色电视机生产线,到2002年我国生产的显像管彩色电视机占据了80%以上的国际市场。索尼、飞利浦等厂家纷纷把显像管彩色电视机方面的设计、专利和生产线高价卖给我国厂家。可就仅仅过了3年,正当我国厂家为了争夺市场,竞相降价恶性竞争时,这些国际厂家把数字高清平板电视拿了出来,我国厂家又开始一代又一代地去购买生产线和专利技术,重复30年前的过程。

近30年来,我国经济的快速发展使得国家和企业能够在科研项目中投入大量资金,但资金买不来创新,真正的创新不依赖大量的资金。据相关统计,1976年至2020年,美国共产生了249位诺贝尔物理、化学、生物医学和经济学奖获得者,按照这45年间美国的科技投入累计计算,平均每花费237.1亿美元左右(合约1527.2亿人民币),就可产生1位诺贝尔奖获得者。如果单从成本产出考量,我国2020年全社会科技投入为2.4万亿元人民币,如按此产出比例我国应该产生15.7位诺贝尔奖获得者。

我国科技投入回报率低的根本原因是科技成果和科研人才评价体制中的片面性和局限性。研发体系内存在太多规避风险的意识,限制了创新。我国科学家需要更多的独立性和自由从事高风险研究的机会。未来我国需要进一步开展科技体制改革,大幅提升我国国际科技竞争力与科技贡献率。

例如:美国的巴特尔纪念研究所是为了纪念美国钢铁实业家戈登·巴特尔于1923年成立的,巴特尔纪念研究所是世界上最大的独立研究机构,单独管理或共同管理着隶属于美国能源部和国土安全部的6个实验室,同时还参与管理英国国家核实验室。该研究所一直是"科学技术转化成生产力""专利转化为生产力"运动的实践者和领导者,致力于"让沉睡在学术刊物上的研究成果站立起来",投入到实际应用中去,这与我国目前促进科技成果转化的政策不谋而合。

目前我国的科技项目侧重应用和产品的研发,基础研究所占比例只有5%,与其他国家

15%～20%的基础研究相比投入比例过低,这也是我国科学家难以获得注重基础科学研究的诺贝尔科学奖的重要原因。许多科研人员不得不从事一些没有相关性的短期研究以维持实验室运转,无法专心治学治研。

微纳技术作为现代最前沿的科技,其最典型的应用就是我们被"卡脖子"的半导体芯片制造技术。芯片制造需要以广泛厚实的基础研究为依托,加上技术、技巧和技能长期积累。芯片制造是国产短板,美国用芯片来卡我们的脖子。但我国有像华为一样的企业,有国家与社会群体的支持,从长期来看,我国芯片将会站在世界的顶峰。

如果从我们的短板上分析,一方面,我国缺少在芯片半导体以及光刻机方面的人才,同时也没有足够规模化的高端人才培养体系,没有足够的人才就无法冲击高端领域;另一方面是制造光刻机的高端零件被国外垄断,想买都买不到,更别提制造了。由于美国掌握着世界顶级芯片技术的众多专利,我国想要绕开它们研究出替代芯片技术难度很大。台积电是世界最领先的芯片和半导体制造的厂商,张忠谋是该公司的创始人。目前全球能制造最先进的 5 nm 芯片厂商只有两家,台积电就是其中之一。张忠谋说,"就算举国之力也难造出顶级芯片",就目前来看这也确实是事实。之前华为的大多数芯片都是向台积电订制的,在美国禁令下,台积电断供华为芯片实属无奈之举。我们之前花钱从国外买回的一些光刻机零件,有不少都是国人研究出来的。在美国一再科技打压下,我们只能砥砺前行,相信最终通过努力拼搏、突破瓶颈,开创新的技术路线。

华为创始人任正非表示,我国无法制造高端芯片,问题不在硬件层面,而是缺少高端人才。大学应该做能够"捅破天"的基础研究,把大量的钱砸在物理学家、数学家与化学家等科学家身上,而不是解决目前的"卡脖子"技术。今天的"卡脖子"技术,未来都会成为一般技术,如果没有颠覆性、创新性基础研究的支撑,等我们学会了今天的"卡脖子"技术,别人又发展出新的"卡脖子"技术了。现在,大学什么专业火,我国学生就选什么专业,大学就扩招什么专业。近几年大学里热门的是计算机专业,以前还有会计、法律专业等,学工科专业的学生越来越少。不少学生考上了研究生之后,也是跨专业去上能赚钱的专业。为什么华为的鸿蒙班设立在西北工业大学?原因在于国内某些名校的学生坐不了冷板凳,耐不住寂寞,学有小成后又跑到国外去。

芯片技术的开发不在一朝一夕,不能急于求成,但是我们相信我们最终会迎来爆发的一天。现在已经有许多的人和公司投入进去了,期待有一天能从芯片封锁中闯出一条路来。如今我国半导体行业的发展,变得沉稳了不少,多家大学的集成电路学院相继成立,人才培养开始持续进行。光刻机的各种零部件,中科院各个研究所,一些大学的研究机构在各个击破。

我们的短板从基础材料到芯片制造的精密设备,跟发达国家差了至少30年。20世纪70年代我国半导体计算机行业居世界第三,落后美国、日本3～5年,领先韩国和我国台湾地区2～4年。说一个简单的例子,制造芯片的碳元素,我们现在纯度最多提炼到小数点后5个9(99.99999%),现在阿斯麦提炼到小数点后11个9了(99.99999999999%),更不用提还需要使用这些材料的高精度、高通量精密生产制造设备了。同时,国外的科研环境比国内好,科技人才外流的问题也要解决好。与此相关的是我国的教育问题,我国的教育大多是为了生存,不像西方国家大多是为兴趣和理想,所以难以培养出很高端的、战略型科研人才。

根据教育部的部署,未来各个大学会建立一批碳中和学院,开展人才培养与科研攻关,我们要吸取芯片发展的教训,从一开始就认真开展基础理论、基础材料、基础工艺、基础设备等的研究,用我国的智慧着力研发一批颠覆性的先进能源技术。

科学需要创造力,创造力的前提是兴趣与包容试错的宽松环境,把科学作为任务甚至命令,只能适得其反。不是所有东西都能"山寨",如航空发动机、半导体芯片与高端光刻机,就是给你图纸、样品也是难仿制的。一台智能手机的设计与制造可能涉及上千个相关专利,每一个专利都很重要,每一个专利背后都有长期厚实的研发支撑。芯片等高端制造需要长期的技术、技巧和技能积累,而这后面其实是人才的积累。现在的问题是,人才大多跑到国外,这是硬伤。我国需要从培养科技人才入手,建立留住科技人才的国家机制与一个适合人才成长的环境。

芯片是技术工程类的攻关,单靠个人或一个团体的努力是不够的,还得举全国之力,各科研单位生产部门统一协调、合理分工、密切配合才能完成。国家集中优势打歼灭战,补短板政策是对的。世界高新科技领域都有华人的身影,华为就有很好的自主研发和芯片工厂。国家应下力气抓好基础教育,特别是创新型理、工科人才的培养。

我国力争2030年前实现碳达峰,2060年前实现碳中和,是党中央经过深思熟虑作出的重大战略决策,事关中华民族永续发展和构建人类命运共同体。实现碳达峰、碳中和是一场硬仗,也是对我们党治国理政能力的一场大考。

在全球碳中和目标下迎来投资热潮,碳中和、零排放正在以前所未有的方式重塑科技与资本地图,碳达峰、碳中和是挑战,也是比当年互联网更大的机遇。世界各国实现碳中和所需投资规模在千万亿美元以上,将创造出一大批新的行业,带来巨大的投资机会。目前世界各国政府都在大力支持碳中和相关技术。美国新任能源部长在国会作证时说,美国将在2030年前花费2.3万亿元美元发展清洁能源技术,以保证美国的未来竞争力。我国在碳中和方面也将进行超大规模的投入,到2030年预计投入将超过150万亿元。能否按时实现碳中和目标,目前已经成为我国与世界各国科技力量的一场较量。

　　如期实现"碳达峰与碳中和"目标将彰显大国的责任和担当,对全球可持续发展具有重要意义。具体到我国这样一个以煤炭为主、化石能源占很大比重的发展中大国,就急需能够解决此问题的新一代先进能源技术。本书以介绍新一代先进能源技术为出发点,希望以此为契机,为颠覆性创新做出应有的贡献。

　　本书可作为高校碳中和或新能源专业方向课程的教科书,或是作为一部专业科普书籍供广大读者参考学习。通过本书读者能够对实现碳达峰与碳中和目标的意义、制度、法律、路径等有一个全面与深刻的理解。书中由国际顶级学者团队撰写的各项颠覆性技术代表着目前国际学术的最前沿成果,未来这些技术的推广必定会成为实现碳达峰与碳中和目标不可或缺的重要组成部分。

　　本书全体作者非常感谢一直关心与支持我们工作的各位领导、专家、老师与朋友们,更加感谢我们的家人们给予我们无私的爱与支持,才使得我们能够顺利高效地完成本书!

　　特别感谢国家自然科学基金(51776126)的资助!

胡志宇

2022 年 11 月

目录

CONTENTS

第 1 章　实现碳达峰与碳中和目标的挑战

胡志宇 杨建华

工业革命以来,人类活动使得全球气候变暖,这已经成为了人类不得不面对的事实,人们一直在积极寻找一种能够减缓或降低全球气温升高的能源技术。从工业革命到现在 300 年间,人类消耗的化石能源总量已远超地球本身的负碳能力,从而产生了显著的温室效应。地球表面温度已经比工业化前升高了 1.2℃ 左右,距 2015 年联合国制定的《巴黎协议》所规定的 2030 年目标 1.5℃ 已经非常接近了,形势日益紧迫。联合国秘书长古特雷斯呼吁:实现碳中和是世界上最紧迫的使命。在近期的中央经济会议上,"2030 年碳达峰"和"2060 年碳中和"被列为 2021 年八项重点任务之一。碳中和目标是我国为了应对全球气候变化付出的行动,彰显了大国的责任和担当,对全球可持续发展具有重要的意义。我国作为以煤炭为主、化石能源占很大比重的发展中大国,要在 10 年内实现碳排放达峰、40 年内实现碳中和极具挑战,任务十分艰巨,急需能够解决此问题的新一代先进能源技术。

在本章中首先介绍了碳足迹、碳达峰与碳中和的基本概念,然后系统地介绍了《联合国气候变化框架公约》《京都议定书》与《巴黎协定》的历史沿革,并且完整地梳理了联合国政府间气候变化专门委员会(IPCC)在 2021 年发布的第六次评估报告中的主要内容,包括全球气温升高 1.5℃ 的影响与相关风险。

受我国巨大的经济体量与高碳能源结构的影响,未来我国要按时实现双碳目标面临诸多挑战。但是这样倒逼机制与巨大的投资总量也为我们的发展提供了前所未有的动力,通过大力推进科技创新不仅可以解决实现"双碳"目标的问题,更重要的是这是一场影响深远的国际科技水平的大比拼,借此千载难逢的历史机遇,可使我国的原创性、颠覆性科技创新产生一次质的飞跃。

——主编的话

摘　要：工业革命以来的 300 年间，人类消耗的化石能源总量已远超过地球本身的负碳能力，因此产生了温室效应及环境问题。联合国及多国政府呼吁实现碳中和是当前世界最紧迫的使命。我国政府高度重视碳达峰及碳中和，制定了一系列的政策，采取了强有力的举措。本章首先介绍了碳足迹、碳达峰与碳中和的基本概念，之后系统地介绍了《联合国气候变化框架公约》《京都议定书》与《巴黎协定》的历史沿革，并且完整地梳理了联合国政府间气候变化专门委员会（IPCC）在 2021 年发布的第六次评估报告中的主要内容，包括全球气温升高 1.5℃ 的影响与相关风险。本章还介绍了我国发展过程中所面临的高碳能源结构的现状以及未来我国要按时实现双碳目标面临的诸多挑战。

关键词：碳达峰，碳中和，温室效应，能源结构，气候变化

《中华人民共和国国民经济和社会发展第十四个五年规划和 2035 年远景目标纲要》(以下简称《纲要》)已正式公布。《纲要》规划部署的碳达峰、碳中和路线图对未来的发展具有重要的意义。碳减排是过程,碳中和是目标,碳达峰、碳中和也是我国经济可持续发展的必然选择。实现碳达峰与碳中和目标面临较大的挑战,政府对实现路径的方向性指引也是明确的,多目标协调、统筹推进是基本原则,以能源行业低碳转型为关键。

从目前碳排放的基本情况来看,我们实现碳达峰与碳中和(双碳)目标面临着较大的挑战。第一,经济高质量发展,经济要保持一定增速。全球经历新冠肺炎疫情,且疫情的变数尚大,全球经济还远没有复苏的迹象。但是为了保持全球经济的高速增长,全球工业化的进程不可放缓。第二,碳达峰与碳中和目标与经济高质量发展面临的挑战叠加。这些挑战包括生产成本持续上升、制造业比重下降、发展不平衡不充分(区域、城乡、收入差距)等。第三,生产侧能源效率潜力已经释放,未来减排可能更依赖结构调整。第四,节能减碳降污与经济发展短期内存在两难抉择。

总的来看,实现碳达峰与碳中和目标虽然面临多方面挑战,但更是充满机遇的。实现"双碳"目标有利于实现经济高质量发展和促进生态环境改善。

1.1　什么是碳足迹、碳达峰与碳中和

1.1.1　碳足迹

碳足迹(carbon footprint)是人类行为产生的温室气体(包括二氧化碳、甲烷、氧化亚氮、六氟化硫、氢氟碳化物和全氟化碳)总量[1]。能源支撑着人类社会的发展(图 1-1),各国的发展都对应着各自的碳足迹。然而世界各国的碳足迹是不同的。根据国际能源署的数据[2],1971—2019 年,全球人均二氧化碳排放(以下简称碳排放)水平整体较为稳定,增长幅度约为 21%。2019 年,全球人均碳排放达 4.42 t,中国人均碳排放达 6.83 t,低于加拿大(15.2 t)、美国(14.49 t)、韩国(11.31 t)、日本(8.45 t)、德国(7.93 t)等国家,但高于大部分欧洲国家,如英国(5.08 t)、法国(4.35 t)、瑞典(3.16 t)等,以及印度(1.71 t)、巴西(1.94 t)等部分发展中国家。

碳足迹是由个人所参与的生活、工作、事件、组织、服务、场所或产品引起的温室气体(GHG)排放总量,以二氧化碳当量表示。温室气体,包括含碳气体二氧化碳(CO_2)和甲烷(CH_4),可通过化石燃料燃烧、土地清理以及食品、制成品、材料、道路、建筑、运输和其他服务的生产和消费排放出来。在大多数情况下,由于对贡献过程之间复杂的相互作用认识不充分以及数据不足(包括储存或释放二氧化碳的自然过程的影响),我们无法准确计算总碳足迹。衡量特定人群、系统或活动的二氧化碳和甲烷排放总量,需要考虑到感兴趣的人群、系统或活动的空间和时间边界内的所有相关源、汇和储存,使用相关的 100 年全球增温潜能值(global warming potential,GWP),再计算为二氧化碳当量。对于个人而言,碳计算器简化了清单的编制。通常,他们以千瓦时为单位测量电力消耗,例如用于加热水和取暖的燃料的数量和类型。在某些情况下,超越碳中和并成为负碳(通常在达到碳收支平衡所需的一段时间后)是下一个目标。

1.1.2　碳达峰

碳达峰(peak carbon dioxide emissions)是指二氧化碳的排放量不再增长,达到峰值之后

	植物能源时间	化石能源时间	可再生和清洁能源
标志能源	以柴薪为主的植物能源	以煤炭、石油为主的化石能源	以风能、太阳能、水能、氢能为主的清洁能源
标志技术	自然火和人工火的利用	蒸汽机、内燃机、电动机的发明与应用	风电机组、水电站、光伏系统、核裂变、核聚变、储能的开发与利用
能源经济运行机制	规模经济强、能源强度高的能源品种越能在能源市场上获得主导地位；能源生产、输配和销售体系按照规模经济构建		构建适度规模和市场化的能源体系以及配套多维的能源网络
能源对环保机制的影响	环境行政处罚标准低，执行力较弱		环境交易制度日趋完善
时代特点	• **促使人类进化**：人类使用薪火煮食和取暖；火光照明使人类能在夜间活动；火被用于煅烧矿石、冶炼金属、制造工具，提升当时人类的生存条件，使人类走向与其他哺乳类动物不同的进化之路 • **柴薪产生的热量低于煤炭**：木炭燃烧产生的热量低于煤炭，从而使人类向化石能源时代迈进	• **发明蒸汽机、内燃机、电动机**：蒸汽机的出现代替人力，而煤炭以高热值、分布广的优点成为全球第一大能源，带动钢铁、军事等工业的发展；石油作为新兴燃料带动汽车、航空、航海、军工业等工业的发展 • **化石能源消费导致气温升高**：大量的化石能源消费，引起温室气体排放，使大气中温室气体浓度增加、温室效应增强，导致全球气候变暖，促使第三次能源革命兴起	• **无污染低排放**：相较于化石能源，可再生能源对于环境具备无污染特性，且不排放温室气体 • **可再生能源成本低于化石能源成本并可预测**：可再生能源的发电成本已降至与天然气发电成本相当或更低的水平，低于煤电成本；可再生能源成本不会随传统大宗商品价格波动而变化 • **本地获得、稳定可靠**：可再生能源可以无限量由本地产生获取，不受地缘政治影响

图 1-1　能源支撑着人类社会发展

逐步降低。碳达峰标志着碳排放与经济发展实现脱钩，达峰目标包括达峰年份和峰值。英国、法国和美国等发达国家的碳排放已经实现了达峰，目前正处于达峰后的下降阶段。我国还处于平台期(或微上升期)，要实现碳达峰还要经过艰苦的努力。世界上其他不发达国家(如印度)则处在上升期。对于那些经济发展严重滞后的国家，一旦它们的经济活动活跃起来，它们的碳排放将快速增加。

根据世界资源研究所 2017 年下半年发布的报告，全世界已经有 49 个国家的实现碳达峰，这些国家的碳排放占全球碳排放总量的 36%。

这其中有一些国家是因为经济衰退和经济转型而实现了碳达峰，这部分国家主要集中在苏联的加盟共和国和东欧计划经济国家。也有一些欧洲国家，因为严格的气候变化政策和经济发展现实实现了碳达峰。

21 世纪之前就实现了碳达峰的国家有：阿塞拜疆、白俄罗斯、保加利亚、克罗地亚、捷克、爱沙尼亚、格鲁吉亚、德国、匈牙利、哈萨克斯坦、拉脱维亚、摩尔多瓦、挪威、罗马尼亚、俄罗斯、塞尔维亚、斯洛伐克、塔吉克斯坦、乌克兰、法国、立陶宛、卢森堡、黑山共和国、英国、波兰、瑞典、芬兰、比利时、丹麦、荷兰、哥斯达黎加、摩纳哥和瑞士。

在 2000—2010 年间实现碳达峰的国家有 16 个：爱尔兰、密克罗尼西亚、奥地利、巴西、葡萄牙、澳大利亚、加拿大、希腊、意大利、西班牙、美国、圣马力诺、塞浦路斯、冰岛、列支敦士登和斯洛文尼亚。

2017 年，世界资源研究所曾预计日本、马耳他、新西兰、韩国将在 2020 年碳达峰，而中国、马绍尔群岛、墨西哥、新加坡将在 2030 年以前实现碳达峰。届时全球将有 57 个国家实现碳达峰，占全球碳排放的 60%。

1.1.3 碳中和

碳中和(carbon neutral)是指人为碳排放量(化石燃料利用和土地利用)被人为作用(木材蓄积量、土壤有机碳、工程封存等)和自然过程(海洋吸收、侵蚀-沉积过程的碳埋藏、碱性土壤的固碳等)所吸收，即实现碳净零排放。2019 年，全球碳排放量为 401 亿 t，其中 86% 源自化石燃料利用，14% 由土地利用变化产生。这些排放量最终被陆地碳汇吸收 31%，被海洋碳汇吸收 23%，剩余的 46% 滞留在大气中。碳中和就是要想办法把原本将会滞留在大气中的二氧化碳减下来或吸收掉。我们每天用空调、开车、吃饭、穿衣等都与碳有关系，每一个人、每一小步都是可以为碳中和做出贡献的，但完成碳中和这个任务还是非常艰巨的，而且是一个漫长的过程。世界各国领导人和气候谈判代表将于 2021 年 11 月在英国苏格兰格拉斯哥参加第 26 届联合国气候变化大会，各国就碳减排达成一致，将全球变暖控制在 1.5℃(2.7℉)以内，以防止由于气候变化带来灾难性影响。

国家、企业、生产或个人活动在一定时间内直接或间接产生的二氧化碳或温室气体排放总量，通过使用低碳能源取代化石燃料、植树造林、节能减排等形式，以抵消自身产生的二氧化碳或温室气体排放量，实现正负抵消，达到相对"零排放"。碳足迹为是否达到碳中和的重要指标，其不仅考虑二氧化碳，同时也考虑包含了其他温室气体的排放(如甲烷)。

整体来看，碳中和状态可以通过两种主要方式实现(尽管最有可能需要将两者结合起来)。

(1) **碳抵消**：平衡碳排放与碳补偿——减少或避免温室气体排放或从大气中去除二氧化碳以弥补其他地方排放的过程[3]。如果排放的温室气体总量等于避免或去除的总量，则这两种效应相互抵消,净排放量是"中性的"。

（2）**减少排放**：可以通过转向产生较少温室气体的能源和工业过程来减少碳排放,从而过渡到低碳经济。转向使用可再生能源,如水力、风能、地热能和太阳能以及核能,以减少温室气体排放。尽管可再生能源和不可再生能源生产都会以某种形式产生碳排放,但可再生能源产生的碳排放几乎为零,几乎可以忽略不计。向低碳经济转型还意味着改变当前的工业和农业过程以减少碳排放[4],例如,改变牲畜(如牛)的饮食结构可能会减少40%的甲烷产量。碳项目和排放交易通常用于减少碳排放,有时甚至可以完全阻止二氧化碳进入大气(如通过碳洗涤)。

另外,实施碳中和产品的一种方法是使这些产品比正碳燃料更便宜、更具成本效益。多家公司已承诺到2050年实现碳中和或负碳,其中包括微软、达美航空公司、宜家和贝莱德等。

除此之外,通过植树造林与碳补偿机制也是可选的实施方法。

（1）**植树造林**：在没有森林覆盖的区域中,通过栽植树苗、林木育种等人为方式,使之逐渐成为树林或森林地,这样的森林又称为人造林。植树造林是增加森林碳汇、实现碳达峰、碳中和的重要途径。目前,中国森林植被总碳储量已达92亿t,平均每年增加的森林碳储量超过2亿t。

（2）**碳汇(又称碳吸储库)**：是指任何可以对碳化合物吸引多于排放的"仓库",如泥炭地或者森林等,它能够降低大气中的二氧化碳浓度。

（3）**碳补偿机制**：使其产生的碳排放量等同于在其他地方减少的碳排放量,例如,购买再生能源凭证[5]。碳补偿机制包括:

① 再生能源凭证,可再生能源证书也称为绿色标签、可交易再生能源证书,是一种可以在市场上交易的能源商品。由专门的认证机构给可再生能源产生的每1000 kW·h电力颁发一个专有的号码证明其有效性,由于太阳能光伏的特殊性,美国还有专门的可再生太阳能证书。目前全球有许多国家的政府或是非政府组织从事造林工作,种植森林的好处是能提高对于环境中二氧化碳的吸存量,同时可以通过人为的方式维持生物多样性。

② 使用低碳或零碳排的技术,例如,使用再生能源(如风能和太阳能),以避免因燃烧化石燃料而排放二氧化碳到大气中[6],最终目标是仅使用低碳能源,而非化石燃料,使碳的释放与吸收达到平衡而不增加。

③ 通过碳交易付钱给其他国家或地区以换取其二氧化碳排放权。由于此作法犹如中古世纪的赎罪券,并未真正达成减少二氧化碳总排放量的效果,因而常遭受批评。

每个国家会对每一个企业规定每年的最高二氧化碳排放量,这个标准往往对于高排放的企业是非常难以达到的。企业有三个选择:第一个是减少生产,这对于大部分企业是无法接受的;第二个是采用新的低碳技术来达到国家排放要求,这不仅花费不菲,也不能立竿见影;最后一个办法就是到碳交易市场购买排放标准来冲抵,这个又会给企业带来不小的经济压力,也不是长久之计。采用技术升级还是产业转型是每个企业领导需要积极思考的问题。

考虑到我国目前仍是以化石能源为主的能源结构,要实现"双碳"目标是雄心勃勃但又极其艰难的。从主要发达国家的碳排放与经济增长的历史关系来看,一个国家的发展程度同人均累计碳排放密切相关。就我国而言,人均累计碳排放远远低于主要发达国家,也小于全球平均值。我们追求2060年达到碳中和,其难度远大于发达国家。

改革开放以来,我国能源的快速增长支撑了经济的快速增长,但是粗放的增长、偏重的产业、偏低的能效和高碳的能源结构(图1-2),使环境问题日趋尖锐。我国转变发展方式和

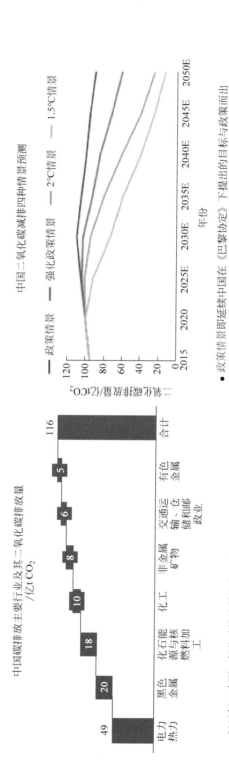

图 1-2 中国各行业碳排放量与减排的情景预测

（资料来源：Carbon Grief，IRENA，清华大学气候变化与可持续发展研究院）

进行能源革命是必然的。

据国际能源署统计,全球电力和热力生产行业贡献了 42% 的二氧化碳排放,工业、交通运输业分别贡献为 18.4% 和 24.6%。中国的情况是,电力和热力生产行业贡献为 51.4%,工业、交通运输业分别贡献了 27.9%、9.7%。中国碳排放来自电热、工业的占比相比全球更高。从 300 多年前工业革命以来,由于大量燃烧化石能源,产生了巨量的二氧化碳等温室气体,造成了全球气温急剧上升,引起了全球范围内一系列极端天气的发生。到 2020 年全球平均气温比工业革命前上升了 1.2℃,更为极端的例子,是原来终年积雪的南极在 2020 年气温首次超过了 20℃,融化中的万年冰层中居然生长出各种颜色的藻类。迄今为止,人类已经排放了 2.4 万亿 t 二氧化碳,如果人类每年大约排放的二氧化碳 400 亿 t,再多排放的 5000 亿 t 将给人类只剩下 50% 的机会让温升限制在 1.5℃ 以下。

我们要从三个方面降低碳排放、减少化石能源的使用:一是提能效降能耗,尤其是在建筑、交通、工业等领域;二是用非化石能源替代化石能源,在能源结构中提高非化石能源,特别是可再生能源使用比例;三是增加碳汇(利用植物光合作用吸收二氧化碳),主要是森林碳汇[7],并努力研发碳捕捉技术[8]。

1.2　《京都议定书》与《巴黎协定》

1.2.1　《京都议定书》

为了人类免受气候变暖的威胁,1997 年 12 月,《联合国气候变化框架公约》第 3 次缔约方大会在日本京都召开。149 个国家和地区的代表通过了旨在限制发达国家温室气体排放量以抑制全球变暖的《京都议定书》。《京都议定书》规定,到 2010 年,所有发达国家二氧化碳等 6 种温室气体的排放量,要比 1990 年减少 5.2%。具体说,各发达国家从 2008 年到 2012 年必须完成的削减目标是,与 1990 年相比,欧盟削减 8%、美国削减 7%、日本削减 6%、加拿大削减 6%、东欧各国削减 5% 至 8%。新西兰、俄罗斯和乌克兰可将排放量稳定在 1990 年水平。议定书同时允许爱尔兰、澳大利亚和挪威的排放量比 1990 年分别增加 10%、8% 和 1%。联合国气候变化会议就温室气体减排目标达成共识,澳大利亚承诺 2050 年前温室气体减排 60%。

《京都议定书》需要占 1990 年全球温室气体排放量 55% 以上的至少 55 个国家和地区批准之后,才能成为具有法律约束力的国际公约。中国于 1998 年 5 月签署并于 2002 年 8 月核准了该议定书,欧盟及其成员国于 2002 年 5 月 31 日正式批准了《京都议定书》,目前已有 170 多个国家批准加入了该议定书。美国作为《京都议定书》的参与国之一,曾签署该条约,但是后面美国参议院没有批准参与条约,因此本条约对美国无效。2007 年 12 月,澳大利亚签署《京都议定书》,至此世界主要工业发达国家(除美国)都正式批准了《京都议定书》。之后联合国确认《京都议定书》适用于澳门特区,土耳其议会批准加入《京都议定书》,哈萨克斯坦议会上院批准《京都议定书》。

截至 2004 年,主要工业发达国家的温室气体排放量在 1990 年的基础上平均减少了 3.3%,但世界上最大的温室气体排放国美国的排放量比 1990 年上升了 15.8%。2001 年,美国总统布什刚开始第一任期就宣布美国退出《京都议定书》,理由是议定书对美国经济发展带来过重负担。

2005 年 2 月 16 日，《京都议定书》正式生效。这是人类历史上首次以法规的形式限制温室气体排放。为了促进各国完成温室气体减排目标，议定书允许采取以下四种减排方式：

（1）两个发达国家之间可以进行排放额度买卖的"排放权交易"，即难以完成削减任务的国家，可以花钱从超额完成任务的国家买进超出的额度。

（2）以"净排放量"计算温室气体排放量，即从本国实际排放量中扣除森林所吸收的二氧化碳的数量。

（3）可以采用绿色开发机制，促使发达国家和发展中国家共同减排温室气体。

（4）可以采用"集团方式"，例如，欧盟内部的许多国家可视为一个整体，采取有的国家削减、有的国家增加的方法，在总体上完成减排任务。

1.2.2　《巴黎协定》

气候变化是一项跨越国界的全球性挑战。要解决这一问题，则需要在各个层面进行协调，需要国际合作，帮助各国向低碳经济转型。为应对气候变化，197 个国家于 2015 年 12 月 12 日在巴黎召开的缔约方会议第二十一届会议上通过了《巴黎协定》。协定在一年内便生效，旨在大幅减少全球温室气体排放，将本世纪全球气温升幅限制在 2℃以内，同时寻求将气温升幅进一步限制在 1.5℃以内的措施。

《巴黎协定》于 2016 年 11 月 4 日正式生效。其他国家在完成国家批准程序后陆续成为了《巴黎协定》的缔约方。迄今为止，已有 195 个缔约方签署了《巴黎协定》，189 个缔约方批准了《巴黎协定》。

《巴黎协定》包括所有国家对减排和共同努力适应气候变化的承诺，并呼吁各国逐步加强承诺。协定为发达国家提供了协助发展中国家减缓和适应气候变化的方法，同时建立了透明监测和报告各国气候目标的框架。《巴黎协定》提供了持久的框架，为未来几十年的全球努力指明了方向，即逐渐提高各国的气候目标。为了促进这一目标的实现，该协定制定了两个审查流程，每五年为一个周期。《巴黎协定》标志着向低碳世界转型的开始，但我们依然任重道远。《巴黎协定》的实施对于实现可持续发展目标至关重要，该协定为推动减排和建设气候适应能力的气候行动提供了路线图。

《巴黎协定》凝聚了国际社会加强合作应对气候变化挑战的最大共识，丰富和发展了以《联合国气候变化框架公约》为基础的国际气候治理体系，为 2020 年后全球合作应对气候变化指明了方向，是近年来多边主义重大成果中的一颗"璀璨明珠"。2016 年 11 月，协定通过不到一年、开放签署刚满半年即满足生效条款要求，《巴黎协定》正式生效。

美国是公约缔约方，也是推动《巴黎协定》达成和生效的重要一方。2014 年至 2016 年，中美三次发表气候变化联合声明，声明的政治共识为《巴黎协定》的达成和生效奠定了重要基础。《巴黎协定》达成后，时任总统奥巴马批准美国加入《巴黎协定》。2016 年二十国集团杭州峰会前夕，中美元首于 9 月 3 日共同向联合国秘书长交存《巴黎协定》批准文书，为《巴黎协定》的快速生效注入了动力。

2018 年，在波兰卡托维兹召开的缔约方会议第二十四届会议上，代表们通过了全面的规则手册，完善了《巴黎协定》的实施细则。

《巴黎协定》的主要内容：

(1) 将全球气温升幅限制在比工业化前水平高 2℃(3.6℉)以内,并寻求将气温升幅进一步限制在 1.5℃ 以内的措施。

(2) 每五年审查一次各国对减排的贡献。

(3) 通过提供气候融资,帮助贫困国家适应气候变化并改用可再生能源。

1.3　全球气温升高与 IPCC 第六次气候变化评估报告

全球平均地表温度(Global Monthly Surface Temperature, GMST)是陆地和海冰上近表面气温的全球平均估算值,人类的活动已经使得地球表面温度在过去 300 年左右明显升高(图 1-3)。我们利用 1850—1900 年这一参照期来估算工业化前 GMST。全球升温以 30 年期间或是 30 年期间特定年份或 10 年为中心的 GMST 相对于工业化前水平平均增暖的估算值。对于跨越过去和未来的 30 年期间,假设当前的多年代变暖趋势将继续。如下是后续部分涉及的一些相关概念的定义与说明。

(1) 净零 CO_2 排放量。当一定时期内通过人为二氧化碳移除使得全球人为二氧化碳排放量达到平衡时,可实现净零二氧化碳排放。

(2) 二氧化碳移除[10]。人为活动从大气中移除二氧化碳,并将其持久地储存在地质、陆地或海洋水库或产品中。其中包括现有和潜在的人为增强生物或地球化学碳汇或直接空气捕获和封存,但不包括不直接由人类活动引起的自然二氧化碳吸收。

(3) 碳预算总量。从工业化前到人为二氧化碳排放达到净零这一段时期,全球人为二氧化碳净累计排放量预算值。

(4) 剩余的碳预算。从特定日期开始到人为二氧化碳排放达到净零这一段时期,全球净人为二氧化碳累计排放量预算值,以某种概率将全球升温幅度限制在一定水平,用以解释其他人为排放的影响。

(5) 温度过冲。暂时超过指定的全球升温水平。

(6) 排放路径。21 世纪全球人为排放的模拟轨迹被称为排放路径。排放路径按其在 21 世纪的温度轨迹进行分类:根据当前对全球升温限制在 1.5℃ 以下的要求,给出至少 50% 概率的路径被归类为"无过冲";限制升温到 1.6℃ 以下并在 2100 年恢复到 1.5℃ 的路径被归类为"1.5℃ 有限过冲";而那些超过 1.6℃ 但到 2100 年仍然回到 1.5℃ 的路径被归类为"高过冲"。

(7) 影响。气候变化对人类和自然系统均有影响,可能对生计、健康、福祉、生态系统、物种、服务、基础设施以及经济、社会和文化资产产生有利或不利的影响。

(8) 风险。由于灾害与受影响系统的脆弱性及暴露度之间的相互作用,气候相关灾害可能对人类和自然系统造成不利影响。风险综合了灾害暴露度的可能性及其影响的程度,同时可以描述适应或减缓气候变化响应的不利后果的可能性。

(9) 气候恢复力发展路径。通过公平的社会和系统转型,加强多尺度可持续发展并努力消除贫困的轨迹,同时通过有计划的减缓、适应以减少气候变化的威胁。

IPCC 由联合国环境规划署(United Nations Environment Programme, UNEP)和世界气象组织(World Meteorological Organization, WMO)于 1988 年共同创立,作为政府间科学机构,旨在定期向决策者提供有关当前气候变化的物理科学及其潜在环境和社会影响的科学评估,并提出适应与减缓气候变化的建议,为政策制定者提供决策参考。IPCC 本身不

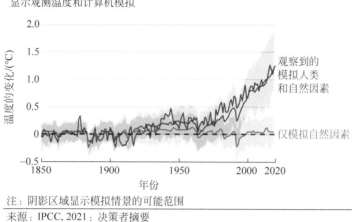

人类的影响使气候变暖，全球平均温度相对于1850—1900年的变化，
显示观测温度和计算机模拟

注：阴影区域显示模拟情景的可能范围

来源：IPCC，2021：决策者摘要

图 1-3　人类活动已经使得全球气温明显升高

（资料来源：IPCC）

开展独立研究，而是负责定期评估全世界经过同行评议后发表的最新气候变化科学技术和社会经济文献。IPCC 作为政府间机构，其评估报告的范围界定、作者提名、报告评审，以及最终报告文本的接受、通过和批准，都有各国政府的参与。由于兼具科学和政治，IPCC 能够为决策者提供严格、均衡的科学信息，因此，通过批准的 IPCC 报告，各国政府均认同其科学评估的权威性。IPCC 评估报告一般分为四部分，第一工作组报告，聚焦气候变化的自然科学基础；第二工作组报告，聚焦气候变化影响、适应及脆弱性；第三工作组报告，聚焦减缓气候变化；第四工作组报告，综合评估报告及其决策者摘要。

第六次报告共有来自 65 个国家的 234 位科学家作为作者和评审员参与编写，其中 41% 的科学家来自发展中国家，包含 15 名中国作者，分别参与了《报告》大部分章节的编写与评审。此次发布的《报告》是 IPCC 第六次评估报告（AR6）的第一部分，从 2017 年起草大纲至今，总共经历了四次主要作者会议和三次专家与国家评审，共评估超过 14 000 篇论文和研究报告，收到 78034 条评审意见。第六次报告的主要结论如下。

（1）毋庸置疑人类活动导致了大气层、海洋和陆地变暖，大气圈、海洋、冰冻圈和生物圈都发生广泛而快速的变化。

（2）人类影响造成的气候变暖正以两千年来前所未有的速度发生。

（3）观测到的气候变化主要是由人类活动导致的温室气体排放所驱动，同时由部分温室气体导致的全球升温被气溶胶产生的冷却效应所掩盖。

（4）气候系统整体所发生的近期变化的规模以及气候系统具体方面的现状都是过去几个世纪甚至几万年所未见的。具体而言，2019 年大气中二氧化碳的浓度达到过去 200 万年的最高水平；2020 年夏天，北冰洋海冰面积是过去 1000 年中的最小水平；自 1950 年以来全球几乎所有冰川同时在退化，且退化速度乃过去 2000 年里所未有；自 1900 年以来全球平均海平面上升速度是过去 3000 年中最快的水平。

（5）人类活动引发的气候变化已经在影响全球所有地区所发生的许多极端天气与极端气候事件，包括热浪、强降雨、干旱、热带飓风等。具体而言，气候变化已经造成东亚、东南亚和南亚等区域极端高温、极端降水的频次增加。对东亚地区来说，农业和生态干旱

(ecological drought)的频率也已经受到气候变化影响,在过去的观测中有所增加。

(6) 基于科学和技术的进步,与 AR5 相比,本次《报告》提供了最佳的全球气候敏感性(climate sensetivity)估算,即在全球二氧化碳排放水平较工业化前水平翻倍的情景下,全球平均温升将为 3℃,置信区间为 2.5~4℃。

(7) 在 5 个排放情景下,到本世纪中叶全球地表温度将继续上升。除非在未来几十年里采取深度减排措施,否则全球 1.5℃温控目标乃至 2℃目标将无法实现。具体而言,在最低温室气体排放情境下,本世纪末全球平均气温与 1850—1900 年间水平相比,极有可能升高 1~1.8℃(最佳估算 1.4℃)。其他排放场景下,全球平均温升预计将在本世纪中叶突破 1.5℃,并持续升高,最高升温幅度可能达到 5.7℃。这比《巴黎协定》中在本世纪末争取将升温幅度控制在 1.5℃之内的目标有所提前。

(8) 气候系统的许多更明显的变化与全球变暖加剧直接相关。全球变暖每增强一点,区域内平均气温、降水和土壤湿度的变化就随之更为显著。全球变暖的每一个增量都意味着极端天气发生频率和强度的增加,包括极端高温、海洋热浪和强降水的频率和强度增加,部分区域农业和生态系统干旱及强热带气旋频次的增多,以及北极冰盖和冻土层的减退等。

(9) 预计持续的全球变暖将进一步加剧全球水循环,包括增加其波动(variability)、全球季风降水的强度,以及干旱和洪涝的严重程度。

(10) 随着二氧化碳累计排放量不断增加,海洋和陆地的碳汇作用会有所减弱。

(11) 因过去及未来即将发生的温室气体排放而造成的许多变化在未来几个世纪甚至上千年内都不可逆转,特别是给海洋、冰川和海平面造成的变化。

(12) 随着全球变暖,全球所有地区预计都将经历多重气候影响驱动因素(Climatic Impact-drivers),包括冷热、干湿、雪冰、风、海岸和海洋、公海及其他的变化。面临复合极端天气事件的多重变化,与 1.5℃的温升相比,2℃温升时气候影响驱动因素的变化将更普遍和强烈。

(13) 从自然科学的角度来看,将人类活动导致的全球变暖限制在特定的水平需要限制二氧化碳累计排放量,至少在 21 世纪中叶实现二氧化碳的净零排放,同时大力减少其他温室气体的排放。此外,采取有力的、快速的且持续的甲烷减排行动也具备减缓和改善空气质量的双重效应。

1.4 关于全球气温升高 1.5℃ 的影响

根据《联合国气候变化框架公约》第 21 次缔约方大会所通过的《巴黎协定》,2016 年 4 月,IPCC 就加强全球应对气候变化威胁、加强可持续发展以及努力消除贫困的背景下,编写了一份关于全球升温高于工业化前水平 1.5℃的影响及相关全球温室气体排放路径的特别报告《全球升温 1.5℃》,其主要内容包括如下。

人类活动造成了全球升温高于工业化前水平约 1.0℃,可能区间为 0.8~1.2℃。如果继续以目前的速率升温,全球升温可能会在 2030 年至 2052 年达到 1.5℃(高信度;注:后文中"信度"表示 IPCC 预测的可信度,按照低、中、高与很高 4 个信度来区分)。鉴于自工业化前时期以来的长期升温趋势,2006—2015 年这十年观测的 GMST 比 1850—1900 年的平均值高 0.87℃(可能在 0.75~0.99℃之间,很高信度)。估算的人为全球升温与观测的升温水平的匹配度在±20％内(可能区间)。由于过去和目前的排放,目前估算的人为全球升温每十年上升0.2℃(可能在0.1～0.3℃之间,高信度)。

许多陆地地区和某些季节都出现了升温值大于全球年平均值,包括北极比之高出2～3倍,而陆地升温通常高于海洋。在全球升温约0.5℃的时间跨度内,已检测到某些气候和天气极端事件的强度和频率趋势(中等信度)。从工业化前时期到目前的人为排放量造成的升温,将持续数百年至数千年,并将造成气候系统进一步的长期变化,例如,海平面上升,并带来相关影响(高信度),但仅这些排放量还不足以造成全球升温1.5℃。

全球达到的最高平均温度取决于CO_2净零排放时累积的全球人为CO_2净排放量(高信度),以及达到最高温度之前几十年中的非CO_2排放水平(中等信度)。在更长时间尺度上,为防止地球系统的反馈造成进一步升温并扭转海洋酸化,可能仍需要持续的全球人为CO_2净负排放/非CO_2排放进一步减小(中等信度),同时也将最大限度地降低海平面上升(高信度)。

全球升温1.5℃对自然系统和人类系统的气候相关风险高于现在,但低于升温2℃(高信度)。这些风险取决于升温的幅度、速度、地理位置、发展水平以及脆弱性,也取决于适应和减缓方案的选择和实施情况(高信度)。目前,已经观测到全球升温对自然系统和人类系统的影响(高信度),由于全球升温,许多陆地和海洋生态系统及其提供的一些服务已经发生了变化(高信度)。未来的气候相关风险取决于升温的速度、峰值和持续时间(图1-4)。总体而言,如果全球升温超过1.5℃而后到2100年回到这一水平,则这些风险大于全球升温逐渐稳定在1.5℃带来的风险,特别是如果峰值温度高(如约2℃,高信度)。有些影响或许会长期持续或不可逆,例如,有些生态系统的损伤(高信度)。适应和减缓已在进行措施(高信度),推广和加快意义深远的多层面和跨部门气候减缓以及增量适应和转型适应,都会减轻未来的气候相关风险(高信度)。CO_2累积排放和未来非CO_2辐射强迫决定着将升温限制在1.5℃的要求。

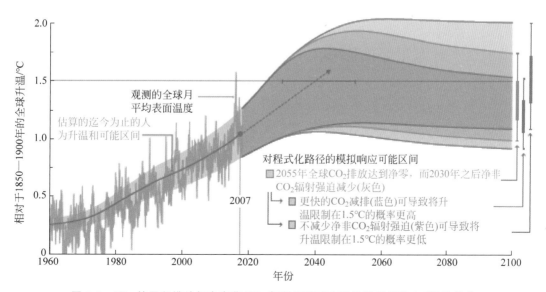

图1-4　CO_2的累积排放与未来非CO_2辐射强迫决定着升温限制在1.5℃的机会

(资料来源:IPPC)

1.5   全球升温的潜在影响及相关风险

1.5.1   对气候变化的影响

气候模式预估在目前与全球升温 1.5℃之间以及 1.5～2℃之间的区域气候特征存在明显的差异。这些差异包括：大多数陆地和海洋地区的平均温度上升(高信度)、大多数居住地区的极热事件增加(高信度)、有些地区的强降水增加(中等信度)、有些地区的干旱和降水不足的概率上升(中等信度)。

全球升温约 0.5℃时一些气候和天气极端事件的可归因变化的证据,支持关于与现今相比升温 0.5℃会伴随进一步可检测到的这些极端事件变化这一评估结论(中等信度)。与工业化前水平相比全球升温达 1.5℃估计会发生一些区域气候变化,包括许多地区的极端温度上升(高信度)、有些地区强降水的频率、强度/降水量增加(高信度),以及有些地区干旱的强度或频率加大(中等信度)。

陆地温度极值的升幅预估大于 GMST(高信度)。全球升温 1.5℃,中纬度地区极端热日会升温约 3℃,而全球升温 2℃则约为 4℃；全球升温 1.5℃,高纬度地区极端冷夜会升温约 4.5℃,而全球升温 2℃则约为 6℃(高信度)。预估大部分陆地地区的热日天数会增加,热带地区增加最多(高信度)。

与全球升温 1.5℃相比,预估全球升温 2℃时,有些地区干旱和降水不足带来的风险更高(中等信度)。北半球一些高纬度地区/高海拔地区、亚洲东部和北美洲东部,强降水事件带来的风险更高(中等信度),与热带气旋相关的强降水更多(中等信度)。如果是全球尺度合计,预估全球升温 2℃比升温 1.5℃有更多的强降水(中等信度)。与全球升温 1.5℃相比,预估升温 2℃时,受强降水引发洪灾影响的全球陆地面积比例更大(中等信度)。

1.5.2   对海平面的影响

到 2100 年,预估全球升温 1.5℃比升温 2℃时全球平均海平面升幅约低 0.1m(中等信度)。2100 年之后海平面将继续上升(高信度),上升的幅度和速度取决于未来的排放路径。较慢的海平面上升速度能够为小岛屿、低洼沿海地区和三角洲的人类生态系统和自然生态系统提供更大的适应机会(中等信度)。

基于模式的全球平均海平面上升预估(相对于 1986—2005)表明,到 2100 年,全球升温 1.5℃的指示性区间为 0.26～0.77 m,比全球升温 2℃时低 0.1 m(0.04～0.16 m)(中等信度)。全球海平面少上升 0.1 m 意味着暴露于相关风险中的人口减少 1000 万,这是基于2010 年的人口并假设没有开展任何适应工作的推断(中等信度)。

2100 年之后海平面将继续上升,即使在 21 世纪将全球升温限制在 1.5℃(高信度),南极海洋冰盖不稳定/格陵兰冰盖不可逆的损失会导致海平面在数百年至数千年内上升数米。全球升温 1.5～2℃会引发这些不稳定性(中等信度)。不断升温会放大小岛屿、低洼沿海地区以及三角洲许多人类生态系统和自然生态系统对海平面上升相关风险的暴露度,包括海水进一步入侵、洪水加剧以及对基础设施的损害加重(高信度)。与升温 1.5℃ 相比,升温 2℃ 有更高的与海平面上升相关的风险。

1.5.3　对陆地的影响

在陆地上,与升温 2℃ 相比,预估全球升温 1.5℃ 对生物多样性和生态系统的影响(包括物种损失和灭绝)更低,并可保留住它们对人类的更多服务(高信度)。在所研究的 105 000 个物种中,有半数以上由气候决定地理范围的物种,全球升温 1.5℃ 预估会损失 6% 的昆虫、8% 的植物、4% 的脊椎动物,而全球升温 2℃ 会损失 18% 的昆虫、16% 的植物、8% 的脊椎动物(中等信度)。与全球升温 2℃ 相比,全球升温 1.5℃ 时,与其他生物多样性相关风险有关的影响(如森林火灾和入侵物种蔓延)更低(高信度)。

全球升温 1℃ 时,预估约 4%(四分位区间 2%~7%)的全球陆地面积会出现生态系统从某种类型转为另一类型,而升温 2℃ 时为 13%(四分位区间 8%~20%)(中等信度)。这表明,预估升温 1.5℃ 比升温 2℃ 时处于风险的面积约低 50%(中等信度)。

高纬度苔原和北方森林正处于气候变化引起的退化和损失的风险中,而木本灌木已在入侵苔原(高信度),这将导致进一步升温。将全球升温限制在 1.5℃ 而不是 2℃ 预估可防止数个世纪内 150 万~250 万平方公里的多年冻土融化(中等信度)。

1.5.4　对海洋生物的影响

与升温 2℃ 相比,将全球升温限制在 1.5℃,预估可减小海洋温度的升幅和海洋酸度的上升,以及减少海洋含氧量的下降(高信度)。因此,将全球升温限制在 1.5℃ 预估可减轻对海洋生物多样性、渔业、生态系统及其功能以及对人类的服务等方面的风险,例如,北极海冰及暖水珊瑚礁生态系统的近期变化(高信度)。

有高信度的是,与升温 2℃ 相比,全球升温 1.5℃,北冰洋夏季无海冰的概率明显更低。如果全球升温 1.5℃,预估每百年会出现一次北极夏季无海冰。如果全球升温 2℃,这种可能性会上升到至少每十年出现一次。温度过冲对十年时间尺度北极海冰覆盖的影响是可逆的(高信度)。

全球升温 1.5℃ 预估会使许多海洋物种的分布区域转移到较高纬度地区,并加大许多生态系统的损害程度。预计还会造成沿海资源的损失并降低渔业和水产养殖业的生产率(尤其是在低纬度地区)。与全球升温 1.5℃ 相比,预估升温 2℃ 时,气候引起的影响风险更高(高信度)。例如,升温 1.5℃ 预估珊瑚礁会进一步减少 70%~90%(高信度),而升温 2℃ 的损失更大(>99%)(很高信度)。许多海洋生态系统和沿海生态系统不可逆损失的风险会随着全球升温而加大,尤其是升温 2℃ 或以上(高信度)。

与全球升温 1.5℃ 相关的 CO_2 浓度上升造成的海洋酸化,预估会放大升温的不利影响,而升温 2℃ 会进一步加剧这种影响,从而影响各类物种(如藻类、鱼类等)的生长、发育、钙化、存活及丰度(高信度)。

气候变化在海洋中的影响正在通过对生物生理、存活、生活环境、繁殖、发病率的影响以及入侵物种的风险,加大对渔业和水产养殖业的风险(中等信度),但预估全球升温 1.5℃ 比升温 2℃的风险更低。例如,一个全球渔业模式预估在全球升温 1.5℃的情况下,海洋渔业全球年度捕鱼量减少约 150 万 t,而全球升温 2℃时的损失超过 300 万 t(中等信度)。

1.5.5 对个人健康、生活质量、粮食安全和水供应的影响

对健康、生计、粮食安全、水供应、人类安全和经济增长的气候相关风险,预估会随着全球升温 1.5℃而加大,而如果升温 2℃或更高,此类风险会进一步加大。

全球升温的任何加剧,预计都会对人类健康产生重要的负面影响(高信度)。与升温 2℃相比,升温 1.5℃对高温相关发病率和死亡率的风险更低(很高信度),而如果臭氧形成所需的排放量仍然较高,升温 1.5℃与臭氧相关死亡率的风险也更低(高信度)。城市热岛效应往往会放大城市热浪的影响(高信度),疟疾和登革热等一些病媒传播疾病带来的风险预估会随着从 1.5～2℃的升温而加大,包括其地理范围的转移可能(高信度)。

与升温 2℃相比,将升温限制在 1.5℃,预估玉米、水稻、小麦以及其他谷类作物的净减产幅度会更小,尤其是在撒哈拉以南、东南亚以及中美洲和南美洲;以及水稻和小麦 CO_2 依赖型营养质量净下降幅度更小(高信度)。在萨赫勒、非洲南部、地中海、欧洲中部和亚马孙地区,全球升温 2℃预估的粮食供应的减少量大于升温 1.5℃的情况(中等信度)。随着温度上升,预估牲畜会受到不利影响,这取决于饲料质量的变化程度、疾病的扩散以及水资源可用率(高信度)。

根据未来的社会经济状况,与升温 2℃相比,将全球升温限制在 1.5℃或可将暴露于气候变化引起的缺水加剧而导致的世界人口数减少下降 50%,不过地区之间存在相当大的变率(中等信度)。与升温 2℃相比,如果全球升温限制在 1.5℃,预估许多小岛屿、发展中国家面临的干旱变化造成的缺水压力更小(中等信度)。

到本世纪末,预估升温 1.5℃的气候变化影响给全球综合经济增长带来的风险比升温 2℃带来的风险更低(中等信度)。这排除了减缓成本、适应投资以及适应的效益。如果全球升温从 1.5℃上升到 2℃,预估热带地区以及南半球亚热带地区各国家的经济增长受到气候变化的影响最大(中等信度)。

全球升温 1.5～2℃会增加与气候相关的多重及复合风险的暴露度,非洲和亚洲会有更大比例的人口易陷于贫困(高信度)。对于 1.5～2℃的全球升温,能源、粮食和水资源面临的风险会在空间上和时间上出现重叠,产生新的并加剧现有的灾害、暴露度和脆弱性,从而影响到越来越多的人口和地区(中等信度)。

1.5.6 对生态系统的影响

与升温 2℃相比,全球升温 1.5℃的大部分适应需求更低(高信度)。可减轻气候变化风险的适应方案多种多样(高信度)。全球升温 1.5℃,一些人类系统和自然系统的适应能力存在局限,并会有一些相关损失(中等信度)。适应方案的数量和可用性因行业而各异(中等信度)。目前有各类适应方案可用于减轻对自然生态系统和人工管理的生态系统的风险(如基于生态系统的适应、生态系统的恢复和避免退化及毁林、生物多样性管理、可持续水产养殖业、地方知识和土著知识)、减轻海平面上升的风险(如海岸防护和强化)、减轻对健康、生

计、粮食、水和经济增长的风险,尤其是在乡村环境(如有效灌溉、社会保障网、灾害风险管理、风险分散和共担、立足社区的适应)和城市地区(如绿色基础设施、可持续土地利用和规划、可持续水管理)(中等信度)。

生态系统、粮食系统和卫生系统的适应在全球升温 2℃ 时面临着比升温 1.5℃ 更大的挑战(中等信度)。即使全球升温 1.5℃,预估一些脆弱地区(包括小岛屿和最不发达国家)也会面临多种相互关联的气候高风险(高信度)。全球升温 1.5℃ 时,适应能力存在局限,而升温幅度增高,局限将变得更明显,而且有行业差异,对脆弱地区、生态系统和人类健康有特定的影响(中等信度)。

1.6 符合全球升温 1.5℃ 的排放路径和系统转型

1.6.1 没有或有限过冲 1.5℃ 的模式路径情形

在没有或有限过冲 1.5℃ 的模式路径中,到 2030 年全球净人为 CO_2 排放量比 2010 年的水平减少约 45%(四分位区间 40%~60%),在 2050 年左右(2045—2055 四分位区间)达到净零。在全球升温限制在低于 2℃ 的情况下,大多数路径中 CO_2 排放量预估到 2030 年减少约 25%(四分位区间 10%~30%),并在 2070 年左右(四分位区间 2065—2080 年)达到净零。在全球升温限制在 1.5℃ 的路径中,非 CO_2 排放大幅下降,类似于升温限制在 2℃ 路径中的情况(高信度)。

可将全球升温限制在不超过或略超过 1.5℃ 的 CO_2 减排,包括各种减缓措施组合,在降低能源和资源强度、脱碳率以及依赖 CO_2 移除之间取得不同的平衡。在可持续发展的要求下,不同的措施组合面临着不同的实施挑战,以及潜在的协同效应和权衡取舍(高信度)。

可将全球升温限制在不超过或略超过 1.5℃ 的模拟路径,涉及大幅减少甲烷和黑碳排放(相对于 2010 年,到 2050 年二者减排 35% 或以上)。这些路径还可减少大部分致冷性气溶胶,这可部分抵消 20~30 年的减缓效应。由于能源行业的广泛减缓措施,可减少非 CO_2 排放。此外,针对性的非 CO_2 减缓措施可减少农业排放的氧化亚氮和甲烷、废弃物行业排放的甲烷,以及一些黑碳源和氢氟碳化物。在一些 1.5℃ 路径中,生物能源的高需求会增加氧化亚氮的排放,突显出适当管理方法的重要性。在所有 1.5℃ 模式路径中,许多非 CO_2 减排的预估效果是可带来空气质量改善,产生直接的人口健康效益(高信度)。

要限制全球升温就需要限制自工业化前时期以来的全球人为 CO_2 总累积排放量,即保持在碳预算总量内(高信度)。到 2017 年底,自工业化前时期以来的人为 CO_2 排放量,估计已将升温 1.5℃ 的碳预算总量减少了约 2200 Gt CO_2(中等信度)。目前每年 42±3 Gt CO_2 的排放量正在消耗相关的剩余预算(高信度)。全球温度计量方法的选择会影响估算的剩余碳预算。使用全球平均地表气温(Global average surface temperature,GAST)可估算出在 50% 概率将升温限制在 1.5℃ 的情况下,有 580 Gt CO_2 剩余碳预算,而 66% 概率下为 420 Gt CO_2(中等信度)。或者,利用 GMST 得出在 50% 和 66% 概率下分别为 770 和 570 Gt CO_2 的估值(中等信度)。这些估算的剩余碳预算的规模存在显著不确定性,而且取决于多种因素。对 CO_2 和非 CO_2 排放的气候响应不确定性贡献 ±400 Gt CO_2,而历史升温水平贡献±250 Gt CO_2（中等信度）。在本世纪及之后，未来多年冻土融化带来的潜在额外碳释放以及湿地的甲烷释放会减少 100 Gt CO_2 的碳预算（中等信度）。此外，未来非 CO_2 的减缓水平可增加或减少 250 Gt CO_2 的剩余碳预算（中等信度）。

人工干预太阳辐射（SRM）措施未被列入任何现有评估的路径。尽管有些 SRM 措施理论上可有效减少过冲，但它们面临着大量不确定性和知识差距以及显著的风险，例如，制度和社会对治理相关的部署应用的制约、道德问题以及对可持续发展的影响。而且它们也没有减缓海洋酸化（中等信度）。

1.6.2　不高于或略超过 1.5℃ 的模式路径情形

将全球升温限制在不高于或略超过 1.5℃ 的路径需要在能源、土地、城市和基础设施（包括交通和建筑）以及工业系统方面进行快速而深远的转型（高信度）。这些系统的转型规模是前所未有的，但在速度方面却不一定，这意味着要求所有部门的深度减排、广泛的减缓方案组合以及对这些方案投资进行显著升级（中等信度）。

相比 2℃ 的路径，将全球升温限制在 1.5℃ 且没有或仅有有限过冲的路径，显示了接下来二十年中更快和更明显的系统变化（高信度）。过去在特定部门内、特定技术和空间背景下，出现了与将全球升温限制在 1.5℃ 且没有或仅有有限过冲的路径相关的系统变化速率，但在规模上没有历史记录（中等信度）。

在能源系统中，模拟将全球升温限制在不高于或略超过 1.5℃ 的路径，通常可满足能源服务需求，同时降低能源使用，包括通过增强能源效率，并且与 2℃ 相比，其显示的能源终端使用的电气化速度更快（高信度）。与 2℃ 路径相比，在 1.5℃ 且没有或仅有有限过冲的路径中，预计低排放能量来源的份额更高，特别是在 2050 年之前（高信度）。在 1.5℃ 且没有或仅有有限过冲的路径中，可再生能源预计将在 2050 年提供 70%～85%（四分位区间）的电力（高信度）。在发电方面，在大多数 1.5℃ 且没有或仅有有限过冲的路径中，能够进行二氧化碳捕获和封存（CCS）的核燃料和化石燃料的模拟份额有所增加。在模拟的不高于或略超过 1.5℃ 的路径中，使用 CCS 能够让使用天然气发电的份额在 2050 年达到约 8%（3%～11%四分位区间），而所有路径中都显示出使用煤炭发电的份额急剧减少，并将减少至几乎为 0（0～2%四分位区间）（高信度）。在认识到各种挑战以及各种方案与各国国情之间差异的同时，在过去几年中，太阳能、风能和电力储存技术在政治、经济、社会和技术可行性上已经得到了显著改善（高信度），这些改进标志着发电过程中潜在的系统转型。

在将全球升温限制在 1.5℃ 且没有或仅有有限过冲的路径中，到 2050 年工业产生的 CO_2 排放量预计将比 2010 年减少 65%～90%（四分位区间），相比之下，全球变暖 2℃ 则为 50%～80%（中等信度）。通过结合新技术和现有技术可以实现这种减排，包括电气化、氢气、可持续生物基原料、产品替代和碳捕获、利用和封存（CCUS）。在各种尺度上已从技术方面证实了这些方案，但是在特定环境下，经济、财政、人力和制度约束以及大规模工业设施的具体特征限制了其大规模部署。在工业行业中，能源和工艺效率的减排本身不足以将升温限制在不高于或略超过 1.5℃（高信度）。

与将全球升温限制在 2℃ 以下相比，城市和基础设施系统的转换，和将全球升温限制在 1.5℃ 且没有或仅有有限过冲的路径一致，例如，土地和城市规划做法的变化，以及运输和建筑物更深层的减排(中等信度)。可促进实现深度减排的技术措施和做法包括各种能源效率方案。在将全球升温限制在 1.5℃ 且没有或仅有有限过冲的路径中,到 2050 年建筑物所需能源的电力份额为 55%~75%,相比之下,到 2050 年全球升温 2℃ 则为 50%~70%(中等信度)。在交通运输部门,低排放最终能源的比例将从 2020 年的不到 5% 上升到 2050 年的 35%~65%,相比之下,全球升温 2℃ 的比例为 25%~45%(中等信度)。经济、体制和社会文化可能会阻碍这些城市和基础设施系统的转型,同时,还要取决于国家和当地的情况、能力以及资本的可用性(高信度)。

在所有将全球升温限制在 1.5℃ 且没有或仅有有限过冲的路径中,都出现了全球和区域土地利用的转型,但其规模却取决于所采用的减缓组合。将全球升温限制在 1.5℃ 且没有或仅有有限过冲的模式路径,预测非牧场产粮和饲料作物农业用地从减少 400 万 km² 到增加 250 万 km²,以及减少 50 万~110 万 km² 牧场用地,可转换为增加 0~600 万的能源作物用地,而与 2010 年相比,到 2050 年,森林面积将由减少 200 万 km² 转换为增长 950 万 km²(中等信度)。在模拟的 2℃ 路径中,可以观测到规模相似的土地利用转变(中等信度)。如此大规模的转换会对可持续管理人类住区、粮食、牲畜饲料、纤维、生物能源、碳封存、生物多样性和其他生态系统服务的各种土地需求造成严峻的挑战(高信度)。限制土地需求的减缓方案包括土地使用做法的可持续集约化、生态系统恢复以及向资源消耗较少的饮食习惯转变(高信度)。实施陆基减缓方案需要克服各地区不同的社会经济、体制、技术、融资和环境障碍(高信度)。

模拟的将全球升温限制在不高于或略超过 1.5℃ 的路径预测了 21 世纪广泛的全球平均折扣边际减排成本。这将比全球变暖限制在 2℃ 以下的路径高出 3~4 倍(高信度)。经济学文献将边际减排成本与经济中的总减缓成本区分开来。关于 1.5℃ 减缓路径的总减缓成本的文献较少,本报告未对其进行评估。根据将升温限制在 1.5℃ 的路径,对经济的广泛成本和减缓效益的综合评估仍然存在知识差距。

1.6.3　在升温不高于或略超过 1.5℃ 的路径加上规模化使用二氧化碳移除技术应用

将全球升温限制在不高于或略超过 1.5℃ 的所有路径都预测在 21 世纪使用二氧化碳移除(Carbon Dioxide Removal,CDR)的级别为 100—1000 $GtCO_2$。CDR 将用于补偿残余排放,并且在大多数情况下可实现净负排放,以便在峰值之后将全球升温恢复至 1.5℃(高信度)。部署数百个 $GtCO_2$ 的 CDR 受到多种可行性和可持续性限制(高信度)。近期显著的减排、降低能源和土地需求的措施可以将 CDR 部署限制在几百 $GtCO_2$,而不依赖于生物能结合碳捕捉与封存技术(Bioenergy with Canbon Capture and Storage,BECCS)(高信度)。现有和潜在的 CDR 措施包括造林、土地恢复和土壤碳固定、BECCS、直接空气碳捕获和封存(Direct Air Capture and Storage,DACCS)、增强风化和海洋碱化。这些措施在成熟度、潜力、成本、风险、协同效益和权衡取舍等方面差异很大(高信度)。迄今为止,除造林和BECCS 以外,只有少数几个公布的路径还包括 CDR 措施。

在将全球升温限制在 1.5℃ 且没有或仅有有限过冲的路径中,在 2030 年、2050 年和 2100 年,BECCS 的部署范围预计分别为 0~1 $GtCO_2 \, yr^{-1}$、0~8 $GtCO_2 \, yr^{-1}$ 和 0~16 $GtCO_2 \, yr^{-1}$,

而在这些年份农业、森林和土地利用（AFOLU）相关 CDR 措施预计将移除 $0 \sim 5$ $GtCO_2 \, yr^{-1}$、$1 \sim 11 \, GtCO_2 \, yr^{-1}$ 和 $1 \sim 5 \, GtCO_2 \, yr^{-1}$（中等信度）。根据近期的文献，到 21 世纪中期，这些部署范围的上限超过 BECCS 的潜力高达 $5 \, GtCO_2 \, yr^{-1}$，而评估造林的潜力高达 $3.6 \, GtCO_2 \, yr^{-1}$（中等信度）。一些路径可通过需求方措施和更多依赖与 AFOLU 相关的 CDR 措施，完全避免 BECCS 部署（中等信度）。由于 BECCS 在各部门中取代化石燃料的潜力，相比将其纳入其中，当将 BECSS 排除在外时，生物能源的使用可能会较高甚至更高（高信度）。

全球升温超过 1.5℃ 的路径依赖于本世纪后期 CDR 超过残留的二氧化碳排放量，到 2100 年将回到 1.5℃ 以下，而更大过冲则需要更多的 CDR（高信度）。因此，CDR 部署的速度、规模和社会可接受性方面的限制决定了在过冲后将全球升温恢复到低于 1.5℃ 的能力。从净负排放在其达到峰值后降低温度的有效性来看，对碳循环和气候系统的认识仍然很有限（高信度）。

如果大规模部署，大多数当前和潜在的 CDR 措施可能对土地、能源、水源或营养素产生重大影响（高信度）。造林和生物能源可能与其他土地利用差不多，也可能对农业和粮食系统、生物多样性和其他生态系统功能和服务产生重大影响（高信度）。需要有效的治理来限制这种权衡取舍，并确保将陆地和海洋水库中碳的永久性移除（高信度）。可以通过较小的规模部署多种方案的组合，而不是部署非常大规模的单一方案来加强 CDR 使用的可行性和可持续性（高信度）。

一些与 AFOLU 相关的 CDR 措施，诸如恢复自然生态系统和土壤碳固定，可以提供诸如改善生物多样性、土壤质量和当地粮食安全等协同效益。如果大规模部署，它们需要治理系统，以实现可持续土地管理，从而保存和保护土地碳储量和其他生态系统的功能和服务（中等信度）。

1.6.4　在可持续发展和努力消除贫困背景下加强全球响应

根据《巴黎协定》提交的当前国家规定的减缓目标来估算全球排放结果，将得出 2030 年全球温室气体排放量为 $52 \sim 58 \, GtCO_2 \, yr^{-1}$（中等信度）。这些减缓目标的路径不会将全球变暖限制在 1.5℃，即使辅以 2030 年后减排的规模和目标大幅增加（高信度）。只有全球二氧化碳排放量在 2030 年之前就开始下降（高信度），才能避免过冲和依赖未来大规模部署 CDR。

将全球升温限制在 1.5℃ 且没有或仅有有限过冲的路径显示，到 2030 年前将有明显的减排（高信度）。所有的路径都显示 2030 年全球温室气体排放会降至 $35 \, GtCO_2 \, yr^{-1}$ 以下，而一半的路径在 $25 \sim 30 \, GtCO_2 \, yr^{-1}$ 范围内（四分位区间），比 2010 年水平减少 40%～50%（高信度）。反映 2030 年之前国家规定的减缓目标的路径与成本效益路径基本一致，这些路径会导致到 2100 年全球升温约 3℃，并且之后继续升温（中等信度）。

相比将全球升温限制在 1.5℃ 且没有或仅有有限过冲的路径，过冲轨迹可导致更大的影响和挑战（高信度）。要在本世纪温度超过 0.2℃ 或更高的过冲后逆转升温，将需要从速率和体积方面对 CDR 进行升级和部署，鉴于实施难度非常大，可能无法实现（中等信度）。

将全球升温限制至 1.5℃ 的全球模式路径预计将涉及能源系统的年平均投资需求，

2016 年至 2035 年期间约为 2.4 万亿美元,约占世界 GDP 的 2.5％(中等信度)。政策工具可以帮助调集增量资源,包括通过转移全球投资和储蓄,通过市场和非市场手段以及确保转型公平的相应措施,并认识与实施相关的挑战,包括,能源成本、资产折旧和对国际竞争的影响,并利用机会来最大化共同利益(高信度)。

与适应和限制全球升温至 1.5℃一致的系统转型,包括广泛采用新的、可行的颠覆性技术和做法以加强气候驱动型创新。这意味着增强技术创新能力,包括工业和金融部门。国家创新政策和国际合作都有助于减缓和适应技术的发展、商业化和广泛采用。当将研发的公共支持与为技术传播提供激励的政策相结合时,创新政策可能更有效(高信度)。

教育、信息和社区方法,包括那些通过土著知识和当地知识提供信息的方法,可以加速大规模的行为变化,同时与适应和限制全球升温至 1.5℃保持一致。当与其他政策相结合并根据特定参与者的动机、能力和资源以及具体背景定制方法时,这些方法会更有效(高信度)。公众的可接受性可以推进或阻碍政策和措施的实施,以将全球变暖限制至 1.5℃并适应后果。公众的可接受性取决于个人对预期政策后果的评估、这些后果分配的认知公平性以及决策程序的认知公平性(高信度)。

可持续发展可支持并可促进基本的社会和系统的转型,这有助于将全球升温限制在 1.5℃。此类变化有助于实现气候恢复力发展路径,实现远大的减缓和适应目标,同时消除贫困和减少不平等(高信度)。

涉及非国家公共和私人行为者、机构投资者、银行系统、民间社会和科学机构的伙伴关系将促进与将全球升温限制至 1.5℃相一致的行动和响应(非常高信度)。加强负责任的多层次治理(包括工业、民间社会和科学机构等非国家行为者)、各种治理层面的协调部门和跨部门政策、融资(包括创新融资)等方面的合作,以及技术开发和转让方面的合作可以确保不同参与者之间的参与度、透明度、能力建设和学习程度(高信度)。

1.7　实现双碳目标面临的挑战

双碳目标的提出对保障人类社会能源供应安全、应对气候变化、改善环境质量,具有重大战略意义。从长远看,实现“双碳”目标有利于实现经济高质量发展和促进生态环境改善。但从当下来看,实现碳达峰与碳中和目标面临多方面的挑战。

我国已经成为世界上最大的能源消费国与 CO_2 排放国。煤炭等生态资源的过度使用带来了一系列环境污染问题,造成绿色增长绩效与生态环境效益极为低下。随着资源日益枯竭和自然生态的逐渐恶化,经济增长与环境保护之间的矛盾已经成为制约我国社会经济发展的关键因素。因此,推动经济发展的绿色低碳转型势在必行。“双碳”目标的制定不仅展现了我国为全球碳减排与气候国际合作作出的重要贡献,还能够通过碳排放承诺的倒逼机制改革能源结构与经济发展方式,促进经济走向高质量的发展道路。然而,实现碳达峰和碳中和是充满挑战的。本节将重点阐述实现“双碳”目标所面临的主要挑战。

1.7.1　现实阻力

IPPC 评估报告显示,1880—2012 年,全球平均气温已上升 0.85℃,由此引发了地球生态系统的一系列变化,包括冰雪覆盖量持续减少,海平面上升,热浪、干旱、洪水、旋风等极端天气事件的发生频率和强度不断增加。2015 年达成的《巴黎协定》设定了全球应对气候变化的长期目标,即把 21 世纪全球平均气温较工业化之前水平的升高幅度控制在 2℃之内,并力争将气温升幅限制在 1.5℃以内。全球气候模式研究表明,不论是从碳排放还是碳减排角度看,二氧化碳排放在不同国家的分布差异对全球平均气温的影响几乎没有差异,不同国家控制温室气体排放的贡献差异对减缓全球气候变暖的影响也几乎没有差异。简言之,气候变化及其应对具有全球性,各国难以独善其身,更无法以邻为壑,需要建立全球环境治理机制,协同应对气候变化。当前,已有超过 120 个国家和地区提出了自主贡献目标(NDC),欧盟、日本、韩国、美国等提出了 2050 年前实现碳中和的目标,2020 年 9 月 22 日,习近平主席在第 75 届联合国大会一般性辩论会上正式宣布,中国将在 2030 年前实现碳达峰,并力争 2060 年前实现碳中和。"碳达峰"和"碳中和"正是中国实现人与自然和谐共生,促进经济社会发展全面绿色转型的必然选择。中国要实现"双碳"目标,面临着十分严峻的挑战[11]。具体如下。

(1)"土木钢石"的经济结构仍将持续,能源需求旺盛,经济转型压力大。与发达国家相比,我国基础设施建设依旧存在明显的差距。为了改善人民群众的生活水平,补齐经济社会发展的基础设施短板,未来中国基础设施的建设投资规模仍将维持在较高的水平。新型城镇化建设将迎来新的高潮,并释放出巨大的基础设施建设需求。与此同时,城镇化建设品质不高的问题越来越突出,城市基础设施的总量不足、标准不高、运行管理粗放,难以满足城市运行的功能需要。城镇化建设将带来极大的能源消耗。2020 年全国能源消费总量 49.8 亿 t 标煤,比上年增长 2.2%。未来全国能源消费总量仍将呈增长态势,预计 2030 年全国能源消费总量将达到 60 亿 t 标煤。

(2)"富煤、贫油、少气"的资源现状[12],使得我国能源消费对煤炭的依赖难以减轻,能源转型难度大。每年夏季,正值用电高峰期,我国总会有一些地区先后出现"电荒""油荒"和发电用煤告急现象。我国能源探明储量中,煤炭占 94%、石油占 5.4%、天然气占 0.6%,这种"富煤、贫油、少气"的能源资源特点决定了我国能源生产以煤为主的格局长期不会改变。目前,煤炭在我国一次能源的消费中占 70%左右,在可以预见的未来较长时期内,煤炭在国民经济中的地位不可替代。由于新能源发展面临体制机制约束以及与传统能源的利益冲突等问题,化石能源向非化石能源的平稳过渡易言行难。在现实情形下,一方面由于风能和光能发电的间歇性,电网调峰成本趋高,电网接纳绿色能源的积极性不高;另一方面部分地方政府为了保煤电企业,导致风、光能发电机组的小时数偏少。

(3)低碳技术创新面临资金投入大、回报周期长、市场预期不确定等困难。市场、技术和政府政策在驱动低碳技术创新的过程中,面临着一系列的动力障碍。中国的低碳技术积累和技术水平与国外多年研究的差距是短期内无法弥补的,这使得中国低碳技术创新面临的技术不确定性和风险远高于其他产业的技术创新。低碳技术创新可能面临市场失灵,因为技术成果的公共性与技术知识的外部性效应。市场对能源领域的技术选择可能是无效的,先进的低碳技术在市场上会输给落后的能源技术,而居于支配地位的技术和解决方案并非是对环境有益的。在发达国家向中国转让先进低碳技术的问题上,技术转让方和技术接收方均存在阻碍技术转让的行为。技术转让方,即发达国家方面,基于国家战略利益的考虑,缺乏向发展中国家转让先进低碳技术的政治意愿;掌握先进低碳技术的企业缺乏转让技术的经济动力。

（4）我国在人均收入偏低的阶段就面临碳达峰和碳中和的考验。很多发达国家是人均GDP超过2万美元后实现碳达峰，而我国人均GDP刚过1万美元就不得不面对碳达峰的大考。更为重要的是，发达国家从碳达峰到碳中和的过渡时间有50～60年，而我国仅有30年。这就要求中国必须开辟出一条比发达国家质量更高的碳减排路径，这是摆在中国面前的严峻考验。

1.7.2 城市转型升级

随着我国城市化与工业化进程的加速，各级政府将重点加强城市道路交通（地铁、轻轨、大容量公交等）、城市管网（供水、污水、雨水、燃气、供热、通信、电网、排水防涝、防洪以及城市地下综合管廊试点等）、污水和垃圾处理、生态园林等四个方面的城市基础设施建设。国家主席习近平最近考察首都北京时提出，要提升城市建设特别是基础设施建设质量，形成适度超前、相互衔接、满足未来需求的功能体系。这对今后城镇化和基础设施建设的品质提出了更高要求，也意味着更大的发展空间[13]。城市内部的生产活动成为总体碳排放的主要来源，实现城市能源效率提升与碳排放强度降低对中国实现"双碳"目标至关重要。城市能源结构优化升级、城市产业结构转型升级以及城市创新能力升级，是城市社会经济发展转型，助力实现碳达峰、碳中和的主要途径。提高企业绿色技术创新能力则是实现传统高能耗、高排放的发展模式向绿色低碳发展模式转型升级的最核心的驱动力。

改革开放以来，我国城市经济的快速发展较多地依赖于土地、能源、原材料等生态资源的低价格定价机制，这也带来了环境污染、自然生态恶化、城乡差距增大等突出矛盾。"双碳"目标的提出对中国城市社会经济的发展与生态文明建设提出了更高的要求，环境政策的影响范围将从高污染行业扩展至高排放行业，这将极大地促进中国绿色化与清洁化产业的发展，也将为城市社会经济的转型升级创造新的着力点，由此加速城市转型升级步伐。城市转型升级是城市结构特征、管理方式以及运转模式的根本性改变，不仅包括城市经济系统、社会系统的转型，还包括城市文化精神转型以及管理模式的转型。对城市社会经济发展而言，"双碳"目标要求城市内人为活动所产生的温室气体与自然吸收总量相平衡，这一目标的本质要求是发展方式和生活方式的转型，实现经济增长与能源消费、温室气体排放的逐步脱钩。在这一目标下，城市转型升级的主要领域体现在城市能源结构与产业结构的优化升级。

"双碳"目标下城市转型升级的首要领域是城市能源结构的进一步优化升级。城市是化石能源消费与二氧化碳排放的主要区域，城市能源结构的优化升级对中国实现"双碳"目标意义重大。城市能源结构的转型，一方面体现在能源效率的不断提高上，具体而言就是在保障GDP增长的前提下实现能源消费零增长；另一方面体现在能源结构的逐步优化上，让可再生能源与清洁能源的消费逐步增加。当前，我国一次能源结构仍以煤炭为主，尽管太阳能、风能、天然气等清洁能源的利用比重有所增加，但煤炭消费依然在城市能源结构中占主导地位。从当前中国的情况来看，除了北京、上海、广州等少部分发达城市能够以较少的碳排放实现较高的经济发展之外，其他大多数城市的经济发展仍依赖于大量的廉价能源，由此导致煤炭在中国城市能源消费结构中的比重依然偏高。因此，"双碳"目标下城市能源结构的优化升级最重要的是加强绿色创新与绿色技术的发展，以实现可再生清洁能源消费替代煤炭消费。从当前中国绿色创新发展的实际情况出发,加强企业绿色技术创新,为社会经济转型发展注入新动力,成为中国实现"双碳"目标的有效着力点。

低碳城市建设与产业转型升级之间存在着密切关联,两者相互制约、相互促进,把两者对接是实现双赢的重要举措,是促进低碳经济发展的必然选择。由于产业结构会在产业规模、发展速度和发展方向等方面对低碳城市建设产生影响,而低碳城市建设又对产业结构提出低碳、循环、节约等要求,能促进产业结构优化升级,两者相互作用机理如图1-5所示[14]。

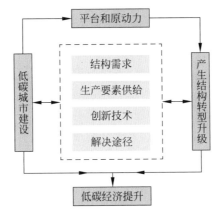

图1-5　低碳城市建设与产业转型升级相互作用机理

低碳城市建设与产业转型升级对接,可实现双赢的原因有以下几点。

(1)低碳城市建设与产业转型升级对接有助于降低城市碳排放。降低城市碳排放是实现低碳经济、建设低碳城市必不可少的手段。低碳城市建设的目的在于将气候变化对人类的负面影响控制在可控范围内,从而保障后代的利益。而产业结构优化升级通过节能技术及再生能源的应用,有效减少城市碳排放,避免城市发展中对资源的过度消耗,实现能源的高效利用。

(2)低碳城市建设与产业转型升级对接有助于缓解能源供给压力。低碳城市建设更加注重低碳能源(如风能、太阳能、生物质能等)的供给,降低对化石能源的依赖程度,更加强调能源节约和能源使用效率的提高,缓解能源需求量快速增长给城市发展带来的压力,进而确保城市能源安全问题。

(3)低碳城市建设与产业转型升级对接有助于城市竞争优势的建立。通过产业结构调整,形成低碳产业,能够帮助城市及早调整城市规划,避免对传统工业中高消耗、高污染产业的过度依赖;通过及早规划布局,引入火电减排、新能源企业、节能建筑、循环经济、环保产业等低碳产业体系,有助于城市经济发展中形成新的增长极,增强城市经济实力,提升城市竞争力。但低碳城市建设也存在很多限制因素。

① 城市低碳建设缺乏政府综合协调,产业结构和能源利用不合理。政府的宏观调控对于调整产业结构,促进城市低碳产业发展起着至关重要的作用。但目前我国低碳城市建设过程中普遍存在政府规划协调不到位、产业结构不合理、能源利用不充分的问题。

② 城市产业结构单一,高资源依赖度的产业占比多,降碳难度大。进入21世纪以来,我国城市产业结构不断优化,但总体来讲,我国是一个处于工业化进程中的发展中国家,推动经济增长的支柱和主导力量也基本都是工业部门。由于城市发展建设对本地资源过度依

赖,逐渐形成了以资源型产业为主导的经济发展模式。这种以高度依赖资源为主导的单一产业结构使生态破坏、城市环境污染等问题愈加突出,城市经济发展停滞,自我创新发展能力不足,降碳难度加大,城市的生存发展受到前所未有的威胁和挑战。

③ 城市能源消耗量大,生态环境破坏严重,制约城市低碳建设。改革开放以来,我国产业发展成就举世瞩目,但高投入、高能耗、高污染的增长模式也影响了我国低碳经济的发展,成为当前低碳城市建设的制约因素。2010 年随着中国重新加大产业结构优化调整力度,我国能源消耗逐步进入下行通道,但与发达国家相比,我国能源消耗总量仍然较大,GDP 单位能耗与其他国家相比还存在很大差距,我国(以 2014 年为基准)分别是美国的 1.3 倍、英国的 2.4 倍、法国的 1.8 倍、德国的 2.0 倍、日本的 1.9 倍、印度的 1.5 倍。

1.7.3　能源生产、消费和管理方式的转变挑战

实现"双碳"目标,必须以能源低碳化为抓手,优化能源结构,推进煤炭清洁高效利用,合理发展天然气,安全发展核电,大力发展水电、风电、太阳能、生物质能等非化石能源发电,生产利用绿色氢能,提高能源输配网络和储备设施能力,构建安全、清洁、低碳、高效经济的能源体系[11]。"双碳"目标推进过程中,以新能源为重点的可再生能源推广的核心问题在于成本和应用便利程度。我国具备强大的装备制造能力与超大规模市场,掌握核心技术和关键产业链优势,为清洁能源技术的成本降低和推广应用带来无可比拟的优势。2020 年我国新增风电装机容量 57.8 GW,占全球新增装机容量的 60%,新增太阳能光伏装机容量为48.2 GW,可再生能源的开发利用规模稳居世界第一。除此之外,我国在以人工智能、能源互联网、清洁能源技术为代表的新一轮工业革命中,于很多领域处于领先地位,为实现"双碳"目标奠定了技术基础。

从能源结构演化历史看,人类最初使用薪柴等生物质能源,然后向煤炭、石油、天然气升级转型,接着是可再生能源,经历了从低碳到高碳再回归低碳的发展过程。生物质能是仅次于煤炭、石油、天然气的第四大能源,利用效率也高于太阳能。我国的太阳能、风能发展迅速,秸秆等生物质能受到收集、运输、政策不到位等因素制约,需要进一步完善。因地制宜用好生物质能源,努力控制并减少煤炭消费比重,其中进一步减控煤电是重要方面。我国核电发展虽受国内铀矿资源储量不足、放射性废物处置等因素制约,但总体上加快发展的条件是具备的,能源安全是关系国家经济社会发展的全局性、战略性问题,对国家繁荣稳定、人民生活改善、社会长治久安等至关重要。在"2060目标"下,可再生能源将会以更大规模、更大比例接入电力系统。与原来的输入端可以控制不同,风电和光伏发电均存在着不稳定性,脉冲状并网存在安全隐患,所以必须以科学系统思维推动能源实现安全、清洁、低碳、高效、经济的协同发展。

实现碳达峰、碳中和是一场广泛而深刻的经济社会变革。与发达国家相比,我国实现"双碳"目标时间更紧、幅度更大、困难更多、任务异常艰巨,打造发展新模式任重道远。我国整体处于工业化中后期阶段,传统"三高一低"(高投入、高能耗、高污染、低效益)产业仍占较高比例。相当规模的制造业在国际产业链中还处于中低端,存在生产管理粗放、高碳燃料用量大、产品能耗物耗高、产品附加值低等问题。新形势下我国产业结构转型升级面临自主创新不足、关键技术"卡脖子"、能源资源利用效率低、各类生产要素成本上升等挑战,亟待转变建立在化石能源基础上的工业体系以及依赖资源、劳动力等要素驱动的传统增长模式。一

方面,传统产业发展存在锁定效应和路径依赖;另一方面,新兴市场有待进一步激发。如今,我国开启了全面建设社会主义现代化国家新征程,在新发展阶段不仅要防范潜在增长率快速下降,还要避免需求制约导致实际增长率大幅低于潜在增长率。新动能[15]培育在顺应工业体系调整、稳经济保就业的宏观环境中面临一系列客观压力,经济结构调整和产业升级任务艰巨,短期内实现碳排放与经济增长脱钩压力巨大。供给侧与需求侧都要不断改革,推动社会经济发展全面绿色转型。

煤炭煤电转型关乎民生大局。碳达峰、碳中和的深层次问题是能源问题,可再生能源替代化石能源是实现"双碳"目标的主导方向。但长久以来,我国能源资源禀赋被概括为"一煤独大",呈"富煤、贫油、少气"的特征,严重制约减排进程。经国家统计局核算,2020年我国全年能源消费总量49.8亿 t 标准煤,占能源消费总量的56.8%,相比2019年增长2.2%。我国煤炭消费量能源生产总量与煤炭消费量都居世界首位,石油和天然气对外依存度分别达到73%和43%,能源保障压力大。集能源生产者和消费者于一体的电力行业特别是火电行业,在供给和需求两端受到压力。2019年底,我国煤电装机容量高达10.4亿 kW,占全球煤电装机的50%,煤电占据了我国约54%的煤炭使用量。联合国秘书长古特雷斯再三呼吁:"取消全球所有计划中的煤炭项目,所有国家都需在2040年前淘汰煤炭;停止对于煤炭发电厂的国际资助,将投资转向可持续能源项目;启动全球努力,一家一家煤电厂地过渡,并最终实现公平转型。"面对碳减排要求,我国大量的化石能源基础设施将带来高额的退出成本。作为传统劳动密集型产业,煤电退出涉及到数百万人,若延伸至上游煤炭行业则波及的人数会更加庞大。员工安置、社会保障问题事关社会稳定的民生大局。

可再生能源消纳及存储障碍待解决。"双碳"目标时间线轮廓清晰,构建清洁低碳高效安全的能源生产和消费体系是必然趋势。2019年,我国非化石能源占一次能源比重仅为15.3%,超过2/3的新增能源需求仍主要由化石能源满足。非化石能源规模化、产业化的普遍应用不仅面临诸如调峰、远距离输送、储能等技术问题,还面临电网体制机制问题。种种原因在一定程度上抬高了可再生能源电力成本,进而影响消纳,制约了可再生能源长远健康发展。从自身技术特性来看,风电、光伏、光热、地热、潮汐能受限于昼夜和气象条件等不可控的自然条件,不确定性大;生物质供应源头分散,原料收集困难;核电则存在核燃料资源限制和核安全问题。因此,近中期内我国能源系统的转型依然要发挥煤电的兜底作用,保证电力供应的经济性、安全性、连续性。可再生能源发电具有波动性、随机性和间歇性的特点,电源与负荷集中距离较远。同时,我国尚未建立全国性的电力市场,电力长期以省域平衡为主,跨省跨区配置能力不足,严重制约了可再生能源大范围优化配置。从化石能源向可再生能源转变,需要在技术装备、系统结构、体制机制、投融资等方面进行全面变革。

深度脱碳技术成本高且不成熟[17]。从能源系统的角度看,实现碳中和,要求能源系统从工业革命以来建立的以化石能源为主体的能源体系转变为以可再生能源为主体的能源体系,实现能源体系的净零排放甚至负排放(生物质能源+碳捕获与封存利用)。从科技创新的角度看,低碳、零碳、负碳技术的发展尚不成熟,各类技术系统集成难,环节构成复杂,技术种类多,成本昂贵,亟须系统性的技术创新。低碳技术体系涉及可再生能源、负排放技术等领域,不同低碳技术的技术特性、应用领域、边际减排成本和减排潜力差异很大。我国脱碳成本曲线显示,可再生能源电力可为我国约50%的人类活动温室气体排放低成本脱碳,年度减排成本估算值约为2200亿美元。可再生能源电力的发展对诸多行业(包括发电和其他需要电气化的行业)减排提供支撑,而且在中长期内对于制备"绿色"氢能十分关键。在达到75%脱碳后,曲线将进入"高成本脱碳"区间,实现90%脱碳的年成本可能高达约1.8万亿美元。如果仅延续当前政策、投资和碳减排目标等,现有低碳、零碳和负排放技术难以支撑我国到2060年实现碳中和。被寄予期望的CCUS技术[18-19],成本十分高昂,动辄数亿甚至数十亿的投资和运行成本以及收益不足,卡住了CCUS项目的顺利建设。

1.7.4　对世界经济格局造成的冲击

随着中国将碳中和目标量化,英国等继续加码推进本国清洁能源发展,日本、韩国陆续明确碳中和目标或时间表(图 1-6)。据英国能源与气候智库(Energy & Climate Intelligence Unit)统计,目前已有欧盟及 28 个国家和地区实现或者明确提出碳中和目标,包括 2 个已实现、6 个已立法、6 个处于立法状态、14 个发布政策目标。另外,还有 100 多个国家和地区在讨论碳中和目标。

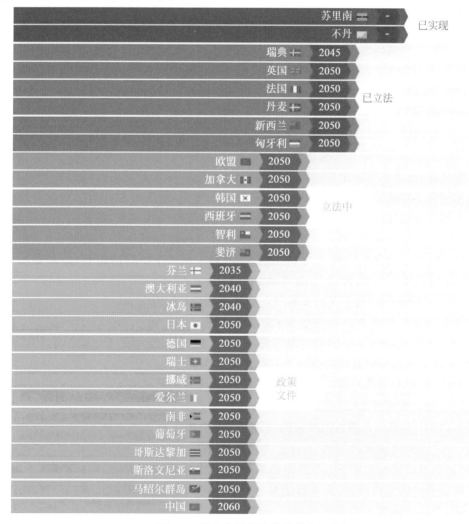

图 1-6　世界主要经济体的碳中和目标

实现双碳目标,从化石燃料过渡到可再生能源,不仅会改变人类未来能源以及经济与社会的现状,而且将会改变大国间关系,重塑全球地缘政治格局。第一次工业革命的两百多年以来,化石燃料的获取和使用,在很大程度上决定了世界大国的兴衰。英国因为拥有丰富的煤矿,并发明高效使用煤炭的蒸汽机等机械,成为了工业革命的发祥地和"日不落帝国"。第二次工业革命对石油和天然气的利用,塑造了"美国世纪",造就"车轮滚滚"上的美国,也让美国拥有了强大的军事力量,改写了全球经济和地缘政治格局。未来世界各国的脱碳转型将成为 21 世纪重塑地缘政治的主要因素之一。

从全球视角的碳排放路径来看,由于不同国家能源结构和煤炭使用部门不同,所以碳排放路径也不尽相同,存在的潜在问题也不同。从欧盟来看,欧盟宣布将在 2050 年前实现碳中和,主攻交通运输部门电动汽车以及清洁燃料的发展。客观看,欧盟其实也希望通过回击特朗普政府"去气候化"[20],重新掌握全球气候治理的领导权,促进欧盟经济转型来获取更多的投资回报。欧盟虽然是一体化的组织,但是在实际操作中,成员之间"可参与度"分化较大,尤其是疫情过后,成员国之间的恢复弹性和经济内在动能更是分化,在保证好公平性之外,对部分成员国进行额外投入补足的必要性上行。从美国来看,拜登重返《巴黎协定》[21],为实现 2050 年碳中和,将大力发展以风电和光伏为代表的清洁能源发电。未来美国在推进碳中和中最可能遇到的问题就是两党对碳排放态度不一,政府的交替更换,对减碳的可持续性形成了挑战。从日本来看,日本《战略能源目标》表示预计到 2050 年,日本能源结构中可再生能源比重将高达 $50\% \sim 60\%$,将大力开发清洁能源以及绿色燃料。

碳中和将改变不同国家经济、政治与军事实力,以及国际关系和战略资源的格局,既为世界和平与稳定提供了新的途径,也可能造成当前国际关系突然改变,使国际秩序变得不稳定甚至混乱。一些国家可能会受益于新的地缘政治,目前大量进口化石燃料的国家将减少对出口国的依赖,改善其贸易平衡。如果其能抓住主动权,发展好清洁与可再生能源系统,在新的国际格局中将成为领导者。而化石燃料需求的下降,可能严重冲击那些没有充分准备的国家。那些未能提前转型,实现经济多样化的化石燃料生产国家,可能会陷入不稳定。而其中治理能力薄弱的国家,随着石油收入的大幅减少,可能导致社会分裂和冲突。

向碳中和转型作为重要的驱动力,可能会对世界大国产生不同的影响,进而重新定义 21 世纪的大国竞争。国际可再生能源机构(International Renewable Energy Agency,IRENA)预测,美国刚刚兴起不久的页岩气产业可能崩溃,美国在中东建立联盟和军事基地的重要性将会削弱。非常重视可持续发展的欧盟和英国,较早就推出了《欧洲绿色新政》(European Green Deal)[22],在 2050 年能够顺利实现气候中立,为经济和工业发展创造新的机会,并在未来全球地缘政治格局中处于有利地位。由于目前约 60% 的太阳能电池板是由我国企业生产,中国在可再生能源制造业的主导地位,将为其未来创造巨大的贸易优势,拓展新的发展空间。英国智库"碳追踪"(Carbon Tracker)最近的一项研究发现,如果实现全球气候目标,40 个依赖化石燃料的国家的石油和天然气收入将平均下降 51%。而作为石油天然气时代的"能源超级大国"俄罗斯将会受到严峻挑战,对于中东、南美等大多数石油出口国来说,国家的财政将长期处于入不敷出的状态,可能会陷入社会动荡甚至内战。

除了社会动荡的危机外,目前来看还有一些不确定性的困难亟待解决。例如,如何处理好各国利益,发展中国家不能走先污染后治理的道路,否则 GDP 的增长成本将会更高;主要碳排放国家国内政治面临政策反复,像美国在特朗普执政期间退出《巴黎协定》,拜登主政后将要重返"大群"。各国纷纷制定"碳中和"目标,但达成目标绝非易事。由此可见,对于任何国家来说,碳中和和碳达峰都是一项影响深远的"世纪工程",涉及经济结构、生产方式、人民生活等方方面面的变革。政策的稳定性、科技创新能力、组织执行能力将成为各国在这场"竞赛"中的重要砝码。

1.8　小结

目前,世界各国政府都在大力支持碳中和相关技术。2021年初,美国新任能源部部长在国会进行入职作证时说,美国将在2030年前花费2.3万亿美元发展清洁能源技术,以保证美国的未来竞争力。我国在碳中和方面也将进行超大规模的投入,到2030年预计投入将超过150万亿元。能否按时达到碳中和目标,目前已经成为世界各国科技力量比拼的战场。碳达峰、碳中和是挑战,是比当年互联网更大的机遇。相信我国科技工作者一定会抓住这个千载难逢的战略机遇,开展全方位攻关,开发出一系列创新科技成果造福世界。

中国科学院丁仲礼院士指出[9],这轮"大转型"需要在能源结构、能源消费、人为固碳"三端发力",所需资金将会是天文数字,决不可能依靠政府财政补贴得以满足,必须坚持市场导向,鼓励竞争,稳步推进。政府的财政资金应主要投入在技术研发、产业示范上,力争使我国技术和产业的迭代进步快于他国。在此过程中,特别要防止能源价格明显上涨,影响居民生活和产品出口。"大转型"中,行业的协调共进极其重要。"减碳、固碳","电力替代","氢能替代"均需要增加企业的额外成本,如果某一行业不同企业间不能协调共进,势必会使"不作为企业"节约了成本,从而出现"劣币驱逐良币"现象。因此,分行业设计"碳中和"路线,制定有效的激励/约束制度需尽早提上日程。评价国家、区域、行业、企业甚至家庭的碳中和程度,需从收、支两端计量。从能源消费角度来看,"支"(即排放)相对容易计量;"收"(即固碳)由于类型多样,过程复杂,很难精确计量,尤其是"人为努力"下的固碳增量不易确定。由此,国家应尽早建立系统的监测、计算、报告、检核标准体系,以期针对我国的碳收支状况,保证话语权在我。

第 2 章　碳排放权交易的制度设计和法律问题

叶松　陈力　张婧怡　李培俊　魏嫣　李键

在世界范围内,随着越来越多的国家参与到努力应对全球气候变化的行动中,关于争夺碳排放权与话语权的问题变得越来越突出。2021 年 11 月 10 日,中美两国发布了气候行动联合宣言。这份宣言有两个要点:一是强调行动,二是确定碳排放执法权。宣言称:要加强《巴黎协定》的实施,并根据不同国情,各自、携手并与其他国家一道加强、加速旨在缩小差距的气候行动与合作。中美双方同意建立"21 世纪 20 年代强化气候行动工作组",联合推动两国气候变化及国际多边合作进程。气候变化的核心是碳排放量,而碳排放权也关系到各国未来发展权。化石能源作为全世界工业发展的基础,与社会经济发展和人民生活水平息息相关。但减少碳排放,就意味着很多国家无法用初级工业来积累原始资本,本质上其实是封死了发展中国家的上升之路。因此,从这个角度讲,谁把握住了碳排放权,谁就能控制全世界的政治经济格局。

本章系统地介绍了国内外碳排放权交易、碳排放配额、市场监管、借碳交易、风险控制的相关规定、机制与法律构架,及这些变化将会带来的深远影响。对于碳排放权交易市场中的风险难题,目前我国在初步探索过程中已经注意到并进行了密切的跟踪,本章对此进行了探讨,相信对各行各业在制定未来发展规划具有十分重要的指导意义。

——主编的话

摘　要：为应对气候变化，世界上大多数国家都已经行动起来，我国也提出"二氧化碳排放力争于 2030 年前达到峰值，努力争取 2060 年前实现碳中和"目标的庄严承诺。经过几十年的探索，建立碳排放权交易市场已经成为世界公认的限制碳排放总量，实现碳减排最有效的工具。我国的碳排放权交易市场，作为新兴市场，从无到有，需要有政府授权的交易管理机构依照法律法规进行严格监管和引导，作为交易主体的企业也需要加快学习和掌握碳排放权交易流程，对风险提前防范，把握市场带来的巨大机会，同时主动迎接未知的挑战。

关键词：碳排放权交易，碳排放配额，市场监管，借碳交易，风险控制

2.1　引言

20 世纪末,气候变暖、环境恶化使人类生存面临空前挑战,国际社会以及世界各国已经意识到只有团结一致,共同采取有效措施,控制和减少温室气体排放,早日实现碳达峰和碳中和的"双碳目标",才是拯救地球生存环境的唯一解决之道。1992 年签署的《联合国气候变化框架公约》、1997 年签署的《京都议定书》、2016 年签署的《巴黎协定》构建了当前温室气体减排机制的国际法基础。

经过探索,建立碳排放权交易市场成为限制碳排放总量,实现碳减排最有效的工具。建立和实施碳排放权交易制度已经成为国际上的趋势和主流,成为实现全球碳减排目标最重要的举措。欧盟和美国等发达国家和地区的碳排放权交易市场发展较早,相关的制度设计以及立法经验更为丰富,值得我国借鉴。国内通过对多个地区试点市场的先行先试,也总结了一些经验。随着时机成熟,2021 年 7 月,全国统一碳市场也应运而生了。这是我国碳排放权交易制度建立和发展的里程碑。

与之对应的,国家必须加快完善碳排放权交易市场规则,并加速相关法律、法规的出台,保障碳市场有效运行,使碳排放权交易有法可依。我国碳市场从无到有,相对传统市场而言还是新事物。碳排放权交易的制度设计以及对法律问题的研究都还有很大的进步空间。本章将介绍国际碳排放权交易市场的发展;国内最新的碳排放权交易的管理和制度;还将"以案说法",通过分析实际发生的交易案例以及对未来交易市场发展的前瞻性设想,为大家呈现最新的法律实践,以期为大家带来更多收获。

2.2　国际碳排放权交易制度概述

2.2.1　国际条约中的碳排放权交易制度

众所周知,国际碳排放权交易制度起源于国际气候变化的时代大背景下,它的诞生与发展是国际社会在环境保护和经济发展之间达成的平衡和折中方案,在国际气候环境治理领域处于核心和至关重要的地位。在国际社会中,统领世界各国碳排放权交易制度的当属《联合国气候变化框架公约》,该公约于 1992 年 5 月在联合国总部纽约通过,于 1992 年 6 月在巴西里约热内卢开始向各成员国开放加入,1994 年 3 月,该公约正式生效。该公约规定了条约生效后各缔约方每年都应当召开缔约方会议,来应对国际气候变化。1997 年,《京都议定书》正式生效,标志着控制温室气体和减排温室气体成为了发达国家的法定条约义务,2009 年,在丹麦首都哥本哈根通过了旨在进一步加强各成员国的减排义务的条款。2015 年12 月 12 日,全世界 195 个国家在法国巴黎签署《巴黎公约》,该公约的生效将正式替代先前的《京都议定书》,目标是联合世界各个国家来共同面对全球气候变化所带来的气候挑战。

由于在全球范围内缺乏一个有效统领世界各国的权威碳排放权交易组织,因此国际碳排放制度的建立更多地依赖国际条约和各成员国双边和多边条约来调整。在应对全球气候变化领域,则更多地依赖各成员国之间的双向或者多向合作来实现节能减排的目标,所谓的国际条约,是指两个或者两个以上国际法主体依据国际法确定其相互间权利和义务的一致的意思表示。条约的主体必须是国家或者其他国际法主体,内容必须符合国际法,规定缔约方在国际法上的权利和义务关系。在涉及国际碳排放权交易领域,1992 年缔结的《联合国气候变化公约》(俗称《里约公约》),期间通过了《里约环境与发展宣言》《21 世纪议程》《气候变化框架公约》《生物多样性公约》等重要文件,1997 年缔结的《京都议定书》以及 2015 年缔结《巴黎公约》是目前全球最具有影响力的三个涉及碳排放权交易的国际性公约,当然,在其他地区,例如,欧盟、美国、日本、澳大利亚等地也存在着双边和多边性的碳排放权交易的双边或者多边条约,因此在国际碳排放权交易领域,在法律架构上存在着缺乏第三方有效监管的窘境和面临着条约"碎片化"的矛盾,与传统的贸易法等其他商业法不同的是,碳排放权交易制度本身具有复杂性、敏感性、专业性的特点决定了在国际法层面,碳排放权交易制度本身还未形成统一规范的法律体系[1]。

随着世界各国意识到节能减排、减少二氧化碳排放对全球环境治理的重要性,规范并完善各自碳排放权交易制度成为世界各国急需完成的任务。习近平主席在 2020 年联合国第 75 届大会上表示,中国将努力在 2060 年之前实现碳中和。所谓碳中和是指通过碳汇总量和碳信用总量来抵消商业活动中所产生碳排放量,而这是整个碳排放权交易制度的核心。虽然国际碳排放权交易制度面临着非常复杂因素的挑战,但是其内在的制度结构和框架也并非无逻辑可言,各成员国仍旧积极围绕联合国这一国际组织,探讨建立一整套碳排放权交易制度。1992 年,《联合国气候变化公约》的缔结为碳排放权交易制度奠定了坚实的国际合作的基础,但公约本身并没有具体规定各成员国的减排义务和减排模式,《京都议定书》在人类历史上首次以法规的形式规定温室气体减排目标和时间表,并基于历史的责任,允许发展中国家弹性自愿减排,对于发展中国家采取"共同但有区别"责任原则,针对发达国家,则强制要求其在 2010 年前将所有的温室气体排放比 1990 年的排放水平减少 5.2%,《京都议定书》为此建立了清洁能源发展机制、国际排放交易制度、联合履约机制等作为配套措施。

1. 国际排放交易机制

国际排放交易机制是在发达国家之间基于总量控制的配额型交易,即当发达国家的碳排放量超出限定的碳排放量时,就只能通过市场购买配额,而配额有富余的国家则可卖出配额来获益,它的本质是通过针对发达国家施行配额排放制度来达到逐步限制和减少碳排放,并通过相互交易的方式来减少因为减排导致的经济问题。

2. 清洁能源发展机制

清洁能源发展机制是在发达国家与发展中国家之间基于项目的核证减排型交易,发达国家提供资金与技术在发展中国家实施低碳减排项目,然后经过世界银行或国际碳基金公司(Global Carbon Fund)等"联合履约管理委员会"的认证转化为碳信用,该信用既可以用来抵消发达国家的减排任务,也可用于碳市场交易。设计此项制度的目的是为了实际解决发达国家和发展中国家在减排技术和资金方面的"实际代差",发达国家和发展中国家之间通过技术合作、资金援助、信用抵消的方式达到实际减排目的,它是目前发达国家和发展中国家之间比较常见的碳信用合作方式之一。

3. 联合履约机制

联合履约机制是指在发达国家间基于项目核证减排型交易,其核证减排的形态目前采取"双轨制",即如果缔约方国内存在温室气体排放评估体系与登记系统,并完成提交国家温室气体排放的年度清单等相关信息的程序义务,就可由本国直接签发核证减排单位;否则其开展的项目仍必须经"联合履约管理委员会"核证签发,联合履约机制的建立是为了鼓励其成员国在其国内形成可以供核证的减排单位[2]。

从20世纪90年代初,国际社会强调强制性的减排义务,到充分利用市场的自我调节功能来加强国际碳排放权交易的合作,国际碳排放权交易机制发展至《巴黎协定》时期,其将减排模式由"强制责任"转向了"自主贡献",即不再强调减排目标总量,当然随之而来的基于排放总量规则项下的国际排放交易机制随之消失。《巴黎协定》设置了减缓成果国际转让机制(Internationally Transferred Mitigation Outcomes,ITMO)与部门核证减排机制(Sector-based Clean Development Mechanism,S-CDM)。前者是为协助国家履行自主承诺,允许各缔约国自由选择减缓成果转让的形式和途径,既可以借助国际碳排放权交易机制,也能够自主创建国内或区域性碳排放权交易机制,进一步增强了履约的灵活度,后者沿用清洁发展机制的交易模式,同样具有"抵消功能"。这种"双轨并行"的模式有效地解决了在制度设立初期所面临的发展中国家和发达国家之间的"交易困境",可以这么说,目前的碳排放权交易制度在很大程度上照顾到了发达国家和发展中国家之间的实际需求和减排能力,既有针对排放量的配额制,也有核证制;既有针对总量的减排,也有针对具体的部门、项目的核证和抵消[3]。

由于《巴黎协定》对于强制性的减排总量的取消,使得基于排放总量的碳排放权交易制度面临新的制度改革,各缔约国也通过国内立法的方式纷纷在国内或者区域范围内建立起内部配额型碳排放权交易市场。纵观全球范围,首个基于碳排放配额的交易系统是欧盟排放交易系统,其诞生于2005年。截至2020年,在全球领域内已经有超过30家单独或者联合的碳排放权交易市场,其中美国政府在2012年就联合美国中东部9个州推行区域温室气体行动计划,作为其在电力行业节能减排的最佳执行手段,2014年,美国的加利福尼亚碳排放权交易市场与加拿大魁北克省碳排放权交易市场实现对接,2015年,加拿大安大略省宣布建立独立的碳排放权交易市场,并将连接之前的美国—加拿大的交易体系中,从而实现美国和加拿大在碳排放权交易市场领域资源共享。在亚洲,日本东京市作为全球第一个拥有城市级别的碳排放权交易市场,最近与日本的埼玉市达成碳排放权交易系统连接,使得日本建立全国范围内的碳排放权交易市场更进了一步。2015年,韩国成为又一开启全国碳市场交易市场的亚洲国家,且韩国的市场规模是全球仅次于欧盟的第二大碳排放权交易市场。2021年,我国将先前的碳排放权交易试点从7个省市扩展到9个,并计划建设全国统一的碳排放权交易市场,如此一来,我国将成为超越欧盟的世界第一大碳排放权交易市场。

具体来说,各国为约束国内相关部门与企业的减排任务,保留并新创建了许多配额型碳排放权交易市场。例如,澳大利亚于2003年在新南威尔士州建立起针对电力行业的温室气体减排计划和温室气体减排体系;欧盟则早在2005年就建立了涵盖所有欧盟成员国的碳排放权交易体系,成为全球首个超大规模的跨国强制性碳排放权交易市场。与此同时,为了使履约更加灵活,世界各国还纷纷建立起了大量地方性和全国性的核证型碳信用交易机制,有的影响力甚至有超越国际碳信用主机制的趋势,但在经历 2012 年清洁发展机制碳市场价格暴跌后,世界各国逐渐转向选择独立的碳信用交易机制,下面简单介绍一下全球范围内主要碳排放权交易市场的结构以供参考。

2.2.2　美国碳排放权交易制度简介

在国际市场上碳信用交易制度占据领先地位的分别是美国碳注册登记处(American Carbon Registry,ACR)、气候行动储备方案(Climate Action Reserve)、黄金标准(Gold Standard)、自愿碳减排核证标准(Verified Carbon Standard)等占据核证项目总数的 2/3[4]。截至 2020 年 4 月,有 5 个国家参与美国碳注册登记处的相关减排行动;有 2 个国家参与气候行动储备,注册项目数达到 155 项;参与黄金标准的有 72 个国家,注册项目数 1249 项;参与自愿核证减排机制的有 72 个国家,注册项目数 1628 项。同时,在各国向《巴黎协定》提交的 189 份批准书中,有 97 份提出计划使用核证型碳排放权交易机制来履行国家自主贡献承诺,这些碳排放权交易机制的目的是根据各自的需求偏好去落实碳减排的目标。

2.2.3　欧盟碳排放权交易制度简介

欧盟作为世界上最早建立起统一碳排放权交易市场的地区,其在世界碳排放权交易市场领域的一举一动都具有举足轻重和示范的作用,欧盟目前的排放交易体系是整个欧盟气候变化政策的基石,是全面应对气候变化、符合成本效益原则的核心机制,也是目前全球领域范围内最大的碳排放权交易。欧盟排放交易体系运行于所有欧盟成员国,及冰岛、挪威和列支敦士登,限制了上述国家电力部门和制造业和航空运输业,涉及 40% 的欧盟温室气体排放。瑞士于 2020 年 12 月与欧盟达成了碳排放权交易市场的对接。首先,欧盟内部施行统一碳价,且定价机制运作良好,价格波动合理。欧盟目前的政策是将更多的行业纳入碳定价机制中,如物流运输行业等,与此同时,征收高额碳价遭到了企业和消费者的反对,消费者不愿意支付更多的碳税,然而欧盟碳市场已经成为欧盟气候政策的核心,欧盟碳市场一开始的建设并不容易。最初很多学者更希望对碳排放的行为进行征税,即由政府确定碳价,而不是通过碳排放限额交易系统,由政府来制定碳排放配额。但根据欧盟的现有政治架构,所有成员国在税收问题上享有一票否决权,所以欧盟在各国征收统一的碳税的建议没有获得最终通过。

在欧盟碳排放权交易市场推出的初期,许多欧盟企业通过政府发放的免费碳排放配额获得大量的额外收益,碳排放配额的过度分配也遏制了碳价。但这是政策制定者的政策导向行为,目的是为碳排放权交易市场的建立和统一争取足够的政治和民意的支持。之后,欧盟碳排放权交易体系的规则几经修订,现在这些问题大多得到了解决。市场结构已经相对成熟,逐步提高的碳定价也正在鼓励更多企业向低碳转型,如淘汰煤炭发电等。

总之,国际碳排放权交易市场目前整体处于无政府状态,国际社会缺乏统一的机构实行有效监管,各成员国在减排中都充斥着政治博弈的因素,仅仅凭借发达国家在技术层面的先发优势和国际舆论呼吁,很难从根本上去全面规范碳排放权交易市场,因此《联合国气候变化公约》只能从利益再分配的角度来协调各成员国之间的利益冲突,将减排与经济挂钩来分配各成员国的综合收益。从短期来看,很难在全球范围内建设一个统一的碳定价和碳排放权交易体系,这其中涉及的利益分配和主权政治问题会对交易体系构成很大的障碍,而且,虽然碳定价从经济上来说确实是最有效的促进碳减排的办法,但对于碳减排而言从长远来看并不一定是必不可少的。国际上目前采取一种更加分散和灵活的方式进行跨境碳排放权交易,从经济的角度看,方法可行,甚至有望为欠发达国家提供更多的低碳投资和技术支持。但这种方法要想奏效,购买碳排放权的国家所买的必须是卖出国"额外"的碳排放,这就涉及对卖出国实际情况的评估和鉴定。

2.3　国外重点碳排放权交易的法律实践

2.3.1　欧盟排放交易体系

欧盟排放交易体系属于总量交易,在污染物排放总量不超过允许排放量或逐年降低的前提下,内部各排放源之间通过货币交换的方式相互调剂排放量,实现减少排放量、保护环境的目的。欧盟排放交易体系的具体做法是,欧盟各成员国根据欧盟委员会颁布的规则,为本国设置一个排放量的上限,确定纳入排放交易体系的产业和企业,并向这些企业分配一定数量的排放许可权——欧洲排放单位(EUA)。如果企业能够使其实际排放量小于分配到的排放许可量,那么它就可以将剩余的排放权放到排放市场上出售,获取利润;反之,它就必须到市场上购买排放权,否则,将会受到重罚。

欧盟委员会规定,在试运行阶段,企业每超额排放 1 t 二氧化碳,将被处罚 40 欧元,在正式运行阶段,罚款额提高至每吨 100 欧元,并且还要从次年的企业排放许可权中将该超额排放量扣除。由此,欧盟排放交易体系创造出一种激励机制,它激发私人部门最大可能地追求以成本最低方法实现减排。该体系所覆盖的成员国在排放交易体系中拥有相当大的自主决策权,这是欧盟排放交易体系与其他总量交易体系的最大区别。虽然各成员国有很大自主决策权,但是在激励机制下,27 个主权国家的大多数企业纷纷加入碳排放权交易体系中。

法国电力集团,是全球最大的电力生产企业之一,2020 年世界 500 强企业排名第 110 位。集团总装机容量超过 130 GW,全球员工约 16 万人,业务涵盖整个电力产业链上下游,包括发电、输配电,以及电力贸易和销售网络等多个配套环节,其主要的二氧化碳排放来自欧洲的电力业务。

法国电力在努力进行发电结构与碳排放综合优化的同时,依托旗下电力贸易公司,积极开展碳排放权交易市场业务。最初,法国电力的设想是通过法国电力贸易公司,布局国际能源批发市场,负责法国电力的能源原料采购、运输及存贮,管理法国电力的电力输出,开展风险评估与对冲。而随着欧洲碳排放市场的建立,碳资产管理也成为了法国电力贸易公司的重点业务之一。在优化集团内部碳排放年度预算的基础上,法国电力贸易公司负责在碳排放权交易市场上,弥补法国电力的碳排放权配额缺口。和通常生产企业的采购或销售部门不同,法国电力贸易公司在财务、人事和业务上均独立运行,在遵循法国电力年度采购与销售计划的基础之上,更采用多种金融策略和碳资产组合管理手段,进一步降低购、销成本,进而实现可观收益。

同时,法国电力下属各欧洲业务公司还成立了一支规模3亿欧元的碳排放权交易基金,委托法国电力贸易公司进行管理。除了配额和经核证的减排量交易外,法国电力贸易公司还在欧洲市场开展可再生能源证书、生物质颗粒能源、天气衍生品等多项环境相关产品。通过这些交易手段,法国电力集团得以规避市场风险,稳步发展低碳能源并由此提升了集团的长期市场竞争力。

当然在交易层面上风险控制非常重要。法国电力贸易公司任何新的交易产品或是新的项目都需要通过技术和法务的尽职调查并经过公司定期召开的交易审核委员会批准才能开展,交易都需要经过严格的授权且风险敞口每日进行统计。通过法国电力贸易公司的市场操作,法电集团不仅完成了欧盟碳交易机制(EUETS)下的排放配额要求,而且切实将“限制”转化为“资产”。目前法国电力贸易公司通过互换、掉期、对冲等多种方式积极参与市场交易,碳配额和经核证的减排量交易量位列欧盟市场前三名。

无独有偶,芬兰纸业巨头芬欧汇川集团(UPM)也是欧盟碳市场的参与者,通过提高能效和投资可再生能源,UPM实现了每吨纸生产碳排放降低25%的目标。该集团认为,虽然碳市场会使得他们比起其他没有类似机制的企业竞争力有所削弱,但目前他们在市场上的配额已经占据足够优势,相信能够在碳市场交易格局下巩固旧市场扩大新市场。

2.3.2　美国区域温室气体减排行动

美国区域温室气体减排行动是美国第一个强制性、基于市场手段减少温室气体排放的区域性行动,于2003年4月创立,旨在以最低成本减少二氧化碳排放量,同时能鼓励清洁能源发展的区域行动计划。该计划期望在不显著影响能服价格的前提下降低温室气体排放,是全球第一个用拍卖方式分配几乎全部配额的排放权贸易制度。由此也导致了美国碳市场信息公开第一案,由新泽西州独立的调查新闻机构“新泽西看门狗”负责人向州府所在地方法院起诉新泽西环保局,诉请是要求新泽西环保局公开在“区域温室气体减排行动(RGGI)”市场减排量拍卖的买受人信息。以2009年3月18日的拍卖为例,现货市场以每吨3.23美元拍出3088万t,期货市场以每吨2.06美元拍出217万t,共计拍得1.04亿美元。其中,电厂拍得的减排量占拍卖总量的85%。令人关注的是,区域温室气体减排行动(RGGI)的公开记录未列明其余25%的减排量去向。但根据参与竞拍州公布的此次潜在竞拍人信息中显示,JP摩根风险能源公司(JP Morgan Ventures Energy Corporation)、巴克莱银行(Barclays Banks PLC)、美林商品公司(Merrill Lynch Commodities)、摩根士丹利资本集团(Morgan Stanley Capital Group)等皆在列。

该新闻机构负责人在向新泽西州政府所在地的高级法院提起诉讼之前,根据信息公开法案(OPRA)向区域温室气体减排行动和新泽西环保局提出信息公开申请均未果。为了避免披露,RGGI和新泽西环保局玩起了“捉迷藏”,区域温室气体减排行动认为,它不是一个受到信息公开法律约束的公共机构。根据区域温室气体减排行动公司在2009年12月作出的官方说明文件,区域温室气体减排行动是一个非营利性公司,目的是为了在签约州中执行碳限额交易,控制温室气体排放。签约州提供技术和科学咨询服务,包括对配额的拍卖以及配额二级市场的监控和拍卖。新泽西环保局认为,二氧化碳减排量买受人的身份,应该属于商业秘密或者商业所有权机密。如果公布这些信息,将会对拍卖形成潜在威胁,而且进入数据库的私人权利比公共利益更重要。

由于本案目前还在诉讼过程中,对排放量的拍卖信息是否能依照企业申请以属于商业秘密为由不予披露是争议焦点,相信国际碳排放权交易市场都将目光放在这碳市场交易信息公开第一案上。

2.3.3　新西兰排放交易体系

2019年11月7日,新西兰议会第三读通过零碳排放法案(法案完整名称:Climate Change Response (Zero Carbon) Amendment Bill),标志着此议案将很快成为法律。该法案将成为新西兰制定相关气候变化政策所依据的重要框架。根据该法案,新西兰将支持《巴黎协定》所设立的将全球平均气温上升控制在1.5℃的全球行动,并在新西兰境内采取相应的行动,以有抑制碳排放与有效应对气候变化。

至2050年,新西兰将实现除农业等产生的生物源甲烷外,所有温室气体的零排放。而至于生物源甲烷的总排放量,至2050年将实现减少24%至47%;其中包括中期目标,即至2030年,生物源甲烷的总排放量要实现在2017年的水平上减少10%。法案还规定了为实现此目标要采取的做法与步骤,如气候变化委员会的设立与权责以及进行国家气候变迁风险评估等。同时新西兰工党在大选时就宣布,要在2050年实现零碳排放目标。

但是,每年新西兰全国排放的温室气体达到8000万t。调查发现,这些温室气体绝大部分是由一些知名企业在生产制造中排放的。比如新西兰航空,虽然以高效、舒适成为新西兰最大的航空公司,但是过去一年的碳排放量达到358万t,在新西兰碳排放"黑名单"位居前列。

新西兰碳排放权交易体系采取"二折一"的举措并且固定了价格上限,也就是说碳排放"黑名单"上的企业可以通过缴回一个配额抵两吨碳排放量,在这个交易体系运作下,新西兰大量企业的碳排放权交易权通过交易所进行交易,从而减少受法案规制下的行政处罚。

2.3.4　东京都排出量取引制度

2010年,世界上第一个城市级的强制排放交易体系在日本东京构建(东京都排出量取引制度,Tokyo Cap-and-Trade Program,TCTP)。东京都是日本人口最多、商业集聚最密集的城市,同时也是日本碳排放量最大的地区,其排放量的95%都来自与能源相关的二氧化碳排放。从具体的排放源来说,东京的排放主要来自商业建筑,而建筑的能源消耗又主要来自电力,这就使得商业建筑的排放量易于报告和审计。

考虑到减排目标是到2020年减排25%,东京都施行的排放交易机制是总量体系交易的模式,即设定排放的总限额,依据这一限额确定排放权的分配总量,再以一定的分配方式分配给受管控企业,企业获得配额后可以按需进行交易。完善的总量控制排放交易机制包括减排目标、覆盖范围、配额分配、履约机制和灵活性机制。

在这种强力监管下,东芝集团,一个创立于1875年,业务涵盖发电、工业制造、信息通信、半导体、电子元件、生活家电及电子产品等领域,在国际非营利环境信息披露组织(CDP)2021年公布的《2020年国际非营利环境信息披露组织(CDP)气候变化报告》中,东芝获得

"A 名单"的企业殊荣。东芝集团的经营理念是"为了人类和地球的明天。"基于这一理念，其将在环境方面做出的努力定位为企业经营的最重要课题之一，并致力于开展推动社会可持续发展的活动。在 2021 年 11 月公布的全新长期展望《东芝集团环境展望 2050》中，表明了将"应对气候变化"列为重点项目之一，同时宣布到 2030 年为止东芝集团价值链中的温室气体排放将减少 50%（与 2019 年相比），并为到 2050 年实现温室气体净零排放而做出贡献。同时，2030 年的温室气体减排目标已获得科学减碳企业（Science Based Targets）的认定。

2.4　我国碳排放权交易与交易管理制度

2011 年 10 月 29 日，国家发改委办公厅发出《关于开展碳排放权交易试点工作的通知》，同意北京、上海、重庆、湖北、广东以及深圳开展碳排放权交易试点。2013 年 6 月 18 日，深圳碳市场率先启动，其余试点随后也陆续启动。2016 年，两个非试点地区福建和四川也相继启动碳市场。2021 年 7 月 16 日，全国统一的碳排放权交易市场正式启动，主会场在北京，两个分会场分别在上海和湖北。发电行业的 2162 家重点排放单位率先进入，启动后覆盖的排放量超过 40 亿 t，成为全球最大的碳市场。

2.4.1　我国碳排放权交易实践

以上海环境能源交易所为例，碳排放权交易的产品分为现货产品和远期产品。其中现货产品分为国家核证自愿减排量和上海碳排放配额两种，如图 2-1 所示。

图 2-1　上海环境能源交易所产品示意图

在图 2-1 中，远期产品的协议为未来 1 年的 2 月、5 月、8 月、11 月月度协议。交割方式有实物交割和现金交割两种。

远期产品的交易模式可以类比上海期货交易所的期货合约，进行投机或套利。基于现有的交易机制，碳排放权套利模式可以采用跨期套利和期现套利。

套利的本质是风险对冲。跨期套利的基本操作方式是在不同月份合约上建立数量相等、方向相反的交易头寸。例如，11 月，上海碳配额远期协议（SHEAF）02 价格为 45 元/t，上海碳配额远期协议（SHEAF）05 价格为 55 元/t。交易员买入上海碳配额远期协议（SHEAF）02 同时卖出上海碳配额远期协议（SHEAF）05 各 100t，锁定价差 10 元/t。12 月，上海碳配额远期协议（SHEAF）02 价格涨到 47 元/t，上海碳配额远期协议（SHEAF）05 价格跌到 52 元/t，此时价差缩小到 5 元/t。可以选择两种交易策略。

（1）在 12 月卖出上海碳配额远期协议（SHEAF）02，同时买入上海碳配额远期协议（SHEAF）05，全部平仓，此时上海碳配额远期协议（SHEAF）02 赚 2 元/t，上海碳配额远期协议（SHEAF）05 赚 3 元/t。盈利共计 500 元。

（2）不平仓，在 2 月现金交割买入上海碳配额远期协议（SHEAF）02，在 5 月实物交割卖出上海碳配额远期协议（SHEAF）05，此时盈利共计为 1000 元。

期现套利的基本操作方式是利用远期合约和现货合约的价格差距，低买高卖。例如，A公司有成本为 30 元/t 的碳排放权 100t，于 11 月卖出上海碳配额远期协议（SHEAF）02，价格为 50 元/t。次年 1 月，上海碳配额远期协议（SHEAF）02 价格跌到 45 元/t。此时 A 公司可以选择两种交易策略。

（1）在 1 月买入上海碳配额远期协议（SHEAF）02 平仓，盈利 5 元/t。现货情况不变。

（2）在 2 月实物交割卖出上海碳配额远期协议（SHEAF）02，盈利 20 元/t。现货被交割卖出。

在上述例子中，如果远期合约价格跌到低于 30 元，平仓获利高于交割获利；如果远期合约价格高于 30 元，交割获利高于平仓获利。但不论远期合约价格如何波动，在交易初期就已经锁定了 20 元的利润。

2.4.2　我国碳排放权交易管理制度

生态环境部于 2020 年 12 月 31 日公布的《碳排放权交易管理办法（试行）》（以下简称《管理办法》）是目前碳排放权交易法律体系中层级最高的。《管理办法》共八章，第二章规定了何为重点排放单位，第八章附则是对《管理办法》中的用语的含义进行了解释。本节笔者以《管理办法》的其余六章为主，并结合各试点以及非试点地区的相关实践梳理一下我国碳排放权管理与交易制度。

《管理办法》的制定是为了应对气候变化和促进绿色低碳发展中充分发挥市场机制作用，推动温室气体减排，规范全国碳排放权交易及相关活动，以实现国家有关温室气体排放控制的要求。碳排放权交易市场本质上是一个政府拟制的市场，其依赖于法律法规的合理设计。全国碳排放权交易市场的构建和运行是一项复杂的系统工程，既需要对全国性碳排放权交易市场本身的全面性制度安排，同时也要考虑到不同地区、产业和行业的差异性和发展需求。我国在七个试点地区和两个非试点地区开展碳排放权交易，并以此为基础探索和建立全国性的碳排放权交易制度。

2.4.3　分配与登记

1. 配额总量与分配

碳排放权交易市场的交易产品为碳排放配额，因此碳排放配额总量与分配是碳排放权交易中的重要环节。《管理办法》第 14 条规定："生态环境部根据国家温室气体排放控制要求，综合考虑经济增长、产业结构调整、能源结构优化、大气污染物排放协同控制等因素，制定碳排放配额总量确定与分配方案。省级生态环境主管部门应当根据生态环境部制定的碳排放配额总量确定与分配方案，向本行政区域内的重点排放单位分配规定年度的碳排放配额。"根据上述规定可知，我国采用的是自上而下的分配模式。即由生态环境部根据温室气体排放控制要求，先确定配额总量以及各省份的配额，各省份在根据其自身实际情况将配额分配给省内的重点排放单位。

以上海市为例,上海市根据2020年及"十三五"碳排放控制目标和要求,在坚持实行碳排放配额总量控制、促进用能效率提升和能源结构优化、平稳衔接全国碳排放权交易市场的原则下,按照纳管企业碳排放控制严于全市总体要求,确定上海市2020年度碳排放权交易体系配额总量为1.05亿t。

配额分配是指配额的初始分配,其对温室气体减排义务主体的积极性以及碳排放权交易市场的商品流动性具有重大影响。配额的初始分配过少,减排义务主体能够用来交易的配额就会变少,影响碳排放权交易市场的活跃程度;配额的初始分配过多,则会降低减排义务主体的减排积极性。配额的初始分配主要涉及配额的取得方式和分配方法。

(1)取得方式。《管理办法》第15条规定:碳排放配额分配以免费分配为主,可以根据国家有关要求适时引入有偿分配。由此可知,我国碳排放配额分配分为免费分配和有偿分配。从2019和2020年七个试点和两个非试点地区公布的分配方案来看,除北京、四川尚未公布分配方案外,福建和湖北采取免费分配方式,上海、广东、重庆和天津等采取免费分配为主,有偿分配为辅的方式,但有偿分配的具体方式尚未公布。

(2)分配方法。碳排放配额分配方法是指以某一或某些标准将配额分配给重点排放单位。实践中碳排放分配方法主要有:标杆法、历史总量法、历史强度法、基准值法、先进值法、行业基准线法和历史排放法。

以上海为例,上海市根据不同行业的不同特点,有针对性地规定了三种分配方法。对于发电、电网和供热等电力热力行业企业,采用行业基准线法;对主要产品可以归为3类(及以下)、产品产量与碳排放量相关性高且计量完善的工业企业,以及航空、港口、水运、自来水生产行业企业,采用历史强度法;对商场、宾馆、商务办公、机场等建筑,以及产品复杂、近几年边界变化大、难以采用行业基准线法或历史强度法的工业企业,采用历史排放法。

2. 配额登记

根据《管理办法》第5条规定,生态环境部按照国家有关规定,组织建设全国碳排放注册登记系统。全国统一的碳排放权交易市场启动后,国家将全国碳配额登记系统设置在湖北武汉。

配额登记是指碳排放权注册登记机构通过登记簿对碳排放配额的取得、转让、变更、清缴、注销等行为,以及与此相关的事项进行记载和统一管理,登记注册系统中的信息是碳配额权属的依据。配额的取得、持有、转让、变更、注销和结转等自登记之日起发生效力,未经登记,不发生效力。从各试点地区和两个非试点地区来看,配额登记可分为初始登记、变更登记和注销登记三类。

(1)配额的初始登记是指配额主管机关根据配额分配方案将配额分配给纳入配额管理的单位并在登记簿中进行记载的行为。《上海市碳排放管理试行办法》第9条规定:"市发展改革部门应当根据本市碳排放控制目标以及工作部署,采取免费或者有偿的方式,通过配额登记注册系统,向纳入配额管理的单位分配配额。"

(2)配额的变更登记是指配额因买卖、继承、赠予、质押、企业合并或分立等行为发生权利主体或内容变更时,相关权利主体通过注册登记机构对变更事项进行记载的行为。《管理办法》第18条规定:"重点排放单位发生合并、分立等情形需要变更单位名称、碳排放配额等事项的,应当报经所在地省级生态环境主管部门审核后,向全国碳排放权注册登记机构申请变更登记。全国碳排放权注册登记机构应当通过全国碳排放权注册登记系统进行变更登记,并向社会公开。"

(3) 配额的注销登记是指碳排放配额因配额清缴等事项而不能继续被持有、使用和交易,登记注册机构将其在登记簿中进行注销的行为。《上海市碳排放管理试行办法》第16条规定:"纳入配额管理的单位应当于每年6月1日至6月30日期间,依据经市发展改革部门审定的上一年度碳排放量,通过登记系统,足额提交配额,履行清缴义务。纳入配额管理的单位用于清缴的配额,在登记系统内注销。"

2.4.4　碳排放权定价与风险管理

全国统一的碳排放权交易市场启动后,国家将全国碳排放权交易中心设置在上海。碳排放权交易的交易主体为重点排放单位以及符合国家有关交易规则的机构和个人,交易产品为碳排放配额,生态环境部可以根据国家有关规定适时增加其他交易产品。碳排放权交易重点在碳市场价格以及风险管理机制。

1. 碳市场价格

合理有效的碳市场价格对碳市场的平稳运行至关重要。配额总量设置、配额分配方式、抵消机制运用、交易方式以及市场调控机制等因素都会对碳价格的形成产生影响。

(1) 配额总量设置。总量控制是碳排放权交易市场建立的前提和基础,配额总量反映了市场供给量的多少。总量设置需要控制在合理的范围,若碳排放目标控制趋于严格,配额设定目标趋紧,则配额总供给应减少,在其他条件不变的情况下碳价预期将会升高。

(2) 配额分配方式。有偿竞价作为配额有偿分配的一种方式,对于市场价格的形成主要体现在:①锚定碳配额价格,尤其是碳市场启动初期,当各方参与者对配额价格的判断差异较大时,通过有偿竞买能够发挥市场价格导向作用;②价格发现作用,在市场价格波动比较剧烈的时候,通过有偿竞买有机会发现较多参与方能够接受的价格;③抑制价格过高,通过有偿竞买增加市场供应,可以有效平抑过高的市场价格。

(3) 抵消机制运用。抵消机制作为一种市场化的激励手段,为参与主体提供了灵活的履约方式。抵消机制碳信用使用越多,市场供给越多,在其他条件不变的情况下碳价格越低。

(4) 交易方式。各试点碳市场的交易方式主要分为公开挂牌交易和协议转让,两种方式形成的交易价格有所差异。挂牌交易价格由公开市场决定,更符合市场化的定价机制规则,而协议转让由点对点的双向协商机制形成价格,价格涨跌幅区间大,适合大宗交易。

(5) 市场调控机制。市场调控措施主要包括政府预留配额、配额拍卖或固定价格出售等,但各试点的相关规定普遍较为笼统,缺乏具体执行条件和措施。

就全国碳市场而言,目前全国市场内全部为发电行业的企业,并且以大型央企和地方国企为主,更趋向于集团化管理,很多交易局限于内部调配。此外,配额的初始分配全部免费分配,企业缺乏交易动力。这些因素都将直接影响到全国碳排放权交易市场的活跃程度,进而影响碳价格。

2. 风险管理机制

《管理办法》第 22 条规定,全国碳排放权交易机构应当按照生态环境部有关规定,采取有效措施,发挥全国碳排放权交易市场引导温室气体减排的作用,防止过度投机的交易行为,维护市场健康发展。根据各试点的相关实践,有效措施主要包括涨跌幅限制、最大持有量限制、大户报告、风险警示、异常交易监控、风险准备金和重大交易临时限制措施等制度。以《上海环境能源交易所碳排放权交易风险控制管理办法(试行)》为例,上海风险管理机制包括涨跌幅限制制度、配额最大持有量限制制度、大户报告制度、风险警示制度和风险准备金制度。

(1) 涨跌幅限制制度。涨跌幅度限制由交易所设定,交易所可以根据市场风险状况调整涨跌幅限制。涨跌幅限制的设置,能够有效抑制碳市场上的过度投机行为。上海规定碳排放配额(SHEA)挂牌交易的涨跌停板幅度为上一交易日收盘价的 ±10%。

(2) 配额最大持有量限制制度。配额最大持有量是指交易所规定的会员和客户持有碳排放配额的最大数量。会员和客户的配额持有数量不得超过交易所规定的最大持有量限额。最大持有量限制制度对避免碳市场出现配额垄断和价格操纵等不正当竞争行为具有积极作用。

(3) 大户报告制度。交易所可以根据市场风险状况,公布配额持有量报告标准。会员或者客户的配额持有量达到交易所规定的持有量限额的 80% 或者交易所要求报告的,应当于下一交易日收市前向交易所报告。客户未报告的,会员应当向交易所报告。若会员、客户未按照交易所要求进行报告的,交易所有权要求会员、客户再次报告或者补充报告。

(4) 风险警示制度。交易所认为必要的,可以单独或者同时采取要求会员和客户报告情况、发布书面警示和风险警示公告等措施,以警示和化解风险。交易所通过情况报告和谈话,发现会员或者客户有违规嫌疑、交易存在较大风险的,有权对会员或者客户发出《风险警示函》。

(5) 风险准备金。风险准备金是指由交易所设立,用于为维护碳排放权交易市场正常运转提供财务担保和弥补不可预见风险带来的亏损的资金。风险准备金的来源:一是交易所按照手续费收入的 10% 的比例,从管理费用中提取;二是交易所规定的其他收入。

2.4.5 碳排放核查与清缴

《管理办法》第 25 条规定,重点排放单位对温室气体排放报告的真实性、完整性、准确性负责。重点排放单位编制的年度温室气体排放报告应当定期公开,接受社会监督,涉及国家秘密和商业秘密的除外。第 26 条规定,省级生态环境主管部门应当组织开展对重点排放单位温室气体排放报告的核查。

碳排放核查能够保障碳排放报告的可靠性和客观性。对碳排放权交易体系而言,及时、准确的温室气体排放数据非常重要,它便于主管部门审定或确认重点排放单位上年度的实际碳排放量,也是重点排放单位配额清缴的重要依据。

配额清缴是指重点排放单位应当在生态环境部规定的时限内,向分配配额的省级生态环境主管部门清缴上年度的碳排放配额。清缴量应当大于等于省级生态环境主管部门核查结果确认的该单位上年度温室气体的实际排放量。

　　配额清缴还涉及国家核证自愿减排量的使用。国家核证自愿减排量是指对我国境内可再生能源、林业碳汇、甲烷利用等项目的温室气体减排效果进行量化核证,并在国家温室气体自愿减排交易注册登记系统中登记的温室气体减排量。《管理办法》第29条规定,重点排放单位每年可以使用国家核证自愿减排量抵销碳排放配额的清缴,抵销比例不得超过应清缴碳排放配额的5%。

2.4.6　监督管理和罚则

　　《管理办法》第六章规定了对碳排放权交易的监督管理机制,明确了全国碳排放权交易体系的监管部门以及监管范围。其中,上级生态环境主管部门应当加强对下级生态环境主管部门的重点排放单位名录确定、全国碳排放权交易及相关活动情况的监督检查和指导。此外,还应鼓励公众、新闻媒体等,对重点排放单位和其他交易主体的碳排放权交易及相关活动进行监督。

　　《管理办法》第七章对主管部门、注册登记机构、交易机构、重点排放单位等部门的违约及违规行为进行了明确,主要处罚形式为罚款和核减配额。笔者认为核减配额比罚款更有效,因为《管理办法》规定的罚款额度都在3万元以下,这完全不足以对重点排放单位起到震慑作用。

2.5　碳排放权交易发展前瞻与涉及的法律问题

2.5.1　我国碳排放权交易发展前瞻

　　以上海环境能源交易所现在讨论和预想的产品服务为例,产品服务主要分为碳金融服务和碳中和服务。其中碳金融服务包括碳配额(SHEA)质押、中国核证自愿减排量(CCER)质押、借碳交易和卖出回购(图2-2)。

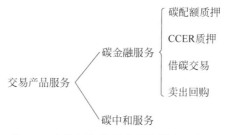

图2-2　上海环境能源交易所服务示意图

　　碳排放配额质押是指为担保债务的履行,符合条件的配额合法所有人(以下简称"出质人")以其所有的配额出质给符合条件的质权人,并通过交易所办理登记的行为。

　　其业务流程如图2-3所示。

　　中国核证自愿减排量质押流程如图2-4所示:企业以其持有的中国核证自愿减排量作为质押物,获得金融机构融资的业务模式。在碳市场抵消机制下,中国核证自愿减排量具有

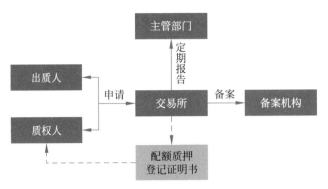

图 2-3   碳排放配额质押流程示意图

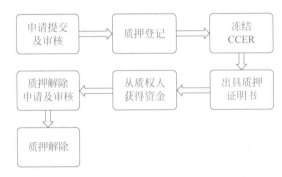

图 2-4   中国核证自愿减排量质押流程示意图

明确的市场价值,为其作为质押物发挥担保融资功能提供了可能。

借碳交易是符合条件的配额借入方存入一定比例的初始保证金后,向符合条件的配额借出方借入配额并在交易所进行交易,待双方约定的借碳期限届满后,由借入方向借出方返还配额并支付约定收益的行为。其流程如图 2-5 所示。

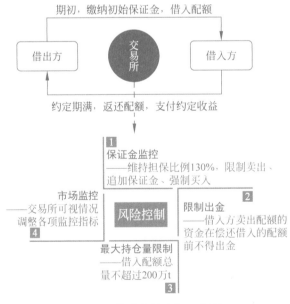

图 2-5   借碳交易流程示意图

卖出回购是控排企业根据合同约定向碳资产管理公司卖出一定数量的碳配额,控排企业在获得相应配额转让资金后将资金委托金融机构进行财富管理,约定期限结束后控排企业再回购同样数量的碳配额。其流程示意图如图 2-6 所示。

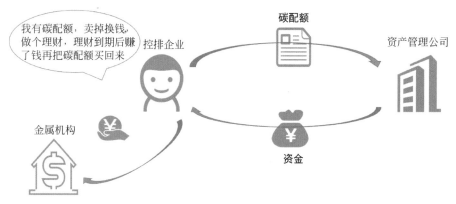

图 2-6　卖出回购交易流程示意图

以上多种服务支撑碳排放权交易市场的运作,企业可以综合采用各种交易方式实现目的。

例如:

A 工厂作为控排企业拥有 2021 年度碳配额 10 万 t,在 2021 年 1 月通过参与竞拍方式以 45 元/t 的价格买入了碳配额 5 万 t。

2021 年 3 月,A 工厂需要增加流动资金,于是将 10 万 t 碳配额以 50 元/t 的价格卖给 B 资产管理公司,并将资金交给 C 金融机构进行财富管理,以实现资产的保值增值。后又将 5 万 t 碳配额质押给 D 工厂获取流动资金。

同年 9 月,C 金融机构操作的财富管理项目非常成功,使 A 工厂获利 100 万元,A 工厂以 52 元/t 的价格将 10 万 t 碳配额从 B 资产管理公司回购,获取利润(50－52)元/t×100 000t＋100 万元＝80 万元。后又将质押的 5 万 t 碳配额解除质押后以 55 元/t 的价格卖出,获取利润(55－45)元/t×50 000t＝50 万元。

随着市场的完善与发展,我国很有可能推出碳排放权期货和期权等金融衍生品交易。届时,碳排放企业和各类金融机构将拥有套期保值以及各类期权套利等交易手段,碳排放权交易市场将会更为活跃、更具流动性、价格回归理性,便于和国际市场接轨。

2.5.2　碳排放权法律属性

虽然新兴的碳排放权交易市场给参与者创造了巨大的商业机会,但是法学界对碳排放权的法律属性存在不少争议,主流观点认为碳排放权是一种混合性财产权,兼具公权和私权的双重属性。

碳排放权的公权属性体现在其是由主管部门设定排放总量控制目标,并通过一定的分配原则或方式将碳排放配额分配给权利主体,本质上是一种行政许可。政府要对环境容量资源使用权进行初始分配,这是碳排放权交易得以实施的前提。此外,二级市场的碳排放权交易也需要在政府部门的严格监管下进行。

碳排放权的私权属性体现在其具有财产性、确定性以及一定的排他性,能够激发交易主体参与温室气体减排的积极性。虽然碳排放权是作为一种排放资格或许可由政府部门创立,其本身不具备财产内容,但这种许可能够为被许可人创造出一种"事实上的财产权"。配额持有者可以对配额享有占有、使用、处分的权利,并以此获得相应的经济利益,并且这种权利在一定程度上不受他人和政府部门的干预。但碳排放权的财产性权利的具体法律属性则争议不断,主要观点有认为其系物权、准物权、用益物权以及无形财产权等学说,至今还没有定论。

碳排放权的法律属性会进一步影响到在发生纠纷时的法律条款的适用,从实践来看,由于其存在的争议,早期司法判例中一般会对其进行回避。因此,如何给碳排放权的法律属性定性,是将来亟待解决的问题。

2.5.3　碳排放权交易的风险防范

碳排放权交易市场是一个运作机制复杂的新兴交易市场,表现为主体多样、客体特殊、利益复杂、信息不对等的特征。在实践中,国内外碳排放权交易市场均存在政治风险、经济风险、技术风险、操作风险、法律风险等问题,直接或潜在地影响着碳排放权交易双方的合法权利,继而影响着碳排放权交易市场的可持续发展。碳排放权交易市场虽然还处在发展的初级阶段,但总体上是可以通过市场监管、风险防控以及交易规划进行控制。

1. 市场监管机制

碳排放权交易市场的平稳发展重在监管,考虑到市场的特殊性,交易流程跨多个部门,决定对碳排放权交易市场的监管必须采用多部门合作监管模式,对交易主体、交易标的进行合理合法的监管。考虑到交易的复杂程度,必须要有健全的法律法规保驾护航。目前我国生态环境部发布了《碳排放权登记管理规则(试行)》《碳排放权交易管理规则(试行)》和《碳排放权结算管理规则(试行)》等文件,从部委规章层面对交易流程进行监管把控。主要对总量控制、配额分配、信息公开、报告审查、注册登记以及第三方机构管理等方面进行了把控。

2. 风险防控

总量控制是碳排放权交易的基础,过严则不利于经济发展,过松则会影响节能控排目标的实现,所以在总量控制方面要合理规划,根据试点省份经济发展水平和产业布局进行协调分配。

配额分配要围绕经济发展、环境保护和控排对象的切身利益展开。全国碳排放权交易市场的配额分配制度不仅要体现科学性,也要兼顾不同省份间的公平性和行业间的差异性。

根据碳披露项目(CDP)的报告显示,中国企业碳排放信息公开严重不足,一方面是企业担心商业秘密泄露,以及环境行政处罚的风险大大提高;另一方面也缺乏企业碳排放信息公开制度,信息透明和商业秘密之间的平衡也是碳排放信息公开所面临的考验。例如,2020年挪威央行将四家加拿大公司排除于其规模达1万亿美元的财富基金,理由是其温室气体排放量过多,这也是首次将碳排放量用作评估标准。

目前,我国7个试点省市均有一套自己的报告审查制度,彼此之间存在差异,不利于碳排放权交易市场跨区域、跨部门的监管审查。而且各个省市报告的完整性、可靠性、可比性差,没有报告作为交易评估依据的话,交易风险过大也不利于碳排放权交易市场发展。

另外,第三方核查机构参与行使碳排放权交易市场监管权力,须拥有国家规定的软件和硬件资质。一旦国家认可其资质,第三方机构就可以根据与控排企业签署的委托协议,开展具体的核查工作,即对控排单位的温室气体减排活动进行核查与证实。从各个试点省市第三方机构的产生来看,主要通过指定和招标产生,注册登记备案还存在名称不一致等不规范现象。对第三方机构的资质认定、奖惩等制度有关部门应尽快制定统一的规范。

3. 防控规划

对于碳排放权交易的主体——企业而言,碳排放权交易和一般的交易类似但又有差别,交易流程更加复杂、交易标的体量大、交易市场变化快,但主要还是从交易过程的前中后期分别进行不同的风险防范。

(1) 前期防控。企业应当进行合理的资质审查。目前根据生态环境部发布的《碳排放权登记管理规则(试行)》第六条规定:"注册登记机构依申请为登记主体在注册登记系统中开立登记账户,该账户用于记录全国碳排放权的持有、变更、清缴和注销等信息。"在达成交易意向时,企业应当签署交易意向书并对双方进行碳排放权交易的资质做出必要承诺,并在签署正式协议前委托律师进行尽职调查。

(2) 中期防控。企业应当密切关注政策和法律法规变化。碳排放权交易市场还在建立初期,各省市规定不够统一,企业应当充分了解各地的政策和规定,选择最有利的交易所或者交易中心,降低交易成本。在碳排放权买卖合同内应当具体约定交易涉及的交易所或者交易中心,以及第三方专业机构,比如,某次碳排放权交易标的由具体某审计事务所进行审计。

(3) 后期报告。企业应当制定本年度碳排放权交易报告。无论是碳排放权的买方还是卖方,应当注意自身所持有的碳排放权额度,根据《碳排放权交易管理办法(试行)》第十条规定:"重点排放单位应当控制温室气体排放,报告碳排放数据,清缴碳排放配额,公开交易及相关活动信息,并接受生态环境主管部门的监督管理。"对于企业而言,买卖碳排放权是为了确保企业在研发、生产、销售、售后等一系列产业链中符合规定的碳排放额度,制定本年度碳排放权交易报告,不仅简化了监管部门的监督程序,也可以由企业自身把控报告,对可能涉及的商业秘密、必须披露的内容把关,做到商业秘密和合规披露的平衡。

2.6　小结

碳排放权交易市场中的风险难题,需要法律来解决。离开法律的规范、保障与推动,温室气体减排目标和发展低碳经济的目标都将难以实现。另外,当前碳排放权交易市场监管机制的构建,多是从单一的部门法展开,没有结合碳排放权交易市场的特殊性和风险监管困境,若缺乏整合与协同的思路,将难以实现对碳排放权交易风险的把控。对我国而言,碳排放权交易市场缺乏经验积累,仍处于探索阶段,可以通过将欧盟的强制性碳排放权交易市场的风险监管,和美国芝加哥的自愿性碳排放权交易市场风险监管,与国内试点省市碳排放权交易市场风险监管进行比较研究;也可以对全国试点省市的碳排放权交易市场监管部门、交易所或交易中心、第三方机构的规范进行比较研究。在此基础上,找出监管中存在的问题和风险产生的根源,为构建更为详尽、合理的碳排放权交易市场风险监管与防范法律制度奠定实践基础。

第3章 摩擦纳米发电机

张弛　布天昭　王中林

　　碳中和进程加速了全球能源从化石能源向新能源的转变。通过开发新能源技术,实现可持续、可再生、环保的能源,对实现碳中和具有重要意义。在自然环境中存在着大量的机械能,如风与海浪等,这些能量蕴含量巨大,并且几乎不受地域与气候的限制。本章系统介绍了王中林院士团队基于接触起电和静电感应效应耦合的摩擦纳米发电机(TENG),可以实现微纳尺度机械能向电能的转化,具有成本低、结构简单、重量轻、效率高、材料选择多样等优势。

　　TENG 的主要应用领域有很多。首先,TENG 可以作为小型、分布式、可穿戴电子设备的微/纳电源。其次,TENG 本身也可以作为一种主动式的自驱动传感器件,用于感知多种机械运动。再次,TENG 在低频下具有优势,适用于收集水波能,通过将大量的 TENG 单元组成网络,可用于海洋能的收集,也就是蓝色能源。最后,基于可控性、便携性、安全性、低成本和高效率等优点,TENG 可以直接作为高压电源用于特定的高压应用,如质谱分析、电子场发射等。

　　目前,TENG 已经实现了人体运动能和环境机械能的有效收集,不但能够为物联网中分布性广、移动性强、功耗小但数目居多的电子器件提供分布式微能源,还有望规模化收集海洋中蕴含着丰富而清洁的"蓝色能源"(波浪能、潮汐能等),实现可持续、可再生和生态友好型能源,极大缓解人类对于化石能源的需求,降低 CO_2 排放,为实现"碳达峰、碳中和"目标做出贡献。

——主编的话

摘　要：接触起电是一种古老且在人们日常生活中普遍存在的现象。王中林教授团队在2012年基于
接触起电和静电感应效应发明了摩擦纳米发电机(TENG)，实现了人体运动能和环境机械能
的有效收集。作为新时代能源，TENG不但能够为物联网提供分布式微能源，还有望收集环
境中的大能源，为实现"碳达峰、碳中和"目标做出贡献。

本章内容将首先讨论TENG的基础理论和基本知识，包括接触起电的机制、理论源头以及
TENG的四种工作模式；随后通过与传统电磁发电机的对比，介绍TENG收集高熵能源的
杀手级优势；并聚焦于TENG的几个重要特性(电流低、电容型阻抗、电压高、内阻大)，介绍
相关研究与应用的最新进展。最后基于TENG的研究路线图，讨论TENG未来发展的机会
和挑战。

关键词：摩擦纳米发电机，接触起电，新时代能源，高熵能源，自驱动系统

3.1　引言

　　碳中和进程加速了全球能源从化石能源向新能源转型。通过发展新型能源技术,实现可持续、可再生和生态友好型能源,对于碳中和的实现具有重要意义。与其他形式的可再生能源相比,机械能在环境中分布最为广泛,并且几乎不受工作环境和天气条件的影响。2012年,王中林教授团队基于接触起电和静电感应的耦合效应发明了摩擦纳米发电机(TENG),实现了不规则的、分散的、浪费的机械能向电能的转化,其具有成本低、结构简单、重量轻、效率高、材料选择多样等优势。

　　自 2012 年首次报道以来,TENG 显示出了高效的机械能采集能力,其输出功率密度可高达 $500\ \mathrm{W/m^2}$。TENG 具有多样的工作模式,从而可应用于多种场景的机械能采集,以实现大规模的自驱动系统。到目前为止,TENG 的潜在应用已经包含了我们日常生活中的许多方面,具体可以分为四个主要应用领域:微/纳电源、自驱动传感、蓝色能源以及高压电源。考虑到物联网所需的大量小型电子设备,以及电池的高更换成本和环境污染问题,TENG 将有可能作为一种具有广阔前景的替代能源,因此也被称为“新时代能源”,有望为实现碳中和目标做出贡献。

　　得益于优越的性能和巨大的潜力,TENG 的相关研究进展非常迅速,并且在国际上引起了广泛的关注。根据文献调研,截至 2020 年 7 月,已有超过 56 个国家和地区、830 个单位、4700 多名科学家从事 TENG 的相关研究。此外,TENG 领域发表的文章数量和引用次数都呈指数级增长。这些统计数据表明 TENG 正处于蓬勃发展的阶段。

3.2　摩擦纳米发电机的基本原理

　　早在 2600 多年前的古希腊,接触起电现象就已为人所知,并且随处可见于我们的日常生活中。其作为一种常见物理现象,可以发生在所有相之间,包括固-固、固-液、液-液、液-气、气-气和气-固。尽管接触起电历史悠久,但该现象究竟是离子转移、电子转移还是物质转移的结果还存在争议。研究接触起电的基本机制,将为 TENG 这一新能源领域奠定重要的基础,也将对物理学、化学以及生物学的发展起到重要作用。

　　近两年来,TENG 的基础物理学研究取得了一系列重大突破。王中林教授团队发现固-固之间接触起电的主导机制是电子转移[1]。电介质和金属之间的接触起电可以分别用电介质和金属的表面态模型和费米能级模型来很好地描述。如果两种材料的距离大于结合长度,两个原子倾向于相互吸引,如图 3-1(a)所示。实验发现,只有当原子间距离短于成键长度时,在两个原子的相互作用势中的排斥力区域才会发生接触起电,如图 3-1(b)所示。为了解释一般情况下的电子转移,研究团队提出了重叠电子云模型。图 3-1(c)展示了两种材料的电子云在其原子级接触之前保持分离。当两个原子靠近并相互接触时,强烈的电子云重叠将导致势垒降低,从而使得两个原子之间发生电子转移,如图 3-1(d)所示。在该过程中,机械力可以缩短原子间的距离,并使电子云的重叠程度最大化。这样的模型可以作为理解任何两种材料之间电子转移的通用模型。

固-液之间的接触起电包含了双电层的形成。王中林教授团队提出双电层的形成主要包括两个步骤:第一步是固体和液体表面之间的电子转移过程;第二步是液体中不同离子之间的相互作用。因此,传统的双电层模型可以通过增加第一步进行修正,使固体表面的原子成为离子。该修正将会影响到对电化学和界面化学的一些相关认识[1]。

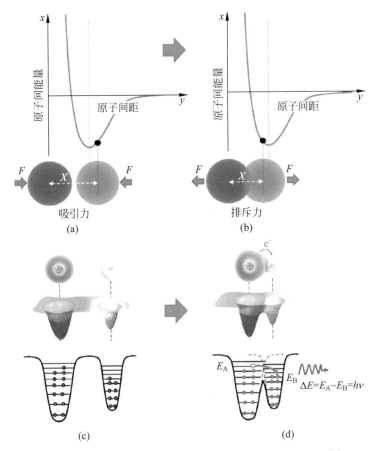

图 3-1 用于解释一般情况下接触起电的重叠电子云模型[1]

(a),(b) 当两个原子之间的力分别为吸引力和排斥力时两个原子之间的相互作用势;

(c),(d) 两个原子分别在分离和紧密接触时的电子云和势能阱模型示意图

作为 TENG 的理论来源,麦克斯韦位移电流是由随时间变化的电场加上介质极化项组成的[2]。其中极化应该包含一个由应变场贡献的项,如接触起电和压电效应。为了解释麦克斯韦方程中由接触起电引起的静电荷的贡献,王中林教授于 2017 年在电位移矢量 D 中增加了一个额外的项 P_S。即

$$D = \varepsilon_0 E + P + P_S \tag{3-1}$$

这里,第一项极化矢量 P 是由于外部电场的存在,而附加项 P_S 主要与表面电荷的存在有关而与电场无关。将公式(3-1)代入麦克斯韦方程,并定义:

$$D' = \varepsilon_0 E + P \tag{3-2}$$

然后,麦克斯韦方程可以被重新表述为

$$\nabla \cdot D' = \rho' \tag{3-3}$$

$$\nabla \cdot \boldsymbol{B} = 0 \tag{3-4}$$

$$\nabla \cdot E = -\frac{\partial \boldsymbol{B}}{\partial t} \tag{3-5}$$

$$\nabla \cdot H = \boldsymbol{J}' + \frac{\partial \boldsymbol{D}'}{\partial t} \tag{3-6}$$

其中体电荷密度和电流密度可以重新定义为

$$\rho' = \rho - \nabla \cdot \boldsymbol{P}_S \tag{3-7}$$

$$\boldsymbol{J}' = \boldsymbol{J} + \nabla \cdot \frac{\partial \boldsymbol{P}_S}{\partial t} \tag{3-8}$$

根据公式(3-1)和公式(3-2)，新的麦克斯韦位移电流可以被修正为

$$\boldsymbol{J}_D = \frac{\partial \boldsymbol{D}}{\partial t} = \varepsilon \frac{\partial E}{\partial t} + \frac{\partial \boldsymbol{P}_S}{\partial t} \tag{3-9}$$

这里，第一项 $\varepsilon \frac{\partial E}{\partial t}$ 是由随时间变化的电场及其诱导的介质极化而产生的位移电流。它促成了电磁波理论的诞生，并导致了无线通信、雷达、天线、电视、广播、微波、电报以及空间技术的出现。而第二项 $\frac{\partial \boldsymbol{P}_S}{\partial t}$ 是由外部应变场而非电场变化产生的位移电流。这导致了纳米发电机的发明，被称为新时代的能源，对于物联网、大数据和人工智能的发展具有重要意义。图 3-2 展示了麦克斯韦位移电流的这两个组成部分所产生的主要基础科学和实际影响。图中的"一棵树"的理念可能为人类社会带来巨大的科技突破[3]。

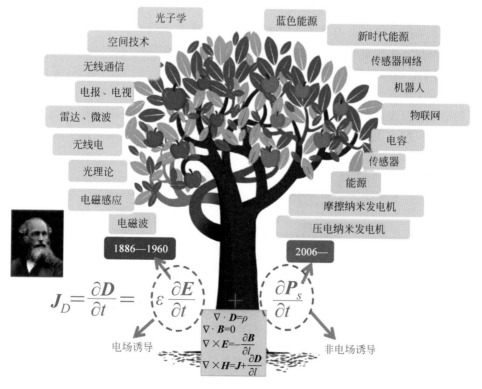

图 3-2　展示了修订后麦克斯韦位移电流的一棵树理念[2-3]

3.3　摩擦纳米发电机的工作模式

TENG 有四种基本工作模式,如图 3-3 所示[4-10],第一种垂直接触-分离模式是 TENG 的最基本、最常用的一种工作模式,其结构是两个不同的介电薄膜面对面堆叠,而它们的背面各自镀了金属电极。两个介电层之间的物理接触会使两个内表面带上符号相反的电荷。当两个表面由于机械力的作用而分离时,两个表面之间会形成一个空气间隙。在这个过程中,外力克服静电引力和材料自身的弹性能做功,提供了发电机的输入能,进而产生一个电势差。如果两个电极之间通过负载相连,为了平衡摩擦电荷引起的电势差,自由移动的电子会从一个电极流向另一个电极。当这个空气间隙闭合时,由摩擦电荷形成的电势差消失,电子会发生回流。而这个使两个摩擦表面分离的空气间隙可以由多种方式引入,根据引入方式的不同,研究人员研发了几种不同的 TENG 的结构,包括间隔物结构、拱形结构、弹簧支持的分离结构,以及其他的进阶结构。

垂直接触-分离模式的 TENG 具有制备和设计简洁、高瞬时输出功率、容易实现多层集成等优点。研究人员根据不同的应用场合设计了很多其他独特的器件结构,可以用来驱动可移动电子设备和自驱动传感器。

水平滑动模式是 TENG 的第二种基本工作模式。其初始结构和垂直接触-分离模式的相同,当两种介电薄膜接触时,两个材料之间会发生沿着与表面平行的水平方向的相对滑移,可以在两个表面上产生摩擦电荷。这样,在水平方向就会形成极化,可以驱动电子在上下两个电极之间流动,以平衡摩擦电荷产生的静电场。通过周期性的滑动分离和闭合可以产生一个交流输出。这就是滑动式 TENG 的基本原理。

水平滑动模式优于垂直-接触分离式之处在于,其不再需要空气间隔将两摩擦表面分开,因而有利于后续的包装工序。如果把 TENG 的结构看作一个可变电容,那么垂直接触-分离模式变化了电容极板的距离,而水平滑动模式变化了电容极板的重合面积。此外,研究人员还创造性地开发了一些新型的结构、如栅状电极结构、旋转圆盘结构、旋转柱型结构和封装管式结构。研究人员对这些结构进行了相关研究,从而更全面地理解了滑动模式。

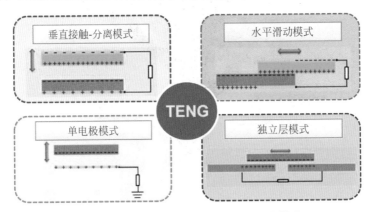

图 3-3　摩擦纳米发电机的四种基本工作模式

在前面介绍的两种工作模式都有通过负载连接的两个电极。但在实际生活中,如果

TENG 的一个接触面是可以自由移动的,如汽车或行走的人,就不方便通过导线和电极进行电学连接。为了在这种情况下更方便地收集机械能,研究人员提出了一种单电极模式的TENG。

这种工作模式的 TENG 只需要一个电极连接在 TENG 的一个起电面上,而另外一个电极只是作为电势的参考电极,所以可以任意放置,甚至可以直接接地。因此,TENG 的另外一个起电面无需电极限制,可以自由移动,即单电极。

当活动物体(如手指、手套或笔)通过接触、轻敲或滑动接触摩擦面(PDMS)时,活动物体的表面与固定摩擦面构成摩擦对,由于两个表面的吸电子能力不同,电子会从吸电子弱的表面转移到吸电子能力强的表面,从而使摩擦对带上静电。当带电的活动物体与摩擦面分离时,感应电极与接地的参考电极之间形成电位差。电荷将通过外部负载从一个电极转移到另一个电极,以达到静电平衡状态。当活性物体再次接触摩擦面时,会发生反向电荷转移。

尽管由于静电屏蔽效应,此种工作模式的电子转移效率不是很高,但是由于其中一个摩擦面可以自由移动,所以该种模式下的 TENG 有非常广泛的应用。它可以从风吹、旋转的轮胎、雨滴、翻动的书页中采集能量,同时也在自供电的传感器中有很广泛的应用。

在独立层模式 TENG 中,一个移动物体在空气中与其他物体接触而带电荷。由于这种静电荷会在表面保留至少几小时,而且材料表面的电荷密度会达到饱和,所以在这段时间并不需要持续的接触和摩擦。如果我们在介电层的背面分别镀两个不相连的对称电极,电极的大小及其间距与移动物体的尺寸在同一量级,那么这个带电物体在两个电极之间的往复运动会使两个电极之间产生电势差的变化,进而驱动电子通过电路负载在两个电极之间来回流动,以平衡电势差的变化。电子在这对电极之间的往复运动可以形成功率输出。这个运动的带电物体不一定需要直接和介电层的上表面接触,例如,在转动模式下,其中一个圆盘可以自由转动,不需要和另一部分有直接的机械接触,就可以大大减少材料表面的磨损,这对于提高 TENG 的耐久性非常有利。

与单电极模式类似,独立层模式不要求将电极镀在器件移动的部分,这种设计方便了器件的制作和工作;同时还可提供比单电极模式更高的能量转化效率,因其不会受单电极模式屏蔽效应的干扰,所以可以提供更高的输出性能。在这种工作模式下已经发展了几个独特的结构,包括平面滑动结构、接触分离结构、线性栅状结构和旋转轮盘结构。这种设计对从移动物体上收集能量非常理想,例如,在地板上行走和移动的汽车和火车等。

基于以上描述的四种基本工作模式,研究人员对于具体的应用制备了多种不同结构的TENG。这些结构都是为小型电子设备提供微纳能源的基本部件,通过将多个这样的基本部件集成到一起,可以实现用这个基本原理来进行大尺度发电。

3.4 摩擦纳米发电机和传统电磁发电机的对比

TENG 是通过机械界面运动来发电,其电输出特性受到界面参数的影响[11]。以图 3-4 (a)所示的水平滑动模式的 TENG 为例,在初始位置,上层金属和下层的高分子薄膜完全重合,在接触摩擦后,由于两种材料摩擦电负性的差别,电子将从上层金属表面转移到高分子薄膜的表面,使得金属表面产生大量的正电荷,而高分子薄膜的表面相应的产生等量的负电荷。此时,处于静电平衡状态,上层金属和附着于高分子薄膜背部的电极之间没有电势差。

当上层金属在外力的作用下滑动,使得摩擦副之间的接触面积逐渐减小,平面内的电荷分离。此时,上层金属和高分子薄膜保持接触的区域的正负电荷仍然相互束缚,而分离部分的正负电荷在电势差的作用下驱动外部电子流动以达到静电平衡状态。

随着滑动距离的不断增加,电荷将不断的在外电路中流动,直到上层金属和高分子薄膜完全滑动分离。相反地,当两个摩擦层的接触面积在上层金属反向滑动下而不断增加时,原本聚集在电极上的电子将会沿着原路返回以保持静电平衡,此时在外电路形成一个反向的电流。

在机械能采集的过程中,TENG 在结构上通常会变形为转盘式,以收集旋转机械能。因此,TENG 的输出电流可表示为

$$\left.\begin{aligned} I &= \sigma \cdot l \cdot v \\ |I| &= \frac{n}{\pi} \cdot \sigma \cdot S \cdot \omega \\ I &= n \cdot \frac{\Delta Q}{\Delta t} \end{aligned}\right\} \tag{3-10}$$

式(3-10)中,σ 表示摩擦表面的电荷密度;l 表示垂直于运动方向的摩擦面宽度;v 表示两个摩擦面的相对运动速度;n 表示摩擦面栅格结构周期数;S 表示摩擦区域的面积;ω 表示动子的旋转角速度;$\Delta Q/\Delta t$ 表示每个周期性结构上的电荷转移速率。

通过将 TENG 和传统的电磁感应发电机(EMG)进行对比,如图 3-4(b)所示。可以发现,两种发电机输出电能的控制方程具有一定的相似性和对称性[12]。TENG 对外输出感应电流,而 EMG 对外输出感应电压。两种发电机的电输出特性均依赖于几个相应的物理参数。①制备发电机材料的本征属性的影响,TENG 的输出电流依赖于表面电荷密度,而EMG 的输出电压依赖于磁感应强度。②周期性结构属性的影响,TENG 的输出电流依赖于摩擦副的结构栅格数,而 EMG 的输出电压依赖于转子的线圈匝数。③尺寸属性的影响,TENG 的输出电流依赖于摩擦面的尺寸大小,而 EMG 的输出电压依赖于导体线圈的尺寸大小。④机械运动属性的影响,TENG 的输出电流依赖于摩擦副的相对运动速度,而 EMG 的输出电压依赖于导体线圈切割磁感应线的速度。

两种发电机的输出特性受激励源的机械运动属性影响,在激励频率方面,通过实验对比研究了两种发电机的频率响应特性[13],如图 3-4(c)展示了两种发电机的基本结构。实验结果表明,EMG 输出开路电压和短路电流均随着激励频率的增大而增大,而 TENG 只有短路电流随着激励频率的增大而增大,而 TENG 只有短路电流随着激励频率的增大而增大,开路电压则基本保持不变。TENG 的输出功率与频率近似成正比,而 EMG 的输出功率与频率的平方成正比。

在频率响应特性对比研究的基础上,设计实验对比研究了两种发电机在不同激励幅度下的输出特性[14]。实验结果表明,EMG 输出开路电压、短路电流均随着激励幅度的增大而线性增大;TENG 输出开路电压随着激励幅度的增大先增大后趋于饱和,短路电流则随着激励幅度的增大而线性增大。在固定的工作频率下,TENG 的最大输出功率随着振幅的增加迅速增长至饱和,而 EMG 的最大输出功率则缓慢逐渐增长。在不同的频率下,两种发

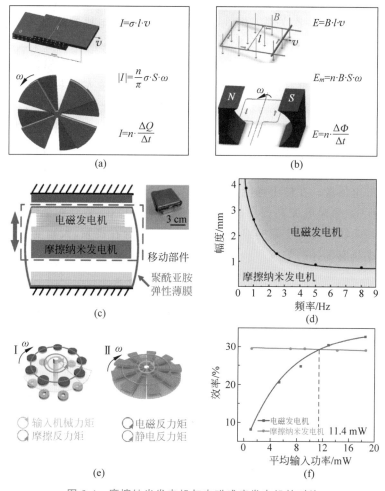

图 3-4 摩擦纳米发电机与电磁感应发电机的对比

（a）摩擦纳米发电机基本结构及输出控制方程；（b）电磁感应发电机基本结构及输出控制方程[12]；（c）两
种发电机的基本结构[13]；（d）两种发电机优势的工作频率和幅度范围[14]；（e）两种发电机转盘结构上力
矩和反力矩的示意图；（f）两种发电机的能量转化效率随输入功率变化的规律[15]

电机对激励幅度的响应特性均满足这种对比特征。图 3-4（d）展示了 TENG 和 EMG 优势的工作频率和幅度范围。TENG 在收集低频、微幅的机械能时更具有优势，而 EMG 更适合在高频、大振幅下工作。TENG 在收集小振幅微机械能时的显著优势，使得 TENG 可以保持更高的设计集成度，在物联网、可穿戴电子器件以及机器人等领域具有更为广泛的应用前景。

对于输入机械能，驱动力和输入机械功率的大小也是重要的特征参数。通过设计实验对比研究了两种发电机在不同输入力、功率下的输出特性[15]。图 3-4（e）展示了两种发电机的基本结构，为了更好的测量输入力/力矩，两种发电机均设计成转盘式结构。实验测试了两种发电机在不同转速下的输入机械力矩、摩擦力矩、阻抗匹配特性，计算了场致反力矩、输入功率、输出功率以及能量转化效率。实验结果表明，EMG 的电磁反力矩与转速呈线性关系，而 TENG 的静电反力矩随着转速的增加基本保持不变。EMG 的阻抗随着转速的增加保持不变,输入、输出功率与转速成二次关系;而 TENG 的阻抗随着转速的增加逐渐减小,输入、输出功率与转速成一次关系。图 3-4(f)展示了两种发电机的能量转化效率随输入功率的变化规律。EMG 的能量转化效率随输入功率的增大逐渐增大,而 TENG 的能量转换效率几乎保持不变。这表明,在低输入功率条件(<11.4 mW)下,TENG 相比 EMG 在输出功率与能量转化效率方面更有优势,TENG 更适合工作于小输入功率场景。

两种发电机特性的对比研究,揭示了两者在机械能俘获上的可比较、对称性以及互补性的关系,突出了两种发电机的适用场景,表 3-1 对比总结了两种发电机的特性。TENG 为电容性阻抗,且匹配阻抗很大,约为十几甚至上百兆欧姆,其理论模型可以建立为内阻很大的电流源;而 EMG 为电阻性阻抗,且匹配阻抗很小,一般仅为几欧姆或十几欧姆,其相当于一个内阻很小的电压源。在输出特性方面,TENG 输出开路电压高、短路电流低;而 EMG 输出的开路电压低、短路电流高。在机械能俘获方面,TENG 适合在低频、微幅下工作,对于微弱的机械输入功率具有更好的响应;而 EMG 更适合在高频、大幅度下工作,对于较强的机械输入功率具有更好的响应。

表 3-1 两种发电机的特性对比总结

	摩擦纳米发电机	电磁感应发电机
等效模型	电流源	电压源
内阻	大	小
阻抗特性	电容性	电阻性
开路电压	高	低
短路电流	低	高
优势频率	低	高
优势幅度	小	大
响应输入功率	弱	强

自 1831 年迈克尔·法拉第发现电磁感应现象后,电磁感应发电机成为了最重要、最广泛的发电方式,至今还没有其他发电方式可与之比肩。电磁感应发电机更适合收集高频、大幅度及大功率的机械能,在高密度、有序的低熵能源俘获领域具有独特的优势。而新时代能源主要集中表现为分布式、无序的高熵能源,如机器振动、桥梁振动、海水波动、微风雨滴、人体运动,甚至心脏跳动脉搏跳动等。TENG 在低频、微幅及低输入功率下,输出性能的巨大优势使得其在收集微机械能等新时代能源上具有重量级的应用。因此,TENG 被认为是继电磁感应发电机之后,采集机械能的又一种重要方式,是具有和电磁感应发电机同等重要应用前景的新时代能源技术。

3.5 摩擦纳米发电机的特性与应用

由上述 TENG 与 EMG 的对比可知,TENG 具有电流低、电容型阻抗、电压高、内阻大四个重要特性。因此,在研究工作中我们需要基于这四大特性发展 TENG 的相关研究与应用。①针对 TENG 电流低的特性,需要探索电荷密度的增强方法,从而实现高性能输出;

②由于 TENG 具有电容型阻抗特性,因此适用于调控电容型电子器件,进而发展主动式传感技术;③基于 TENG 的高压特性,可以作为高压电源并且实现可控驱动;④TENG 的内阻大引起的阻抗不匹配问题,导致 TENG 不适用于直接为电子器件供电,因此需要开发 TENG 的能量管理策略,并基于此实现自驱动系统。

3.5.1　电荷密度增强与高性能输出

TENG 的表面电荷密度低,导致其输出的感应电流小。可以通过增强电荷密度来提高 TENG 的电流,从而实现高性能输出。目前的增强方法主要可以分为物理的方法、化学的方法、物理化学法相结合及其他方法,其中物理的方法主要包括表面微纳制造、高压极化、等离子处理等方法,化学的方法主要包括表面功能化、纳米材料填充等方法,也有一些其他特殊的方法比如利用水滴与固体表面的连续接触分离使聚合物的电子量达到饱和状态。大量的研究证明摩擦层上的微纳加工对表面增强电荷密度具有关键的作用,这是因为表面微米或者纳米级的结构可以进一步增大 TENG 两个接触摩擦层的接触面积,基于接触带电原理可以在有限的范围内产生更多的电子转移增强电荷密度提高 TENG 的输出。

中科院纳米所张弛研究员及其合作者利用飞秒激光烧结及辐照技术的辐照时间短、强度高、能量大的特点,在铜片表面分别制备了条纹状和锥形的微/纳米双尺度结构,在 PDMS 薄膜表面制备了不同尺度的微碗结构[16],如图 3-5(a)所示。基于所制备的微/纳米结构的摩擦层,其团队人员系统的研究讨论了接触分离模式下 5 种不同接触结构的 TENG 输出情况,结果表明,铜表面具有微/纳米锥形结构和 PDMS 表面具有微碗结构的 TENG 具有最佳的输出性能,在 10 MΩ 的电阻情况下实现了 13.99 μW 的瞬时功率,其功率密度比没有微/纳结构的 TENG 提高了将近 21 倍。研究人员用此 TENG 对 1 μF 的电容进行充电,电容器的电压在 3 分钟内可以充至 4.73 V。研究人员又对这种具有微/纳米结构的 TENG 的稳定性进行了实验,结果表明在 1.5 Hz 下经过大约 27 000 个循环后 TENG 的开路电压峰值仅仅下降 2.6% 左右,显示出了良好的稳定性。这项研究工作为摩擦层表面微纳结构制造提供了一条有效的路径,在 TENG 的大规模高效制备及微纳能源利用领域显示出了极大的潜力。

摩擦层表面微纳结构的制备是材料物理形貌上的改变,是一种简单有效的方法,也有研究人员通过高压极化或等离子处理等方法使作为摩擦层的聚合物分子被极化增强从而使其得电子能力增强以此提高 TENG 的输出功率。在这一方面,中科院纳米所王中林院士领导的团队进行了较为深入的研究探索,例如,其团队提出了一种低能量氩离子辐照的表面改性方法,在分子水平上调控摩擦层聚合物的化学键和官能团[17],如图 3-5(b)所示。这种方法在不改变聚合物表面物理形貌及机械韧性的情况下,可以稳定的改善聚合物的带电能力。研究人员系统的研究了 Kapton、聚对苯二甲酸乙二醇酯(PET)、PTFE 和 FEP 四种聚合物在氩离子辐照后化学结构的变化,并结合傅里叶变换衰减全反射红外光谱法(ATR-FTIR)及分子动力学模拟解释了四种聚合物在氩离子辐照后的得失电子能力的变化。结果表明 Kapton 在经过氩离子辐照后给电子能力得到了极大的提高,经过氩离子辐照后与 FEP 形成的接触分离式 TENG 产生高达 332 μC/m^2 的电荷密度,这是目前为止报道的关于物理高能量增强电荷密度方法中最高的。

21世纪以来纳米材料的兴起与发展对人类科技的发展起到了推动作用,其中二维材料的发现与发展更是在光电转换、能源催化及生物传感等领域大放异彩。将二维材料引入TENG器件及系统中发挥其独有的特性具有重要的意义。单层二硫化钼(MoS_2)是层状过渡金属二硫化物中的一员,由于其具有原子级厚度、高柔韧性和高热稳定性,目前正在高性能柔性光电子器件中发挥着巨大的作用。王中林院士研究团队及其合作者基于单层MoS_2特性,通过液相剥离法以Kapton为基材制备了单层MoS_2与Kapton的复合膜,将此复合膜与纯Kapton组成接触分离式TENG[18],如图3-5(c)所示。由于单层MoS_2较强的电子捕获能力使得TENG的输出功率最大为25.7 W/m^2,是其他不含单层MoS_2TENG器件的近120倍。这项研究工作不仅证明了二维材料MoS_2在TENG器件中的适用性,也预测了其他纳米材料在增强摩擦层的电荷密度方面也极具潜力。

使用纳米材料作为填料或者高分子化合物与作为摩擦层的聚合物共混改善摩擦层的介电常数是另外一种提高TENG输出的方法,由于物质本身的一些限制(如材料脆弱不易摩擦等缺陷),一些介电常数较高的无机纳米材料或者高分子化合物不能作为摩擦层,但是其作为聚合物薄膜的填料或者与聚合物薄膜共混改善薄膜的介电常数是切实可行的。Wu等人以生物相容性较好的聚乙烯醇(PVA)为基材,选取廉价的猪皮明胶,常见的盐酸(HCl)、氢氧化钠(NaOH)、氯化钾(KCl)及氯化钠(NaCl)为填料,分别研究了分子和离子对PVA复合薄膜的介电常数及TENG输出的影响[19],如图3-5(d)所示。明胶中的氨基可以与PVA中的羟基形成较强的氢键从而破坏PVA本身的结晶性产生分子水平的界面极化,同时Na^+,K^+也可以与非晶化的PVA形成氢键引发极化,分子与离子的协同作用使PVA的介电常数提高了3倍,从而有效的提高了TENG的输出。近年来也有一些实验证明降低TENG的内阻提高摩擦层的介电常数是一种更优异的提升TENG输出的方法,基于这种思路方法,中科院纳米所的蒲雄研究员及王中林院士团队以聚氨酯(TPU)为基材通过聚乙二醇(PEG)及聚四氟乙烯纳米颗粒(PTFE NPs)为调控聚合物薄膜的介电常数并辅以高压电荷注入提升表面电荷密度,成功提高了TENG输出性能同时降低其内阻增加其电容[20],如图3-5(e)所示。研究人员首先以TPU为薄膜基材将PEG与PTFE纳米颗粒的混合溶液均匀的涂覆在TPU薄膜上,随后通过高压极化的方式将电荷注入薄膜表面,最后进行固化。

PEG的加入可以有效的提高复合膜的介电常数,这是因为PEG本身是一种离子导体,可以加强质子的传输效率,与上文的猪皮明胶功能类似,PTFE可以增强复合膜的受电子的能力,高压极化电荷注入极大的提高了薄膜的表面电荷密度。以此复合膜与纯PTFE构成的接触分离式的TENG,有效的降低了内阻,并在外电阻为$200 \text{ k}\Omega$时,输出功率达到16.8 mW,比原先的输出功率提高了17倍,匹配阻抗降低了90%。这项研究将纳米粒子填充化学法与高压极化电荷注入物理法相结合,通过优化摩擦层的介电常数,降低匹配内阻实现了TENG高效的输出,为可穿戴柔性电子产品提供了一条有效的路径。

近年来研究人员在关于TENG的电荷密度增强方面已经取得了较大的进展,但是寻找简单、高效且低成本的方法与新的机制仍然需要研究人员进行大量的探索。为此香港城市大学的王钻开教授团队及其合作者基于摩擦带电原理,将传统的固液接触界面效应中的面

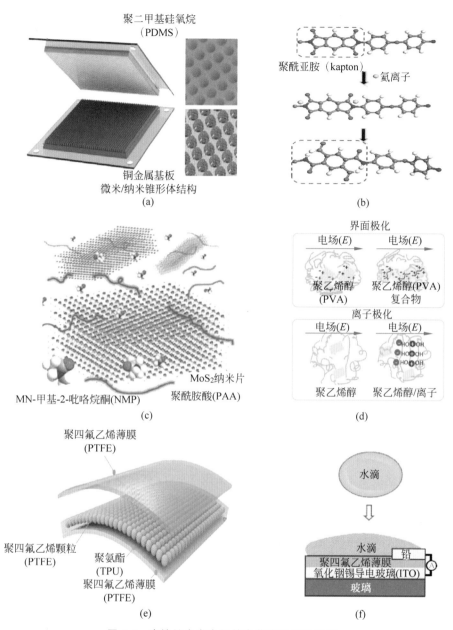

图 3-5 摩擦纳米发电机的电荷密度增强方法

(a) 通过飞秒激光技术对铜表面进行微纳加工提供 TENG 的输出[16]；(b) 通过低能量的氙离子辐照调控聚合物表面的电荷密度[17]；(c) 单层 MoS₂ 作为填料增强 TENG 摩擦层的电子能力[18]；(d) 猪皮明胶作为填料提高聚合物的介电常数[19]；(e) 纳米 PTFE 球填充及表面注入电荷相结合调控 TPU 薄膜的介电常数及电荷密度[20]；(f) 水滴连续接触分离使 PTFE 薄膜的电子量达到饱和[21]

效应转换为器件饱和带电的体效应,成功的实现了以一滴水为触发开关点亮 100 盏 LED 灯的高效水滴发电器件[21],如图 3-5(f) 所示。在这项研究中,研究人员将 16000 滴水连续与 PTFE 薄膜进行接触分离使其带电量达到饱和,然后将 PTFE、铝(Al)、ITO 导电玻璃与透明玻璃板组装成一个三极管模式的高效发电器件,最后借助于水分别与 PTFE、Al 的界面效应触发 PTFE 中的大量电荷的转移与返回实现了高效的水滴发电。这种简单新型的发电器件每小时每平方米产生的电能高达 50.1 W,一滴水在器件中引发的电荷转移量为 50 nC 左右,其能量转换效率比其他液滴发电机高 1000 倍,这种方法简单、成本低廉且高效的水滴发电机在对于雨滴、海洋能等水能方面具有广阔的应用空间。

3.5.2 电容型阻抗与主动式传感

由于 TENG 内部的电介质使其展现出电容型的阻抗特性,从而能在电容型负载上诱导保持摩擦电势,其工作原理如图 3-6(a)所示[22]。该垂直接触-分离模式的 TENG 是由两层背面都粘有金属电极的 Kapton 和 PMMA 组成,并将金属电极连接到一个电容器。当 TENG 在外力作用下,Kapton 和 PMMA 两个摩擦层接触起电,表面发生电荷转移分别产生等效的反向电荷。由于较强的电子亲和力,Kapton 表面带负电荷,而 PMMA 表面带正电荷。在这种状态下,相反的电荷相互屏蔽,电容器上不施加电势。随着外力的释放,两个摩擦层逐渐分离形成电位差,并随着距离的增加而增大。当两个摩擦层再次完全接触时,摩擦电势降至零并恢复到初始状态。在此过程中,由于 TENG 的电容型阻抗特性,摩擦电势是一个保持电压,并在两个摩擦层分离时保持稳定。该摩擦电势取决于两层的分离距离,可通过公式(3-11)近似计算:

$$U_{\mathrm{T}} = -\frac{Q}{(C_{\mathrm{load}} + C_{\mathrm{d}})} \tag{3-11}$$

式中,Q 为摩擦电荷;C_{load} 为负载电容;C_{d} 为外力释放时 TENG 的总电容。

在微电子领域,金属-氧化物半导体场效应晶体管(MOSFET)、压电和静电微执行器以及典型的金属绝缘体半导体(MIS)电容结构的器件都是电容型器件。由于 TENG 的电容型特性,使其特别适用于调制电容型器件,即采用 TENG 替代电容型器件的栅压,可直接由外界的机械能实现对器件源漏电流的调控。基于此,由 TENG 和场效应晶体管(FET)耦合集成的器件称为接触起电场效应晶体管(CE-FET),如图 3-6(b)所示[23]。与传统的背栅 FET 不同,外加的栅极电压源由 TENG 的摩擦层替代。该摩擦层由 Kapton 薄膜和铝电极组成,可以通过外力与栅电极实现垂直接触和分离。当摩擦层与栅电极接触时,铝电极带正电荷,而 Kapton 薄膜带负电荷;当摩擦层逐渐分离时,电子将从摩擦层的铝电极流向源电极以形成静电感应,从而为背栅 FET 产生正的内栅电压。内部正栅极电压 V_{G} 与间隙 d 之间的关系可通过公式(3-12)计算:

$$V_{\mathrm{G}} = \frac{\varepsilon_{\mathrm{K}} \times Q_0 \times d}{\varepsilon_0 \times \varepsilon_{\mathrm{K}} \times S_0 + \varepsilon_0 \times C_{\mathrm{MIS}} \times d_{\mathrm{K}} + \varepsilon_{\mathrm{K}} \times C_{\mathrm{MIS}} \times d} \tag{3-12}$$

式中,Q_0 为摩擦表面电荷量;S_0 为摩擦表面积;ε_0 和 ε_{K} 分别为空气和 Kapton 薄膜的介电常数;d_{K} 为 Kapton 薄膜的厚度,C_{MIS} 为 MIS 电容。表 3-2 总结了传统 FET 与 CE-FET 之间的区别。CE-FET 是一种 2 端半导体器件,由外部接触/摩擦/力/滑动产生的内部静电势控制,以实现大范围的主动式传感,并且具有高输出电压。因此,CE-FET 建立了外部环境与电子设备之间的直接交互机制,为主动式触觉传感、微/纳米机电系统(MEMS/NEMS)以及人机交互等设备提供了一种新途径。

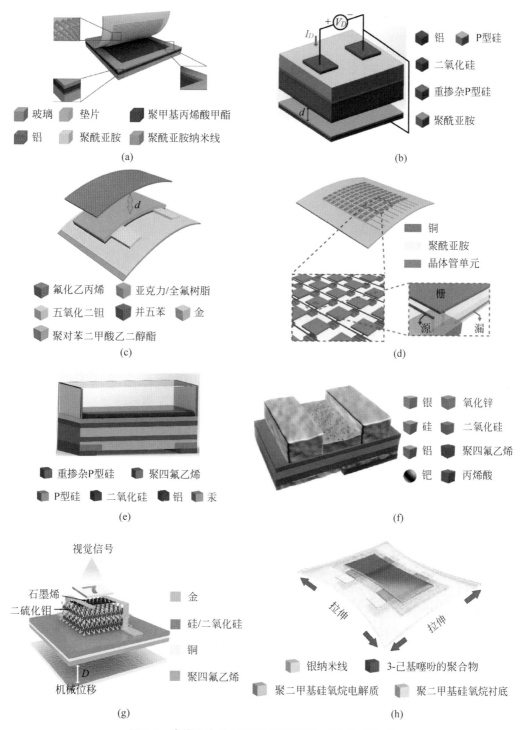

图 3-6　摩擦纳米发电机的电容型阻抗与主动式传感

（a）摩擦电势用于电容负载的工作原理[22]；（b）接触起电场效应晶体管的起源[23]；（c）简化结构的接触起电场效应晶体管在压力和磁场方面的应用[24]；（d）柔性接触起电场效应晶体管阵列在触觉传感系统中的应用[25]；（e）液态金属接触起电场效应晶体管在倾角传感方面的应用[26]；（f）接触起电场效应晶体管在气体监测方面的应用[27]；（g）机械/光子耦合的接触起电场效应晶体管在人工突触方面的应用[28]；（h）本征可拉伸的接触起电场效应晶体管在触觉传感方面的应用[29]

表 3-2　传统场效应晶体管与接触起电场效应晶体管之间的对比[22]

	传统场效应晶体管	接触起电场效应晶体管
控制	外接电压	内部摩擦电势
结构	3 端器件	2 端器件
"门"	电压	接触/滑动/摩擦/压力
传感方式	被动式	主动式
传感范围	无	宽
速度	快(GHz)	慢(MHz,kHz)
应用	放大、电子开关等	主动式触觉传感等

CE-FET 的 MIS 结构可以进一步简化,即一种不带栅极的柔性有机 CE-FET,如图 3-6 (c)所示[24]。该器件结构简单,采用 FEP 薄膜作为可移动的摩擦层,在外力作用下直接与介电层接触和分离,并将产生的摩擦电势作为栅极电压。当 FEP 薄膜通过外力与介电层完全接触时,FEP 带负电荷,而介电层带正电荷。此时,静电平衡对沟道载流子浓度没有影响。当 FEP 薄膜通过外力缓慢地从介电层表面分离时,形成的内置电场使得空穴载流子从电介质和半导体层的界面处迁移,从而在导电沟道中产生耗尽区。随着分离距离的不断增加,耗尽区逐渐扩大,从而导致源漏电流(I_{DS})逐渐减少。其中,分离距离从 0 增加到 600 μm, I_{DS} 从 -2.91 至 -1.69 μA。当 FEP 薄膜开始返回到初始位置时,空穴载流子逐渐积累到半导体和电介质层的界面处,抑制了内部电荷极化并减少了耗尽区,从而恢复了半导体和电介质界面中的空穴浓度和 I_{DS}。因此,通过分析 I_{DS} 的变化情况即可感知外界刺激的位移、压力等信息。

类似地,当采用 Fe_3O_4/PDMS 磁性复合材料作为摩擦层时,该器件能够实现对外界磁场的感知,并且在 1~150 mT 范围内显示出 16%/mT 的高灵敏度。进一步地,通过将 TENG 和 FET 单元耦合阵列到聚酰亚胺衬底,提出了一种柔性 CE-FET 阵列的主动式感知系统,如图 3-6(d)所示[25]。该阵列采用 PTFE 薄膜作为摩擦层,每个 FET 单元由一个 n 型晶体管和一个二极管组成,二极管的阳极连接到晶体管的源极,以便 I_{DS} 可以单向流过晶体管。根据摩擦电势调控 I_{DS} 的基本原理,在不同分离距离状态下,I_{DS} 显示出三种不同的趋势。当分离距离在 0~3 mm 之内 I_{DS} 快速增长在,在 3~9 mm 之间缓慢增长,超过 9 mm 时达到饱和状态。与复杂且高成本的传统传感器阵列不同,该系统将传统电子学与廉价实用的聚合物薄膜相结合,实现了多点传感、动态运动监测、触觉成像和实时轨迹跟踪,同时保持良好的灵敏度和长期稳定性。因此,该系统将有望为可穿戴电子设备、人机界面以及个性化健康监控等领域的广泛应用开启一扇崭新的大门。

除了上述基于固-固接触的 CE-FET 外,一种由液态金属(LM)和 FET 耦合集成的 CE-FET 被开发用于角度测量,如图 3-6(e)所示[26]。当液态金属注入器件时,PTFE 薄膜上会产生负电荷,而液态金属表面会产生等密度正电荷,从而在液态金属和 PTFE 层之间产生静电电势,该电势用作器件的正栅极电压。随着器件摆动液态金属和 PTFE 之间的接触面积减小,内置正栅极电压随之降低,从而使得 I_{DS} 减小。因此,I_{DS} 随器件的不同摆动角度而变化。为了更有效地将该器件应用于倾角传感,进一步开发了一种由两个器件组成的电子水平仪。结果表明,该电子水平仪具有 170 mV/deg 的高灵敏度。此外,将 TENG 与 ZnO-FET 耦合集成的 CE-FET 还可用于氢气检测,如图 3-6(f)所示[27]。在该结构中,

PTFE薄膜用作独立摩擦层,可在底部的两个铝电极之间水平滑动。当PTFE薄膜与右侧铝电极接触时,铝表面留下正电荷,PTFE表面产生相等的负电荷,此时不会影响静电平衡的传导沟道。随着PTFE薄膜从右向左滑动时,电子从左电极流向源电极,并在左电极上感应出正电荷。同时,右电极上的正电荷流向栅极,使得栅极和源极之间形成内置静电电势,导致ZnO的能带向下弯曲,更多载流子通过沟道。当器件暴露在空气中时,空气中的氧分子被吸附在ZnO表面,从ZnO导带捕获的自由电子形成了氧物种(O_2^-,O^{2-}和O^-)。因此,自由载流子浓度降低,电阻增加。当器件暴露于氢气气氛中,氢分子被钯(Pd)催化分解为原子氢,然后与ZnO表面上的氧物种反应,并在ZnO表面上积聚电子,从而导致ZnO的能带进一步向下弯曲降低了电阻,因此,器件的I_{DS}随PTFE薄膜滑动距离和氢气浓度的变化而变化,可实现对氢气浓度的检测。该研究极大地扩展了CE-FET在气体传感方面的功能,并提供了一种通过人机界面提高氢传感灵敏度的新方法。

为了模拟更实用和复杂的神经系统,CE-FET还能将机械和光刺激耦合,实现交互式神经形态计算的多模态可塑性,如图3-6(g)所示[28]。该器件由集成的TENG和石墨烯/MoS_2异质结构晶体管组成。TENG采用垂直接触分离模式,其中Cu电极作为可移动的摩擦层,PTFE/Cu摩擦层集成在晶体管上,通过改变机械位移提供不同的栅极电压。对于石墨烯/MoS_2异质结构晶体管,由于石墨烯的固有光学响应性差,MoS_2中的光生载流子可以通过带的静电弯曲转移到石墨烯。与载流子通过石墨烯的传输时间相比,界面势垒阻止了光生电子-空穴对的复合时间,从而产生持久的光电导性,更有利于模拟生物突触的衰变行为。通过控制石墨烯/MoS_2层之间的电荷转移/交换,摩擦电势能够很容易的调节光电突触行为,如突触后光电流、持续光电导性、光敏性、长期记忆以及神经易化等。此外,通过进一步构建人工神经网络证明了机械塑化对提高图像识别精度的可行性。因此,该CE-FET有效地协同机械和光学的相互作用,实现双模态突触可塑性,使其在混合模式相互作用、复杂生物神经系统和交互式人工智能等领域具有巨大的应用前景。然而,对于下一代人工智能交互式系统的发展与应用,可伸缩的电子技术显得极其重要。图3-6(h)展示了一种本征可拉伸的CE-FET,由可拉伸的PDMS衬底、银纳米线电极、有机聚合物半导体以及非极性弹性体电介质组成[29]。该器件的I_{DS}可通过外界触觉刺激与电介质层产生的接触起电来调节,并且能在平行和垂直于沟道方向拉伸0~50%的情况下,保持良好的输出性能。同时,在拉伸到50%并经过数千次循环后,器件仍然具有稳定的输出性能。此外,该器件能够轻易地贴合在人手上,用于人机交互中的触觉信号感知,以及控制智能家居、机器人等设备。该研究实现了本征可拉伸的CE-FET能够用于智能交互的触觉传感,并进一步扩展了CE-FET在人机界面、可穿戴电子和机器人技术中的应用。

3.5.3 高电压源与可控驱动

TENG具有高电压输出的特性优势,并且随着研究人员对TENG输出的不断优化,TENG作为高压电源的稳定性和潜力也大大增加。国内外许多研究者提出了越来越多的自供电高压应用,接下来将对几个典型TENG的高压应用进行介绍。

随着MEMS/NEMS的发展,电池等常规供电方式由于其不可持续性、环境污染和高资源消耗的缺点,将愈发不能满足MEMS/NEMS技术和传感器网络日益增长的需求。通过收集环境机械能实现可持续和自供电的技术将是一个伟大的解决方案和未来趋势。图3-7(a)展示了一种基于双输出电压平面滑动TENG的自驱动光调制器[30]。由于平面滑动TENG可以分别独立表征摩擦层在X和Y方向的位移,双通道输出电压分别与摩擦层在X和Y方向上的滑动位移独立成正比,且由TENG驱动的负载电容越小,施加在电容器件上的电压就越大,因此它们的光学方向和功率都可以通过外部机械能进行调制。在此基础上,分别研制了用于二维光方向和双通道功率调制的压电微驱动器和静电微驱动器。调制效应与摩擦层平面的滑动位移有关,而与滑动速度无关。这个项目首次提出了由机械能驱动的有源微驱动器,且无需外部电源或机械接口,其展示了TENG在高压驱动微机械方面的巨大能力,以及它们在可持续自供电MEMS/NEMS方面的广阔前景。

质谱分析由于其高灵敏度和突出的分子特异性,已成为生物医学、食品科学、国土安全、系统生物学、药物发现等领域的重要分析工具。目前,用于分子质谱的离子源通常由直流电源驱动,用户无法精确控制产生的总电荷。图3-7(b)展示了一种用于质谱分析的TENG驱动的离子源[31],该装置成功地实现了摩擦电喷雾电离和等离子体放电电离。并且,经过实验表明TENG的输出可以定量控制质谱中的总电离电荷。TENG的高输出电压可以产生单极性或交替极性的离子脉冲,这对于诱导等离子体放电电离是理想的选择。此外,对于给定的摩擦电喷雾电离发射器,精确控制的离子脉冲起始电荷为1.0 nC,控制范围为1.0～5.5 nC;该装置还可以以17 Hz的高频率生成喷雾脉冲,且脉冲持续时间可在60 ms和5.5 s之间按需调节。实验中,使用10 pg/ml的可卡因样品实现了最少样品(每脉冲18 pl)的高灵敏度(～0.6 zepmol)质谱分析。因此,用于质谱分析的TENG直接驱动的离子源是一种简单、安全和有效的方式,它为电荷可精准控制的高效电离提供了可能,为解决化学和生化检测领域的未来挑战提供了丰富的方案。

静电纺丝是一种利用电射流技术从聚合物溶液或熔体中形成纳米纤维的技术。由于静电纺丝纳米纤维具有高比表面积和孔隙率,在药物输送、组织工程、过滤和传感器等领域有着广泛而成熟的应用。针对目前该技术需要外部高压电源的供能问题,图3-7(c)展示了利用TENG天然的高电压优势设计的一种自供电静电纺丝系统[32],该系统由一个旋转圆盘TENG、倍压整流电路和简单的喷丝板组成。实验所设计的TENG可产生高达1400 V的交流电压,且通过使用倍压整流电路可在最佳配置下获得8.0 kV的最大恒定直流电压,该系统成功地实现了为静电纺丝系统供电,且可以制备各种聚合物纳米纤维,例如,PET、尼龙66、聚丙烯腈(PAN),聚偏二氟乙烯(PVDF)和TPU。基于TENG的静电纺丝技术具有结构简单、成本低、重量轻、效率高、节能等优点,这将给静电纺丝技术带来重大突破,尤其是在野外或没有电源的偏远地区。

随着TENG输出电压的不断提高,研究人员发现在TENG的实验过程中经常出现气体击穿的现象,这是空气被TENG产生的高压电离所导致。图3-7(d)展示了基于该种现象将TENG与等离子体源集成来产生摩擦电微等离子体的概念[33-35],可以在大气压环境中通过机械能直接激励产生微等离子体。实验证明了TENG可以成功驱动四种经典的大气压微等离子体源,包括介质阻挡放电、大气压非平衡等离子体射流、电晕放电和微火花放电;并且针对这些类型的微等离子体,通过电学特性分析、光发射光谱分析、COMSOL仿真和等效电路模型解释了不同放电的瞬态过程。实验结果表明,摩擦电微等离子体在氮气、氩气和氢气中都可以产生紫外辐射,且摩擦电微等离子体成功应用于图案发光和表面处理,这为

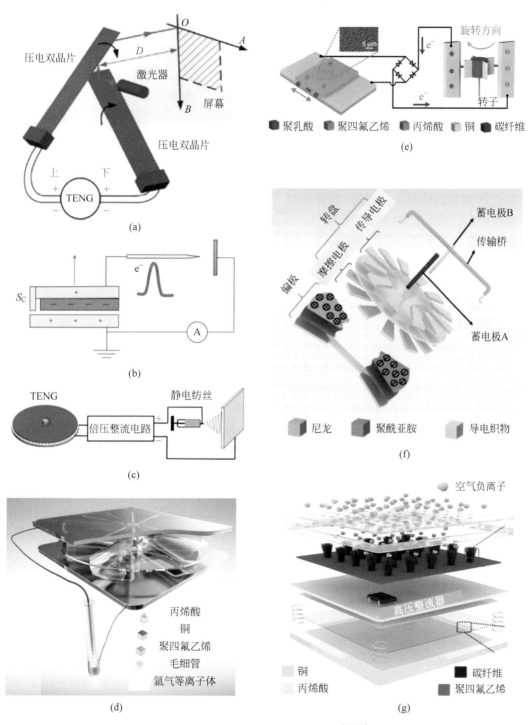

图 3-7　摩擦纳米发电机的高压应用[30-38]

（a）基于 TENG 的自驱动光调制器；（b）TENG 用于质谱分析；（c）TENG 用于静电纺丝；（d）基于 TENG 的摩擦电微离子体；（e）基于 TENG 的自驱动微马达；（f）基于电荷积累策略的 TENG 高压电源；（g）基于 TENG 的摩擦电负离子发生器

系统的可行性提供了验证。摩擦电微等离子体为传统等离子体源提供了有前途、简便、便携和安全的补充,在未来的细胞培养/治疗/凋亡、物种检测、元素分析、紫外线准分子等方面具有巨大的潜在应用价值。

　　静电微马达作为 MEMS/NEMS 中利用静电力和转动惯量的典型执行器,具有结构简单、能耗低、速度快等优点,在物联网、航空航天、机器人等领域得到了广泛应用。高速微马达通常需要外接高电压、高频率电源来为其供电。如图 3-7(e)所示,通过将静电微马达和TENG 耦合设计了一种摩擦电微马达[36],并且该微马达可以通过超低频的机械刺激来驱动。实验还展示了在不同的微马达结构参数下,以及在不同 TENG 的机械激励下摩擦电微马达的性能,在 0.1 Hz 下滑动范围仅为 50 mm 时,摩擦电微马达就可以启动并且在 0.8 Hz时可达到 1000 RPM 以上,此外,摩擦电微马达的最高工作效率可达 41%。实验还证明了在两种信息识别系统中,摩擦电微马达分别通过慢速手势可识别图书编号,通过低速滚动轮胎来识别移动障碍物。因此,该设计实现了一种不需要外部电源,由超低频机械刺激驱动的高速微马达,显示了 TENG 的高压输出在 MEMS/NEMS 驱动方面的能力,对实现独立、自主和可持续的微系统具有重要意义和前景。

　　由上述几个应用可以看出,TENG 作为可控高压电源的应用具有巨大的潜力和市场价值。然而,目前仍有许多高压应用所需要的电压超出 TENG 的驱动能力,这主要是由于摩擦感应电荷的可持续性不足,导致 TENG 的高压输出不够高。图 3-7(f)展示了一种具有电荷积累策略的 TENG,可以提供可持续的超高输出电压[37]。该装置利用两个非常小的固有电容作为电荷收集器来建立非常高的静电电压,旋转盘上的传输电极阵列则有助于将电荷转移到蓄能器,从而持续补充蓄能器的电荷泄漏。实验证明,该 TENG 高压输出器件可连续点亮 8000 多个 LED 灯,通过计算得出其输出电压高达 20 kV 以上,这刷新了 TENG高压输出器件的记录。此外,该 TENG 的超高压还能够触发油中的连续电泳和介电泳效应,从而实现了自供电的油净化系统,系统可在 100 s 内去除 50 ml 油中的悬浮杂质,包括导电颗粒和介电颗粒。这项设计为当前的石油回收行业提供了一种设计简单、零功耗的净化系统。同时,这种 TENG 高压输出器件在转速较低情况下也可以直接驱动两种典型的高压装置,即介电弹性体致动器和静电纺丝系统,无需外部电源或放大电路。所有这些实验都验证了这种新型超高压 TENG 可以在许多领域提供一些实际应用,例如,静电操纵、空气污染处理。

　　空气负离子对空气中 PM 物质的净化,有害有机物的分解,以及细菌的抑制均具有重要的作用。人们利用电弧放电、热电子发射、光激发等方式也可以制造产生空气负离子的机器。在这些原理中,通过在细针尖电极施加高压的方式来离子化空气的空气负离子发生器已经大量的应用到我们的日常生活中。然而对于该类型的空气负离子发生器,需要电压倍增电路来产生高压供电,这使得电路相对复杂,体积较大,且在没有保护电路的情况下具有一定的安全隐患。针对上述问题,图 3-7(g)展示了一种电晕放电型机械刺激的摩擦电空气负离子发生器[38],该装置利用 TENG 的高电压输出使空气分子在通过碳纤维电极时发生局部电离,电子-离子转换效率高达 97%。实验表明,使用手掌大小的设备,一次滑动就可以产生 1×10^{13} 个空气负离子,该发生器在工作频率为 0.25 Hz 情况下可以将一个 5086 cm^3 玻璃室中的颗粒物(PM 2.5)在 80 s 内从 999 $\mu g/m^3$ 迅速减少到 0 $\mu g/m^3$。这种摩擦电空气负离子发生器结构简单、安全和有效,为改善人类健康和创造更清洁的环境提供了一种有吸引力的替代性可持续方案。

3.5.4　能量管理与自驱动系统

TENG 的内阻大($\sim M\Omega/G\Omega$),而需要供电的电子器件和储能器件内阻小($\sim \Omega$),阻抗不匹配问题使得 TENG 在为传统电子设备供电或直接为储能设备充电时通常表现出非常低的能源供应效率。高效的电源管理一直是 TENG 在自驱动微系统实际应用方面的技术瓶颈。在过去的几年中,研究人员提出了几种电源管理策略,如整流、电磁变换、电容变换和直流转换,这些策略可用于电子设备的电压调节、阻抗匹配和效率提高[39]。更重要的是,TENG 可以收集周围环境的机械能(如波浪能、风能、机器振动能)以及人类运动能量(如跑步、胳膊弯曲、击掌),在经过电源管理后,其输出可以被调制成一个恒定的低电压直流源,可以取代传统的电源,成为新时代为物联网、人工智能、便携式电子设备等提供电能的新能源。

作为传统电子设备或储能设备的电源,电源管理是必不可少的。全波整流被认为是一种将交流转换为直流的有效方法。近几年,许多研究人员应用这种方法来管理 TENG 的输出。图 3-8(a)展示了利用全桥整流的方式成功地制作的自充电单元[40]。利用此电路可以将 TENG 的脉冲交流电转换为脉冲直流电。但是,由于 TENG 与整流桥之间的阻抗不匹配,在整流过程中会损失大量能量。因此,当 TENG 作为传统电子产品的电源时,全波整流策略仍然没有突破低能量供应效率的瓶颈。基于此,研究人员又提出利用半波整流的方式管理 TENG 的输出,利用这种方式可以有效地解决 TENG 开路电压的离散性问题。

此外,利用班纳特倍增装置的原理,采用全波和半波整流的方式对电路进行管理,也可以提高 TENG 的充电效率。除此之外,电磁变换是降低电压和升高电流的常用策略,可用于管理 TENG 的输出。图 3-8(b)展示了一种基于电磁变压器的电源管理电路[41]。它由整流器、电容器、稳压器和电磁变压器组成。基于这种电源管理策略,在 TENG 以 3000 r/min 开始工作后的 0.5 s 内,TENG 的输出被调制为 5 V 直流输出。显然,这是 TENG 电源管理研究的一个重要进展。基于电磁变压器的电源管理策略对于 TENG 输出的调制是一种有效的方法,它提高了能源供应效率,但这需要在高频下运行并且所需的变压器尺寸更大,这些因素限制了 TENG 用作传统电子设备的电源。与电磁变压器的电源管理不同的是,基于电容变压器的电源管理电路对 TENG 的工作频率没有要求。图 3-8(c)展示了一种新颖的可用于功率转换和电路管理的 TENG 系统[42],它是由一个接触分离模式的 TENG 和一组在充电期间串联并在放电期间并联的电容器组成。基于电容变压器的原理,对于 TENG 的输出,其输出电压可以被降低,而其输出电流和电荷可以提高。

通过实验研究,可以发现,其输出电压降低 N 倍,输出电荷就会增加 N 倍。此外,在为 10 μF 商用电容充电时,充电效率明显提高。但是,由于布局复杂,开关的数量有限,也就意味着这种系统的电源管理的效率有限。近年来,采用直流降压转换的方式来提高 TENG 的电源管理效率越来越广泛。如图 3-8(d)所示,张等人提出了基于能量最大化传输、直流降压转换和自我管理机制的一种通用的、高效的、自主的电源管理策略。这种电源管理电路可以最大限度地将能量从 TENG 转移到后端电路。

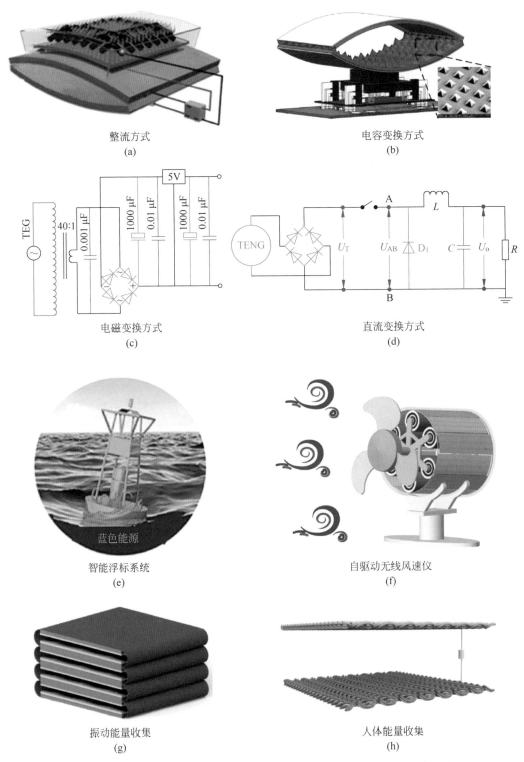

图 3-8 摩擦纳米发电机的四种能量管理方式及环境与人体能量收集[39-47]

用于摩擦纳米发电机能量管理的(a)整流方式；(b)电容变换方式；(c)电磁变换方式；(d)直流降压变换方式；(e)基于水波能量的摩擦自供电智能浮标系统；(f)基于滚动接触带电的微风风能自主无线风速仪；(g)基于振动摩擦纳米发电机的机器故障检测多节点自供电传感器网络机器振动能量收集；(h)基于人体运动能量的纺织摩擦纳米发电机作为可穿戴电子设备的恒定电源

电路中的开关由金属氧化物半导体场效应晶体管和比较器组成,比较器的参考电压与TENG 的峰值输出电压相关。一旦 TENG 的输出电压达到峰值,比较器将发送一个高电压来开启金属氧化物半导体场效应晶体管。当 TENG 的能量完全释放时,开关自动关闭。在此基础上,提出了一种基于自主开关和整流器的摩擦电子能量提取器,它可以最大限度地提取能量并自动将其传输到后端电路。此外,其最大能量提取效率达到 84.6%。在自主实现能量最大化转移后,摩擦纳米发电及的输出仍然是一个与时间相关的脉冲高压。显然,它不适合直接为传统电子设备供电。因此,集成了一个经典的直流-直流降压转换器以将输出转换为低压直流信号,如图 3-8(d)[43] 所示。当开关闭合时,TENG 为负载供电,而电感器和电容器存储能量;当开关打开时,电路继续流经二极管,电感和电容为负载供电。基于提出的管理策略,在 1 Hz 机械刺激下,TENG 的匹配阻抗从 35 MΩ 转换为 1 MΩ,转换效率为 80%,并且在为 1 mF 商用电容器充电时,效率提高了 128 倍。在这种管理策略中,TENG用于为电子开关提供电源,以管理摩擦电,实现直接前端供电,而无需任何预存电源,实现了TENG 的实时高效自主电源管理。这项工作已经证明,基于直流降压转换电路的 TENG 可以获得稳定的直流电压,通过收集人体动能和环境机械能,很容易驱动商用电子设备连续工作。

基于上述高效的直流降压转换电源管理电路,图 3-8(e)展示了一种基于 TENG 的无线传感自供电智能浮标系统[44],以展示其在无线传感和数据传输中的潜在应用。它由降压转换器、电容器和稳压器组成。降压转换器的作用是实现 TENG 的大阻抗和电压转换,不同之处在于传递到 L-C_1 单元的能量最终存储在 C_2 中,然后与电压相连稳压电路;通过切换开关(S_2)的状态来调整存储电压 U_S。此外,用于稳压的 S_2 也是直接由 TENG 供电,无需任何外部电源。TENG 输出的不规则脉冲高压通过电源管理电路可被调制成稳定且连续的直流低压,可直接用于为各种后端电子设备供电,例如,微程序控制单元、微机电系统传感器和无线发射器。此外,成功构建了一个自供电智能微系统,可以收集能量、感知信息和传输数据。通过不断收集波浪能,自供电智能微系统可以通过无线通信提供测量数据,以保持稳定的流动,无需任何外部电源,这表明与流降压转换电源管理电路集成的 TENG 可以彻底取代传统电源。

TENG 经过直流降压转换电源管理电路后,不仅可以收集波浪能,也可以有效地收集风能。图 3-8(f)展示了一种基于行星滚动的 TENG 用于风能收集和风速传感[45]。因为行星滚动摩擦小,其可以在小于 2 m/s 的风速下启动。在不同风速下,研究了其能量收集部分的输出特性,其输出最大瞬时功率在 5 m/s 时可达到 1.81 mW,并且输出的电能可以作为稳定的 2.5 V 直流电压的电源进行管理,可提供 0.03 mW 的最大额定功率。此外,其信号传感部分的输出电信号可以通过频率测量和计算来指示风速。通过自主监控机制,可以根据存储的能量智能调整数据监控和传输周期。在 5 m/s 的风速下,存储电压可以保持在 3.3 V 以上,可以每 2 min 在 10 m 范围内自主传输风速数据。能量收集的单元可以满足处理、计算和传输信号的能量消耗。

该工作通过集成基于 TENG 的微纳能量采集器和有源传感器,实现了一个完整的自供电智能无线传感系统。除了海洋的波浪能与风能外,周围环境中还存在大量的机械振动能,最典型的就是机器设备的振动能量。图 3-8(g)展示了一种通过收集机械振动能量实现完全自供电的多节点传感器网络[46],以建立机器故障检测系统。一种多层振动 TENG 可以从工作机器的振动中收集能量。由频率为 8 Hz 的振动运动触发,振动 TENG 可以产生功率密度为 3.33 mW/m³ 的输出。通过电源管理模块,集成传感器和无线发射器的微控制单元可以由振动 TENG 持续供电,以构建自供电振动传感器节点。然后通过获取工作机器的加速度和温度数据,通过网络建立基于支持向量计算法的机器故障检测系统。基于该系统,对机器不同工况的识别准确率可以达到 83.6%。TENG 不仅可以收集周围环境存在的机械能,还可以有效收集人体的运动能量。图 3-8(h)展示了一种可伸缩、可清洗和透气的基于纺织品的 TENG 用于收集人体运动能量[47]。采用电镀缝合技术,使用各种常见的纱线材料制造基于纺织品的 TENG,并以不同的模式(共面滑动模式和接触分离模式)工作。其可输出高达 232 V 的电压和高达 66.13 mW/m² 的功率密度。此外,它还可以通过集成小尺寸电源管理模块为不同的可穿戴电子设备持续供电,将不规则的交流输出转换为稳定的直流输出,提高其能量利用率。

3.6　小结

本章内容系统的总结了 TENG 的相关研究进展。首先讨论了 TENG 的基本理论和基础知识,包括接触起电的机制、理论源头、工作模式。通过与 EMG 的对比,介绍 TENG 收集高熵能源的优势,并总结出 TENG 具有电流低、电容型阻抗、电压高、内阻大等几个重要特性。随后分别介绍了基于这些特性的相关研究与应用:①对于 TENG 电流低的特点,可通过表面微纳制造、高压极化、等离子处理、表面功能化、纳米材料填充等方法来增强表面电荷密度,从而提高 TENG 的电流;②基于 TENG 电容型阻抗特性,可以调控电容型电子器件用于主动式传感,展现出其结构简单、灵敏度高、传感范围宽等特性;③基于 TENG 高电压输出的特性优势,介绍了摩擦电光调制器、摩擦电质谱仪、摩擦电微马达等几个高压源应用,具有可控、便携、安全以及低成本等优势;④针对 TENG 与电子器件阻抗不匹配的问题,介绍了整流、电磁变换、电容变换、直流转换等电源管理策略,实现了恒稳电输出,从而实现了基于 TENG 的自驱动系统。

如图 3-9 所示,王中林教授团队近年来提出了 TENG 的发展路线图,确定了 TENG 发展的主要方向并提供了时间框架[48]。TENG 的主要应用领域包括:①TENG 可以作为小型、分布式、可穿戴电子设备的微/纳电源。②TENG 本身也可以作为一种主动式的自驱动传感器件,用于感知多种机械运动。③TENG 在低频下具有优势,适用于收集水波能。通过将大量的 TENG 单元组成网络,可用于海洋能的收集,也就是蓝色能源。④基于可控性、便携性、安全性、低成本和高效率等优点,TENG 可以直接作为高压电源用于特定的高压应用,如质谱分析、电子场发射等。

尽管有关 TENG 基础理论和应用领域的研究已经取得了很大的进展,但 TENG 在未来的发展中仍存在一些亟待解决的问题。

(1)研究接触起电的基本理论。探索微纳米尺度的接触起电,特别是固-液界面、液-液界面之间的接触起电。此外,在接触起电过程中电子在摩擦材料表面的转移可能会引起界面催化作用。研究接触起电产生的电荷如何影响界面上的氧化还原反应是一个值得关注的科学问题。

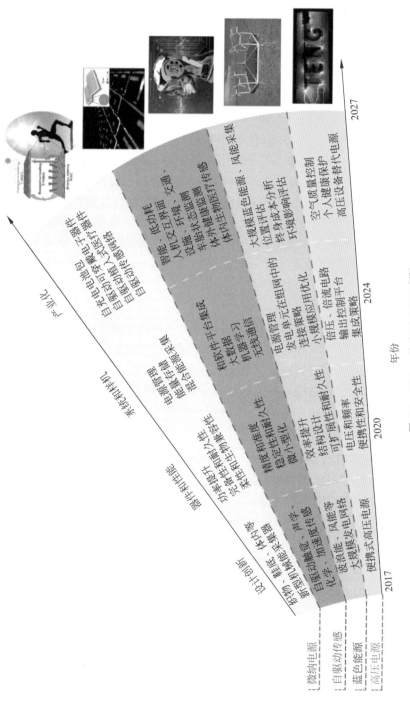

图 3-9　TENG 的发展路线图[48]

（2）提高 TENG 的输出能量。从 TENG 的内部结构来看，可以通过材料选择与改性、表面微/纳米结构加工、增加接触的紧密性、设计新结构等来提高表面电荷密度。TENG 的输出能量也可以通过优化工作环境等外部方法来改善。此外，电荷泵浦和电荷自激发是两种新开发的提高 TENG 输出能量的有效策略。

（3）增强材料和装置的耐久性。长期稳定性是 TENG 在实际应用中的一个重要问题。在运行过程中，材料的磨损会导致 TENG 的性能严重下降，特别是对于滑动模式的 TENG。为了解决这个问题，第一个解决方案是为 TENG 在接触和非接触模式转换之间设计一个可切换的结构，第二是开发具有强大机械耐久性的材料。

（4）大规模蓝色能源。虽然 TENG 在利用水波能方面的输出性能有了很大的提高，但由于水波能的不稳定性和随机性，如何设计和固定跨海的 TENG 网络连接对于能量采集来说是很重要的。另外，由于导电海水的屏蔽作用，TENG 在水环境中工作时输出性能会急剧下降，如何最大限度地减少或避免这种负面效应是发展蓝色能量的另一个关键问题。未来的研究可以集中在海洋环境中 TENG 网络开发的先进连接和封装技术等方面。

（5）基于 TENG 的自驱动微系统。优化 TENG 的电源管理策略实现能量最大限度的采集与存储，为分布式传感节点供电。与人工智能和云计算相结合，发展基于 TENG 的大数据分析，实现收集到传感数据的自动分析并提供科学指导。在广泛的领域建立自驱动智能传感系统，如环境监测、医疗保健、体育、安全等等。

致谢：

本章的撰写主要参考了自 2012 年以来摩擦纳米发电机领域发表的科技论文，本章的大多数插图都取自在公开领域发表的文章。在此要感谢为摩擦纳米发电机的发展做出贡献的所有科研工作者，同时也感谢付贤鹏、亓有超、王昭政、范贝贝、曾建华、董思成等在本章内容撰写过程中提供的整理工作。感谢国家自然科学基金资助项目（51922023）提供的支持。

第4章　热电转换之多层薄膜与器件

胡志宇　　吴振华

　　基于塞贝克效应的热电能量转换技术,在热电材料/器件两端存在温差时,通过热电材料内部的电子声子耦合效应,可以实现热-电能量直接转换。此技术的发电过程中无机械运动、无噪声、可模块化配置,是一种极具前景的零排放的清洁能源技术。目前市场上热电材料为各向同性热电材料,通过传统粉末热压烧结成型,再进行切割、打磨后逐一焊接后成为器件。这类块体热电器件制造工艺过程复杂、制造成本高居不下、可靠性有待提高。此技术获得的热电材料发电效率在 $5\%\sim8\%$,制作成的热电器件效率在 $3\%\sim5\%$,与目前的机械式发电系统(发电效率 $15\%\sim30\%$)相比并无明显优势。然而,现代化微纳工程技术的快速发展,使得在纳米尺度构建各项异性的高效热电材料成为可能,从而可大幅度提高热电效率的同时大幅降低生产成本,实现规模化。

　　本章系统介绍了热电多层薄膜的理论、方法与应用,通过利用不同材料的设计与调控,在纳米尺度构建各向异性热电薄膜以提高热电效率。加工方法采用类似于生产半导体芯片的微纳加工工艺,可以规模化生产超大阵列的薄膜型热电器件,其器件集成度比传统块体材料高 $3\sim5$ 个数量级,在工业余热回收发电及环境热能发电方面应用前景巨大。

——主编的话

摘　要：热电能量转换起源于材料内部的电子和声子之间的耦合，如何开发并有效调控材料的非耦合参量，从而实现电子和声子输运性质的差异性调控，是热电性能提升的关键科学问题。调控器件内电极和热电材料界面之间异质适配，实现界面低电阻和低热阻，是提升器件效率的关键问题所在。本章针对热电转换中的多层热电薄膜进行了系统的介绍，对多层热电薄膜的制备、测试方法、热输运特性进行了探讨。列举了多层热电薄膜的典型体系，通过多层结构中金属层的厚度或是合理的选取金属半导体多层薄膜材料系统，可以有效降低其截面热导率，同时在一定程度上保持热电材料体系中电子的传输特性，进而从总体上提高热电材料的热电优值，最终提高热电器件的能量转化效率。最后，介绍了热电器件常见的结构及微型化的发展趋势。

关键词：热电效应，多层薄膜，热导率，Si，Sb_2Te_3

4.1　热电效应及多层热电薄膜

近年来,随着新能源技术的不断发展,新能源在世界能源结构中所占的比例不断提高。但是根据世界能源委员会及国际应用系统分析研究所的研究报告,预计到 21 世纪中期,煤炭、石油及天然气等传统的化石燃料仍将是世界能源的主体。预计到 2100 年,太阳能、风能、生物质能等可再生能源比例有所增加,可能占据世界能源组成的一半左右。然而,目前作为能源主体的煤炭、石油、天然气等不可再生能源,已经接近枯竭。同时,传统的化石燃料在使用过程中产生的有害物质已经给环境造成了极大的危害,引起严重的环境污染问题。另外,当前能源的利用率不高也是能源利用过程中存在的重要问题。能源有效利用率低造成大量的能源浪费,我国在能源利用过程中大约有 2/3 的能源被浪费掉,而全世界有一半的能源被浪费掉。能源的浪费主要是以热的形式大量损失掉,如内燃机的燃烧、工厂烟囱、电器件发热等。

为了解决以上问题,寻求可替代传统化石燃料的新的环境友好型能源,开发新的能源应用技术便成为解决能源问题的主要方式。而热电技术的出现为解决能源危机、减少碳排放实现碳中和的目标提供了一条新途径。

从瓦特时代开始,传统热能到电能的转换方式为"热-机械-电",由于机械转换过程受到效率、体积、重量、震动等限制因素,已不符合信息化时代用电方式的需求。热电器件能实现热电直接转换,体积小、重量轻、无机械运动、无噪声,无污染、寿命长,从深海到深空、军民领域应用前景广阔。目前世界各国争相投入巨资开展相关研究,以期尽早突破技术瓶颈、占领市场。据不完全统计,世界上有近千个团队在大学、研究所与工业界开展热电相关领域的工作。然而,一个多世纪的实践证明寻求经济可靠的热电产业化技术路径仍然充满了各种挑战。

热电能源转换技术,是一种零排放的清洁能源技术,它基于材料内部的电子声子耦合效应,实现热-电能源直接转换。其独特优势包括:①能量形式的直接转换;②热电器件内部不含任何传动部件与流体;③长寿命无噪声;④尺寸可高度自定义,发电量近似线性正比于器件用量;⑤适用于任意存在温差的场合,尤其适合作为分布式电源使用。

4.1.1　热电效应概述

热电转换指的是热能和电能在温度梯度下能够相互转换的现象。热电效应包含塞贝克效应、珀耳贴效应和汤姆逊效应[1]。德国科学家塞贝克在 1821 年发现,材料在存在温度梯度的条件下能够产生电势差,即塞贝克效应。1834 年法国科学家珀耳贴发现了其逆效应——珀耳贴效应,即在不同导体两端通入电流时,除了产生焦耳热之外,在电流接入的导体两端产生吸热或放热效应,吸热或放热取决于通入电流的方向。1856 年,英国科学家汤姆逊发现,在存在温差的导体中通入电流时,导体除了产生焦耳热之外,还能在导体输入电流的两端发生吸热或放热反应,吸热或放热取决于电流的通入方向,即汤姆逊效应。

自热电效应被发现以来,其应用便得到了迅速发展,各种各样的热电器件不断被开发出来。利用塞贝克效应制造热电器件,可将人体的热量或废热直接转化为电能,从而提高能源利用效率,降低能源成本,是一种非常有前途的绿色能源利用方式。热电器件具有的无噪声、无污染、没有机械振动等固有优势使其被广泛应用于车辆、可穿戴设备、太阳能系统以及工业废热回收系统等。

　　本章主要介绍热转化为电的研究,即塞贝克效应(Seebeck effect)。当材料两端存在温差时,材料中的载流子会在温差的驱动下从高温端向低温端移动,从而在闭合回路中产生电压。其中,P 型半导体材料的载流子主要为空穴,N 型半导体材料的载流子主要为电子。材料产生的塞贝克电压与材料两端的温差呈正比,该比例系数称为塞贝克系数,P 型半导体的塞贝克系数为正,N 型半导体的塞贝克系数为负。塞贝克系数为当材料两端的温差为 1 K 时材料两端产生的塞贝克电压,用等式 $U = \alpha \cdot \Delta T = (\alpha_P - \alpha_N) \cdot (T_h - T_c)$ 表示,其中 α 为塞贝克系数,U 为塞贝克电压,ΔT 为温差,T_h 为高温端温度,T_c 为低温端温度。如图 4-1(a) 中的结构称为 PN 热电对。在实际应用中,为了获得较高的电压,往往将多个热电对进行串联。

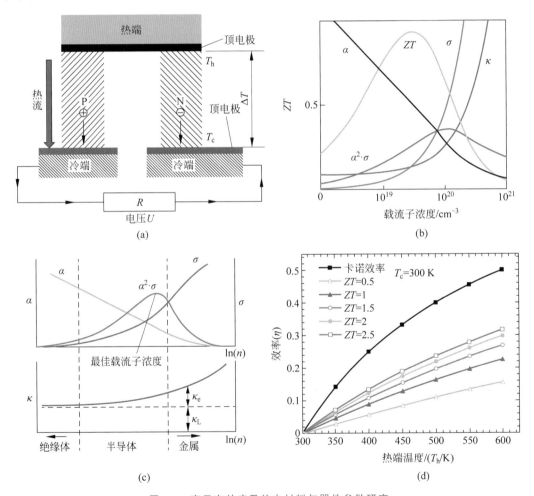

(a)　　　　　　　　　　　　　　(b)

(c)　　　　　　　　　　　　　　(d)

图 4-1　塞贝克效应及热电材料与器件参数研究

(a) 塞贝克效应原理图; (b) 热电材料相关参数之间的关系; (c) 塞贝克系数、热导率和电导率在最佳载流子浓度时的关系,最佳载流子浓度为 1×10^{19} cm^{-3}[2,3]; (d) 不同 ZT 值的热电转换效率与卡诺效率

4.1.2　热电性能参数

热电器件由热电材料组装而成,热电器件的发展应用伴随着对热电材料的开发研究。热电材料的性能可以用热电优值 ZT 来表征,热电优值 ZT 与热电材料的物理性质相关,可表示为[4]

$$ZT = \frac{\alpha^2 \cdot \sigma}{\kappa} \cdot T \tag{4-1}$$

式中,σ 为热电材料的电导率,α 为热电材料的塞贝克系数,$\kappa = \kappa_e + \kappa_L$ 为热电材料的热导率,κ_e 和 κ_L 分别为电子热导率和晶格热导率,T 为绝对温度。根据 ZT 值的表达式可以看出,高性能的热电材料需要高的电导率、高的塞贝克系数和低的热导率。其中 $\alpha^2 \cdot \sigma$ 表示热电材料的电学性能,也称为功率因子,而 κ 则表示热电材料的热学性能,热电材料的 ZT 值、功率因子、热导率、电导率及载流子之间的关系如图 4-1(b)与图 4-1(c)所示,各参数往往是相互耦合的。

在塞贝克效应被发现之后的很长一段时间里,应用材料主要为金属及其合金材料。由于金属具有很低的塞贝克系数或 ZT 值,因此,早期的热电材料主要用于热电偶。直到 20 世纪 30 年代,随着半导体热电材料的发现及半导体热电材料理论的发展,热电材料的性能得到了极大的提升。然而,20 世纪 60 年代至 90 年代,热电材料的发展比较缓慢,没有取得明显的进步。直到 90 年代中期,理论预测通过纳米结构工程可以大大提高热电效率。从此,再次掀起了研究热电材料的热潮。

提高热电材料的 ZT 值可以提高材料的热电转换效率,热电转换效率 η 与 ZT 值的关系:

$$\eta = \frac{T_h - T_c}{T_h} \left(\frac{\sqrt{Z\overline{T} + 1} - 1}{\sqrt{Z\overline{T} + 1} + 1 - T_c/T_h} \right) \tag{4-2}$$

式中,T_h 为热端温度,T_c 为冷端温度,$\overline{T}$ 为平均温度,即 $\overline{T} = \dfrac{T_h + T_c}{2}$。

各种增强热电材料性能的手段主要在保证电导率的前提下,提高塞贝克系数,使得功率因子增大。此外,还有引入界面散射声子降低热导率。目前,最好的商用热电材料的 ZT 值只有 1 左右,还有其热电转换效率只有 3%～7%。根据图 4-1(d)的估算,其热电效率远远低于卡诺效率。当热电材料的 ZT 值低于 1 时,热电转换效率是相当低的,当 ZT 值达到 2 时可以用于废热的回收利用,只有 ZT 值达到 4 或 5 时,热电材料才具备冰箱制冷的能力[5]。

相比于块体热电材料,低维化的薄膜具有性能优势,且薄膜易与微纳加工技术结合制备器件,不同于单一的单层薄膜,本章介绍主要介绍热电薄膜的一种特殊调制策略——多层薄膜构造。

4.2　多层热电薄膜概述

基于不同的材料叠层,利用材料的不同特性和材料之间的界面特性,实现材料性能的优化,即周期性多层薄膜。在周期性多层薄膜中,最主要的特征就是在纳米级别的组元之间有多个相界面,从而产生不同于块体材料的纳米尺度效应和界面效应。

多层热电薄膜的纵向和面向的热电性能区别较大,如图 4-2 所示。在面内方向,如果电子输运不受影响,通过声子在每个界面的散射导致导热系数的降低就可以显著改善热电性能。但是,平面内的输运参数也可能受到分层结构的影响,每一层的量子阱结构也会对输运产生一定的影响。

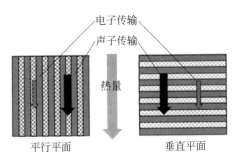

图 4-2　不同传输方向有不同的输运特性[6]

在垂直于平面的方向,热电的传导受到了层的阻碍,因此会有不同的现象。为了研究周期性多层薄膜的纵向热电转换,科学家们进行了大量的科学研究。1987 年,Yao[7] 第一次通过实验的方法测得了 GaAs/AlAs 超晶格多层的纵向导热系数,发现薄膜的热导率虽然大于块体的热导率,但是比它们的加权平均值要小。Chen 等[8] 人利用他们自己设计的新测试方案,测试了 GaAs/AlAs 多层薄膜结构横向和纵向的热传导系数,发现薄膜的热导值比它们的块体热导值小了 7 倍。Lee[9] 等人用实验的方法测试了 Si/Ge 超晶格多层薄膜的纵向热传导值,发现得到的热导值基本上和 SiGe 合金值相当。

这些年来,人们得到了各种不同材料体系的超晶格多层薄膜导热系数值,例如,Bi_2Te_3/Sb_2Te_3、Si/Ge、InAs/AlSb[10]、InP/InGaAs[11]、SbTe 基超晶格。这些实验说明,对于这些超晶格薄膜系统,不管是纵向的还是横向的导热系数都小于其块体值。且超晶格导热系数会随着周期厚度的增大而减小,即界面的热阻随着周期性厚度的增加而增加。

到目前为止,多层系统的热电性能并没有得到很大的改善。Harman[12] 等人利用了分子束外延法(MBE)沉积 N 型 PbTe/Te 多层体系,调谐了各层厚度和载流子浓度。结果表明,与同类的块体材料相比,其塞贝克系数和功率因子有明显提高,但在导热系数方面没有明显的改善。利用 MBE 制备 Se 掺杂(N 型)的 PbSeTe/PbTe 超晶格,发现通过外延应变自组装的锥形量子点可以进一步改善性能,并且在室温下获得了 1.5 的 ZT 值[13-14]。

总结多层热电的研究:①大多数研究集中在少数几种材料体系上,特别是 V-Ⅵ化合物(锑和铋的碲化物)、Ⅳ-Ⅵ二元化合物(硒化铅、碲化物)、Ⅲ-Ⅴ半导体(铝、镓和铟的砷化物)和Ⅳ族体系(硅和锗)[15];②尽管对声子输运和散射的原理研究还远未完成,但大多数效率的提高都来自于导热系数的降低。

Mahan[16] 等人提出了一个特殊观点来提高功率因子,通过将高电子浓度的材料(如金属)与半导体结合,引入相对于费米能级不对称性的传导电子分布,从而导致功率因数的显著改善。同时,高的界面密度也可以有效降低导热率,从而导致整体的 ZT 值的提高。这个观点不久就被科学家们引入到对岩盐结构氮化物相(ScN 和 GaN)和金属过渡氮化物(ZrN

和 ZrWN)组成的多层结构的研究上。金属过渡氮化物具有类似金属的电阻率 $15\sim50$ Ω · cm,同时这些材料还具有极高的热稳定性和化学稳定性,熔点通常在 2773 K 以上,在高温下具有很高的抗氧化性。这两种化合物体系不容易融合,层状结构不容易受高温的影响,因此,其具极大的应用价值。Rawat 等[17]人利用单质金属靶在 1123 K 的基体温度下,反应溅射沉积 ScN/(Zr,W)N 金属-半导体超晶格。同时他们对 ScN/(Zr,W)N 超晶格的室温导热系数进行了评估,研究表明,ScN/ZrN 在 $3\sim7$ nm 的周期内,可以得到最小的热导率,其值为 5 W · m^{-1} · K^{-1},远低于组成材料的导热系数(ZrN 的总热导率测量是 47 W · m^{-1} · K^{-1},计算晶格的贡献 18.7 W · m^{-1} · K^{-1})。通过合金化 W-N 减少 ScN 的晶格失配,热导率进一步减少到 2.2 W · m^{-1} · K^{-1}。[18]同时,Zebarjadi[19]等人研究了 ScN(6 nm)/ZrN(4 nm)超晶格,测试得其室温下塞贝克系数为 840 μV · K^{-1}。根据现有的结论预测,岩盐结构氮化物和金属过渡氮化物组成的多层结构得到的 ZT 值可能比现在主流的 ZT 值高多个数量级。

因此,半导体和金属组成的多层结构具有极大的热电潜能。在研究热电薄膜性能的时候,不仅仅考虑其科学上的价值,也需考虑其工程的价值。在工程应用中会出现接触电阻的问题、衬底热导率的问题、集成在芯片的热电材料的问题和经典的器件垂直高度问题,这些问题都是工程上极为关注的。除此之外,纳米晶体的长期热稳定性、相互扩散、粗化等问题也是应用中关注的重点。

4.2.1 多层薄膜制备方法

周期性纳米多层薄膜制备的方式有很多,为了得到高质量的多层薄膜(精确而均匀的薄膜厚度,精确而均匀的化学成分),一般采用物理沉积法制备,如 MBE、化学气相沉积(chemical vapor deposition,CVD)和磁控溅射。本节介绍采用最为常见的物理气相沉积方法,物理气相沉积方法制备的薄膜有利于结合微加工工艺制备微型器件,具有更广的应用场景。

(1)磁控溅射法

磁控溅射的原理及装置如图 4-3(a)与图 4-3(b)所示,磁控溅射是在氩气的氛围中进行的。在电场的作用下,高能电子与氩原子发生碰撞,产生 Ar 离子和电子。电子向基片运动,Ar 离子向靶材运动并与靶材料发生碰撞,使靶材中溅射出粒子。溅射飞出的中性原子或者分子沉积在基片上形成膜,产生的二次电子受磁场约束,在靶材表面运动并电离出更多的 Ar 离子,使得薄膜的沉积速率增加。由于磁控溅射沉积薄膜致密,沉积速率较快,适合于大批量生产。

(2)分子束外延法

MBE 是在超高真空下进行原子级生长的一种薄膜沉积技术,能精准的控制生长速率及高质量超薄层的生长,也可精准的控制半导体薄膜的组分。因其生长过程并不是在热平衡的条件下进行的,因此可以生长获得一些特殊的晶体。在 MBE 生长的过程中,原材料放置在束源炉中,升高束源炉的温度,超高真空的条件使得材料能在较低温度下产生分子束流,并运动到基片表面生长薄膜。同时控制基片台的温度,可以减少薄膜中的缺陷。MBE 生长薄膜的示意图和装置如图 4-3(c)与图 4-3(d)所示。

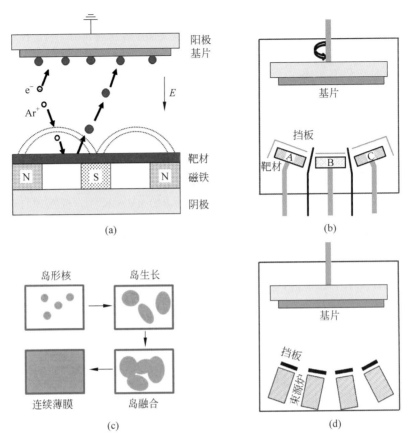

图 4-3   磁控溅射原理及设备和工艺

（a）磁控溅射的原理；（b）磁控溅射设备示意图；（c）MBE 薄膜生长过程；（d）MBE 薄膜生长设备示意图

4.2.2   薄膜热导率测试方法

与块体材料不同，相对于薄膜而言，当热量在其内部传输时，会出现载流子的平均自由程和薄膜厚度相当的情况，因而载流子将在边界处发生散射，导致垂直薄膜方向的热物理参数发生变异。在这种情况下适用于测试块体材料热物性的传统方法和装置已难以对薄膜材料进行测试，这对材料热物理参数的测试提出了新的挑战。经过多年的研究，人们发展出了多种行之有效的薄膜热导系数测量方法。薄膜热导系数测试方法根据不同测试特征，可以分成不同的类别。根据热导系数测量方向，可将薄膜热导系数的测试方法分成两类：平行薄膜方向导热系数的测量和垂直薄膜方向导热系数的测量。本节针对垂直薄膜方向热导率的经典 3ω 法进行介绍。

1. 测试原理

20 世纪 80 年代末，Cahill[20] 提出利用 3ω 法来测试材料的热导系数。3ω 法是一种瞬态测量方法，主要可用于测试垂直薄膜方向的热导系数，它分为斜率 3ω 法和差分 3ω 法。相对于其他薄膜热物理性能测试方法而言，3ω 法利用金属加热线的温度波动与有限宽度加热源的热传导理论模型相结合来确定材料的热导系数,不需要花费很长时间来保持热流的稳定,并能够有效降低热辐射对测试结果精度的影响,从而可以提高测试的速度和精度。3ω法经过多年不断地发展,目前已成为薄膜热导系数测试的一种重要手段。

在解释3ω法热导系数测试原理前,首先从理论上分析当金属线中通入一定频率交流电流后所产生的温度波动情况。图4-4(a)为3ω法热导系数测试原理示意图。对于纯金属而言,电阻随温度的上升而增大,如果实验可以测量得到金属线的电阻温度特性关系,那么其既可作为加热线又可作为测温线。当金属线中通以频率为ω的交流电流时会产生频率为2ω的焦耳热,并导致金属线温度的波动,金属线中将出现频率为2ω的震荡电阻。这个频率为2ω的震荡电阻与频率为ω的交流电流共同作用,于是就得到了频率为3ω的电压,通过测量3ω电压,就可以得到金属线的温度波动情况,3ω法热导系数测试方法正是因此而得名。

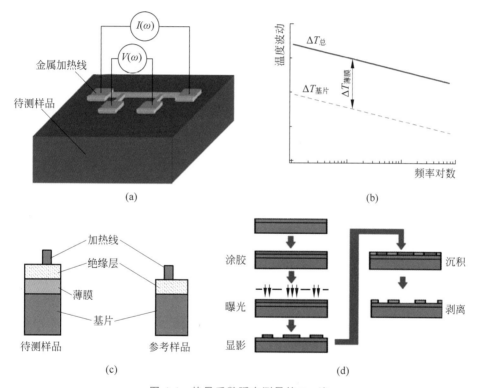

图4-4　热导系数瞬态测量的3ω法

(a)3ω法热导系数测试原理示意图;(b)差分3ω法低频区域温度波动随加热频率的关系曲线;(c)差分3ω法结构示意图;(d)样品上的金属线制备过程

金属线温度波动幅值$T_{2\omega}$可以由式(4-3)表达。

$$T_{2\omega}(\omega) = \frac{2V_{3\omega}}{I_0 R_0 \alpha} = 2 \cdot \frac{V_{3\omega}}{I_0} \frac{\mathrm{d}T}{\mathrm{d}R} \tag{4-3}$$

以上过程为当金属线通以频率为ω的交流电流后,对金属线本身的温度波动进行分析。下面对待测样品在有限宽度线加热源加热时的热传导模型进行理论分析。

Cahill[20]的研究结果表明,当电流通过金属线加热样品时,金属线本身的温度变化可以与下方待测材料的热导系数相联系起来。当一个无限窄线加热源加热半无限大固体时,由

Carslaw 推导[21]得到的方程可以计算其引起的样品温度变化情况。对于金属线和待测样品而言,其接触处的温度变化情况是一致的,因此待测样品温度波动可以由线宽为 2b 的金属线测量金属线与样品界面处的温度得到。

2. 斜率 3ω 法

当测量块体材料的热导系数时,金属线加热所产生的温度波动可以分为两个区域。在低频区域,热波穿透深度远远大于金属线宽度 2b,此时温度波动与加热频率的对数可以近似为线性关系,材料的热导系数与线性曲线的斜率成反比。在高频区域,热波的穿透深度与金属线宽度 2b 相当或小于金属线宽度,此时,温度波动曲线是一条横轴的渐近线。Cahill[20]推导得到了在低频区域,即热波波长远大于金属线宽度情形时的近似表达式,此时热波穿透深入下方待测材料。

理论上通过两次不同加热频率下测量三次谐波电压就可以确定线性曲线斜率从而计算热导系数 κ,但实际测量时都是通过连续采集某一段低频范围内的数据,并通过线性拟合来得到温度波动曲线的直线斜率。值得注意的是线性近似只有在热波穿透深度远远大于金属线宽度时才成立,否则温度波动随频率对数的关系不再是线性关系。

3. 差分 3ω 法

当测量基片上薄膜样品的热导系数时,金属线加热所产生的温度波动也可以分成两个区域。在高频区域,热波的穿透深度较小,如果穿透深度小于待测薄膜的厚度 t,那么温度波动曲线只包含待测样品的热物理信息,此时曲线形状取决于金属线宽度 2b 和薄膜厚度 t 的比值。当薄膜厚度与金属线宽度相当时,温度波动曲线是一条横轴的渐近线。当薄膜厚度远大于金属线宽度时,温度波动曲线包含一段线性部分。在低频区域,热波波长远远大于待测薄膜的厚度,如果薄膜厚度 t 远远小于金属线宽度 2b,此时待测薄膜内的热流情形可以认为是一维垂直薄膜方向的,那么温度波动曲线可以认为是在基片温度波动的基础上增加一个偏移量,如图 4-4(b)所示,该偏移量可以用来计算待测薄膜的热导系数。

在低频测量区域,温度波动与频率的对数呈线性关系,线性斜率与基片热导系数 $\kappa_{基片}$ 相关,而不受薄膜热导系数 κ_{film} 的影响。总温度波动曲线 $\Delta T_总$ 等于基片温度波动 $\Delta T_{基片}$ 与薄膜温度波动 ΔT_{film} 之和。

基片温度波动 $\Delta T_{基片}$ 可以通过实验测量或者理论计算得到,而总温度波动 $\Delta T_总$ 可以通过测量基片上的薄膜样品得到,将这两个温度波动差分后就可以得到待测薄膜本身的温度波动 ΔT_{film},它与薄膜的厚度 t 成正比,与薄膜的热导系数 κ_{film} 成反比:

$$\Delta T_{film} = \frac{t}{2bl\kappa_{film}} \tag{4-4}$$

其中 2b 和 l 分别是金属线的宽度和长度。

由式(4-4)即可计算得到基地上待测薄膜的热导系数,由于在理论模型分析时忽略了界面接触热阻,因此测量得到的薄膜热导系数包含三部分:薄膜本身热导系数、薄膜与基片间的界面热阻以及薄膜与金属线之间的界面热阻。对于测量基片上薄膜的热导系数,通常制备两个测试结构,其中一个包含待测薄膜,而另外一个不含待测薄膜即参考样品。在相同的加热功率下,分别测量两者的温度波动情况,差分计算后得到待测薄膜上的温度波动情况,然后利用式(4-4)即可得到待测薄膜的热导系数。在 3ω 法中由于加热金属线既是加热源又是测温传感器,如果金属线中的漏电流进入待测样品中就会使测量产生误差,这就限制了差了分 3ω 法只能用于测量绝缘材料热导系数。对于非绝缘材料,则必须在待测样品和加热金属线之间增加一个绝缘层,如图 4-4(c)所示。采用微加工工艺在覆有绝缘层的薄膜上沉积加热金属线,如图 4-4(d)所示。

4.2.3 Si 基多层热电薄膜

Si 是应用最为广泛的半导体材料,同时也是热电材料的一种。它是现代集成电路的基础,其在地球上储量巨大,开采和加工都极为方便。同时 Si 的性能稳定,无毒无污染。因此,其作为热电材料具有广阔的应用前景。

Si 是第ⅣA 族元素,其晶胞类型为金刚石结构的面心立方体。其晶格常数为 0.543 nm,为共价键类型,摩尔数为 28.0855 g·mol^{-1},理论密度是 2.33 g·cm^{-3},熔点是 1690 K。其中块体的 Si 功率因子较大,电学性能也较优。然而,Si 具有较高的热导率,在室温状态下,单晶 Si 的热导率可达 148 W·m^{-1}·K^{-1}[22],其较高的热导率导致很难建立起较大温差,从而导致纯 Si 的热电性能较差。因此,想要提高 Si 材料的应用价值就必须降低其热导率。为了降低 Si 的热导率,科学家们提出了多种方案。比较常见方法有:通过 Si 和其他材料复合化[23];将 Si 低维化,制备出二维薄膜或者形成一维纳米线。

Si 可以和 Ge 进行复合形成 SiGe 合金,这种合金是一种较好的高温热电材料。由于 Si 与 Ge 的原子质量及原子半径相差较大,若两者复合则会有强烈的质量波动和应力应变散射,将对声子运动造成显著影响[26],从而导致热导率的显著下降,热电性能明显提升。有报道称,当其作为 P 型热电材料的时候,在 1000 K 的高温下,SiGe 合金的 ZT 值可以达到 1.08[27]。因为 SiGe 合金较好的热电性能,基于 SiGe 合金的热电器件已经在航空航天领域得到了广泛的应用[28]。

通过二维化的方式制备 Si 基薄膜,是提高 Si 基热电材料热电性能的重要手段之一。Huxtable 等[29]测试了不同温度的 $Si/Si_{0.75}Ge_{0.25}$ 和 $Si_{0.75}Ge_{0.25}/Si_{0.25}Ge_{0.75}$ 两种超晶格纵向薄膜热导值,实验结果表明,$Si/Si_{0.75}Ge_{0.25}$ 超晶格导热系数和其周期厚度有关,随周期厚度值的减小而减小;而 $Si_{0.75}Ge_{0.25}/Si_{0.25}Ge_{0.75}$ 超晶格热导率和周期厚度并没有明显的依赖关系。Lee[9] 和 Borca-Tasciuc 等[30]对 $Si_{0.75}Ge_{0.25}$ 超晶格的导热系数进行测量,实验结果表明,导热系数会先随着周期厚度的变大而增大,而当周期厚度为 10 nm 的时候则开始趋于下降。Koga[31]利用 MBE 的方法制备了应用"载流子袋装工程"概念的 Si/Ge 超晶格并获得了极大的 ZT 值,在这个体系中,Si/Ge 界面上晶格应变提供了另一个自由度来控制超晶格的导带结构。

本节利用磁控溅射,采用交替沉积不同材料的方式制备的 Si 基多层薄膜,选取典型的多层 Si/Au 结构如图 4-5(a)所示。采用差分 3ω 法测试薄膜热导率,如表 4-1 所示。

表 4-1 Si 基多层薄膜热导率

多层薄膜			厚度/nm	层数	热导率
材料 A	材料 B	材料 C	A/B/C	A+B+C	/(W·m⁻¹·K⁻¹)
非晶 Si 磁控溅射	—	—	—	—	1.44
—	非晶 Si$_{0.75}$Ge$_{0.25}$ 磁控溅射	—	—	—	0.76
Si 磁控溅射	Si$_{0.75}$Ge$_{0.25}$ 磁控溅射	—	1.5/1	200+200	0.98
			3/2	100+100	1.09
			6/4	50+50	1.09
			12/8	25+50	0.85
			30/20	10+50	1.12
			12/10/0	10+10	0.94
		Au	12/10/10	10+8+2	0.97
		Au	12/10/10	10+5+5	1.02
	—	Au	13.1/8.5	10+10	1.01
		Cr	14.2/9.4		0.89
		Ti	12.0/7.9		0.44
		Au	12/1		0.67
			12/3		0.60
			12/5		0.62
			12/10		1.31
			12/20		1.55
			12/40		2.28

与 SiGe 合金薄膜相比,Si/Ge 超晶格会由于错位密度和残余应力的增加而使得其热导系数随着周期厚度的减小而增大[32]。在 BiTe 超晶格中,会存在某一周期厚度使得其纵向热导系数最小[33]。而在 Si/SiGe 超晶格和 GaAs/AlAs 超晶格中,纵向热导系数会随着周期厚度的减少而减小。在超晶格或合金材料中,声子平均自由程的束缚原因主要是由于界面散射或合金散射。而在非晶 Si/Si$_{0.75}$Ge$_{0.25}$ 多层薄膜中,声子平均自由程的减小主要是因为结构无序而不是散射机制,因此非晶材料层状结构并不能有效减小其纵向热导系数。

采用两个理论模型分析 Si/Si$_{0.75}$Ge$_{0.25}$＋Au 多层薄膜所制备多层薄膜的热导系数。

第一个是经典热传导模型,在利用此模型计算时,把样品看做是块体材料,不考虑其界面之间的热阻。

根据经典热传导公式,由两种材料交替构成的多层薄膜热导系数表达式 κ_{eff} 可以写成:

$$\kappa_{eff} = \frac{d_1 + d_2}{d_1/\kappa_1 + d_2/\kappa_2} \tag{4-5}$$

式中下标 1、2 代表两种材料,κ 为构成多层薄膜材料的热导系数,d 为构成多层薄膜材料的厚度。值得注意的是,经典的热传导模型忽略了界面热阻。

第二个是双温度模型。多层薄膜中金属-非金属界面的电学和热学性质,对于很多现代电子器件和直接将热能转换成电能的能量器件有很重要的意义。金属中主要的能量载流子是电子,而在半导体中则是声子,这意味着界面引起的非平衡作用,必定会导致电子和声

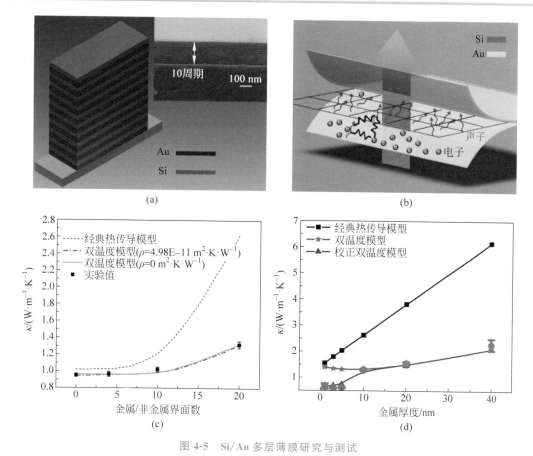

图 4-5　Si/Au 多层薄膜研究与测试

（a）Si/Au 多层薄膜结构；（b）金属半导体界面；（c）Si/Si$_{0.75}$Ge$_{0.25}$＋Au 多层薄膜热导理论计算值、实验值
和金属非金属界面数的关系图；（d）Si/ Au 多层薄膜热导理论计算值、实验值和金属膜厚的关系图

的相互作用和能量转移。在金属-非金属界面，特别是多层结构，电子和声子的耦合作用扮演着一个很重要的角色，在金属-非金属接触的界面主要存在两种能量传输的方式：

（1）先是在金属层电子和声子发生耦合的作用形成热阻 R_{ep}，然后金属中的声子再与半导体中的声子进行耦合作用形成热阻 R_{pp}[34-36]；

（2）在金属和半导体中的界面，通过非简谐的相互作用，金属中的电子直接和半导体中声子发生耦合作用形成热阻 R_1。

这里主要基于第一种能量传输方式对整个热传导过程进行分析，所以在金属层中存在电子和声子耦合作用，其电子的温度为 T_e，声子的温度为 T_p，如图 4-5(b)所示的金属-半导体界面。其中 κ_e 是金属层中电子热导系数，κ_p 是金属层中声子热导系数，g 是考虑了电声子相互作用以后的电声子耦合常数，δ 为金属层中的固有电子-声子耦合长度，ρ_1 两层系统的声子界面热阻，R_1 和 R_2 分别是金属部分的热阻和半导体部分的热阻，R_{ep} 是由于在金属层中电子和声子作用引起的电声子耦合热阻。

当总层数为 N 时（N 为偶数），且最后一层为金属，总的热导值可以如式（4-6）所示：

$$
\kappa = \frac{d_N}{\left(\dfrac{N+1}{2}\right)\dfrac{d_1}{\kappa_e+\kappa_p} + \left(\dfrac{N-1}{2}\right)\dfrac{d_2}{\kappa_2} + \sum_{n=1}^{N-1} R_{n,n+1}} \tag{4-6}
$$

式中 d_N 和 $R_{n,n+1}$ 分别由式(4-7a)和式(4-7b)得到。

$$d_N = \frac{(N+1)d_1 + (N-1)d_2}{2} \tag{4-7a}$$

$$R_{n,n+1} = \rho_{n,n+1} + \frac{\kappa_\beta}{\kappa_p} \begin{cases} \frac{\delta}{\kappa_p}\tanh(d_1/\delta), & n=1, N-1 \\ \frac{2\delta}{\kappa_p}\tanh(d_1/\delta), & n \neq 1, N-1 \end{cases} \tag{4-7b}$$

如果最后一层是非金属层,随着层数的不断增加,薄膜的有效热导值最终趋向于一条渐近线,得到如下的多层薄膜的有效热导值:

$$\kappa_{II} = \frac{d_1 + d_2}{\frac{d_1}{\kappa_e + \kappa_p} + \frac{d_2}{\kappa_2} + 2\rho_2 + 4\frac{\kappa_e\delta}{\kappa_p(\kappa_p + \kappa_e)}\tanh(d_1/2\delta)} \tag{4-8}$$

式中,ρ_2 多层薄膜中声子界面热阻,分母中的最后一项就是由于电声子相互作用产生的电声子耦合热阻。

计算时取 $g_{Au} = 2.4 \times 10^{16}$ W·m^{-3}·K^{-1},$\kappa_e = 315.83$ W·m^{-1}·K^{-1},$\kappa_p = 2.17$ W·m^{-1}·K^{-1}。

通过计算,图 4-5(c)更加形象的说明在金属-非金属界面对于整个多层薄膜热导的影响。金属-非金属界面数增加时,用经典热传导理论计算出的热导值有明显的提升,主要是因为引入了高热导值的 Au 层。用双温度模型计算时,当 Si$_{0.75}$Ge$_{0.25}$ 层被 Au 层替代后,形成金属-非金属界面,界面形成的电声子耦合热阻,导致热导值小于经典热传导计算的值。插入金属层以后的热导率实验值与双温度模型吻合,说明了电声子耦合在多层薄膜热传导过程中起着重要的作用。也从实验上验证了在金属-非金属界面电声子耦合电阻的存在。由于电子-声子耦合的作用,引起金属-半导体多层薄膜系统的总体有效热阻增大,导致其多层薄膜热导系数的降低。即对于非金属-非金属界面,适合用经典热传导模型,而对于金属-非金属多层薄膜,适合采用双温度模型。

为进一步明确金属-非金属界面对于薄膜热导率的影响机制,调控 Si/Au 多层薄膜中不同厚度的 Au。从表 4-1 可看到,Au 层块体和薄膜的热学性质的临界厚度在 10 nm,且薄膜热导值相比于块体值大幅下降。

Ordonez-Miranda 等[36]提出的双温度模型不能简单用块体的 Au 参数值来分析 Au 层膜厚小于 10 nm 的情况。因此,在 10 nm 以下,引入了金属中声子热导和厚度函数关系式,并得到了相应校正后的双温度模型。

$$\frac{1}{\kappa_p} = \frac{5.4598}{l_1} + 0.460\,23 \tag{4-9}$$

通过校正后的双温度模型计算的 Si/Au 多层薄膜的热导率理论值见图 4-5(d),与实验热导值十分吻合。

在 Au 层厚度超薄时(10 nm 以下),Au 层中起主要传热的并不是电子,而是少部分声子,正是这一少部分声子,引起了更大的薄膜热阻,得到了更低的热导值。于是,金属层的热阻可以表示为:

$$R_{metal} = \frac{l_1}{\kappa_p + \kappa_e} + 2\left(\frac{\kappa_e}{\kappa_p}\right)\left(\frac{\delta}{\kappa_p + \kappa_e}\right)\left(\frac{e^{l_1/\delta} - 1}{e^{l_1/\delta} + 1}\right) = \begin{cases} 2\delta/\kappa_p, & (l_1 > \delta) \\ l_1/\kappa_p, & (l_1 \ll \delta) \end{cases} \tag{4-10}$$

此公式中非常关键的一个参数就是电声子耦合长度 $\delta = \left[\kappa_e\kappa_p/G(\kappa_e+\kappa_p)\right]^{1/2}$。可以看到，当金属层厚度小于电声子耦合长度时，此时金属层近似的总热阻为 $R_{metal} = l_1/\kappa_p$，也说明在超薄 Au 层中，声子热导在热传导中起主导作用。意味着在金属-非金属多层薄膜中，可以简单的通过引入一层超薄金属层的方式，获得更低热导值的多层薄膜材料。

4.2.4　Sb$_2$Te$_3$ 基多层热电薄膜

Sb$_2$Te$_3$ 基热电材料及其衍生物是室温下热电性能最好的材料之一，低维化有利于进一步提高 Sb$_2$Te$_3$ 基热电材料的热电性能。关于 Sb$_2$Te$_3$ 热电材料的研究，主要为纳米复合和低维化。而关于其周期性多层结构的研究并不多见，主要为 Sb$_2$Te$_3$/Bi$_2$Te$_3$ 超晶格结构。在上一节介绍了 Si 和金属多层薄膜的研究，探讨了半导体和金属之间的界面及热导率。在本节将金属引入 Sb$_2$Te$_3$ 进行研究，考察其热导率和热电性能。

本节总结介绍采用磁控溅射方法和分子束外延方法制备 Sb$_2$Te$_3$ 基多层薄膜，采用交替沉积不同材料靶材的方式溅射，选取其中典型结构的扫描电镜图片，如图 4-6(a)～(h)所示，其中层间局部精细结构的透射电镜图片如图 4-6(i)、(j)所示。

图 4-6　Sb$_2$Te$_3$/金属（15 nm/15 nm）截面的 SEM 扫描图

(a)～(h) 交替沉积不同材料靶材；(i)和(j) Sb$_2$Te$_3$/W 原子尺度下的微观形貌

Sb_2Te_3 基多层薄膜的结构参数与相应的热导率如表 4-2 所示。

表 4-2　Sb_2Te_3 基多层薄膜热电性能

多层薄膜		厚度/nm	层数	热导率
材料 A	材料 B	A/B	A+B	/(W·m^{-1}·K^{-1})
Sb_2Te_3 磁控溅射	—	130/0	1+0	1
	Au	13/1	10+10	0.85
		13/3		0.50
		13/5		0.45
		13/10		0.55
		13/20		0.72
		15/5		0.43
		15/10		0.60
		15/15		0.77
	Ag	15/5		0.16
		15/10		0.33
		15/15		0.50
	Cu	15/5		0.68
		15/10		1.39
		15/15		1.93
	Pt	15/5		1.44
		15/10		2.07
		15/15		2.52
	Cr	15/5		0.31
		15/10		0.43
		15/15		0.55
	Mo	15/5		0.21
		15/10		0.41
		15/15		0.53
	W	15/5		0.26
		15/10		0.37
		15/15		0.42
	Ta	15/5		0.22
		15/10		0.30
		15/15		0.37
Sb_2Te_3 分子束外延	Te	250/0	1+0	0.42
		5/1	50+50	0.31
		5/2		0.35
		5/4		0.40

采用经典热传导模型和修正后的双温度模型分析不同 Au 厚度的 Au/Sb_2Te_3 多层薄膜的热导率。取 $g_{Au}=2.4\times10^{16}$ W·m^{-3}·K^{-1}，$\rho_2=1.064\times10^{-8}$ m^2·K·W^{-1}，计算结果见图 4-7(a)。

从图 4-7(a)中也可以看出，金层厚度小于 5 nm 时热导值急剧增加，这与修正后的双温

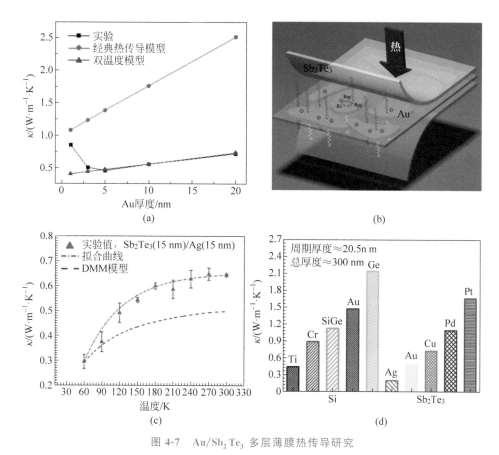

图 4-7　Au/Sb₂Te₃ 多层薄膜热传导研究

(a) Au/Sb₂Te₃ 多层薄膜经典热传导模型,双温度模型以及实验值相比较;(b) 筛子模型示意图;(c) Ag/Sb₂Te₃ 多层薄膜热导率随温度变化;(d) Si 基与 Sb₂Te₃ 基多层薄膜热导率对比

度模型的理论值有很大的偏差。因此简单的双温度模型分析并不完全符合这个实验。由此需要引入一个新的模型来解释 Au 小于 5 nm 的情形。

首先,猜想金在很薄的情况下会发生团聚,从而使其成为不连续的薄膜,从而产生如图 4-7(b) 的情况。当 Au 层不连续时,原本连续的金层会变成岛状的不连续。因此,在双温度模型的基础上引入了另一个模型就是筛子模型。由先前的双温度模型可知,在正常的多层薄膜结构下,热量传递过程中半导体中的声子带着能量传递到金属层,与金属层的电子和声子发生耦合,从而在金属中通过电子以及声子传递到下层半导体中。在筛子模型中,由于金层的不连续将会导致当声子传热下来的时候,部分声子接触到金属而部分声子直接接触到下层的半导体,直接跳过了金属半导体这个界面接触发生的耦合作用。这就像是一个筛子,直接过滤掉了部分金属半导体接触部分。所以总热导 κ_{II} 可以通过下式可知:

$$\kappa_{\text{II}} = p \times \kappa_{\text{TTM}} + (1-p) \times \kappa_{\text{Sb}_2\text{Te}_3} \tag{4-11}$$

其中 κ_{TTM} 是双温度模型下的热导 $\kappa_{\text{Sb}_2\text{Te}_3}$ 是碲化锑材料的热导,p 是金层所覆盖的百分比 $(0 \leqslant p \leqslant 1)$。根据猜想,当金层厚度小于 5 nm 的时候金层发生了团聚从而产生了不连续性。只有部分地方产生了界面热阻,而金层没有覆盖的地方还是以普通的声子传热方法传到了下层,从而导致了热导的上升。

热电多层薄膜的界面处的电子声子耦合以及界面微结构(诸如界面粗糙度以及晶格失配)影响着声子的散射机制,而这种声子各向异性散射机制进一步的影响着热输运特性。根据波动理论,声子在界面处的散射行为由声子的波长和界面粗糙度决定,当声子的波长远大于界面粗糙度时,发生镜反射;当声子的波长远小于界面粗糙度时,发生漫反射。因此,通过合理的优化二维热电材料的微纳结构,可以有效的降低其热导率,从而影响低维热电材料的效率,通过精确的控制界面的微纳结构可以实现对电子、声子传输的精确调控,从而进一步的提高热电材料的能源转换效率。

为了能进一步的解释说明界面之间声子的传输特性,特别是随着温度的变化,本节采用声子漫射模型(DMM)对界面间声子的传输特性进行了模拟,并且与 Sb_2Te_3/Ag 多层热电薄膜实验结果进行了对比,如图 4-7(c)所示。为了计算上的简化,采用了声子色散的迪拜近似模型。模拟结果与实验结果符合。需要指出的是,模型中主要基于单晶的近似,而在实际的薄膜制备中,晶体主要是多晶为主,因此,实验数据和理论预测有着一定的偏差,尽管如此,声子漫射失配模型也可以提供清晰的物理图像,说明了金属、半导体多层薄膜之间的微观结构可以影响声子的传输特性。

4.3 多层热电薄膜传热理论分析

4.3.1 多层热电薄膜热传输的界面效应

多层薄膜热电转换机理研究中最重要的一个参数为热导率,在纳米尺度下,影响多层薄膜热导率的主要是结构缺陷对声子的散射机制,包括层与层之间界面对声子的散射和层内缺陷对声子的散射。

除了传统的解析方法以外,直接数值模拟技术也被应用于多层薄膜热导率的研究之中,分子动力学(molecular dynamics,MD)方法通过求解有相互作用的各个粒子的运动方程,得到每个粒子空间位置和运动状态随时间的演进状况,从而统计出材料的宏观行为特性。在纳米尺度范围内,作为实验的一个有效补充手段,MD 方法被广泛应用于热传导方面的研究工作中。

4.3.2 多层热电薄膜界面处的电声子耦合效应

对于半导体/金属多层薄膜系统,其热传输特性除了界面效应以外,另外一个需要仔细考虑的是电声子耦合效应。众所周知,在金属中主要的能量携带载体是电子,而在半导体中能量转移起主导作用的是声子。当金属-半导体的界面之间发生热传输时,电子和声子必然会进行能量传递。金属-半导体结构的界面热阻是由两部分原因造成:第一部分是金属中电子和声子相互作用,然后是金属中的声子与和半导体的声子相互作用;第二部分是金属中的电子和半导体声子在金属-半导体界面处的相互作用。

对 Si 基多层薄膜和 Sb_2Te_3 多层薄膜热导率进行了对比,如图 4-7(d)所示,不同体系的金属与半导体界面的耦合效果不同。对于金属-半导体多层薄膜系统,其界面之间有着较低的耦合因子值,其数值范围一般在 $10^{16} \sim 10^{17}$ W・m^{-3}・K^{-1},因此,从工程应用的角度上来讲,通过合理优化金属层的厚度,就可以有效地降低多层薄膜的有效热导率,同时并没有削弱电子的传输能力,进而增强低维热电材料的热电转换优值,提高热电转换效率。

4.4　微型热电器件及进展

本节主要介绍了微型热电器件的常见结构,根据热流的方向,可分为平面器件和垂直器件。平面结构器件中热流方向与薄膜(基底)平行,优点在于热电柱长,容易建立温差,制备工艺简单。但是由于薄膜往往无法生长得很厚,其截面积过小,导致器件内阻较大。此外,热传导面积小以及基底会使热量流失,导致热量利用率低,输出能量密度低。垂直结构器件中热流方向垂直于薄膜(基底),薄膜截面积较大,电阻相对较小。由于薄膜不容易生长的厚,因此不容易建立温度梯度,但是吸热面积大,热量利用率高[37]。此外,需要在加工制备过程中减小界面电阻以及控制顶电极的结构稳定性,这是微型器件加工的技术瓶颈之一。

4.4.1　平面型结构

Bourgault 等[38]使用磁控溅射制备了 $Bi_{0.5}Sb_{1.5}Te_3$-$Bi_2Te_{2.7}Se_{0.3}$ 平面型器件,该器件包含 35 对热电柱,结构如图 4-8(a)所示。在 35 K 的温差下可以产生 0.5 V 的电压。Yang 等[39]使用共蒸发制备了含 20 对 p 型 Sb_2Te_3(400 nm)和 N 型 Bi_2Te_3(360 nm)的平面型器件,结构如图 4-8(b)所示。热电薄膜尺寸 6 mm×300 μm(长×宽),在 90 K 的温差下,开路电压 0.5 V,最大输出功率 1.105 μW。Kim 等[40]制备了 10 对 p 型 Sb_2Te_3 和 n 型 Bi_2Te_3 的平面型器件作为温差传感器,其结构如图 4-8(c)所示。共蒸发的热电薄膜尺寸为 1.5 μm×9.2 mm×1.0 mm(厚×长×宽),灵敏度为 2.7 mV・K^{-1}。Takayama 等[41]使用磁控溅射制备了 11 对多层堆叠 Sb_2Te_3-Bi_2Te_3 的平面型器件,热电薄膜尺寸为 1 μm×30 mm×20 mm(厚×长×宽),结构如图 4-8(d)所示。在温差为 28 K 时,开路电压为 32 mV,最大功率 0.15 μW。Fourmont 等[42]使用激光脉冲沉积 Sb_2Te_3(300 nm)—Bi_2Te_3(600 nm)热电薄膜,薄膜尺寸 10 mm×0.5 mm(长×宽),4 对热电对的平面结构器件,在 30 K 温差时,最大电压 50 mV,功率密度 120 μW・mm^{-2}。

4.4.2　垂直型结构

Trung 等[43]通过电化学沉积法在 PDMS 上制备了 24 对柔性 Sb_2Te_3-Bi_2Te_3 的垂直型柔性器件,薄膜尺寸 600 μm×200 μm(直径×厚度),结构如图 4-8(e)所示。在人体表面可形成 4℃温差,输出功率密度 4 μW・cm^{-2}。Korotkov 等[44]使用电化学沉积 Sb_2Te_3-Bi_2Te_3 热电薄膜(厚 20 μm),并通过微纳加工结合微焊技术制备成包含 288 对热电单元的垂直结构器件(3.8 mm×2.7 mm×0.8 mm),在 25~100 K 温度范围内输出比功率为 0.3~6.2 μW・mm^{-2}。

Xiao 等[45]使用电子束蒸发制备了 Sb_2Te_3(1.5 nm)/Bi_2Te_3(1.5 nm)的多层薄膜(总

厚度 30 nm，长 30 μm，宽 40 μm），与金属串联组成热电单元，共 32 768 对。垂直结构器件如图 4-8(f)所示。在热端温度为 60℃，冷端温度为 20℃时，开路电压 51 mV，最大功率 21 nW。Li 等[46]用电化学沉积制备 10 μm 厚的 N 型 $Bi_2(Te_{0.95}Se_{0.05})_3$ 薄膜（30 μm×40 μm）和 P 型 Te 薄膜（30 μm×30 μm），并结合光刻技术制备了包含 220 对热电柱的垂直结构器件，结构如图 4-8(g)所示。在室温下最大制冷温差可达 6 K。热端为 380 K 时，制冷温差可达 22 K。Kim 等[47]在聚酰亚胺上制备了 $Bi_{0.3}Sb_{1.7}Te_3$-$Bi_2Se_{0.3}Te_{2.7}$ 垂直结构器件，热电柱尺寸（厚 2.5mm，截面积 4.0 mm^2），穿戴 22 小时持续发电输出功率密度为 22 μW·mm^{-2}。Kishore 等[48]制备了 36 条热电柱（N 型和 P 型的 Bi_2Te_3）的垂直结构制冷器件，结构如图 4-8(h)所示。热电柱尺寸 1.05 mm×1.05 mm×1.6 mm（长×宽×高）。制冷器件在环境温度下将皮肤表面降低了 8.2℃。Nan 等[49]制备了 8×8 阵列的 P/N 型 Si 的柔性器件，结构如图 4-8(i)所示。在温差为 19 K 时，开路电压为 51.3 mV，最大输出功率约 2 nW。Hong 等[50]采用商用的热电合金（TEC1-07101，江西纳米克）制备了 12×12 阵列的可穿戴柔性垂直结构热电器件，结构如图 4-8(j)所示。热电柱尺寸为 1 mm×1 mm×5 mm（长×宽×高），制冷可达 10℃。

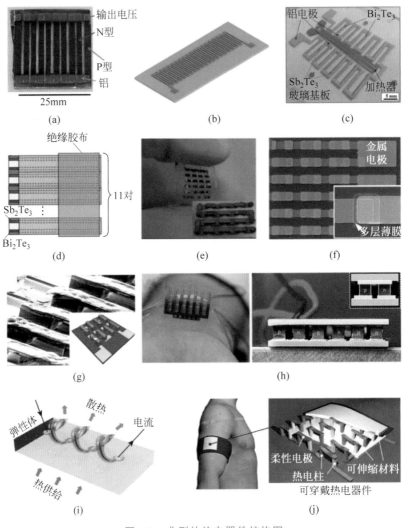

图 4-8 典型的热电器件结构图

　　综上所述,目前热电器件主要为块体器件,传统块体热电器件的制备存在用料多、工艺复杂、可靠性差、成本高等不足,不利于规模化生产和实际应用。由于转换效率普遍不高,主要用于制冷。微型化器件的研究主要在于传感器以及柔性可穿戴方面的探索。

4.5　小结

　　为了提高材料的性能,可以将两种不同的材料叠加起来,利用材料的不同特性和材料之间的界面特性,实现材料性能的优化。周期性纳米多层薄膜就是基于这种思想构建起来的功能型纳米薄膜。其基本定义为:多种不同组元间相互交替叠加而成的周期性变化的复合薄膜结构。本章首先简要介绍了热电转换的原理及相关参数,针对提高热电性能的参数引入了多层热电薄膜的概念,随后列举分析了薄膜的制备及测试方法,对多层薄膜中的热导率调节进行了详细介绍。通过合理的调控金属层的厚度或是合理的选取金属半导体多层薄膜材料系统,可以有效降低其截面热导率,同时在一定程度上并不削弱热电材料体系中电子的传输特性,进而从总体上提高热电材料的热电优值,最终提高微型热电器件总的能量转化效率。随着微纳工艺技术的进步,热电器件向着微型化与规模化发展,特别是超小温差的高效转换将使得规模化利用超低品质热能量(如环境热能)成为可能。

致谢:
感谢国家自然科学基金(51776126)的资助!

第5章 微机电系统技术与芯片上的发电厂

胡志宇　木二珍　刘泽昆

近年来随着以半导体加工技术为代表的微纳工程技术的快速发展,可在实现纳米、微米尺度上利用金属、氧化物或半导体等材料进行加工制造,以此为基础发展出包括机械结构与电路系统的微机电系统(Microelectromecharical system,MEMS),可以把多个微传感器、微执行器及各种处理电路等不同功能单元结构集成在一个芯片上,构成一个具有独立或多个功能的系统,具有微型化、低功耗与高集成化等特点,已在通信、医疗、交通、能源等领域有着广泛的应用。

本章先介绍了 MEMS 技术的发展及各种应用,还系统地介绍了新型 MEMS 微纳发电芯片(芯片上的发电厂)的原理、构成、制造与其未来在利用微小温差发电方面应用的巨大优势。作者团队从微纳尺度理论入手,从根本上改变传统瓦特蒸汽机研究范式,开展从材料制备、器件制造到系统应用的全周期正向研发。通过“热的尺度效应”理论创新与微纳加工技术突破,将热能在纳米尺度转化成电能,研制成功了世界上集成度最高(4.6 万对)的 MEMS 发电芯片,突破了从瓦特蒸汽机以来无法利用微小温差有效做功发电的重大技术瓶颈。该项技术与目前已有的温差发电技术有本质不同,其优势在于基于尺度效应理论、纳米构建热电材料体系与微纳工程技术的突破,能够有效利用微小温差发电。目前其他热机系统都需要几百摄氏度以上温差才可有效做功,微纳发电芯片在微小温差发电(如工业余热或环境热能利用)方面的巨大优势是无可替代的。

——主编的话

摘　要：能源问题已经成为当今世界最关注的问题之一,对新能源及其应用的探索是人们不断追求的。其中,热电转换技术因其独特的优势引起了众多研究者的兴趣。热电转换装置具有收集余热和低品质热能的固有优势,是一种很有前途的供电方式。另一方面,随着低维热电材料和微加工技术的发展,器件的微纳米尺度化得到了广泛的研究,而与之匹配的发电系统在追求更小尺寸的同时,也需要更持久的电能输出。本章节对微机电系统(MEMS)进行了系统性介绍,从 MEMS 的定义、技术分类、发展与应用、特征、在热电器件加工领域的应用等角度进行了全面介绍。此外还实际探索开发了基于 MEMS 加工工艺的超薄热电器件,并对超薄热电器件的结构和性能进行表征。

关键词：MEMS,微机电系统,微加工技术,热电器件,低维热电材料

5.1　微机电系统简介

微机电系统（Micro-Electro-Mechanical System，MEMS）被称为微电子机械系统，也被称为微机电系统。微机电系统是使用集成电路（IC）兼容的批量处理技术开发的与电气和机械组件相关的集成微型设备或系统，尺寸范围从微米到毫米，是一种涉及机械、电子、物理、化学、光学、生物、材料等的交叉学科的综合技术，也是对微米或纳米材料进行设计、加工、制造、测量和控制的技术。同时，MEMS 技术也是一种系统集成技术，它将机械结构、光学部件、驱动结构、电控系统等集成为一个整体单元，从而形成一个具有特定功能的微型系统，这些系统能够在微观尺度上进行感知、控制和驱动，并能够单独或以阵列方式运行/操作以在宏观尺度上产生影响。MEMS 器件组成结构及其工作原理如图 5-1 所示。MEMS 技术是从微电子加工技术转化而来。MEMS 这种称谓是沿用美国的说法，在国际上还没有一个统一的定义和标准，在欧洲被称为 Microsystem，在日本则被称为 Micromachine[1]。

从 1970 年开始，MEMS 已经成为一种创新技术，为物理、化学和生物传感器和驱动器的应用开辟了新的领域。尽管 MEMS 技术起源于集成电路制造技术，但两种技术的测试方法却有很大的不同。这是因为，MEMS 设备对电和非电（物理、化学、生物和光学）刺激都有反应。MEMS 传感器作为获取信息的关键器件，其类别繁多，应用广泛，具有质量轻、体积小、能耗低、精度高、稳定性好、集成度高以及耐恶劣工况等技术特点，对各种传感系统的微型化、集成化、模块化发展起着巨大的推动作用，已在航空航天、军事装备、工业控制、生物医疗、环境监测、汽车工业、无线通信及智能电子产品等关键高新技术领域中得到了广泛的应用，成为国民经济和军事发展过程中的关键技术[2-4]。

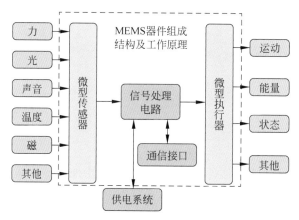

图 5-1　MEMS 器件组成结构及其工作原理

MEMS 器件与电子和微电子电路相比有很大不同，因为电子电路本质上是坚固而紧凑的结构，MEMS 有孔、腔、通道、悬臂、膜等，并且在其他方面试图像机械零件一样。这种差异对 MEMS 制造工艺有直接影响。MEMS 与任何一种应用或设备无关，也不是由单一制造工艺定义或仅限于少数材料。它们是一种生产方法，可将小型化、多组件和微电子技术的优势带到集成机电系统的设计和制造中。MEMS 不仅仅是机械系统的小型化，它们也是设计机械装置和结构的新模型。MEMS 的功能工作元件是微型结构、传感器、执行器，最值得注意的元件是微传感器和微执行器。微执行器被归类为换能器，其被描述为将能量从一种形式转换为另一种形式的装置。在微传感器工作的情况下，该设备通常将测量到的机械信号转换为电信号。

微电子集成电路可以被认为是系统的大脑，而 MEMS 通过眼睛和手臂增强了这种决策能力，使微系统能够感知和控制环境。传感器通过测量机械、热、生物、化学、光学和磁现象从环境中收集信息。然后，电子设备处理从传感器获得的信息，并通过一些决策能力如移动、定位、调节、泵送和过滤来指导执行器，从而控制环境以实现某些期望的结果或目的。

从材料角度看，MEMS 技术是以硅加工技术为基础发展起来的新技术，其加工尺寸在微米尺度。目前，加工能力已经可以达到纳米尺度，加工的整个器件或系统尺寸可达毫米和厘米尺寸。当 MEMS 器件基于硅时，需要改进微电子工艺以提供更厚的沉积层、更深的蚀刻并引入特殊步骤来释放机械结构。随着 MEMS 技术的发展，包括硅在内的越来越多的材料被应用于 MEMS 领域。根据材料在 MEMS 器件中所起的作用，可以将 MEMS 应用材料分为结构材料和功能材料。结构材料一般是指那些在 MEMS 器件中起支撑等实现其力学功能的材料。常用的结构材料有硅、二氧化硅、陶瓷、玻璃、金属、金属薄膜及部分有机物(如 SU-8 光刻胶、聚酰亚胺等)等，这些材料可以作为衬底材料也可以加工成微机械结构。功能材料指的是那些对于光、热、力、声、电、磁等物理、生化作用具有一定反馈效应的材料。常见的功能材料有电学电子功能材料(如钛酸钡 BT、锆钛酸铅 PZT、聚偏氟乙烯 PVDF、β-Al_2O_3、氧化锌系陶瓷等)、磁学功能材料(如 CoNiMnP、AlNiCo 等)、光学功能材料(如氟化钙 CaF_2、氟化镁 MgF_2、硒化锌 ZnSe、硫化锌 ZnS 等)、化学功能材料(如氧化锡 SnO、氧化锌 ZnO、复合氧化物 $MgCr_2O_4$-TiO_2 等)、热功能材料(如碲化锑 Sb_2Te_3、碲化铋 Bi_2Te_3、碲化铅 PbTe、硅锗合金 SiGe、氧化锆 ZrO_2、氧化钛 TiO_2 等)、生物功能材料(如 CdSe/ZnS、二氧化钛 TiO_2、Fe_3O_4、碳纳米管、硅纳米线等)等。

5.1.1　MEMS 技术分类

目前，根据 MEMS 加工技术在器件、系统加工过程中的工艺先后顺序或操作的难易程度，主要可以分为以下几类。

1. 基本加工技术

基本加工技术是在 MEMS 器件或系统的加工过程中使用的最基本的、相对单一的加工技术，是完成整个 MEMS 器件或系统所需加工技术中的基本技术构成单元。基本加工技术主要有薄膜加工技术，如化学气相沉积镀膜技术、物理气相沉积镀膜技术、旋涂等，薄膜加工技术可以实现金属、非金属和半导体等材料薄膜的加工。光刻技术可以将设计的图形结构向加工材料进行转移。刻蚀(如湿法刻蚀、干法刻蚀、电化学刻蚀、等离子刻蚀等)技术是通过移除材料的方式进行图形结构加工的技术。

化学气相沉积(Chemical Vapor Deposition，CVD)工艺是沉积 MEMS 技术中使用的半导体和介电材料的最广泛使用的资源。通常，化学气相沉积是一种通过将气相成分沉积到加热的基板上来创建薄膜的方法。化学气相沉积具有几个关键特性，使其成为 MEMS 中半导体和电介质的主要沉积方法。常用的化学气相沉积类型包括：低压化学气相沉积

(LPCVD)、等离子体增强化学气相沉积(PECVD)、大气压化学气相沉积(APCVD)、热丝化学气相沉积(HFCVD)、微波等离子体化学气相沉积(MPCVD)等。

物理气相沉积(Physical Vapor Deposition,PVD)技术是指在真空条件下采用物理方法将材料源(固体或液体)表面气化成气态原子或分子,或部分电离成离子,并通过低压气体(或等离子体)过程,在基体表面沉积具有某种特殊功能的薄膜的技术。物理气相沉积是主要的表面处理技术之一。物理气相沉积镀膜技术主要分为三类:真空蒸发镀膜、真空溅射镀和真空离子镀膜。物理气相沉积的主要方法有:真空蒸镀、溅射镀膜、电弧等离子体镀、离子镀膜和分子束外延等。外延是薄膜生长的一种特殊情况,其中单晶薄膜生长在单晶衬底上,从而使用衬底的晶体结构作为模板形成薄膜的晶体结构。大多数外延半导体薄膜是通过称为气相外延(VPE)的工艺生长的。与通常沉积速率小于 10 nm/min 的传统 LPCVD 工艺不同,外延工艺的沉积速率约为 1 μm/min。随着沉积方法和技术的提升,物理气相沉积技术不仅可沉积金属膜、合金膜,还可以沉积化合物、陶瓷、半导体、聚合物膜等[5]。

图形结构加工主要包括光刻与刻蚀。光刻是一种使用光将图案从掩模转移到光敏聚合物层的图案化工艺。所产生的图案既可以蚀刻到所述下表面,也可以用来定义沉积到所述屏蔽表面一层的图案。这本质上是一个二维过程,可以重复多次,以制造各种结构和设备。此技术的一个经典应用是在硅衬底上制造晶体管。通常,光刻过程包括晶圆表面制备、光刻胶沉积、掩模和晶圆的对准、曝光、显影和适当的光刻胶调节。光刻工艺步骤需要按顺序进行描述,以确保模块末端的剩余抗蚀剂是掩模的最佳图像,并具有所需的侧壁轮廓[6,7]。

2. 先进加工技术

先进加工技术是 MEMS 加工工艺过程中能够将基本加工技术复合起来,或者是在基本加工技术基础上发展出来的过程更复杂、手段更先进的技术。先进加工技术可以对采用基本加工技术加工完成的器件进行再加工或组合加工,制备出结构更复杂、质量更高的微型器件。先进的 MEMS 加工技术主要包括键合技术(如阳极键合、硅直接键合等)、精密研磨、抛光及化学机械抛光(CMP)、溶胶凝胶沉积法、电铸及注塑、超临界干燥、自组装单层膜、LIGA 及准 LIGA 技术等。

3. 非光刻微加工技术

非光刻微加工技术是光刻加工技术之外的 MEMS 加工技术,可以不用通过光刻进行图形转移,可直接将设计结构加工出来。非光刻微加工技术主要有超精密机械加工技术、激光加工技术、电火花加工(EMD)技术、丝网印刷、微接触印刷、纳米压印光刻、热压成型、超声加工等。

MEMS 微加工基本工艺流程如图 5-2 所示。

5.1.2　MEMS 的发展及应用

1959 年美国科学家费恩曼(Richard Phillips Feynman)在加州理工学院的物理年会上发表了题为 *There's Plenty of Room at the Bottom* 的演讲,首次提出了纳米科学、微机械

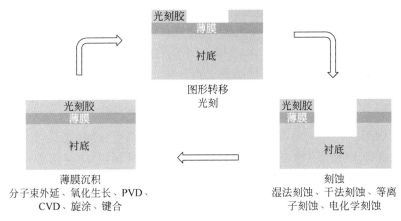

图 5-2　MEMS 微加工基本加工工艺过程

和微系统的概念,为 MEMS 技术的发展起到了很好的启蒙作用。接下来的二十几年,是集成电路制造技术逐渐成熟的阶段。随着集成电路技术的发展,光刻、刻蚀等技术也不断完善,使微机电系统技术得到了初步发展。此时的微加工技术主要以平面加工为主,不利于微机电系统体结构的加工。以德国卡尔斯鲁尔核研究中心在 1986 年开发出来 LIGA 技术[8]为代表,用于深槽加工的体加工技术的出现,扩大了微加工技术在微机电系统的应用,促进了微机电系统的开发研究。1988 年,美国加州大学利用微机电系统技术研制出了直径为60 μm,定子和转子间距为 2 μm 的硅马达,该成果极大地促进了微机电系统的发展[9]。1989 年,美国微电子机械加工技术讨论总结报告首次使用了"MEMS"一词,同时将 MEMS 技术列为美国重点的研究技术。自此以后,MEMS 技术在世界范围内逐渐被重视起来,并在世界范围内开始了快速地发展。除了美国之外,世界其他国家也都在微机电系统领域取得很大的进步,紧跟美国步伐的是日本和德国。日本在 1989 年成立了微型机械研究会,联合各个研究所、高等院校、企业等单位集中开展了微机械方面的研究。1991 年,日本推行了"微机械技术"研究计划,计划在 10 年内投入 2500 万日元对研究计划进行支持。德国在 20世纪 90 年代就将微机械系统列为重点项目,并先后投入了 10 亿马克,同时也将微型机械课程设为大学的必修课程。LIGA 技术的成功开发就是德国在微机械系统方面取得巨大成就的具体体现。

我国的 MEMS 研究起步于 20 世纪 80 年代,上海冶金技术研究所、长春光学精密机械研究所、上海光学精密机械研究所等研究所及清华大学、东南大学、北京大学、上海交通大学、电子科技大学等高校也都取得了可喜成果。1995 年,我国科技部将微电子系统项目列入实施的"攀登计划",MEMS 项目成为国家重点支持的应用基础研究项目之一。自我国的MEMS 研究起步以来,国家自然科学基金委、国家基金委、国家科委、国防科工委等部门都对 MEMS 项目给予了极大的支持。虽然目前我国对 MEMS 领域的资金、技术投入较发达国家还有一定的差距,但是在 MEMS 领域的研究优势正在慢慢形成,差距也正在慢慢缩小,有望在将来的 MEMS 国际竞争中占据一席之地。

MEMS 技术经过几十年的快速发展,已经取得了相当大的成果。MEMS 器件已经被广泛应用于国防军事、交通、航空航天、医疗器械、日常家电等人类社会生活的各个方面。MEMS 的应用具体可分为以下几类。

1. 光学领域

自从 1977 年彼得森(Petersen)等人演示了由静电力驱动的小悬臂梁驱使光束偏转,各种基于 MEMS 技术的光学器件不断被报道出来。MEMS 技术在光学领域的应用涉及光源、光学元件、光学系统的安装与对准、光学传感器等方面。

2. 微流控领域

微流控系统是一种利用数十至数百微米的管道处理或操纵少量($10^{-9} \sim 10^{-18}$ L)液体的科学和技术系统。MEMS 技术在微流控领域的研究已经具有很长的历史。自 20 世纪 90 年代研究开发出第一个微流控器件以来,各种集成微流控系统被逐步开发出来。最初的微流控技术主要用于分析技术,具有分辨率高、灵敏度高、成本低、分析时间短等优点。随着 MEMS 技术的不断发展,目前微流控器件已经具备筛选蛋白质结晶条件的能力。

3. 通信与信息领域

在基于 MEMS 的光学传感器中,有很多被用于通信系统。作为研究热点的全光通信和移动通信中的 MEMS 射频技术、移相器、开关阵列波分复用器等关键部件的成功设计制造都得益于 MEMS 技术的发展。在信息行业里,喷墨打印机的喷嘴、硬盘的数据读写头、数字微镜器件等都是采用 MEMS 技术进行加工制造的。MEMS 技术对于通信和信息行业的繁荣发展起着极大的推动作用。未来通信与信息行业的继续繁荣更加离不开 MEMS 技术的参与。

4. 生物技术领域

MEMS 在生物技术中被称为 Bio-MEMS,在生物学中使用 MEMS 技术最多的是生物传感器。生物传感器是通过生化反应,并将生化反应产生的电信号进行放大转化输出,从而检测出待测物的浓度或种类。在生物传感器使用的信号转换结构中,主要包含悬臂梁结构、微电极、微型体声波谐振器及生物敏感场效应管。生物传感器因其感受器中含有有机活性物而区别于其他传感器。生物传感器主要有酶传感器、微生物传感器、细胞传感器、组织传感器及免疫传感器。MEMS 技术的发展同样也极大地推动着生物芯片技术的发展。

5.1.3　MEMS 的特征

MEMS 技术的应用已经深入到人类社会的方方面面,尽管 MEMS 技术已经得到了快速全面地发展,但是目前仍然保持着旺盛的发展势头。MEMS 之所以具有如此旺盛的生命力,必然有其独特的优势和特征。

1. 微型化

MEMS 器件的结构加工尺度可以低至纳米尺度,通常在微米尺度,整个系统尺寸一般最大不超过厘米级别,因此器件尺寸很小。小的尺寸使 MEMS 器件具备常规系统器件不具备的优势,比如,重量轻、响应快、占用空间小、结构稳定性可靠性高、功耗低等。

2. 批量化

MEMS 技术是在集成电路技术的基础上发展起来的微加工技术,可以在一个基底或衬底上同时进行大量器件或系统的加工成型,一次进行大批量 MEMS 产品的加工。MEMS 加工的高自动化和智能化,进一步提高了 MEMS 产品的批量化生产,从而降低生产成本。

3. 集成化

MEMS 技术可以将多个微传感器、微执行器及各种处理电路等不同器件结构集成在一个芯片上,构成一个具有独立或多个功能的系统。高集成化是 MEMS 技术发展的一个重要方向。

4. 多学科交叉

MEMS 技术的发展应用过程中涉及到微电子、机械、化学、物理、生物、材料、计算机、自动化等多个理工科学科。MEMS 技术随着上述各类科学技术的发展而进一步发展,而MEMS 技术的进步也能够促进上述各学科的进步。

5.1.4 MEMS 技术在热电器件加工中的应用

近年来,随着微加工技术的发展,MEMS 技术,如掩模光刻、PVD、CVD、反应离子刻蚀等,受到越来越多的关注。目前,这些微制造技术已成功地应用于各种传感器、执行器、集成电路及其他电子器件的制造。在过去的几年里,利用微电子工业的优势,越来越多的组件、设备和仪器实现小型化。同时,热电材料的研究已由块状热电材料向纳米线、超晶格、多层薄膜等低维热电材料发展。小型化可以提高热电模块的集成密度,从而增加电力输出。热电器件的特征尺寸越小,功率密度越大。因此,实现热电装置的小型化越来越受到人们的重视。微型化的热电器件可以为一些 MEMS 器件设备提供微瓦或毫瓦的能量供应。

1. 塞贝克效应

热电器件中主要应用的热电效应是塞贝克效应。当热电材料的两端存在一定温度梯度时,材料在恢复热平衡的过程中,其中的载流子会在温度梯度的作用下从高温端向低温端移动,从而在材料两端产生电压。对于 P 型半导体材料而言,其多数载流子为空穴,而 N 型半导体材料的多数载流子为电子,载流子类型的不同决定了电压的正负。材料两端产生的电压与材料两端的温差呈正比,该比例系数称为塞贝克系数,代表材料两端温差为 1 K 时产生的电压大小,对 P 型半导体而言,其塞贝克系数为正,而 N 型半导体的塞贝克系数为负。塞贝克效应的原理如图 5-3 所示,可用公式(5-1)表示,其中 S 为塞贝克系数,S_P 和 S_N 分别为 P 型和 N 型半导体的塞贝克系数,U 为电压,ΔT 为温差,T_h 为高温端温度,T_c 为低温端温度:

$$U = S \cdot \Delta T = (S_P - S_N) \cdot (T_h - T_c) \tag{5-1}$$

图 5-3 展示了一对 PN 热电对串联的结构,在实际应用中通常将多个热电对进行串联或并联,以获得较高的电压或电流输出从而驱动器件运转。

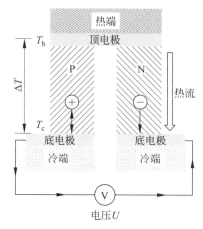

图 5-3 塞贝克效应原理图

2. MEMS 热电器件

根据 MEMS 热电器件的结构特点,可以将 MEMS 热电器件分为平面结构 MEMS 热电器件和垂直结构 MEMS 热电器件。

(1) 平面结构 MEMS 热电器件

平面结构 MEMS 热电器件的结构特点是热电柱中热流量的传输方向沿着平行于衬底的方向,从而使得器件内的电流传输方向也平行于衬底。

如图 5-4 所示的是一种常见的平面结构 MEMS 器件。其中,图 5-4(a)是该微型器件的结构原理图,图 5-4(b)是该热电器件实物的扫描电镜图。该器件采用 P 型热电材料 SiGe 和 N 型热电材料 SiGe 进行串联的结构。主要采用干法刻蚀和 LPCVD 方法进行加工制备,干法刻蚀和 LPCVD 是 MEMS 加工技术中重要的两种加工方法。PN 热电对串联后与衬底平行,并在串联的热电对下方刻蚀出沟槽结构,沟槽结构的存在主要是为了使热流尽可能多地流过热电对,减少热损失。该微型器件含有 4700 个热电对,经过封装后戴在手腕上,在正常的办公环境下可实现 150 mV 左右的稳定电压输出。通过与外部负荷进行匹配,预计输出功率约 0.3 nW[10]。

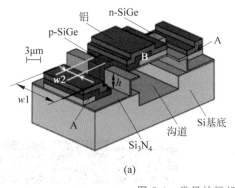
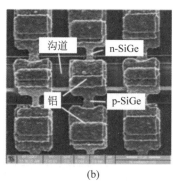

图 5-4 常见的微机械热电结构

(a) 结构示意图;(b) 实物图

（2）垂直结构 MEMS 热电器件

垂直结构热电器件的结构特点是热电柱与衬底垂直，即热流和电流流过热电材料的方向与衬底相互垂直。传统的热电器件结构是以垂直结构为主。与平面结构相比，垂直结构的器件加工相对简单。因此，微型热电器件大部分采用垂直结构。如图 5-5 所示，展示了垂直结构热电器件的典型的 Π 型结构[11]。P 型和 N 型的热电单元通过电极按照一定的顺序串联，夹在两个导热良好的衬底之间。当热量通过下衬底流过热电柱，从顶衬底流出，热电单元形成热并联，热点单元形成电串联，产生电能。

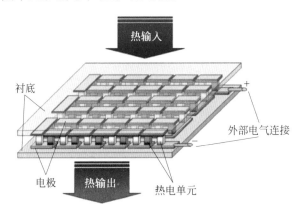

图 5-5　垂直结构热电器件的典型结构示意图

图 5-6 展示了利用标准 MEMS 工艺进行垂直结构微型热电器件加工的基本工艺过程[10]。图 5-6(a)所示步骤为底电极的加工，在加工底电极时，为了增加底电极与衬底的粘结性，首先使用磁控溅射方法沉积一层 Cr 粘结层，而金电极的沉积则采用了电化学沉积镀膜的方法。在底电极图形化的过程中，使用光刻方法将图形转移到光刻胶上，以光刻胶作为掩模进行薄膜沉积。后续几个步骤中，反复使用与上述步骤类似的图形化 MEMS 技术，加工出热电柱和顶电极。最后，采用湿法刻蚀方法去除为电化学沉积工艺而加工的一部分金属膜电极，避免引起器件短路，而留下的那部分金属膜作为器件的电极部分。露丝安娜（Luciana）等人[12]也用类似的步骤加工制备了微型热电制冷器件。与前者不同的是，电极加工采用的是电子束蒸发的方法，而热电材料的沉积采用的是热蒸发的方法。在利用光刻方法进行图形转移的微型热电器件加工工艺中，既有如图 5-6 所示的按照从底电极、热电材料、顶电极的顺序依次加工完成的工艺，也有分模块加工，然后进行键合组装完成的工艺，如图 5-7 所示。除了上述提到的用于热电材料加工采用的电子束蒸发、电化学沉积、丝网印刷等 MEMS 方法，还有 MBE、磁控溅射等方法。

综上所述，MEMS 技术已经在微型热电器件的加工中得到广泛应用，MEMS 技术的应用极大地促进了微型热电器件结构的优化和性能的提高。

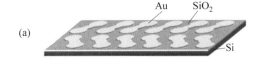

图 5-6　微型热电器件 MEMS 加工步骤

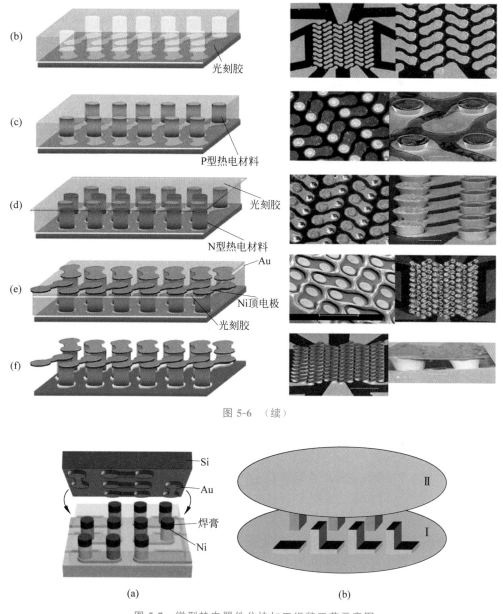

图 5-6　（续）

图 5-7　微型热电器件分块加工组装工艺示意图

（a）顶电极模块与加工完成热电材料模块加工后组装[13]；（b）P 型和 N 型热电材料分别与电极加工后组装[14]

5.2　微机电系统热电器件结构设计与加工工艺

MEMS 热电器件主要基于塞贝克效应与热的尺度定律，采用高集成串联排列的 Π 型 P-N 单元结构，通过光刻、热电材料沉积及剥离等工艺过程控制器件制备，设计精细的物理界面，优化热阻与电阻，实现 MEMS 高集成大阵列热电芯片系统集成。

本章节中微型热电器件的制备过程主要包括光刻胶旋涂、掩模对准、紫外曝光、显影、金属电极和热电材料的沉积、剥离等,其中实现两个热电对之间的顶部电极电连接是最困难也是最为重要的工艺之一。为了实现热电对之间的电连接,首先需要填充两个热电对之间的间隙作为顶部电极电连接的支撑结构。本研究选取了玻璃化的光刻胶作为支撑结构。对于支撑结构和顶电极的加工,需要解决两个问题。

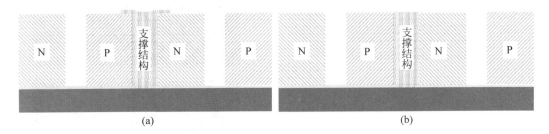

图 5-8　支撑光刻胶完成加工后结构示意图

(a) 失败的支撑结构加工后的结构示意图;(b) 理想的支撑结构加工后的结构示意图

首先是在沉积和剥离顶电极后,要求所有顶电极的厚度均匀且没有断裂。失败的支撑结构加工后的结构如图 5-8(a)所示。在加工之后,支撑结构的边缘相对陡峭且笔直,并且较热电柱而言其高度过大,沉积顶电极时,在支撑结构的边缘会形成阴影效应,与其他位置相比,沉积在支撑胶凸出的侧壁上的金层的厚度会非常薄,甚至没有沉积。这会导致顶电极在支撑胶凸出的位置接触不良,极大地增加了热电器件的内阻,如果没有沉积则会产生断路,使得器件失效。

其次是支撑胶在后续工艺中溶解,失去支撑作用从而导致电路断路。由于支撑胶加工完成后还需在其上方光刻出顶电极的图案,即支撑胶还需要再进行一次曝光和显影,在这个过程中显影液和丙酮可能会使支撑胶溶解而消失,造成顶电极无法正常导通。

为了解决这两个问题,有研究者提出了一个有效的方法,通过精确控制紫外线曝光时间得到支撑结构,然后用等离子去胶机轰击支撑胶凸出的部分,直至支撑结构的高度和两侧的热电柱一致,达到如图 5-8(b)所示的理想支撑胶结构。接着在支撑胶表面沉积一层很薄的 Au 层,防止支撑胶在显影工艺中被溶解,而且可以在剥离顶电极时通过丙酮溶解,达成悬空结构。尽管这种方法可行,但是其加工过程复杂且成功率不高,对于紫外线曝光的剂量很难精确控制。其次,支撑胶表面经过等离子体轰击后会产生粗糙不平的表面,影响顶电极的形貌从而增大接触电阻。

为了解决上述问题,加工出一个可靠的顶电极使得 P 型热电柱和 N 型热电柱有效的连接,本文使用了非接触曝光法和光刻胶回流法的复合应用,提出了一种可靠性高且简单的顶电极复合加工制备方法。本文提到的这种方法更为简单可靠,而且这种方法可应用于各种厚度和集成度的热电器件加工,同时可以应用于各种需要平滑支撑结构的 MEMS 器件中。

5.2.1　热电器件加工工艺介绍

热电器件的加工工艺主要包括:紫外光刻图形化、磁控溅射镀膜、非接触光刻、支撑胶回流填充等。

1. 紫外光刻

紫外光刻技术指的是采用紫外光源将掩模版上的图形转移到光刻胶上，并通过显影技术将图形结构在衬底上显示出来的技术。紫外光刻工艺一般包括基片清洗、光刻胶旋涂、光刻胶软烘、对准曝光、曝光后烘、显影、坚膜后烘、检查等。

（1）基片清洗：清洗主要是为了去除基片上的污染杂质，增加基片和光刻胶之间的黏附性。基片清洗有有机清洗、无机清洗和等离子清洗等。

（2）光刻胶旋涂：将光刻胶滴到置于匀胶机的基片上，通过一定的转速和时间在基片表面获得均匀膜厚的光刻胶。

（3）光刻胶软烘：旋涂后的光刻胶放到一定温度的热板或烘箱中一定时间，除去光刻胶中的溶剂，提高基片上光刻胶的均匀性和黏附性。

（4）对准曝光：将掩模版上的图形转移到光刻胶上。

（5）曝光后烘：曝光后烘针对的是负性光刻胶，经过后烘进一步提高光刻胶与基片的黏附性，使负性光刻胶的曝光部分交联固化。

（6）显影：使用显影液溶解掉光刻胶中的可溶解部分，将掩模版的图形在基片上显示出来。

（7）坚膜后烘：进一步去掉光刻胶中的溶剂，使光刻胶变硬，提高光刻胶在后续工艺中的稳定性。

（8）检查光刻胶：检查结构中是否存在缺陷。

2. 光刻胶

光刻胶是一种含有溶剂、树脂、感光剂及其他添加剂的混合有机物。在经过曝光后，光刻胶的结构发生变化，在显影液中的溶解度发生改变。光刻胶可作为掩模将掩模版上的图形转移到基片上。根据光刻胶与紫外线之间相互作用后，光刻胶结构的不同变化，可将光刻胶分为正性光刻胶和负性光刻胶。

（1）正性光刻胶：在曝光后，曝光区的树脂大分子链断裂，能够在显影液中溶解去除。

（2）负性光刻胶：在曝光后，曝光区的树脂大分子链发生交联，在显影液中未曝光区域被溶解去除。

3. 非接触曝光

非接触光刻指的是在曝光时掩模版 Cr 层与光刻胶保持一定的距离，而不是常规曝光时的接触状态。曝光时掩模版 Cr 层与光刻胶之间的距离称为曝光间距。在非接触曝光法下，光刻胶顶部的弧形是因为其两侧的光刻胶被散射的紫外线曝光而溶解于显影液，因此只会使得光刻胶高度降低，十分适合光刻胶顶部弧形的加工。示意图如图 5-9 所示，具体操作过程如下。

（1）清洗硅片：将硅片放入丙酮中超声清洗，用镊子迅速夹出用去离子水冲洗；然后放入乙醇中超声清洗，用镊子迅速夹出用去离子水冲洗；再放入异丙醇中超声清洗，用镊子迅速夹出用去离子水冲洗；最后放入浓硫酸和双氧水中浸泡，用镊子取出后用去离子水冲洗。之后用干燥的压缩 N_2 吹干。

（2）旋涂光刻胶：先将清洗后的硅片放到热板上烘烤，在冷板上冷至室温后采用旋涂光刻胶，然后再用热板烘烤后放到冷板上冷至室温。

（3）曝光：采用紫外线进行曝光，将掩模版上的图形转移到光刻胶上。其中曝光间距可以根据需要进行调整。

（4）显影：将曝光后的样品放入显影液中显影，然后用去离子水冲洗，最后用压缩氮气吹干。

（5）形貌观测：使用表面轮廓仪测量显影后光刻胶表面轮廓形状，使用扫描电子显微镜（SEM）观察显影后光刻胶形貌。由于光刻胶为高分子有机物，几乎不导电，因此在进行SEM观测之前进行喷金处理，以增加其表面导电性，有助于获得良好的SEM的图像。

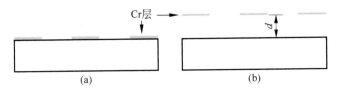

图 5-9 普通曝光与非接触曝光示意图
（a）接触式曝光；（b）非接触曝光

5.2.2 热电器件制备及测试

1. 器件制备

热电器件的加工采用改良后的复合加工方法，主要采用五步光刻法。其具体加工工艺过程如图 5-10 所示。详细加工工艺过程描述如下。

（1）旋涂光刻胶：覆盖有氧化层的硅片烘干后，选择合适的转速与时间进行旋涂光刻胶，然后在热板上烘烤。

（2）紫外曝光：使用掩模版进行紫外曝光。

（3）显影：曝光后的样品在显影液中显影，溶解洗去曝光部分的光刻胶。去离子水冲洗，然后用压缩氮气吹干。

（4）底电极沉积和剥离：用磁控溅射依次沉积粘结层和电极材料。然后放入丙酮中浸泡进行剥离，留下电极部分。

（5）热电柱加工：重复步骤（1）～（4）。但是使用对应掩模版进行曝光时需要与上一步图形进行对准。沉积热电材料前同样需要先沉积一层粘结层，粘结层和热电材料的沉积采用磁控溅射方式。

（6）支撑光刻胶加工：采用非接触曝光，选择合适曝光间距与回流条件进行处理。

（7）顶电极沉积：支撑光刻胶处理后，直接进行对应图层的光刻图形化处理后进行顶电极沉积，工艺步骤如（1）～（4）。

（8）顶电极剥离：在丙酮中浸泡去除顶电极外的其他部分，留下顶电极。

（9）去除支撑光刻胶：使用氧等离子体进行支撑光刻胶去除。

MEMS 热电器件实物及 SEM 图如图 5-11 所示。

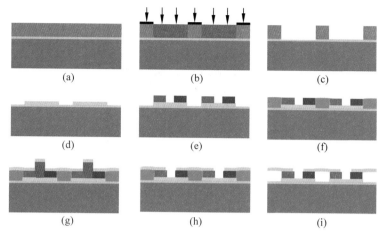

图 5-10　热电器件加工工艺步骤

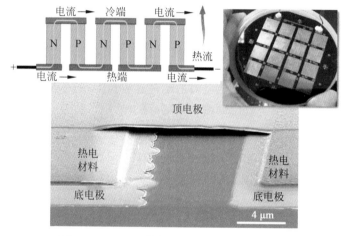

图 5-11　MEMS 热电芯片及其 SEM 显微照片

2. 器件测试

采用上述的非接触曝光法和光刻胶回流法相结合的复合加工方法加工制备超薄热电器件。热电器件加工在直径为 76 mm(3 英寸)的单晶 Si 片上, Si 片表面覆盖有 300 nm 厚的 SiO_2 绝缘层, 硅片总厚度 550 μm。 SiO_2 绝缘层避免热电器件的底电极因 Si 基底造成短路。利用上述方法在 76 mm 基片上可以加工出包含超过 46 000 对 PN 热电对串联结构的超薄热电器件。为了测试方便, 对热电器件发电性能的测试采用含有 127 个 PN 热电对的热电器件。该器件加工掩模版包含 21 个器件的图形, 每个器件含有 127 个 PN 热电对。热电器件电学性能测试样品为包含 127 个 PN 热电对的单个热电器件。首先, 用数字万用表直接测量热电器件的内阻。然后对热电器件的热电性能进行测量。热电器件热电性能实验测试装置原理如图 5-12 所示。测试台的加热器部分由一个铜块和两个加热管组成。加热温度从 50℃到 150℃。制冷部分由一个空心铜块和两个管接头组成, 其中一个管接头用于冰水的流入, 另一个管接头用于冰水的流出。在测试电路中, 热电器件与可调电阻箱并联作为负载,负载从 5 Ω 增加到 50 Ω。测试在不同加热温度和不同负载条件下热电器件的电学输出性能。电压数据的采集和记录采用数据采集器,电流数据的采集记录采用皮安表测量。

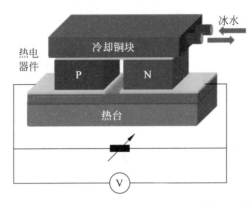

图 5-12　热电器件热电性能实验测试装置原理图

图 5-13 为与水平面呈 60°角的热电器件 SEM 图,从图 5-13(a)中可以看到热电器件由 127 对热电对串联连接。图 5-13(b)则是热电器件局部放大的 SEM 图,展示了部分热电对的顶电极的形貌,可以看出顶电极结构连接良好,说明加工方法的适用性和可靠性。单个热电器件的实物图如图 5-14 所示,器件上只有(a)图中黑色方框中为器件的有效部分,(b)图为其中含有超过 46 000 对 P/N 串联热电对的超薄热电器件,而方框外的其他部分对于器件的工作不起作用,仅用于加工过程中的测试使用,可以切除。器件有效部分中有两个正方形为器件的电极,用作器件电输出的接头。

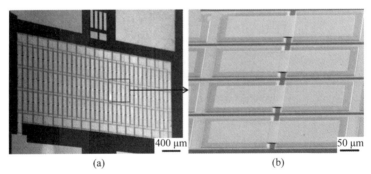

图 5-13　与水平面呈 60°角的热电器件 SEM 图
(a) 127 对热电对的扫描电镜图;(b) 器件局部结构放大的 SEM 图

经过数字万用表测量,每个热电器件的内阻约为 25 Ω。实际上,测得的电阻不仅仅是热电器件材料总的电阻,还包含不同材料之间的界面电阻。材料电阻包括 Au 顶电极和底电极电阻、Sb_2Te_3 和 Bi_2Te_3 热电柱电阻、基底和底电极 Au 之间的 Cr 粘结层电阻、Au 底电极、顶电极和热电柱之间的 Cr 粘结层等材料的电阻。界面电阻包含 Cr/Au、Cr/Sb_2Te_3、Cr/Bi_2Te_3 等不同材料界面电阻,界面电阻对整个器件的内阻有着极大的影响。

当热电器件的内阻 r 与负载的阻值 R 相等时,热电器件的输出功率达到最大值。测试过程中,采用不同的 R 值。在等式 $P = \dfrac{R \cdot U^2}{(R+r)^2}$ 中,P 为不同温度下热电器件的输出功率,

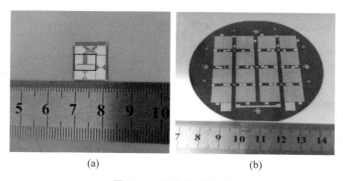

图 5-14　单个热电器件

（a）实物图，黑色方框内部分为器件的有效部分；（b）含有超过 46 000 对 P/N 串联热电对的超薄热电器件

U 为热电器件的输出电压。另外，$U=n \cdot S \cdot \Delta T$，$n$ 为一个热电器件中热电对的个数，S 为 PN 热电材料塞贝克系数绝对值之和，是一个与材料相关的常数。ΔT 是热电柱顶端和底端的温度差。温差与输出电压呈线性关系。测试装置中冷端的铜块中通过冰水可以降低热电器件表面的温度，增大温差，提高电压输出。

热电器件在不同负载下的输出电压和输出电流随温度的变化规律如图 5-15（a）和图 5-15（b）所示。热电器件的输出电压和输出电流随温度的升高而增大。图中所示的结果表明，在没有负载的情况下，在 150℃ 的热台温度下，热电器件的输出电压为 18.5 mV，输出电流为 671.9 μA。随着热台温度的升高，热电器件的输出电压和输出电流显著增加。输出电压的增加速率为 124 μV/℃，输出电流的增加速率为 4.318 μA/℃，并且与温度的增加显示出良好的线性关系。

热电器件在不同温度下的 I-V 曲线如图 5-15（c）所示，结果表明，在每个不同的热台温度下，热电器件的 I-V 曲线基本为一条直线，这表明热电器件的内阻在不同实验温度下基本上没有变化。

在不同热台温度下，热电器件的输出功率与不同负载之间的关系如图 5-15（d）所示。从图中可以看出，随着负载电阻从 5 Ω 增大到 50 Ω，热电器件的输出功率先增加后降低。当负载电阻的值增加到 25 Ω 时，即负载电阻等于热电器件的内阻，热电器件的输出功率达到最大值，约为 3.14 μW。实验结果与在不同负荷下的输出功率公式计算值吻合较好。根据热电转换效率的计算公式，热电器件两端的温差越大，器件的转换效率越高，即输出功率越大。实验中，热台的温度越高意味着热电器件两端的温差越大。如图 5-15（d）所示不同热台温度下器件的输出功率结果与热电器件热电转换效率公式得到的结果一致。另外，不同加热温度下热电器件在负载电阻阻值约为 25 Ω 时，输出功率达到最大值。这也说明器件在不同热台温度下内阻变化不大，这与前面的测试结果一致。

超薄热电器件的有效工作面积约为 11 mm²，峰值输出功率为 3.14 μW。因此，器件的峰值输出功率面密度可以达到 0.29 W/m²。包含衬底厚度在内的热电器件的厚度不足 1 mm，热电器件的热电模块厚度仅仅约为 1 μm。热电模块的体输出功率（不含衬底）可达 2.9×10^{5} W/m³。

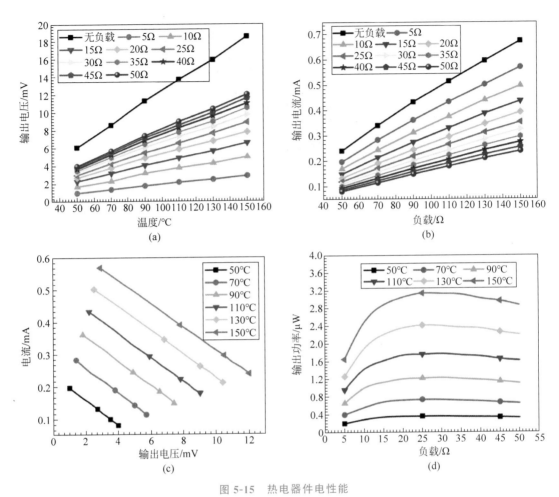

图 5-15　热电器件电性能

(a) 不同负载条件下输出电压与温度的关系；(b) 不同负载条件下输出电流与温度的关系；(c) 不同温度条件下 I-V 曲线；(d) 不同温度条件下输出功率与负载的关系

5.3　小结

　　本章首先介绍了在微加工领域广泛应用的 MEMS 技术，并且基于其微型化、批量化、集成化及多学科交叉的特点，介绍了其在微型热电器件领域的具体应用。热电材料的研究由块状热电材料向纳米线、超晶格、多层薄膜等低维热电材料发展。同时热电器件的小型化可以提高热电模块的集成密度，从而增加电力输出，热电器件的特征尺寸越小，功率密度越大。

　　基于 MEMS 技术，重点研究了超薄热电器件串联结构顶电极结构在加工中存在的弱连接问题，并针对该问题提出了非接触曝光法和光刻胶回流法。在加工顶电极结构时，通过采用非接触曝光和光刻胶回流工艺，在光刻胶支撑结构顶部形成光滑的弧形，在两侧的柱体之间形成自然平滑的过渡，从而可以得到连接性能良好的顶电极结构。此外对加工完成的超薄热电器件的电学性能进行测量和表征。本章研究有助于了解超薄热电模块的电热特性，探索低维热电转换装置的能量传递和转换机理。通过优化热电模块的结构和材料,可以提高热电器件的能量转换效率,促进低维热电器件得到广泛的应用。

致谢:

感谢国家自然科学基金(51776126)的资助!

第6章 热电能源转换技术原理及应用

张馨月　陈志炜　裴艳中

工业革命以来,化石燃料的大规模开发利用,在促进全球经济社会发展的同时,也释放出大量温室气体,威胁到整个地球的生态平衡。"双碳"目标的提出,是我国为了应对气候变化威胁所作出的庄严承诺和努力。我国经济建设仍然处于爬坡发展的阶段,对能源的需求仍在增加,如何平衡发展与碳排放之间的矛盾是一大挑战。寻求绿色能源以减少碳排放的同时,提高能源的利用效率意义重大。

根据国际能源署统计,全世界生产活动过程中以废热的形式浪费的能源消耗高达67%,提高热能利用效率空间巨大。据我国能源局统计,我国每年浪费的热能相当于100个三峡工程的发电量,在钢铁、化工等工业生产过程中,产生了大量余热资源。而当前对于低品质热能(温度<100℃)的回收技术尚不成熟,如何实现对低品位余热的有效回收对提高能源利用率、减少碳排放意义重大。

热电材料基于其内部固有的电子声子耦合效应,能够实现热—电能源直接转换,具有系统设备使用寿命长、无噪声、绿色环保等优点。一个简单的热电器件能够直接将环境中的低品余热转化成电能,这里的热源可以来自于太阳、工业生产、车辆、放射性同位素的衰变甚至是人体体温。热电能源转换技术适用于任何存在温差的场合,是针对上述总量巨大的低品位热能回收发电的不二技术选项,是提升能源利用效率、助力双碳目标如期实现的重要解决方案,其所能带来的经济与社会效应不可估量。

——主编的话

摘　要：实现"2030年前实现碳达峰、2060年前实现碳中和"的双碳目标,需要经济社会跨领域的全面绿色转型,其中首当其冲的就是能源结构的绿色转型。发展新型零碳电力技术、零碳能量回收技术成为关键。热电技术是一种能够直接实现热能与电能相互转换的清洁、无碳、可持续型的能源技术。我国低品位热能总量巨大,占总能耗的比值高达30％,利用热电转换实现低品位热能的回收和发电是最佳选择,对节能减排意义重大。从历史的角度看,热电效应是一个"古老"的物理效应,它早在19世纪就被人们所发现、认识。然而在19世纪初到20世纪初的很长一段时间里,热电学的发展基本原地踏步,主要原因是当时人们对热电的认识局限于金属材料中,其微弱的热电效应导致实际应用中的效果很微弱。直到现代(20世纪中叶),半导体的出现使热电科学重新进入了人们的视野。其中有两个关键的历史事件是:科学层面上,苏联物理学家约飞(A. F. Ioffe)发现,掺杂半导体具有非常好的热电性能,可以作为良好的固态制冷器使用,这样的热电制冷器无需任何传动部件且理论上无需任何后期维护;应用层面上,人们越来越意识到全球变暖对环境的危害,因此亟待发展新的清洁能源技术。同时,应用需求对能源转换技术的服役寿命、微型化有较高的要求,而热电技术正好可以满足上述需求。因此,科学技术的发展与应用需求的更迭重新点燃了全世界范围内科研人员研究热电材料的热情。许多杰出的理论与实验研究工作也相继诞生,笔者在本章节中概述了热电转换技术原理及高性能热电材料与器件的发展历程。

关键词：热电转换,声子输运,能带调控,器件结构设计

6.1 引言

高科技发展日新月异,而能源始终是世界发展的基础。目前,全世界的高新企业中有很大比例都与能源有关,能源变革推动着时代更替,也在全球范围内蕴含着巨大的经济市场。工业生产和商业活动是能源市场的重要组成部分,其中最大的能源利用出口为电能(~38%),而最大的能源浪费出口为热能(~60%),大量的能源输入以废热的形式白白消耗,使得能源利用率低下[1]。目前,我国工业废热的排放依然处于高位,工业废热排放大的行业有水泥、钢铁、陶瓷、有色金属等。废热通过水排放后,会增加水体温度,减少水中的溶解氧,导致鱼类不能繁殖或死亡,增加某些细菌的繁殖造成水体污染。据国家能源局数据统计(http://www.nea.gov.cn),我国每年浪费的废热能源相当于 100 个三峡大坝的发电量。如果能将废热利用起来,可为节能减排作出突出贡献。据《我国工业余热回收利用技术综述》估算,2018 年全国火电与核电发电量为 46 504 亿 kW·h,火电厂与核电厂供热效率为 44.6%,冷却水出口温度为 30~60℃,如果回收全国火电和核电站余热的 10%,就相当于多产出了 4 个三峡电站的发电量(以 2018 年三峡电站全年发电量 1016 亿 kW·h 计算)。

随着我国"力争 2030 年前实现碳达峰、2060 年前实现碳中和"目标的提出,如何高效地利用起这些能量品质低或密度低的低品位废热(温度<300℃),将它们直接转换为电能(减少中间环节带来的额外消耗),成为了缓解能源危机、提高能源利用率的关键,其所能带来的经济与社会效应不可估量。热与电,分别处在能源输入与输出的两端,它们彼此关联却又有所不同。热是无处不在的,但是它的能源品质较低;电是一种高品位能源,但是对来源却有着较高的要求。热电能源转换技术,是一种环境友好型的能源转换技术,它基于材料内部固有的电子声子耦合效应,能够实现热-电能源直接转换。一个简单的热电器件能够直接将环境中的低品废热转化成电能,这里的热源可以来自太阳、工业生产、车辆、放射性同位素的衰变甚至是人体体温。相较其他用于低品废热回收的技术(如蒸汽机与有机朗肯循环等),热电能源转换技术具有诸多优势,例如:①能量形式的直接转换;②热电器件内部不含任何传动部件与流体,因此热电器件不需要进行额外的维护;③较长的工作寿命,特别是在工作温度梯度较为稳定的情况下;④没有明显的尺寸效应,热电器件可以在十分有限的空间下产生小电压,也可以占用较大的空间产生大电压;⑤可在任意场合使用,使热电器件非常适用于嵌入式工作系统。基于热电技术的这些优点,许多热电发电机被应用于深空探测任务(如旅行者号(Voyager)、阿波罗号(Apollo)、先驱者号(Pioneer)、好奇号(Curiosity)等航天器)。

热电能源转换技术与其他可再生清洁能源一样,其大规模的推广与应用同样面临着诸多的挑战。首当其冲的,就是当前仍然较低的热电能源转化效率,主要取决于材料本身的热电性能。如何提高热电材料的性能从而显著提升热电转换效率,是热电研究中的核心工作。另一方面,目前的高性能热电材料主要依赖许多贵金属、重金属元素,这也让开发新型、低廉、环境友好型高效热电材料成为推动热电能源转换技术最终走向大规模应用的关键。

近几十年来,热电科学和热电材料发展迅速,对热电输运机制的深入理解,各种高性能热电材料设计理论的提出,材料及器件制备技术的发展,都推动了热电技术的发展,高性能热电材料层见叠出,热电学科中的科学问题也越来越丰富且深入。本章将从热电效应的理论基础出发,从相关物理知识、材料开发与设计、器件制备与优化等方面介绍热电能源转换技术的原理与应用及相关热电材料。

6.2 热电转换技术的基本原理

6.2.1 热电效应

热电科学起源于三个热与电之间相互转换的基本热电效应:塞贝克(Seebeck)效应[2],珀耳贴(Peltier)效应[3]和汤姆逊(Thomson)效应[4],它们之间互相关联,是热电转换技术的基石。

1821 年,德国物理学家塞贝克(T. J. Seebeck)首先发现了固体材料中的热电转换现象。在由两种不同金属导体连接组成的回路中,若两个连接点之间的温度不同,该回路中会产生电流,被称为塞贝克效应。1834 年,法国科学家珀耳贴(J. C. A. Peltier)发现了塞贝克效应的逆过程——珀耳贴效应。具体说来,当电流由某一方向通过由铋、锑两种不同金属导体连接构成的回路时,两种金属的连接处会产生制冷效应。但他当时并未揭开这一现象背后真正的科学意义,直到 1838 年,楞次(Lenz)正确解释了该现象,并证明两种导体连接处是吸热还是放热取决于通过导体的电流的方向。随后,汤姆逊(W. Thomson)在 1855 年从热力学的角度出发,揭示了塞贝克效应与珀耳贴效应之间的关系,预言了第三种热电效应——汤姆逊效应,并成功从实验上证明了该效应的存在。

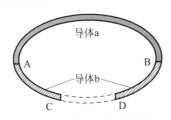

图 6-1 热电效应示意图

图 6-1 所示为两种不同导体 a 和 b 串联组成的电回路,同时存在两个异质界面 A 和 B,利用该图可以清楚描述上述三种热电效应。

塞贝克效应的微观物理本质为温度梯度作用下导体内部载流子的重新分布。对于两端没有温差的独立导体,其内部载流子均匀分布。当导体两端存在温差时,热端的载流子将向冷端扩散,使得冷端载流子数目多于热端。电荷在冷端的堆积会破坏导体内的电中性,导致导体内形成自建电场,从而产生一个反向扩散的电荷流,两者最终在宏观上达到动态平衡,此时导体两端形成的电势差即为塞贝克电势。当两种导体串联时(图 6-1),若在 A 和 B 之间存在温差 ΔT,那么塞贝克效应使得开路位置 C、D 两点间建立起开路电动势 ΔV。因此两种导体的相对塞贝克系数可定义为

$$S_{ab} = \frac{\Delta V}{\Delta T} \tag{6-1}$$

塞贝克效应的逆过程即是珀耳贴效应。若图 6-1 中 A、B 两处温度相同,在 C、D 之间放入直流电源,a、b 导体组成的回路中将有电流 I 通过。由于回路中两种不同导体中载流子的势能差异,当载流子从一种导体进入另一种导体时,将在异质界面处与晶格发生能量交换,导致 A、B 两连接处其中一处出现温度升高(放热),另一处出现温度降低(吸热)的现象,并且单位时间内的热量变化 q(吸热或放热速率)与回路中电流 I 的大小成正比关系,其比例系数定义为珀耳贴系数:

$$P_{ab} = \frac{q}{I} \tag{6-2}$$

并且,当 A 连接处的电流由导体 a 流入导体 b 时,A 连接处从外界吸热(B 对外放热),则珀耳贴系数为正,反之为负。

1855 年,汤姆逊结合热动力学理论,推导出了塞贝克效应与珀耳贴效应的关系,并从理论上提出必然存在第三种效应。在实际应用条件中,我们所构建的热电回路既不是完全的短路也不是完全的开路,而是连接有负载的功能回路。这就意味着,温差以及电势差应该同时存在,即:在一个存在温差(ΔT)的固体上通过电流(I),除了电阻产生的焦耳热之外,还将产生额外的放热和吸热现象,此即为汤姆逊效应,单位长度 dx 所产生热流或冷流 dq 被称之为汤姆逊热,因此汤姆逊系数定义为

$$\tau = \frac{dq/dx}{I \, dT/dx} \tag{6-3}$$

汤姆逊从热力学出发推导出两个公式,它们从数学和物理上建立起三个热电效应系数之间的关系,即开尔文(Kelvin)关系(这里 T 为绝对温度):

$$P_{ab} = S_{ab} T \tag{6-4}$$

$$\tau_a - \tau_b = T \frac{dS_{ab}}{dT} \tag{6-5}$$

开尔文关系对于热电研究具有重要意义。首先,公式(6-4)给出塞贝克系数和珀耳贴系数之间的关系,使得珀耳贴效应可以用塞贝克系数的形式来表征,使人们可以更简便地衡量热电制冷器的制冷能力,这是因为在实验上测量塞贝克系数远比测量珀耳贴系数容易得多。此外,公式(6-5)可以衡量实际热电器件中当温差与电流同时存在时(包括热电发电机和热电制冷器),汤姆逊效应对器件热电转换效率的影响。

值得注意的是,塞贝克和珀耳贴效应都涉及到两种不同材料(如热电偶),而汤姆逊效应描述的是单一均匀材料中的热电效应。若能对每个单一材料定义其绝对塞贝克系数 S 和珀耳贴系数 P,那么上述相对塞贝克系数和相对珀耳贴系数可以写成 $S_a - S_b$ 和 $P_a - P_b$。使用这些绝对热电系数意味着至少在理论上存在着具有零热电系数的材料,而这种材料可以作为热电效应强弱的参考标准。这种标准材料的性能定义其实非常简单,根据热力学第三定律,任意两个导体间的相对塞贝克系数在绝对 0 K 时一定为 0。也就是说,人们可以合理地假设所有的材料其绝对塞贝克系数在绝对 0 K 时都等于 0。基于此,公式(6-5)可以重新写成:

$$\tau = T \frac{dS}{dT} \tag{6-6}$$

对于单一导体,公式(6-4)同样可以重新写成:

$$P = ST \tag{6-7}$$

基于上述三种热电效应,可以构建热电器件用于热电发电或热电制冷。

6.2.2　热电转换效率及热电材料性能

理论上,热电效应(塞贝克效应以及珀耳贴效应)的热力学过程彼此可逆,它们本身不造

成热力学上的损耗。然而,在实际应用中,热电效应总是伴随着其他不可逆的热力学过程,比如电阻引起的焦耳热以及热传导引起的热扩散。因此,基于热电效应的能量转换技术的效率是由其塞贝克系数、电阻以及热导率综合决定的。

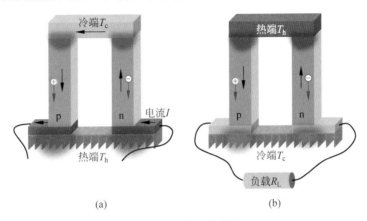

图 6-2　热电制冷器件

(a) 热电制冷器件及发电器件;(b) 热电制冷器件示意图

材料的电阻(R)和热导(K)分别取决于其电导率(σ)、热导率(κ)以及其尺寸(截面积 A 及长度 L):

$$R = \frac{L}{\sigma A} \tag{6-8}$$

$$K = \kappa \frac{A}{L} \tag{6-9}$$

我们通常将热电系数(塞贝克系数或者珀耳贴系数)、电导率以及热导率称为热电材料的输运参数。一般来说在严格的讨论分析中必须要考虑这些参数的温度依赖关系。当热电器件两端的温差较小时,这些输运参数在温度上的波动对固态热电制冷的影响较小,但是对热电发电来说却格外重要。此处为了简化讨论,先做如下假设:①材料的热电输运参数与温度无关;②无界面电阻和界面热阻;③忽略器件的辐射热损失以及器件与环境间的热对流与热传导。

图 6-2(a)所示为热电制冷器件示意图,热电材料以"三明治"结构放于冷热两端(T_c 与 T_h)之间,n 型和 p 型热电半导体按照热路并联、电路串联的形式连接。在回路中施加电流,电流方向如图中黑色箭头所示:电流从右侧进入 n 型热电材料,由于电子带负电,电子将沿电流的反方向运动,因此电子可以从冷端吸收热量并带到热端;带正电的空穴沿电流的同方向运动,同样可从冷端吸收热量并带到热端,那么将在冷端产生珀耳贴制冷量($S_p - S_n$)IT_c。这里,下标 n 和 p 分别代表 n 型热电材料和 p 型热电材料,它们的塞贝克系数符号相反。由于制冷器件工作时两端温差及器件内阻的存在,必然存在热扩散和内部焦耳热,热扩散的能量($T_h - T_c$)($K_p + K_n$)和材料内部流向冷端的焦耳热 $I^2(R_p + R_n)/2$ 将抵消部分珀耳贴制冷量。因此,热电制冷器件在冷端的制冷量为

$$q = (S_p - S_n)IT_c - (T_h - T_c)(K_p + K_n) - I^2(R_p + R_n)/2 \tag{6-10}$$

所消耗的电能为

$$w = (S_p - S_n)I(T_h - T_c) + I^2(R_p + R_n) \tag{6-11}$$

这里所消耗电能的第一项为克服热电电压所做的功,第二项为焦耳热损失。

对于热电制冷器件来说,衡量制冷效率的重要指标是"能效比"(coefficient of performance,COP),其定义为:冷端产生的制冷量与所消耗电能之间的比值,即制冷器件单位功率下的制冷量。那么热电制冷器件的 COP 可由此计算:

$$\phi = \frac{(S_p - S_n) I T_1 - (T_2 - T_1)(K_p + K_n) - I^2 (R_p + R_n)/2}{(S_p - S_n) I (T_2 - T_1) + I^2 (R_p + R_n)} \tag{6-12}$$

可看出,热电制冷器件的制冷量和 COP 都与电流大小有关。由公式(6-10)可知,制冷量(q)与施加电流的关系呈现出抛物线性。当电流很小时,珀耳贴制冷量将被热扩散和焦耳热消耗,总制冷量为负值,无法实现制冷。当电流超过某一特定值时,珀耳贴制冷量大于热扩散和焦耳热的消耗,总制冷量达到正值从而实现制冷。当珀耳贴制冷量为焦耳热的 2 倍时,总制冷量达到峰值,此时的电流为

$$I_q = \frac{(S_p - S_n) T_1}{(R_p + R_n)} \tag{6-13}$$

对应的 COP 为

$$\phi_q = \frac{Z T_c^2/2 - (T_h - T_c)}{Z T_h T_c} \tag{6-14}$$

其中,

$$Z = (S_p - S_n)^2 / [(K_p + K_n)(R_p + R_n)] \tag{6-15}$$

但此时 COP 并未达到最大值。当 $\mathrm{d}\phi/\mathrm{d}I = 0$ 时,COP 获得极大值,最佳电流为

$$I_\phi = \frac{(S_p - S_n)(T_h - T_c)}{(R_p + R_n)[(1 + Z T_m)^{1/2} - 1]} \tag{6-16}$$

对应可实现的最高 COP 为

$$\phi_{max} = \frac{T_c[(1 + Z T_m)^{1/2} - (T_h/T_c)] Z T_c^2/2 - (T_h - T_c)}{(T_h - T_c)[(1 + Z T_m)^{1/2} + 1]} \tag{6-17}$$

这里 T_m 为冷热两端平均温度。在最大制冷量或最大制冷效率下工作的热电制冷器件,其 COP 都只取决于 Z 以及冷热两端的温度。因此,Z 通常被称为热电器件的热电优值。由于 Z 具有温度倒数的量纲,人们通常将 Z 乘上温度 T 以消除量纲,成为如今常用来表达材料热电器件性能的热电优值系数 ZT。

显然,从经济角度出发,人们都希望热电制冷器件能在 COP 最大化的情况下工作,然而这时器件的制冷量往往很小,制冷能力不能被充分利用。在实际应用中,我们更关心制冷器件能实现的最大温差(ΔT_{max})是多少。根据公式(6-14),当制冷量最大时,COP 等于零,此时可实现的 ΔT_{max} 为:

$$\Delta T_{max} = \frac{1}{2} Z T_c^2 \tag{6-18}$$

显然,为了实现更大的制冷温差,我们需要追求更高 ZT 值的热电材料。

现在我们来考虑基于塞贝克效应的热电发电技术。图 6-2(b)为热电发电机工作原理示意图。与热电制冷器件类似,对于热电发电机来说同样有两个性能指标是我们最关心的:输出功率和发电效率。由温差导致的塞贝克电压为$(S_p - S_n)(T_h - T_c)$,当负载电阻为 R_L 时,回路中的电流 I 和输出功率 P 为:

$$I = \frac{(S_p - S_n)(T_h - T_c)}{R_p + R_n + R_L} \quad (6-19)$$

$$P = I^2 R_L = \left[\frac{(S_p - S_n)(T_h - T_c)}{R_p + R_n + R_L}\right]^2 R_L \quad (6-20)$$

热电发电机从热源吸收的热量 Q，一部分平衡了由电流 I 通过器件所产生的珀耳贴制冷，而另一部分由于材料热传导而从热端流向冷端。因此，器件热端吸收的热量 Q 为：

$$Q = (S_p - S_n) I T_h + (K_p + K_n)(T_h - T_c) \quad (6-21)$$

热电发电机的效率 (h) 即输出功率 (P) 除以器件热端吸收热量 (Q)：$h = P/Q$。

对于热电发电机，当负载电阻 R_L 等于发电机内阻 $R_p + R_n$ 时，输出功率达到最大，但此时发电效率并未达到最大。当负载电阻与发电机内阻的比值满足 $R_L/(R_p + R_n) = (1 + ZT_m)^{1/2}$ 时，发电机的发电效率达到最大：

$$\eta_{max} = \frac{T_h - T_c}{T_h} \frac{(1 + ZT_m)^{1/2} - 1}{(1 + ZT_m)^{1/2} + T_c/T_h} \quad (6-22)$$

从公式 (6-22) 可以看出，热电发电器件的转换效率小于卡诺循环效率 $(T_h - T_c)/T_h$。在卡诺循环效率范围内，热电发电器件的最高转换效率仅与器件 ZT 值和冷热两端的温差相关，工作温差越大，器件 ZT 越大，则发电效率越高。由于器件工作时的温差由实际应用环境决定，因此，如何提升热电器件的热电优值一直是热电领域的核心研究方向。

在热电材料研究中，我们很难能够同时寻找一对性能完全匹配的 n 型和 p 型热电半导体进行研究。为了更简明地描述热电器件对材料性能的要求，人们定义了单一材料的热电优值 zT：

$$zT = \frac{S^2 \sigma}{\kappa} T \quad (6-23)$$

这里需要强调，即使我们已知某热电材料 zT 的具体值，也不能用它代替 ZT 来描述实际热电器件的性能。只有当组成器件的 n 型及 p 型材料的电导率、塞贝克系数绝对值和热导率完全相等时，zT 才与 ZT 相等。

除了温度 T 以外，zT 的定义式包括了热电材料固有的电热输运参数（塞贝克系数 S、电导率 σ 和热导率 κ），其中，S 和 σ 决定了热电制冷/发电器件的制冷量及发电功率，因此 zT 中的 $S^2 \sigma$ 被定义为功率因子（power factor）。高性能的热电材料需要同时具备高的功率因子和低的热导率，这为开发高性能热电材料指出了方向。

6.3 热电材料的输运基础理论

6.3.1 载流子的输运性质

尽管热电效应最初是在金属材料中被发现，但经过几十年的发展，如今的典型热电材料基本都是半导体，因此，热电材料的电输运理论也建立在半导体载流子输运理论的基础上。在这里，我们基于典型的单抛物带近似的能带结构理论，来介绍热电材料中载流子的输运理论[5-6]。

在单抛物带近似的假设下，导带底附近（$E+dE$ 能量范围内）的载流子能态密度为

$$g(E) = \frac{4\pi(2m^*)^{3/2}}{h^3} E^{1/2} \tag{6-24}$$

式中，m^* 为态密度有效质量；h 为普朗克常数；E 为载流子的能量。当没有外场（电场，温度梯度等）作用时，半导体中的载流子处于平衡状态，服从费米-狄拉克分布，载流子占据概率为

$$f_0(E) = \frac{1}{1 + \exp\left(\dfrac{E - E_F}{k_B T}\right)} \tag{6-25}$$

式中，E_F 为费米能级；k_B 为玻尔兹曼常数。那么，载流子浓度可以表示为

$$n = \int_0^\infty g(E) f_0(E) dE \tag{6-26}$$

在外场作用下，载流子分布偏离平衡状态，晶体中将出现沿外场方向的净电荷输运而形成电流，同时，外场作用下定向运动的载流子将受到散射。根据玻尔兹曼输运理论，载流子的散射过程可以采用弛豫时间近似来描述，费米分布会向平衡态分布函数 f_0 弛豫，即

$$\frac{df(E)}{dt} = \frac{f(E) - f_0(E)}{\tau_e} \tag{6-27}$$

引入散射因子 r，载流子弛豫时间与能量的关系为 $\tau_e = \tau_0 E^r$。当散射机制确定时，τ_0 和 r 为常数。

由于晶体在绝对零度以上必然存在着晶格热振动，对载流子造成散射，而对于大部分典型的高性能半导体热电材料，对载流子起主要散射作用的是波长较长的声学声子。巴丁（Bardeen）和肖克利（Shockley）引入了形变势的概念来描述声学声子散射机制，晶格热振动引起的晶格压缩或膨胀会使得局域势能发生变化，相当于在周期性势场中叠加了一个额外势场，从而对载流子造成散射。根据形变势理论，声学声子对载流子散射的弛豫时间可表示为[7]

$$\tau = \frac{h^4 C_l}{8\pi^3 k_B T (2m^*)^{3/2} E_{def}^2} E^{-1/2} \tag{6-28}$$

式中，E_{def} 为形变势常数；C_l 为复合弹性模量。可见，当载流子主要被声学声子散射时，散射因子 $r = -1/2$。那么，我们可以推导，对于声学声子散射为主导单抛物带近似下的，热电材料中与载流子输运直接相关的参数，包括塞贝克系数（S）、载流子浓度（n）、载流子迁移率（μ）、电导率和洛伦兹常数（L）：

$$S(\eta) = \pm \frac{k_B}{e} \left[\frac{2F_1(\eta)}{F_0(\eta)} - \eta \right] \tag{6-29}$$

$$n = 4\pi \left(\frac{2m^* k_B T}{h^2} \right)^{\frac{3}{2}} F_{1/2}(\eta) \tag{6-30}$$

$$\mu = \frac{h^4 C_l N_v e}{12\pi^3 (2m^* k_B T)^{3/2} m_I^* E_{def}^2} \frac{F_0(\eta)}{F_{1/2}(\eta)} \tag{6-31}$$

$$\sigma = \frac{h N_v C_l}{3\pi^2 m_I^* E_{def}^2} F_0 \tag{6-32}$$

$$L = \left(\frac{k_B}{e}\right)^2 \left\{\frac{3F_2(\eta)}{F_0(\eta)} - \left[\frac{2F_1(\eta)}{F_0(\eta)}\right]^2\right\} \tag{6-33}$$

式中，$F_n(\eta) = \int_0^\infty \frac{x^n}{1+\exp(x-\eta)}dx$ 为费米积分；积分级数 n 为整数或半整数；$\eta = E_F/k_B T$ 为简约费米能级；e 为电荷电量；N_v 为能带简并度；m_I^* 为惯性有效质量。当能带的简并度为 N_v 时，其态密度有效质量可以用能带 x、y、z 三个方向载流子有效质量来表示：$m^* = N_v^{2/3}(m_x m_y m_z)^{1/3}$。而惯性有效质量则定义为 $m_I^* = 3/(1/m_x + 1/m_y + 1/m_z)$。

尽管以上载流子输运理论是基于最简单能带结构假设的结果，实际材料的能带结构通常更复杂，但以上分析与热电材料中电学输运性能调控的原则基本是相通的。

6.3.2 固体中的热传导

热导率是决定热电材料性能的关键输运参数之一，高性能热电材料要求在具有高功率因子的同时拥有低的热导率。材料中的热输运过程可以有各种不同媒介的参与，可以是原子、声子、电子、光子、磁振子等[8]。传统热电材料多是固态半导体，因此，对其热传导起主导作用的媒介通常是电子和声子[9]。因此决定 zT 的总热导率 κ 通常被写成晶格热导率与电子热导率之和（$\kappa_L + \kappa_E$）。受限于威德曼-弗朗兹（Widemann-Franz）定律，降低材料的 $\kappa_E = L\sigma T$ 同时意味着材料的导电性能变差，因此通过调控电子热导率难以实现热电性能的提升。20 世纪 50 年代，以约飞（A. F. Ioffe）为代表的研究者们提出了通过降低晶格热导率提升热电性能的策略[10-11]，极大地推进了热电材料研究的发展，该策略也被沿用至今。

晶格热振动往往在半导体热传导中占据主导地位，它是晶格中原子在时域（时间实空间）中热运动状态的反映。这种热运动状态可通过频域（频率倒空间）中的声子输运行为加以理解。声子，是晶格集体振动的量子化描述。一个原子的振动可被看成是有着各种频率的声子叠加。若把声子唯像地看成"气体"，固体中的晶格热传导即是这种"声子气体"在温度梯度下扩散运动的结果。根据固体中声子玻尔兹曼传输理论，材料晶格热导率主要取决于声子弛豫时间（τ）、声子群速度（v_g）以及所携带的能量（晶格比热，C_v）。固体材料基于声子气体近似的晶格热导率可表示为

$$\kappa_L = \frac{1}{3}C_v v_g^2 \tau \tag{6-34}$$

为了最小化晶格热导，各种各样的方法其实质都是围绕上述三个参数进行调控。在这三个参数之中，对声子弛豫时间 τ 的调控是热电材料研究的关注重点，即，通过增强声子的散射速率以尽可能的减小声子弛豫时间来降低材料的晶格热导率。在 6.5.3 节中，我们将从这三个参数出发详细讨论热电材料中晶格热导率的最小化。

6.3.3 热电材料的品质因子

在热电材料的研究中，研究人员总是希望能找到具有高 zT 值的材料。因此，了解材料各输运参数与 zT 的关系至关重要。

查斯马尔（R. P. Chasmar）和斯特拉顿（R. Stratton）在 1959 年率先提出了热电材料品质因

子(B 因子)的概念[12]。基于输运参数单抛物能带、形变势散射近似下的 B 因子表达式为

$$B = \frac{N_v h C_1}{3\pi^2 m_1^* E_{\text{def}}^2 \kappa_L} \left(\frac{k_B}{e}\right)^2 T \tag{6-35}$$

将 B 因子代入 zT 的表达式中,可得

$$zT = B \frac{\left(\frac{2F_1}{F_0} - \eta\right)^2 F_0}{1 + BF_0 \left[\frac{3F_2}{F_0} - \left(\frac{2F_1}{F_0}\right)^2\right]} \tag{6-36}$$

其中 η 为简约费米能级、F 为费米积分(费米积分仅为简约费米能级 h 和电子散射因子 r 的函数)。公式(6-36)表明,在给定散射因子 r 的情况下(形变势散射主导时 $r = -0.5$),材料热电优值 zT 的上限由品质因子 B 决定,B 因子越大则材料 zT 能达到的最大值越大。

深入分析 B 因子的构成我们可以发现,B 因子实际描述的是材料体系导电能力和导热能力的比值:导电通道越多(简并度 N_v 越高)、电子散射强度越弱(形变势参数 E_{def} 越小)则导电能力越强,B 因子越大;材料越不导热(晶格热导率 κ_L 越小)则 B 因子越大。这些材料性质即为高性能热电材料所追求的性质。

6.4 热电输运性质的测量

前文已介绍,zT 是评价材料热电性能的重要指标,它衡量的是热电材料工作时(热能与电能之间的转换)的转换效率。然而,在通常的实验条件下,zT 很难从实验中直接测得,需沿着相同的方向分别测量不同温度(T)下的材料热电输运性质,包括电学性能参数(S 和 σ)和热学性能参数(κ),再根据 $zT = S^2 \sigma / \kappa$ 来计算得到不同温度下材料的 zT。

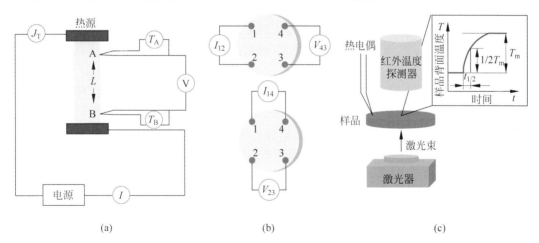

(a) (b) (c)

图 6-3　热电输运性质的测量

(a) 四探针法测试电导率、塞贝克系数及稳态法测热导率示意图;(b) 范德堡法测电阻率示意图;(c) 激光闪射法测量热扩散系数原理示意图

尽管目前已有非常成熟和标准化的商业设备来测量这些参数,但不规范的测量可能会带来显著的偏离,并且在测量过程中可能还存在很多额外且不为人所知的因素影响测量结

果,这些都会造成所测 zT 值的巨大偏差。本节主要介绍热电输运参数的测试原理,并总结测试中容易遇到的问题,系统阐释设备条件、参数设定、样品尺寸和品质等因素对测试结果的影响。

6.4.1 电学输运性质

电导率、塞贝克系数、热导率、电阻率和热扩散系数都可以根据其定义(线性响应理论,如欧姆定律、傅里叶定律等)利用图 6-3 所示的方法测量。我们首先介绍塞贝克系数的测试原理。

根据定义,单位温差下样品在电开路情况下冷热两端产生的电势差即为该材料的塞贝克系数。因此,在某温度下,首先将电回路断开,对样品一端的局部加热,使样品两端形成微小的温差 ΔT,测量此时样品两端的温差及温差产生的电势差 ΔV,通过公式 $S = \Delta V / \Delta T$ 可以算得该样品在该温度下的塞贝克系数。图 6-3(a)给出了商用设备(如 ZEM 和 LINSEIS)利用四探针法测量塞贝克系数的示意图。样品 A 和 B 两点的温度通过热电偶测得,获得温差(ΔT),电势差(ΔV)由两个热电偶的两根正(或负)导线测量。当取得三组以上 $\Delta V \sim \Delta T$ 数据后,进行线性拟合,斜率记为 S_m。由于导线本身也有塞贝克系数(记为 S_w),因此需要将其从 S_m 中扣除来得到样品的塞贝克系数[13-15]。成熟的商用仪器软件已经自动进行了修正,自制设备则需要人工进行修正。

值得注意的是,在很多情况下,由于接触和不均匀性等的影响,测得的 ΔV 在温差 ΔT 为 0 K 时不为零(ΔV_{offset}),此时如果直接用 $\Delta V / \Delta T$ 来计算塞贝克系数将带来非常大的偏差,而采用测量多点求斜率的方法则可以避免 ΔV_{offset} 的影响。但对此方法而言,如果温差跨度过大($>$10 K),则 $\Delta V \sim \Delta T$ 曲线有可能偏离线性,引入额外偏差;如果温差跨度过小($<$1 K),则测试信号微弱、误差较大。因此,理想的温差跨度宜控制在 3~5 K。

在进行变温测试时需要注意,由于高温下热辐射加剧,在加热样品某一端时,产生的温差受到热辐射的影响较低温时更大。因此,需根据样品的特性,调整不同环境温度下对样品热端加热的功率,以维持合理的温差跨度,保证测试的准确性。

其他因素,如两根热电偶间的差异、热电偶与样品之间的化学反应、不良接触和冷指效应等,都会影响塞贝克系数的测量。例如,长时间高温运行后,热电偶会受到污染,进而影响电性能的测量。有研究结果显示[15],用新旧热电偶分别测量了具有较好化学稳定性的同一块填充方钴矿样品,800 K 时测试的电导率和塞贝克系数偏差约有 10%,导致功率因子偏差高达到 30%。因此,为保证测量结果的可靠性,需及时清洁、更换热电偶,并用标准样品进行测量和校正。

电导率的测量也可以采用四探针法。如图 6-3(a)所示,$\sigma = L / (RA)$,其中 R 为 A、B 两点间的电阻,A 为横截面积,L 为探针间距。在用四针法测量电导率时,尺寸(L 和 A)的测量误差是主要的误差来源。在很多商业仪器中探针是固定的,其间距有一默认值,不会自动校正。设备在长期使用后,由于热膨胀和老化等原因,实际探针间距往往会偏离其默认值,进而直接导致电导率测量偏差。因此,每次测量之前需要校正探针间距。

采用范德堡法测量电导率可以在很大程度上减小尺寸测量带来的误差,该方法最大的优点是它能对任意形状的厚度均匀的样品进行精确的测量。为了实现较高的测试质量,使用范德堡法测试时,测试样品的厚度须远小于测试样品的宽度和长度,测试样品需材质均匀并致密。通过范德堡法测量样品电导率的原理如图 6-3(b)所示。在被测样品上连接 1～4 号共四个电极。为了提高测试质量,尽量使电极与电极之间距离基本相等。由于四个电极的对等性,可以对通电流和测电压的电极进行交换以消除测试误差。在轮换通电流和测电极电压的多次测试中,对任意两电极之间测得的电压,我们都取正反电流方向情况下的平均值,以消除因为焦耳热形成温差导致的塞贝克效应以及因环境温差导致的塞贝克效应引入的误差。

6.4.2 热学输运性质

热学输运性质主要包括,热导率、热扩散系数(λ)以及定压比热(C_p)。材料热导率测试方法主要包括稳态法和非稳态法。

使用稳态法直接测量样品热导率的原理如图 6-3(a)所示。在样品一端施加稳定的热源,在样品达到稳态后,测量两端的温差。在加热功率和样品尺寸已知的条件下,可以直接计算得到热流密度(J_T),基于傅里叶定律,材料热导率可由以下公式计算[16-17]:

$$J_T = -\kappa \frac{dT}{dx} \tag{6-37}$$

式中,κ 为材料热导率;dT/dx 为温度梯度。

使用稳态法测量材料热导率,实现精确测量的关键在于样品的热绝缘性,这是因为样品和环境之间的热交换形式很多,包括热辐射、热传导、热对流等,且这些热交换难以精准定量计算。为了减少热传导和对流的影响,高真空环境($10^{-4} \sim 10^{-5}$ Torr)是稳态法测量的必备条件,并且应选择细的热电偶线以减少漏热。而热辐射对测试结果的影响与温度相关[17],温度越高,热辐射的影响越大。因此,稳态法精准测量热导率更多地被应用于较容易实现高真空环境的低温(<200 K)测量。

由于高温下热导率较难通过稳态法直接精确测量,人们更多地选择用非稳态法来测量获得材料高温下的热导率。其中,激光闪射法[18]已成为目前块体材料最常用的热导率测量方法之一。

通过激光闪射法测试热导率,实际上是测试样品的热扩散系数,再结合样品的比热和密度,根据公式(6-38)计算获得样品的热导率:

$$\kappa = \lambda d C_p \tag{6-38}$$

激光闪射法测试样品热扩散系数时,由激光器发射一束均匀的激光脉冲,照射在样品的下表面,由红外探测器测量样品上表面中心部位相应的温度变化过程,得到样品上表面温度随时间变化的关系曲线,如图 6-3(c)所示。当激光脉冲的宽度接近无限小或相对于样品半升温时间($t_{1/2}$)可忽略不计时,可将激光脉冲照射下热量在样品内的传导过程近似为由下表面至上表面一维传热的理想情况。当测试环境满足理想绝热条件时,厚度为 D 的样品上表面温度升高至顶点 T_m 后将保持恒定不变,通过测量半升温时间 $t_{1/2}$(指在受到激光脉冲照射后,样品上表面中心温度上升至最高值的一半所需要的时间),即可计算得到样品的热扩散系数 λ:

$$\lambda = 0.1388 \frac{D^2}{t_{1/2}} \tag{6-39}$$

需要注意的是,样品的尺寸对测试结果的准确性有影响。通常,材料的热导率越低,测试样品的厚度应越薄。

以上所述均为块体热电材料的热导率测试方法,并不适用于薄膜等低维材料的热导率测量。对于低维材料热导率测试更具挑战性,目前薄膜的热导率主要采用三倍频方法(3ω)[18]测试,在此不作详细展开。

6.5 热电材料性能优化策略及典型热电材料

6.5.1 载流子浓度调控优化电学性能

由塞贝克系数和电导率的公式(公式(6-29)和公式(6-32))可知,热电材料的功率因子($S^2\sigma$)是材料能带结构、散射机制和费米能级的映射。在单抛物带模型下,功率因子可看作是一系列电学参量的集合,包含了能带简并度、有效质量、载流子散射因子、简约费米能级及弹性模量等,使得这些参量成为衡量材料功率因子高低的指标。然而单一的某参量并不足以直接判断材料功率因子的高低,并且实验上这些参量需要通过霍尔效应(Hall)测试、变温度测试塞贝克系数和电导率以及大量复杂的运算才能获得,用来作为指导材料开发或优化的研发效率较低。为了更简便地评估某材料的功率因子,即电学性能的优劣,我们可以定义电学品质因子 B_E,将决定功率因子的参量中与能带结构相关的所有参量都包含在内[19]:

$$B_E = \frac{N_v h C_1}{3\pi^2 m_1^* E_{def}^2} \left(\frac{k_B}{e}\right)^2 \tag{6-40}$$

显然,这与前文提到的 B 不同,B_E 在给定的材料中通常是与温度无关的参数,因此,B_E 在某种程度上是一个更直观体现材料热电性能的本征参数。B_E 与 B 之间的关系为 $B = B_E T / \kappa_L$。引入 B_E 的概念后,功率因子可以写成:

$$S^2\sigma = B_E \left(\frac{2F_1(\eta)}{F_0(\eta)} - \eta\right)^2 F_0(\eta) \tag{6-41}$$

也就是说,功率因子的大小,只与 B_E 及简约费米能级有关。其中,材料的本征参数 B_E 直接决定了材料可能实现的最高功率因子,简约费米能级意味着功率因子是否实现了优化。通常人们通过化学掺杂调节载流子浓度来实现对简约费米能级的优化,并将载流子浓度作为判定功率因子是否优化的指标[20]。

根据公式(6-29)可知,塞贝克系数是简约费米能级的单值函数,其随温度或载流子浓度的变化实际上是简约费米能级的变化,因此我们可以用塞贝克系数代替载流子浓度作为判断材料功率因子是否优化的参数。这将有两个方面的优势,一方面,热电材料在不同温度下功率因子优化所对应的载流子浓度不同[21],但塞贝克系数相同;另一方面,相较于载流子浓度的测试,塞贝克系数的测试更为简单方便。

研究发现,对于大部分热电材料,将不同温度下、不同载流子浓度下的功率因子对 B_E 进行归一化,$S^2\sigma/B_E$ 总是符合一条随着塞贝克系数变化的曲线,如图 6-4(a)所示。在实验

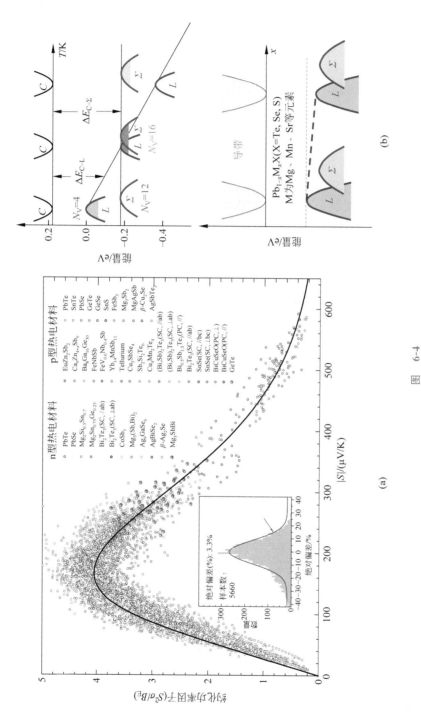

图 6-4

（a）典型热电材料的 $S^2\sigma/B_E$ 与塞贝克系数之间的关系，及实验结果与理论曲线之间的偏差统计分析；（b）PbTe 中能带汇聚示意图中,电学品质因子 B_E 可以通过非常简便的方法得到。对于给定处在简并态的材料(无需优化),我们只需要获得该样品在任意温度下的任意一组塞贝克系数和电阻率即可获得该材料的电学品质因子 B_E。并且,这些材料的功率因子都在塞贝克系数绝对值为 167 μV/K 附近达到最大值,这个值在理论上对应于简约费米能级($\eta \sim 0.67$)[22]。

6.5.2 能带调控提升电学性能

前文提到,B_E 决定了一个材料最高能实现的功率因子。通过调控载流子浓度本质上只实现了功率因子的优化,并不能提升其最高功率因子。要真正提升热电材料的功率因子,需要将该材料的本征参数 B_E 提高。根据 B_E 的定义(公式(6-40)),显然,具有高 B_E 值的材料需要有高能带简并度(N_v)、低惯性有效质量(m_I^*)和低形变势常数(E_{def})。

在 FeNbSb 半赫斯勒合金[23]和 n 型 PbTe[21,24]中都有实验结果证实,某些掺杂剂可以导致材料获得更低的 m_I^*,从而实现更高的功率因子。n 型 PbSe 因为具有较低的 E_{def},其性能可以与具有更高 N_v 的 p 型 PbSe 相当[25]。然而,目前在其他材料的研究中,人为实现材料中 m_I^* 和 E_{def} 的规律调控仍然比较少见。通过增大能带简并度提升材料的 B_E 是更为普适的方法。

最典型的能带简并应为Ⅳ-Ⅵ化合物 PbTe 中的能谷简并现象,如图 6-4(b)所示。Ⅳ-Ⅵ热电半导体 PbX(X=S,Te,Se)是具有同种 NaCl 结构的立方晶系晶体。在 19 世纪早期,研究者们就发现了 PbS 具有较大的塞贝克系数,从而引起了研究者们对 PbX(X=S,Te,Se)系列材料的关注。由于 PbX(X=S,Te,Se)的电子能带结构十分相似,它们的第一价带顶点落于布里渊区中的 L 点上,由倒空间对称性可知,L 点具有 8 个等价的位点,因此其能带简并度 N_v=8×1/2=4(1/2 表示每一个 L 能谷被两个共面的布里渊区共享),第二价带的顶点位于布里渊区中 Σ 方向,在布里渊区中具有 12 个等同位点,因而 N_v=12[6,26]。由于它们的第一导带极值点位于 L 点,PbX(X=S,Te,Se)在室温下为直接带隙半导体,PbTe、PbSe 和 PbS 的带隙宽度分别为 ~0.31 eV、~0.29 eV 和 ~0.42 eV[6],并且其带隙随着温度的升高而增加[27]。

如图 6-4(b)所示,随着温度的升高,PbTe 的带隙增大,价带中 L 带能量显著下移,而 S 带能量变化较少,在某一温度下,L 和 Σ 带将发生能带汇聚(能量相差在 k_BT 范围以内),N_v 增加,电学性能提升[27]。在 PbX(X=S,Te,Se)中,PbTe 的 L 带和 Σ 带之间能量差最小[6,26],意味着 PbTe 能带汇聚的温度比 PbSe 和 PbS 都要低。利用这一特性,在 p 型 PbTe 中固溶 PbSe[28]或 PbS,可以增大 L 带和 Σ 带之间的能量差,将 PbTe 发生能带汇聚的温度向高温推移。温度导致的能带简并是一个特殊的例子,能带简并度随着材料组成变化而变化是更加普遍的现象。因此,通过化学组成调控能带简并度适用于许多能带结构随组成变化可调且具有多带结构的热电材料。例如,在 PbTe 中固溶稀土元素也可以有效实现目标温度范围的能带调控[30]。能带简并的效应在 $Mg_2Si_{1-x}Sn_x$[31]、half-Heusler 合金[32]、$CoSb_3$ 基方钴矿等材料中获得了成功应用,材料的 zT 获得大幅提升。

6.5.3　声子调控最小化晶格热传导

组成固体的原子/分子在有限温度下作平衡位置附近的热振动,是晶格热传导的起源。当这些原子/分子的排布具有周期性时,这种热振动便以声子(携带热能的准粒子)的形式将热能从高温端传输至低温端。因此,声子的输运特性决定了固体的晶格热导率。

声子作为一种准粒子,它的输运过程自然与其能量与准动量有着密切的关系。一般情况下,人们通过建立声子的频谱以描述两者之间的关系,即声子色散关系。声子色散关系可以帮助我们获得声子行进速度以及晶格比热。若借助“声子气体”的物理图像理解声子的输运过程,还需要了解声子的碰撞特性,即声子散射过程。而这部分信息,可以通过声子谱线的宽化获得。

在完美周期性晶体与原子间简谐力作用的近似下,声子色散关系是一条“没有宽度”的线(声子之间没有能量交换,如图 6-5 中蓝线所示),即给定波失(动量)的声子具有给定的频率(能量),同时其频率(ω)绝对值的大小由原子之间的作用力(F)与原子的质量(M)共同决定:

$$\omega = 2\sqrt{\frac{F}{M}}\sin\left(\frac{\pi}{2}\frac{k}{k_c}\right) \tag{6-42}$$

式中,k 和 k_c 分别为波矢和截止波矢。在这种理想的简谐晶体中,声子可以畅通无阻地传播,形成“热超导”。很显然,直到目前为止,人们还没有实现这种“热超导体”,声子在传输过程中仍然会受到各种各样的阻碍,即声子在传输过程中存在着散射过程。究其根本,无论是完美无缺的晶体还是绝对的简谐振动,在真实固体中无一成立。在实际的晶体材料中,原子之间的相互作用力存在着非简谐性[34],使“力常数”(相互作用力除以原子位移量,类似弹簧的弹性系数)不再是一个常数而与原子的位移量有关。这就像是一根工作于弹性极限之外而被压坏或者拉坏的弹簧,压坏或拉坏是由于施加了额外的力(能量)造成的,即发生了一定的能量交换。这种由于非简谐性而造成的力常数涨落在声子谱上的反映是:声子在给定的波矢下有着多种频率共存的可能性,看起来就像是声子色散谱线“变宽”了。这种声子谱的频率宽化反映了声子频繁的相互碰撞与能量交换(散射),即声子寿命被缩短了。显然,非谐性越强,力常数的涨落也越大,声子之间的散射就越强。随着温度的升高,原子的热振动随之变强,因此放大了非简谐性对声子散射的作用,声子谱的宽化也越加明显(如图 6-5 中绿色部分)。由于热振动在不断地改变原子间的距离,也可理解为“动态”的晶格应变。

除了上述由晶格非谐性振动产生的“动态”应变带来的声子谱宽化外,由静态晶格缺陷所带来的“静态”应变也将会影响缺陷附近原子的受力情况,从而引起声子谱的进一步宽化(如图 6-5 中红色区域)。若此时的晶格缺陷由异种原子构成,那么从公式(6-42)可以看出,由于质量上的涨落同样也会增加声子在给定的波矢下出现频率的多样性,从而引起声子谱的宽化。也就是说,无论何种类型的散射,都是因为力常数或者质量的涨落而导致声子谱的宽化,这就是声子散射的本源[35]。基于这种理解,在材料中通过制造缺陷,引入上述“静态”的晶格应变,增强原子间力常数的扰动,引起声子谱更大的宽化,可实现晶格热导率的大幅降低。

除了通过增强声子散射来降低晶格热导率之外,声子的传播速度对于晶格热导率也有

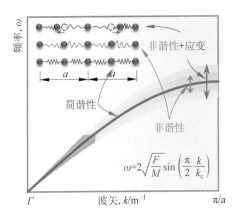

图 6-5　图解由于非谐性以及晶格应变所引起的声子谱宽化

重要影响。实际情况下,声子的传播速度与频率有关。但我们通常可以用易于测得的布里渊区中心点声子传播速度(声速)来衡量总体声子传播速度水平。如上所述,用小球表示原子、用弹簧表示原子间相互作用力,则作用力和原子质量的比值与声速成正比。原子质量的大小很容易判断,而原子间相互作用力主要取决于原子间化学键的性质。从声波在气体、液体或者固体中的传播过程来看,声速随着化学键的增强而逐渐升高。也就是说,材料中弱化学键引起的低声速有助于在材料中获得极低的晶格热导率[36],其中声子频率与波矢的斜率即为声子群速度,群速度可由力常数与原子质量比值的均方根计算得到[37]。因此,弱化学键与重原子质量有助于材料获得极低的声子群速度以及晶格热导率。

降低高传播速度的声子在总声子中的占比也是降低晶格热导率的有效手段之一。上文提到,声子的传播速度与频率有关,自然而然地,我们需要特别关注两类声子。第一类是具有非常低频率的声学声子,这类声子具有较高的传播速度,因此是晶格热传导的主要载体。第二类是频率较高的光学声子,这类声子传播速度较低,对晶格热传导的贡献较弱。值得注意的是,受实际固体材料中原子排布周期性的限制,即布里渊区边界处由于入射波声子与反射波声子的相位正好相反、相互叠加后形成晶格驻波,显然,这部分声子由于定向传输速度为零而失去了传导热能的能力。若增加这部分声子的占比,减小高传播速度的声学声子的比例,可为获得低晶格热导率提供契机。

一种行之有效的手段是增加晶体材料中原胞内的原子数,从而使得第一布里渊区发生压缩,让很大一部分的高频声子被折返回第一布里渊区成为光学声子,从而增大了晶格驻波的比例。而这些声子在接近布里渊区中心或边界时的传播速度几乎为零[38]。因此,小部分声学声子主导着晶格热传导过程,而复杂的晶体结构间接的减小(压缩)了这部分声子的比例,因此导致极低的晶格热导率。利用这一策略,研究人员开发了大量具有复杂晶体结构以及本征低热导的高性能热电材料。

6.6　典型热电材料及其性能优化

通常意义上的高性能热电材料是指那些在工作温区内 zT 能达到或超过 1 的材料。它们之中有一部分材料适合器件化和集成化,是一些具有代表性的高性能热电材料。高温区的高性能热电材料一般作为热电发电使用,而低温区的材料一般用作热电制冷。这些典型热电材料一般都具有如下特征:①热导率较低,其中声子贡献部分大概在 0.5~1.0 W/(m·K)范围或者更低;②载流子迁移率较高,一般室温时大于 100 cm^2/(V·s);③具有多能带输运特征。高性能热电材料通常都能满足上述,图 6-6 所示为典型高性能热电材料的热电优值随温度的变化。我们接下来根据工作温区分别介绍几种典型的材料体系。除较成熟的制冷应用外,热电技术的另一民用方向是作为废热回收发电的清洁能源技术,因此,在本节中我们以废热的温区划分[39]来介绍在各个温区性能较好的典型热电材料。

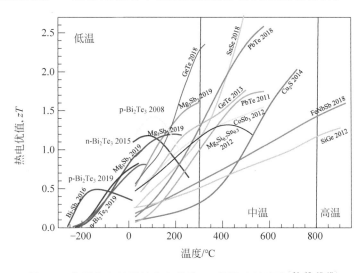

图 6-6　典型热电材料的热电优值 zT 随温度的变化[31·35·40-49]

6.6.1　低温及近室温区域(<300℃)典型热电材料

室温以下一类典型的高性能热电材料是 Bi-Sb 合金。基体材料 Bi 属于半金属[50],它的价带导带有一定程度的交叠,其中一条导带位于布里渊区的 L 点、两条价带分别位于 L 点和 T 点,具有明显的多带输运特征[51]。在基体材料 Bi 中引入合金元素 Sb,能够显著地提高材料的化学势并抑制 T 点价带对输运的贡献,从而减小价带导带的重叠层度,同时还能增强声子散射,降低材料的热导率[52]。当 Sb 的含量在 7%~22% 之间时,Bi-Sb 合金在 150~250 K 内(取决于化学成分)是具有正带隙的 n 型窄带隙半导体,此时材料的 zT 可在较大的温区范围内达到 0.6 左右[53]。对 Bi-Sb 合金进行适当的掺杂可合成 p 型窄带隙半导体,但由于其空穴迁移率较低,p 型 Bi-Sb 合金的 zT 较 n 型材料低得多。

室温附近最典型的高性能热电材料是 Bi$_2$Te$_3$ 基化合物,这也是该材料自 20 世纪 50 年代被发现以来室温附近性能最高的热电材料,是目前商业化应用最广的热电材料体系,主要应用于室温附近的制冷与低品位废热发电。这主要得益于 Bi$_2$Te$_3$ 基化合物能够同时获得高性能的 p 型材料和 n 型材料。Bi$_2$Te$_3$ 属于菱方晶系[54],其晶体结构可视为层状结构,同一层的原子种类相同,按照 Te^1-Bi-Te^2-Bi-Te^1 的顺序排列。两相邻的 Te 原子层间结合力较弱,容易发生层间解理,因此定向生长的该材料机械性能较差。

从能带结构看,Bi_2Te_3基化合物同样具有多带输运特征,它的第一价带和第一导带的简并度都为6[55]。此外,Bi_2Te_3各向异性的晶体结构也导致了热电输运性质有显著的各向异性。对于定向生长的取向性Bi_2Te_3材料,其面内的电导率是垂直面内方向的3倍至7倍[56],但热导率仅为垂直方向的2倍左右[57],导致面内方向的热电性能更优。因此,Bi_2Te_3的大规模生产通常采用区熔法定向生长工艺,并使材料的面内方向作为器件中热流和电流的传输方向。通常使用Bi_2Te_3-Sb_2Te_3合金作为器件的p型热电臂,性能最优的组分在$Bi_{0.5}Sb_{1.5}Te_3$附近[58]。Bi_2Te_3-Bi_2Se_3合金为n型热电臂材料,性能最优对应组分在$Bi_2Te_{2.7}Se_{0.3}$附近[59]。商用p型及n型Bi_2Te_3室温zT都能达到$0.8\sim1$[42,60]。以p型Bi_2Te_3基化合物和n型Bi_2Te_3合金组成单级热电制冷器可实现从室温到230 K左右的连续降温[61]。

由于n型Bi_2Te_3合金在热电性能上不如p型[62],且考虑到稀贵元素Te导致的高成本,人们一直都致力于开发其他环境友好、低成本的n型室温高效热电材料。近年来,n型$Mg_3(Sb,Bi)_2$化合物作为一种环境友好、成本低廉的半导体材料,因其在室温附近的潜力而受到了广泛关注。Mg_3Sb_2的热电性能早在2003年就被报道了,在660 K时它p型的zT值最高为0.55[63]。p型Mg_3Sb_2迁移率较低,且Mg基材料性能对制备工艺敏感,通过掺杂和固溶优化后它在高温的zT最高为0.8左右[64],但并没有引起广泛关注。直到2016年,研究发现$Mg_3(Sb,Bi)_2$合金掺杂硫族元素Te/Se可实现n型电子输运,zT在725 K可达到1.6[65-66],率先揭示了n型$Mg_3(Sb,Bi)_2$的高热电性能。研究者们进一步发掘更有效地掺杂剂,发现La、Y等元素对n型掺杂的高效性[67-68],结合制备工艺优化n型$Mg_3(Sb,Bi)_2$合金在725 K时zT可高达1.8,且300~500 K的平均zT超过1.0。因为其室温下优异的热电性能,$Mg_3(Sb,Bi)_2$被认为是目前有希望代替n型Bi_2Te_3的材料。实验上,将n型$Mg_3(Sb,Bi)_2$与p型Bi_2Te_3合金组成单对热电器件,发现其制冷温差与商用Bi_2Te_3基器件相当,但成本显著降低[45]。

6.6.2 中温区(300~800℃)典型热电材料

中温区中具有代表性的典型热电材料是Ⅳ-Ⅵ族化合物。Ⅳ族元素可以是Ge、Sn、Pb,Ⅵ族元素可以是S、Se、Te。从晶格结构的层面上看,Ⅳ-Ⅵ族化合物既有共性也有不同。随着温度的升高,Ⅳ-Ⅵ族化合物趋向于形成NaCl结构,有些化合物(如PbTe、PbSe、PbS等)甚至在全温区(熔点以下)范围内始终保持NaCl结构。另一方面,随着温度的降低,Ⅳ族阳离子开始出现铁电偏移,Ⅳ-Ⅵ族化合物中开始趋向形成变形的NaCl结构(如GeTe的菱方结构、GeSe的四方结构)。

在Ⅳ-Ⅵ族化合物中,研究最广的材料体系是PbTe,它不仅是一种高性能热电材料,也被广泛用于红外探测。从能带结构上看,PbX(X=S、Te、Se)化学组成的相似性,它们的电子能带结构也非常相似。它们的第一价带和第一导带都位于布里渊区的L点,具有4重轨道简并度,第二价带的顶点位于布里渊区中Σ方向,在布里渊区中具有12个等同位点,满足多带输运特性[6]。这也暗示着PbTe材料体系具备同时获得高性能p型材料和n型材料的潜力。仅仅通过载流子浓度调控,n型和p型的硫族铅化物就都能获得不错的热电性能,

PbTe[69]、PbSe[70] 和 PbS[71] 的热电优值的峰值分别可以达到 1.4、1.2 和 0.7。此外,在 PbTe 中固溶 PbSe[28]、PbS[29] 或者在阳离子位置上固溶其他二价元素等(如 Mg[72]、Eu[73]、Sr[74]等)都能有效提升目标温度范围的能带简并度,从而提升热电性能。在降低晶格热导率方面,通过引入点缺陷[28-29,75]、位错[35,75]、纳米结构[76-78] 等微观结构,可有效降低其晶格热导率至玻璃态水平,进一步提升 PbTe 热电性能。在电性能和热性能同步优化的情况下,p 型 PbTe 体系 zT 可突破 2[76],n 型 PbTe 的 zT 可达到 1.6[79]。

GeTe 也是 Ⅳ-Ⅵ 族化合物的典型代表。虽然 GeTe 早在 20 世纪 60 年代就被作为热电材料研究[80],但它的热电性能是在近十余年内才获得较大突破,引起了研究者的广泛关注。在 720 K 以上时,GeTe 的晶体结构与 PbTe 相同,为 NaCl 结构,随着温度降低,GeTe 经历相变转变为菱方结构[81]。由于立方 GeTe 与 PbTe 相似的晶体及能带结构,过去研究者们更为关注立方相 GeTe 合金(如 TAGS[80,82]),并在立方 GeTe 中实现了 $zT \sim 2$[83]。最近研究发现,通过优化菱方 GeTe 中能带劈裂的程度及劈裂能带的分布,可以实现较立方 GeTe 更高的有效能带简并度及电学性能,使菱方 GeTe 在 600 K 时热电优值达到 2.4[41]。菱方 GeTe 热电性能的突破极大地提升了 GeTe 在其工作温区内的平均 zT,这对热电器件应用十分重要。

方钴矿(Skutterudites)与填充方钴矿(filled Skutterudites)是一类极具特点的中温区热电材料,特点主要体现在其笼状的晶格结构上。方钴矿的化学式是 MX_3,其中 M 可以是 Co、Rh、Ir 等,X 可以是 P、As、Sb 等[84]。众多方钴矿化合物中,$CoSb_3$ 由于其合适的带隙宽度、高载流子迁移率[85],被研究得最广泛。方钴矿的晶胞中具有 32 个原子,从晶体结构上看,方钴矿最大的特点是其晶胞中 12 个 X 原子构成了一个二十面体,这个二十面体中间有一定空间可以容纳外来原子[86]。当这个二十面体中央有填充原子时,被称为填充方钴矿。方钴矿的可填充特性对热电性能有着非常深远的影响。例如,可以通过填充掺杂剂改变材料的导电类型,并优化载流子浓度和热电性能 zT;或可填充尺寸较小的原子形成局域振动,引入"响铃"振动模式从而降低晶格热导率提升材料的 zT[87]。早期研究主要集中在稀土元素填充的 p 型方钴矿中[87]。由于 n 型 $CoSb_3$ 中稀土元素的填充量很小,导致较长时间内 n 型 $CoSb_3$ 中的 zT 低于其 p 型材料,直到研究发现稀土金属 Yb 以及碱土金属 Ba、Sr 以及碱金属 K、Na 在 n 型中的填充量较高,才将 n 型填充方钴矿的 zT 提升至超过 1[88-89]。此外,多原子填充可以引入多个频率的振动模式,对声子散射的作用频率范围更宽,成功使填充方钴矿的晶格热导率进一步下降[44]。

6.6.3　高温区(>800℃)典型热电材料

Si-Ge 合金热电材料通常用作工作温区在 1000 K 以上的热电转换,一般认为其最佳组成为 $Si_{0.8}Ge_{0.2}$[90]。卫星和空间站可以利用放射性同位素热电发电机在无阳光照射的情况下供电,其中高温区用的就是 Si-Ge 合金材料[91]。得益于 Si-Ge 合金具有较高的载流子迁移率和复杂的能带特征,其在中低温区也有较高的电输运性能。然而,由于其组成元素较轻、德拜温度较高,中低温区的高热导率限制了 Si-Ge 合金的热电性能。Si-Ge 合金中晶粒纳米化可以有效降低晶格热导率,在优化情况下,Si-Ge 合金的 zT 可以在 900℃ 左右超过 1[92-93]。

半赫斯勒(half-Heusler)合金也是高温区热电材料的典型代表,它主要由过渡金属和主族金属/半金属组成,化学式通常可以写成 XYZ 的形式。其中,X 为电负性较强的过度金属或稀土金属,如 Hf、Zr、Ti、Er 等;Y 为电负性较弱的过度金属元素,如 Fe、Co、Ni 等;Z 为主族金属/半金属元素,如 Sn、Sb 等[94-95]。这类材料之所以被称之为半赫斯勒合金的原因在于,Y 位原子只占据了面心立方晶格中一半的 4c 位置。若 4c 位置全部被 Y 原子占据,则该类合金被称之为全赫斯勒(full-Heusler)合金。由于 4c 位置未被完全占据,X、Y、Z 原子之间间距增大,使得 d 电子轨道重叠减弱,这有利于半赫斯勒合金形成具有正带隙的半导体材料。与 Si-Ge 合金类似,限制半赫斯勒合金热电性能的关键因素也是其较高的热导率。在载流子浓度、热导率充分优化的情况下,n 型半赫斯勒合金和 p 型半赫斯勒合金都可在 900℃左右实现 1 左右或以上的 zT[40,96],这为半赫斯勒合金的器件化提供了保障。

6.7　块体热电器件的设计与应用

热电器件是热电能源转换技术走向应用的终端环节。常见的热电器件通常由 p 型和 n 型热电材料通过电极串/并联连接而成,再利用电绝缘基板进行封装处理。热电器件的实际输出功率、转换效率,不仅与 p、n 型热电材料的性能优值 zT 有关,还与器件的结构(几何形状、连接方式等)、界面结构等因素有关,前者决定了热电器件的理论最大性能,而后者对器件的实际转换效率与可靠性等服役特性有显著影响。如何最大限度地发挥热电材料的性能,是热电器件设计的首要目标,也是器件结构优化和集成制造技术的核心科学与技术问题。热电器件的工作原理已在 6.2 节详细介绍,本节主要介绍实际应用中热电器件的结构设计、电极连接技术与界面设计等内容。

6.7.1　热电器件的结构设计

由于单对 n、p 型热电材料(热电臂)输出电压较低,实际使用中通常需要将许多对热电臂连接组成热电器件。

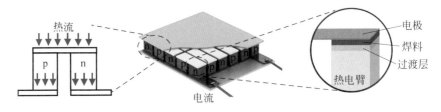

图 6-7　目前应用最广泛的 p 型平板结构热电器件示意图

图 6-7 所示为目前常见的热电器件结构。其中,Ⅱ型平板结构是目前热电器件中应用最为广泛的结构,它以电路串联、热路并联的形式将多对热电臂集成在上下两片陶瓷板中,热流沿垂直于陶瓷板的方向传输。Ⅱ型热电器件得益于其简单的结构,容易大规模生产。同时,平板型的导热层使得热电臂中的热流密度比较均匀,易形成单向热流从而减少横向漏

热,最大化利用输入的热流。然而,Ⅱ型热电器件的缺点也很明显,由于上下的导热层通常处于约束状态,施加在热电材料上的大温差容易使得材料内部产生巨大的热应力,导致脆性材料开裂,影响热电器件的可靠性。

对于实际应用中的Ⅱ型平板结构热电器件,n型和p型热电臂的热电输运性质通常存在差异性,因此,两种热电臂的几何尺寸需要满足如下要求,才能使热电臂中的热流密度相同,获得热电器件最佳性能:

$$\frac{L_n A_p}{L_p A_n} = \left(\frac{\rho_p \kappa_n}{\rho_n \kappa_p}\right)^{1/2} \tag{6-43}$$

式中,下标n和p分别表示n型和p型热电臂;L和A分别代表热电臂的长度和横截面积;ρ和κ为电阻率和热导率。为了不增加器件制造工艺的复杂度,在实际应用中通常会尽可能选择电阻率和热导率都比较接近的n型和p型材料来构成器件。

此外,电极及陶瓷导热层引入的各种界面,实际应用场景中的热辐射和热对流都对器件实际的转换效率和输出功率产生直接影响。因此,对器件结构的设计需要全面地综合考虑热电臂性能、几何尺寸、界面结构、实际工况等影响因素。上海硅酸盐研究所提出了应用有限元法对器件进行热-电结构耦合分析及瞬态分析[97-98],可以对器件的多个互相耦合的结构参数进行同时优化,实现热电器件结构的优化。

传统的Ⅱ型平板结构并不适用于所有应用场合。例如,对于一些管状热源(如汽车尾气排放管等),热流沿着管状热源的径向传输,此时能够包覆住热源管状表面的环形结构热电器件更为适用。在环形结构热电器件中,n型和p型热电臂沿着管状热源交替排列,热电材料之间用环形电绝缘材料进行隔离,热电材料的外壁和内壁用金属电极连接,实现电路串联。与Ⅱ型平板结构相比较,环状结构的热电器件更适用于非平面热源的复杂工况下,但其劣势在于,热流传输途径为放射状使得器件优化的理论分析更难,热电材料与金属电极的非平面焊接难度更高,加工工艺更加复杂,制造成本更高。一般情况下,将多个小型平板结构器件集成以满足非平板热源接触面是一种有效的解决方案。

6.7.2 热电器件的电极连接与技术界面设计

在将大量热电臂集成于热电器件的过程中,热电材料与金属电极之间的连接是一项关键技术。热电材料与金属电极的结合情况、匹配情况直接影响了热电器件最终的输出功率、转换效率和使用寿命。以下几点是热电器件中电极材料的一般选择原则:①金属电极材料作为热电器件导电/导热层,本身需要具有较高的电导率和热导率以减小电能和热能的损耗;②电极与热电臂结合强度要高,且接触电阻和接触热阻要尽可能低;③在工作温区内,金属电极具有良好的化学稳定性和高温稳定性,且电极材料与热电臂之间无严重扩散现象或产生化学反应;④金属电极和热电材料的连接工艺简单。也就是说,高性能热电器件既要保证电极材料具有高的导电/导热能力,又要保证电极材料-热电材料的接触界面具有较强的结合强度,即保证热电器件既高效又可靠。事实上,用单一金属材料作为电极通常难以同时满足上述条件。因此,如图6-7所示,在热电材料与金属电极之间引入过渡层(或称扩散阻挡层),设计成多层电极结构,以尽可能满足上述选择电极材料的要求。

对于不同服役场合,热电器件对电极的选择及连接技术要求也会有所差别。例如,典型

Bi_2Te_3 基制冷器件的服役温度较低,通常选用金属铜或铝为电极材料[99]。在 Bi_2Te_3 材料的焊接面电镀金属镍作为过渡层[100],再通过锡焊的方式将其与金属电极连接。Ni 过渡层不仅改善了热电材料与焊锡的浸润性,同时还降低了界面电阻和界面热阻。然而,由于焊锡熔点较低(根据组分不同而有差别,通常在 200℃ 左右),锡焊连接技术并不适用于在高温下服役的热电器件。

对于中高温热电发电器件,通常使用弹簧压力接触或高温烧结的方式将电极与热电材料相连接,以满足在较高温度下长期稳定服役的需求。高温热电发电器件过渡层的选择则复杂得多,要求也更加严苛。例如,过渡层需要承担"活化层"的功能,提高热电材料与电极的结合强度,又要求过渡层本身具有良好的导电和导热能力,同时还能阻挡电极材料和热电材料的相互扩散和反应。SiGe 基热电器件通常服役温度高达 1000℃,因此需要选择熔点高的电极材料。通常,石墨电极和 Mo-Si 电极都可以不使用过渡层直接与 SiGe 热电臂连接[101,102]。W 作为电极通常需要添加 Si_3N_4 形成复合材料以调节其热膨胀系数与 SiGe 热电臂相匹配[103]。W-Si_3N_4 复合材料作为电极时,可使用 $TiBi_2$-Si_3N_4、$MoSi_2$-Si_3N_4 作为电极与热电臂之间的过渡层[104-105],以进一步减小接触电阻。

对于另一类服役温度较高的半赫斯勒材料,热电臂与电极之间的连接更直接[106-107]:在器件热端,可以直接将半赫斯勒热电臂通过钎焊焊接在 Cu 电极上,使用钎料可以为 Zn-Cd 合金或 Cu-Ag 合金。对于器件冷端,可以使用 $In_{52}Sn_{48}$ 焊料将热电臂直接与 Cu 电极焊接[106]。这种简单直接的电极连接被证明在 FeNbSb、ZrNiSn 等半赫斯勒化合物中十分有效[108]。

中温区热电器件以 PbTe 基器件和 $CoSb_3$ 基填充方钴矿器件为代表。PbTe 基热电器件通常使用一步烧结的方式将电极直接烧结在热电臂上,但是在器件高温服役过程中电极材料易向热电臂中扩散,影响热电器件的整体性能。最常用的电极材料为 Fe 和 Ni[108,110],使用 Fe 电极直接与 PbTe 烧结连接时其接触电阻较小,但 Fe 与 PbTe 的热膨胀系数相差较大,此时可以引入 Fe 与 PbTe 的混合物作为过渡层[109],提升器件的服役稳定性。使用 Ni 做电极的优势在于 Ni 与 PbTe 的热膨胀系数更接近,但接触电阻较高,可以使用 SnTe 作为 Ni 与 PbTe 之间的过渡层,降低接触电阻[110]。

$CoSb_3$ 基填充方钴矿器件早期使用弹簧压力接触的方式连接电极与热电材料[111],但弹簧在高温下容易失效,且界面处的接触电阻和热阻较大,影响器件的效率。研究发现,填充方钴矿中的 Sb 元素在高温下容易与 Cu、Ni 等常见金属电极材料发生严重的互相扩散[112],导致界面处接触电阻增大或电极失效,因此选择其他合适电极材料或引入合适的过渡层十分重要。针对 $CoSb_3$ 基填充方钴矿器件的多层电极结构设计的研究十分广泛,可选择的"电极/过渡层/热电臂"组合也较多。这里,列出一些接触电阻较小的电极结构设计:$Ti/Ce_{0.85}Fe_{3.5}Co_{0.5}Sb_{12}$[113]、$CoSi_2/Yb_{0.35}Co_4Sb_{12}$[114]、$Ti/Zr/CoSb_3$[115] 等。

6.8 小结

热电技术研究是一种应用驱动型的基础研究,在多学科日益交叉融合的大背景下,新技术和新理论层出不穷,热电研究正步入新一轮快速发展。许多高端应用环境(如 5G 通信、芯片级发电/制冷、量子计算、物联网、深空探索等)对小型化、可持续、极端条件等提出了严苛的要求,这对热电技术的研究也提出了新的挑战。

与传统能量转换技术相比,热电转换技术的成本优势并不明显。热电技术从材料到应用所经历的技术链长、后端难度大,当前热电产业的发展远落后于热电材料科学研究的发展。实现从材料至器件再到系统的低成本产业链的建立,是热电技术从"实验室"走向"工厂"、从小规模应用走向大规模产业化的前提,也是影响热电研究领域未来能否持续繁荣发展的关键。此外,热电转换技术的优势及劣势都十分显著。其尺寸小、无传动机构、可适用于小温差场景的独特优势使热电技术具有不可替代性,但是,目前热电转换技术的转换效率相对于其成本来说仍然较低。因此,发展热电技术需要扬长避短,瞄准其特长应用领域,发展不可替代的热电应用技术。

在煤电、核电等大部分电力系统中,遵循的模式都是将热能转变为机械能,机械能再转变为电能。热电技术能将热能直接变成电能,省去机械能做功的环节,能量转换装置大为简化并免去了运动/振动部件,是一种安静且尺寸可自定义的能量转换模式。在"后化石能源时代"的所有零碳发电技术中,利用环境温差发电的热电技术将更少受到气候影响,随着人们对能源高效利用的追求,将进一步促进热电技术的研究及应用。

总而言之,热电技术的独特优势及特殊应用场合下的不可替代性,使得该技术的研究将持续长久的发展。

第7章　辐射制冷技术在碳中和的应用

每年夏季使用空调降低房间里的温度需要耗费大量的电力，发电厂在生产电力的时候需要排放大量的二氧化碳，而二氧化碳是全球气温升高的主要原因。此外，在这个制冷过程中，仅仅是把热能量从室内搬运到室外，同时还要因为消耗大量的电力造成发热，使得外面的温度进一步升高，这就是产生城市热岛效应的原因之一。地球吸收太阳能是一个巨大的热能储存器，而外太空是一个接近绝对零度的冷端($3\sim4$ K)，两者之间存在相当大的温差。根据维恩位移定律，地球上的物体(温度在$20\sim50$ ℃范围内)的热辐射波的波长正好对应于$8\sim13$ μm 这个大气窗口，从而可以利用这个窗口实现辐射制冷。红外辐射通过大气窗口把地表热能量发射到寒冷的外太空，从而冷却了地球上的物体(如结霜)。它不消耗电力，在建筑物、车辆、太阳能电池甚至火力发电厂的冷却方面具有巨大的潜力。

本章介绍了红外辐射制冷的理论与历史，系统地介绍了相关领域的最新研究成果。经过几十年对天然化合物、聚合物薄膜、涂料及气体等的研究，对于辐射体性能的改善已经取得了巨大的进步。近年来，越来越多的研究人员开始关注白天的辐射冷却，取得了突破性进展，并实现了全天 24 h 的辐射制冷与持续发电。这种依靠红外辐射制冷发电的装置能够在降低楼宇温度的同时发电，是一种理想的清洁能源系统，未来规模化使用可以大幅减少碳排放。

——主编的话

摘　要：能源问题已经成为当今世界最关注的问题之一,全球气温快速上升与大规模严重的环境问题已成
为人类不得不认真面对的问题。地球上的能源最终来自太阳,地球吸收太阳能,是一个巨大的热
能储存器。外太空是一个接近绝对零度的冷端(3～4 K),地球是一个热端,两者之间存在相当大
的温差。利用大气红外窗口(8～13 μm),太阳能不停向地球输入热量,在地球物体的向阳面和背
阳面可以形成温差。同时,地球上的物体也可以通过大气窗口向太空以辐射形式输出能量,亦可
在物体面向太空的一侧与另一侧形成温差。红外辐射通过大气窗口把地表热能量发射到寒冷的
外太空,从而冷却了地球上的物体(如结霜)。它不消耗电力,在建筑物,车辆,太阳能电池甚至火
力发电厂的冷却方面具有巨大的潜力。随着21世纪能源形势和环境问题变得越来越严峻,探索
辐射式降温技术来节省建筑物和车辆的能源,从而减轻城市的热岛效应,解决水和环境问题,实现
更高效的发电,减缓甚至逆转全球变暖问题已经成为研究的新热点。

关键词：辐射制冷,持续发电,MEMS热电器件

7.1 辐射制冷基础

本节详细介绍了传热学基础和辐射冷却的基本原理,包括对热辐射、天空红外辐射、太阳辐射和寄生冷却损失的数学和物理描述。此外,还详细讨论了寄生冷却损失的通用数学描述及其物理局限性,也简要介绍了选择性辐射体的工作原理及辐射体制冷性能的指标。

辐射热传递是宇宙中最常见的能量传递形式。实际上,所有物体在有限的温度下都会发射电磁辐射。从热辐射的观点来看,外层空间表现为一个温度接近绝对零度的黑体。如此低的温度使得宇宙成为最终的散热器。在外太空应用中,辐射冷却是散热的主要方式。此外,夜间辐射冷却使地球保持适宜居住的温度。它为某些物种提供了必要的生存条件,比如撒哈拉银蚁,使它们能够忍受沙漠中的酷热天气。辐射冷却有可能弥补近年来全球变暖带来的问题。然而,大气层的存在大大抑制了地球表面结构与空间之间的辐射转移。众所周知,一个物体发出的电磁辐射的波长范围取决于它的温度。在环境温度下,大部分辐射以红外光谱发出。辐射冷却技术利用这些特性在从地面发射的热辐射和从大气接收的热辐射之间产生冷却净平衡。所有形式的物质都会辐射,并且根据斯特凡-玻尔兹曼(Stefan-Boltzmann)定律,物体的温度越高,其发射功率越强。辐射冷却是一个普遍存在的过程,物体表面通过热辐射损失热量。考虑到地球的表面温度约为 300 K,而宇宙的宇宙微波背景在 2.7 K 的温度下具有热黑体辐射光谱,则地球与宇宙之间的较大温差可潜在地用于冷却地球(通过向大气层发射热红外辐射到宇宙表面)。不同于将废热倾泻到周围环境(包括当地大气和地球上的水体)的常规冷却技术,辐射式天空冷却将过多的热量传递到外层空间而没有任何能量消耗,这使其真正具有吸引力,未来以提供无源冷却或取代热泵。这项技术是基于从地面物体通过红外大气窗口(8~13 μm)向太空发射长波热辐射。大气红外窗口是指地球大气的动态行为,允许一些红外辐射穿过大气而不被吸收,因而不加热大气。将这种技术用于冷却将大大降低能源消耗,根据具体情况,能耗可以为零,也可以仅为小型泵在运行时所消耗的能量,其性能受到设备的物理特性以及周围环境的影响。

地球的大气层是几种气体的混合物,主要是氮气、氧气、二氧化碳和水蒸气。它是一种能吸收、发射和散射辐射的半透明介质。大气的辐射特性与波长有很强的相关性。在晴朗的天空中,空气中的电磁辐射有一个透明窗口,其波长范围为 8~13 μm,特别是在湿度较低的情况下。在典型环境温度下,这个大气窗口也与热辐射波长峰值重合。因此,如果能够满足适当的表面热辐射特性,并在适当的大气条件下,就有可能通过辐射将地球表面的热量散发到外层空间。环境温度辐射冷却的关键要求是在大气窗口内选择性地发射辐射,并抑制该范围以外波长的辐射/吸收。因此,晴朗的天空为冷却提供了一个条件,通过辐射冷却建筑物和其他结构,通过干燥冷却减少传统和太阳能热电厂的水消耗,以及在偏远地区冷藏食品和药品。

由于辐射天空冷却的"免费"性质,人们早已认识到其重要性,并且辐射天空冷却的应用可以追溯到几个世纪前。在过去的几个世纪里,热带和亚热带地区在晴朗的夜晚进行辐射冷却,用于建筑冷却和冷冻海水淡化。最早采用的辐射冷却可以追溯到古代伊朗的庭院建筑。在 2000 多年前的古伊朗和印度,即使环境温度高于冰点,也可以在制冰盆地和 Yakh-Chal(即冰坑)中使用晴空辐射冷却来生产和储存冰。但是直到 20 世纪 60 年代,才对这一现象进行了系统的研究。为促进对这种现象的理解以及将该技术应用于实际应用,辐射天空冷却的研究通常可以分为两类。第一类研究基本原理,例如,辐射冷却表面的发射率特性,大气的光谱辐射率以及辐射冷却对波长,入射角和地理位置的依赖性。第二类重点研究寻找合适的新材料、辐射特性,并探索针对不同应用场景的辐射天空冷却,例如,住宅和商业建筑的冷却,太阳能电池的冷却,露水收集,室外个人热管理以及空调和发电厂冷凝器的补充冷却。

7.1.1 传热基础

经典热力学研究系统在平衡态之间的质量、能量和熵的变化,并在给定过程中建立所需的终态之间的平衡方程。例如,我们已经知道,热能量的自发转移只能从较高的温度转移到较低的温度。在热力学中,热相互作用被定义为两个系统之间在相互(界面)温度处的能量传递。热传递是一门学科,它将热力学原理扩展到因温差而发生的详细的能量传递过程。传热现象在我们的日常生活中是丰富的,并在许多工业、环境和生物过程中发挥重要作用。基于局部平衡假设,传热分析处理给定几何、材料、初始和边界条件下的传热速率和(或)温度分布(稳态或瞬态)。另一方面,传热设计决定了必要的几何结构和材料的使用,以达到最佳性能的特定任务,如热交换器。

热传导是指在一个固定的(从宏观上看)介质中热量的传递,这种介质可以是固体、液体或气体。能量也可以通过电磁波的发射和吸收在物体之间传递,而不需要任何介质的介入,这就是所谓的热辐射,如来自太阳的辐射。当传热涉及流体运动时,我们称之为对流传热,或对流[1]。

1. 热传导

在一个固定介质中,如果介质不处于热平衡状态,就会发生传热。局部平衡的假设允许我们确定每个位置的温度。傅里叶定律表明,热流密度(或单位面积上的传热率)q''与温度梯度 ΔT 成正比,即温度梯度。

$$q'' = -\kappa \Delta T \tag{7-1}$$

其中,κ 称为导热率,这是一种材料的性质,取决于温度。注意,q''这是一个矢量,它的方向总是垂直于等温线,与温度梯度相反。在各向异性的介质中,如薄膜或细金属丝,导热系数取决于测量的方向。

一般来说,高电导率的金属和一些结晶固体具有很高的热传导率,100~1000 W/(m·K);低电导率的合金和金属的导热系数略低,10~100 W/(m·K);水、土壤、玻璃和岩石热导率为 0.5~5 W/(m·K);保温材料通常有一个与 0.1 W/(m·K)相同数量级导热系数;气体导热系数最低,例如,空气的热导率在 300 K 时,为 0.026 W/(m·K)。通常热导率对温度存在依赖关系,在室温下,钻石的热导率在所有天然材料中最高,$\kappa=2300$ W/(m·K)。

2. 热对流

对流换热是指流体相对于固体进行体运动时,在边界附近从固体到流体的换热。被称为平流的体运动与流体分子的随机运动(即扩散)的结合是对流换热的关键。在近表面处形成流体动力边界层或速度边界层,流体在边界层外以自由流速度运动。同样,热边界层在存在温度梯度的平板表面附近发展。当流速不是很高,流体密度不是很低时,流体的平均流速为零,流体的温度等于壁面附近的壁面温度。对于牛顿流体,应力分量和速度梯度之间存在线性关系。许多常见的液体,如水和油属于这个类别。

3. 热辐射

热辐射是指在 100 nm～1000 μm 的宽波长范围内的电磁辐射。它包括部分紫外区、整个可见区(400～760 nm)和红外区。单色辐射是指单一波长(或非常窄的光谱波段)的辐射,如激光和一些原子发射线。热源,如太阳、烘箱或黑体腔发出的辐射,其光谱区域较宽,可视为单色辐射的光谱积分。与传导或对流传热不同,辐射能以电磁波的形式传播,不需要中间介质。无论电磁波的波长是什么,它在真空中的传播速度都是光速,$C_0 = 2.998 \times 10^8$ m/s。辐射也可以看作是粒子的集合,称为光子,其能量与辐射的频率成正比。

在给定的温度下,热源能发出的最大功率是黑体发出的。黑体是一种理想的表面,它能吸收所有入射的辐射,并发出最大的辐射功率。等温包内的辐射表现得像黑体。在实际应用中,黑体空腔是在等温空腔上用小孔形成的,灰色表面,光谱发射率不是波长的函数。对于漫射表面,表面发射的强度与方向无关。与黑体相反,真实物质也反射辐射。反射对于像镜子的表面可能是镜面的,对于粗糙的表面可能是漫反射的。一些窗玻璃材料和薄膜是半透明的。一般来说,入射电磁波的波长、入射角度和偏振状态对反射和透射有很大的影响。材料的吸收率、反射率和透射率可以定义为吸收、反射和透射辐射的比例。光谱方向吸收率、光谱方向半球面反射率和光谱方向半球面透射率的关系:

$$A'_\lambda + R'_\lambda + T'_\lambda = 1 \tag{7-2}$$

对于不透明材料,指透过率 $T'_\lambda = 0$,我们经常使用吸收率 α'_λ 和反射率 ρ'_λ 的不透明材料,因此,$\alpha'_\lambda + \rho'_\lambda = 0$。

基尔霍夫定律表明,发射率总是与吸收率相同,即 $\varepsilon'_\lambda = \alpha'_\lambda$。对于扩散灰色表面,它也可以表明,这可能不是普遍真实的表面不是弥散灰色,除非它们在热平衡与环境。

气体的排放、吸收和散射对大气辐射和燃烧很重要。当辐射穿过气体云时,一些能量可能会被吸收。光子的吸收提高了单个分子的能量水平。在足够高的温度下,气体分子可能会自发地降低它们的能级并释放光子。这些能级上的变化称为辐射跃迁,包括束缚跃迁(非游离分子状态之间)、无束缚跃迁(非游离和游离状态之间)和自由-自由跃迁(游离状态之间)。束缚和无束缚跃迁通常发生在非常高的温度(大约 5000 K)和在紫外和可见区域发射。辐射换热中最重要的跃迁是振动能级间结合旋转跃迁的束缚跃迁。光子的能量(或频率)必须与两个能级之间的差完全相同,这样光子才能被吸收或发射,因此,能级的量子化导致了吸收和发射的离散谱线。旋转谱线叠加在振动谱线上,得到一组紧密间隔的谱线,称为振动-旋转谱。

粒子也能散射电磁波或光子,导致传播方向的改变。20 世纪初,米氏(Gustav Mie)提出了球面粒子对电磁波散射的麦克斯韦方程组的解,称为米(Mie)散射理论,该理论可用于预测散射相位函数。当颗粒尺寸与波长相比较小时,公式简化为瑞利勋爵之前得到的简单表达式,这种现象被称为瑞利散射,即散射效率与波长的四次方成反比。光线被小粒子散射的波长依赖特性有助于解释为什么天空是蓝色的,为什么太阳在日落时呈现红色。对于直径远大于波长的球体,几何光学可以通过处理镜面或漫射来分析。

7.1.2 辐射制冷机理

1. 基本理论

(1) 电磁波的产生

微观带电体运动状态的改变伴随着能量子的吸收和辐射,这些能量子被称为光子或电磁波。这些光子能量的不同代表着电磁波不同的频率或者波长。电磁波的波长范围很广,根据不同的波长范围可以将电磁波分为宇宙射线、γ射线、X射线、紫外线、可见光、红外线、无线电波等,这些不同波段的电磁波组成了电磁波谱。

根据现代电磁理论,不同波段的电磁波具有不同的产生原因。例如,γ射线是由于原子裂变产生,X射线是由原子内层电子的跃迁产生,原子外层电子的跃迁可以产生紫外线和可见光,分子或原子的振动与转动则产生了红外线,而微波或无线电波则是由电磁振荡产生。

(2) 电磁波的传输特性

电磁波在介质中的传播是以直线传播方式进行,电磁波中的电场失量、磁场失量及波矢三者相互垂直,因此电磁波是一种横波。而电磁波的波矢可以表示为

$$\vec{k} = \vec{a} + i\vec{b} \tag{7-3}$$

(3) 电磁波与物质相互作用

电磁波与物质的相互作用是通过电磁场与物质进行相互作用的。而不同材料表现出来的热辐射特性都是由材料内部的带电粒子在外界电磁场的作用下其运动状态的变化引起的。材料内部的微粒在其平衡位置附近按照一定的频率做周期性振动。在外部电磁场的作用下,微粒的振动状态发生变化,这些振动的变化伴随着能量的吸收和释放,宏观上表现为热辐射特性。材料内部的带电粒子在外电磁场的作用下正负电荷位置偏离原来位置,产生电偶极矩,发生极化。产生电偶极矩是物质与热辐射电磁波产生相互作用的条件之一。电磁波是一种横波,只有当物质内部微粒的振动为横波时,物质才有可能与外界的电磁辐射电磁波产生相互作用。另外,当外界电磁波与微粒振动的频率和初相位相同时,两者之间的耦合作用最强,物质与外界通过电磁辐射进行的能量交换作用越强。红外辐射是由于组成物质的原子或分子的震动和转动引起的,因此,物质通过热辐射进行的热传递是通过红外电磁波与分子或原子的振动或转动的相互作用来完成的。

当入射热辐射电磁波的频率等于介质的固有频率时,介质材料对热辐射电磁波的吸收达到最大,入射的热辐射电磁波的频率偏离介质材料的固有频率,材料对热辐射电磁波的吸收减弱,直到接近于零。

综上所述,电磁波与物质之间的相互作用主要是电磁波与物质内的微粒(电子、离子、原子、分子等)振动之间的耦合作用,通过这种耦合作用进行着能量的吸收或释放。

(4) 热辐射

热辐射是指物体在自身温度的条件下向外辐射电磁波的现象,是热传递的方式之一。在理论上,只要物体的温度高于绝对零度就能向外界进行热辐射,而且温度越高,热辐射越强。由于热辐射是以电磁辐射的形式进行的,因此热辐射是热传递方式中唯一可以在真空

条件下进行的热传递方式。通常地球上的物体进行热辐射的电磁波主要集中在红外波段，因此热辐射通常也被称为红外辐射。

自然界任何物体都在不断地与外界通过热辐射进行着能量的交换。物体在向外界不停地进行着辐射的同时，也在不断地对外界的辐射进行着吸收、反射或透射。

（5）材料的选择性热辐射原理

在基于洛伦兹阻尼简谐振动近似条件下，可计算介质材料的发射率，从而得到该材料的色散关系曲线，介质材料对于入射的热辐射电磁波不同的频率区间，具有不同的吸收/发射率，即材料对不同频率的热辐射电磁波吸收或发射具有选择性。

2. 大气辐射

对射入地球物体的光谱照射的估算对于评估辐射冷却器的冷却潜力是至关重要的。地面上天空的辐照度是由两种不同的来源引起的。第一个是大气成分的辐射，第二个是太阳辐射的散射。太阳辐射散射只存在于白天，发出的大气辐射几乎只局限于波长长于 $4~\mu m$ 的波段，而且在黑夜和白天都存在。然而，在白天，主要辐射的是波长小于 $2.5~\mu m$ 的太阳辐射。

大气辐射是其组成部分辐射叠加的结果。空气的主要成分氮气和氧气贡献很小，而二氧化碳、水蒸气、臭氧，以及氮氧化物和碳氢化合物，在一定程度上，在红外波长在 $3\sim50~\mu m$ 之间显示出显著的辐射/吸收带[2]。水蒸气在 $6.3~\mu m$ 附近有较强的分裂辐射带，在 $20~\mu m$ 附近也有较大的发射。对于二氧化碳来说，其重要的红外辐射特征是一个以 $15~\mu m$ 为中心的宽带密集辐射带。在红外区域，臭氧的大部分辐射带都被水汽和二氧化碳覆盖了，但在 $9.6~\mu m$ 的狭窄辐射带是显著的。在空气干燥的情况下，天顶方向的大气辐射在波长范围 $8\sim13~\mu m$ 之间较低，这被称为"大气窗口"。然而，在这个范围内存在由二氧化碳和水蒸气辐射带产生的整体背景辐射[3]。窗口范围内天空排放的主要原因是连续吸收，并被发现是大气中水汽量、环境温度和露点温度的函数[4]。由于路径长度较长，在较大的天顶角（即从法向到地面的角度）时，大气窗口内的天空发射量较高。对于低水蒸气含量的条件，在 $16\sim22~\mu m$ 的大气中也有一个不太明显的第二大气透明窗[5]。

对光谱大气辐射度进行的开创性测量表明，在阴天中，大气是一个接近黑体的辐射体，其温度在低于环境温度 $1\sim2℃$ 范围内。这使得辐射冷却效应对阴天不显著。对于晴朗的天空，在大气窗口中，大部分的向下辐射来自高海拔地区，那里的温度可能比环境温度低 $50℃$（即臭氧辐射），因此辐射功率很小。另一方面，大气窗口外的向下辐射来自于更接近地球表面的低层大气，在这个范围内的辐射特征接近于环境温度下的普朗克分布。

一个精确的辐射模型来计算不同条件下的天空向下光谱和方向发射率是评估辐射冷却系统的一个关键因素。大气的温度和光谱发射率曲线是计算天空向下辐射的两个最重要的因素。一种简单的建模方法是将大气视为一个在环境温度（T_a）下的灰色发射体，其有效辐射率值为半球总辐射率 ε。因此，大气向下辐射热流由式(7-4)估算：

$$\dot{P}_a = \bar{\varepsilon}_a \sigma T_a \tag{7-4}$$

其中，σ 为斯特凡-玻尔兹曼常数；T_a 为环境温度。

可对大气辐射度粗略的估计[6]。对于晴空，高海拔干旱地区的总发射率为 $0.5\sim0.6$，海平面地区的总发射率为 0.8~0.9,多云地区的总发射率接近 1.0。根据经验,对大气半球总发射率提出了更详细的估计。这种关系是基于对天空辐射的直接测量和拟合实验测量的经验相关联。利用有效总发射度值 ε_a 和将大气建模为环境温度 T_a 下的灰体存在两个问题。首先,天空以黑体的形式辐射,波长范围在 8~13 μm 范围之外[7]。有效的灰色辐射度低于这个波长范围内的辐射,这将导致对黑体发射体作为夜间辐射冷却器的高冷却能力的不准确估计。其次,大气窗口内的天空辐射方向严重依赖于水汽量和天顶角[8]。通过在整个热光谱上将天空看作一个灰色体,由于水汽量的变化而引起的大气辐射率的变化及其方向依赖性在大气窗口中基本被掩盖了。图 7-1 给出了大气在天顶方向的光谱透射率,以及增加天顶角对大气透射的影响。

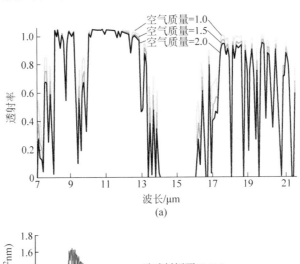

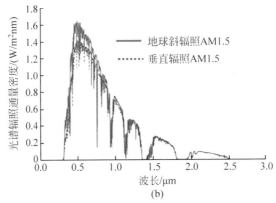

图 7-1 大气光谱透射率的变化

(a) 大气在三个不同天顶角上的光谱透射率;(b) AM1.5 光谱的全球太阳光谱辐照度

"盒子模型"将大气热辐射光谱划分为两个光谱范围。在盒子模型大气中被认为是一个灰色的发射体在大气窗口(即发射率值 ε_a 作为垂直敷设率和天顶角的函数)和超出范围的黑体辐射器。大气窗口内的辐射率也考虑了对辐射率的角依赖性。盒子模型忽略了光谱辐射的细节,但对窗口内的辐射给予了适当的关注。

经验大气辐射模型用于估计一般大气条件下的晴空辐射。当需要更精确的方向计算时,需要详细的大气计算机模型。这种模型使用复杂的大气成分、辐射特性和不同海拔温度变化数据来估计大气辐射率。通常,如果提供准确的输入,详细的模型会得出更精确的评

估。计算机模型,如 SMARTS LOWTRAN 和 MODTRAN,以及其他代码,如使用 HITRAN
数据库的 BTRAM,可以用来评估各种大气条件下的大气辐射特性[9]。

方框模型用于粗略估计辐射冷却的大气发射率的共同相关性。但是,如前文所述,大气
中的水含量应作为影响大气窗口内连续体辐射的支配因素,需加以认真考虑。对窗口内大
气发射率的准确估计影响冷却器的冷却功率。虽然可以采用经验关系式来计算大气窗口内
的辐射率,并把辐射率作为露点温度和相对湿度的函数。但为了更精确的计算,计算机模型
和实际测量是必要的。值得一提的是,由于预期白天辐射冷却的冷却热通量可能较低,窗口
内的大气辐射率对冷却器性能的影响更为突出。

3. 太阳辐射

对于白天的辐射冷却,太阳辐射的影响是非常关键的,必须考虑太阳照射的影响。全球
太阳辐照通量可高达 1000 W/m²,而晴空的漫射分量通常在 50~100 W/m²[10]。太阳的标
准平均辐照度由 AM1.5 太阳光谱表示,如图 7-1(b)所示。例如,如果太阳辐射为 800 W/m²,
那么太阳能吸收率为 5%~10% 的辐射体所吸收的太阳能功率为 40~80 W/m²,接近甚至超
过了散热器的冷却能力。

4. 天空辐射

天空的大气是许多气体(如水蒸气和氮气等)的复杂混合物,这些气体作为半透明的辐
射体,在大部分波长波段内减弱从地球到外层空间的热辐射。由于受到不同气体和天空温
度的综合影响,天空辐射主要集中在红外波段。然而,天空大气在大气窗口(主要是 8~
13 μm)内是高度透明的,这是辐射冷却的关键通道。根据热辐射原理,可给出辐射器吸收
的天空红外辐射:

$$q_{sky} = A_r \pi \int_0^{+\infty} \int_0^{\pi/2} \alpha_r(\lambda, T_r) I_s(\lambda, \theta, T) \sin(2\theta) d\theta d\lambda \tag{7-5}$$

式中,$I_s(\lambda, \theta, T)$ 为天空大气的光谱定向辐射功率,$\alpha_r(\lambda, T_r)$ 是辐射器的光谱定向吸收率,
根据基尔霍夫定律,$\alpha_r(\lambda, T_r)$ 可以被辐射器的光谱定向发射率替代。

5. 非辐射传热

为了评价辐射冷却器的性能,还必须考虑对流和传导传热方式。如果冷却器的设计工
作温度高于环境温度,则非辐射传热将提高冷却器的整体性能。然而,它将减少总冷却热流
的结构在亚环境温度。在冷却器上适当的热绝缘可以极大地抑制传导传热,传热系数值可
小到 0.3 W/(m²·K)。在辐射冷却装置中,聚乙烯薄膜可以用作红外透明覆盖物,以减少
对流换热。根据每个研究的条件不同,用于估计 h_c 的相关性有很大不同。主要的因素是对
流换热系数,它依赖于冷却器上方覆盖物的存在和风速。

7.1.3 辐射制冷理论热分析

一般来说,照射在物体上的光可以部分地被吸收、反射或透射。物体的吸收(A)、反射
(R)和透射(T)的关系为:$A+R+T=1$。根据基尔霍夫定律,对于任何处于热平衡状态

的物体,对于每个方向和每个波长,吸收率和发射率都是相等的。

当辐射体置于晴朗的天空下时,辐射体通过大气窗口向外太空辐射功率 P_r,辐射体受到太阳辐射 P_s,大气辐射 P_a 以及其他非辐射能量交换(热对流和热传递)P_{nr},辐射制冷原理及能量交换如图 7-2(a)所示,则由辐射制冷产生的净辐射冷却功率为

$$P_c = P_r - P_s - P_a - P_{nr} \tag{7-6}$$

从表面发出的辐射热流(P_r)表示为

$$P_r = A \int_0^{\pi/2} d\Omega \cos\theta \int_8^{13} E_b(\lambda, T_r) \varepsilon_r(\lambda, \theta) d\lambda \tag{7-7}$$

其中,A 为辐射体的表面积,单位为 m^2;λ 为辐射电磁波波长,单位为 m;T_r 为辐射体的绝对温度,单位为 K;$E_b(\lambda, T_r)$ 为由普朗克定律定义的辐射体温度下的光谱辐射强度;$\varepsilon_r(\lambda, \theta)$ 为辐射体的辐射率;$d\Omega$ 为微圆立体角,$\sin\theta d\theta d\varphi$。

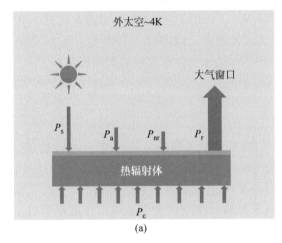

(a)

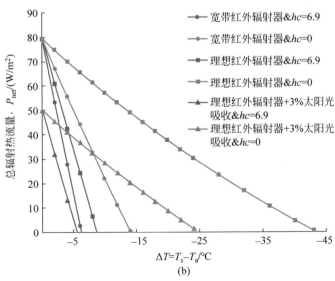

(b)

图 7-2 辐射冷却理论热分析

(a)辐射冷却结构热通量的示意图;(b)晴朗条件下,不同发射器的总冷却热流和温差的关系,$T_a=25℃$,$T_a>T_s$;

(c)晴朗条件下,不同发射器的总冷却热流和温差的关系,$T_a=25℃$,$T_a<T_s$

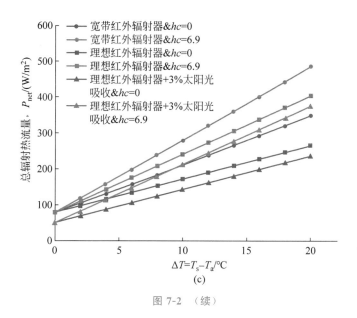

图 7-2 （续）

大气产生对辐射体的辐射功率为

$$P_a = A \int_0^{2\pi} d\Omega \cos\theta \int_8^{13} E_b(\lambda, T_a) \varepsilon_a(\lambda, \theta) \varepsilon_r(\lambda, \theta) d\lambda \tag{7-8}$$

其中，T_a 为大气的绝对温度，单位为 K；$E_b(\lambda, T_a)$ 为由普朗克定律定义的大气温度下的光谱辐射强度；$\varepsilon_r(\lambda, \theta)$ 为辐射体的辐射率；$\varepsilon_a(\lambda, \theta)$ 为大气的辐射率。

辐射体吸收的来自太阳的辐射功率为

$$P_s = A \int_8^{13} \varepsilon(\lambda, \theta_s) E_{AM1.5}(\lambda) d\lambda \tag{7-9}$$

其中，$\varepsilon(\lambda, \theta_s)$ 为辐射体与太阳光入射角 θ_s 相关的辐射体的发射率；θ_s 为辐射体法线方向与太阳入射线之间的夹角；$E_{AM1.5}$ 为白天阳光光照强度。

根据基尔霍夫定律，大气发射率为

$$\varepsilon_a(\lambda, \theta) = 1 - t(\lambda, 0)^{1/\cos\theta} \tag{7-10}$$

其中，$t(\lambda, 0)$ 为天顶方向的大气透过率。

$$E_b(\lambda, T) = \frac{2hc^2}{\lambda^5} \frac{1}{e^{hc/\lambda k_B T} - 1} \tag{7-11}$$

其中，h 为普朗克常数，$h = 6.626\,070\,15 \times 10^{-34}$ J·s；c 为真空中的光速，$c = 2.998 \times 10^8$ m/s；k_B 为玻尔兹曼常数，$k_B = 1.380\,649 \times 10^{-23}$ J/K。

非辐射热流交换主要来自辐射体与大气的热对流和热传递，非辐射热流交换功率可表示为

$$P_{nr} = Ah_c(T_a - T_r) \tag{7-12}$$

其中，h_c 为复合换热系数，数值上等于热对流系数和热传导系数的和，单位为 W/(m·K)。气候条件对换热系数 h_c 有很大的影响，尤其是风速。

对于一个冷却装置，有两个指标代表它的冷却能力。第一个指示器是冷却器的冷却功率或总冷却热流（P_r）。P_r 值越高，冷却装置的效率越高。为了获得高冷却功率，该结构的

发射率应该接近大气窗口内的黑体发射率,在大气高发射波长处接近于零。然而,在白天,控制因素是辐射体结构的太阳能吸收。为了在白天达到有意义的冷却功率,该辐射体结构的太阳能吸收率应保持在远低于 10% 的程度。第二个指标是实现温差或温度冷却器的温降($\Delta T = T_s - T_a$)。可达到的最小温差是 P_r 达到零时的温度。在 ΔT_{min} 时,冷却器吸收和发射冷热通量相等,此时,温度便不能进一步减少。

首先考虑三种向大气自由辐射的表面。具体来说,宽带红外发射器发在 $3 \sim 25~\mu m$ 波段发射率等于1,理想的红外光谱选择性表面在大气窗口发射率等于1而在此波段之外发射率为零,和一种具有 3% 太阳吸收率的红外选择性发射器。值得一提的是,对于宽带红外发射器,太阳吸收率假定为零。

图 7-2(b) 描述了上述三个冷却表面在 $T_s < T_a$ 时,计算得到的辐射体的冷却特性。对于一个宽频带红外辐射器和理想的红外辐射器,在环境温度下可计算高达 $80~W/m^2$ 的冷却热流。随着表面温度下降时,冷却热通量达到零。计算 $\Delta T_{min} \approx -6$℃ 的宽带红外辐射器和 $\Delta T_{min} \approx -9$℃ 理想的红外发射器辐射功率。当冷却器被设计成在亚环境温度下产生冷却效果时,非辐射传热对结构的冷却能力有很强的影响。通过消除非辐射传热,可以达到 $\Delta T_{min} \approx -14$℃ 宽带红外发射器,理想红外发射器可实现 $\Delta T_{min} \approx -43$℃。图 7-2(c) 给出了 $T_s > T_a$ 时辐射器冷却功率的计算结果。当冷却结构的温度高于环境温度时,无辐射换热能明显改善冷却器的性能。对于高于环境温度 20℃ 的宽带红外辐射器,经计算冷却功率约 $490~W/m^2$。在相似的条件下,对于理想的红外发射器,可计算出辐射器冷却功率高达 $405~W/m^2$。在较高的表面温度下,非辐射冷却效应成为主导冷却现象。增加环境温度,降低大气辐射率(低空气湿度),可显著提高红外辐射体的冷却性能。

根据发射器所需的工作温度,辐射冷却器可以分为亚环境温度条件和高于环境温度的条件。当发射器的温度高于环境温度时,窗外的辐射发射增强了冷却器的散热性能。因此,在高于环境工作温度的情况下,宽带红外发射器更有利于散热。在夜间应用时,在整个红外光谱中具有高发射率的近黑体发射器可以作为一种简单有效的宽带红外辐射冷却器。然而,对于白天的应用,必定被抑制太阳波长范围的太阳能吸收。

另一方面,对于亚环境温度的应用,发射率接近于大气窗口内($8 \sim 13~\mu m$)黑体发射率但窗口外可忽略吸收/发射率的理想选择发射器更合适。当发射体的温度低于环境温度时,宽带红外发射体的冷却功率比理想的红外发射体下降得更快(见图 7-2(b))。如果无辐射传热模式得到抑制,对于在大气窗口零辐射吸收的理想红外发射器可以实现较大的温度降低。值得一提的是,图 7-2(b) 和图 7-2(c) 所示的结果没有考虑到二次大气窗口。据估计,在高于环境温度的情况下,利用二次大气窗口可将冷却功率提高 10%。综上所述,发射器的设计应以冷却器的工作温度为基础。

7.1.4 选择性辐射体结构

在工程和应用物理学的各个领域中,改变物体辐射特性的能力是非常有趣和重要的。物体的热发射/吸收光谱可以通过改变结构的几何形状和使用的材料来改变。最近,随着纳米结构技术的不断发展,选择性辐射冷却发射器结构不断被设计出来,如光子结构材料、多层系统、纳米粒子、金属介电系统、超材料等。

1. 夜间辐射制冷

夜间辐射冷却一般有两种设计,第一种方法是利用近黑体辐射器在整个光谱中实现强辐射。在这种方法中,在辐射体温度高于环境温度时,实现高冷却热通量,但当辐射体温度下降到亚环境温度,冷却热通量下降非常迅速。在第二种方法中,辐射体在大气窗口范围内实现强辐射,而在辐射体顶部安装一个强反射层反射大气窗口之外的辐射,从而实现辐射体的选择性辐射。然而,由于辐射冷却器固有的低冷却功率密度,需要更多的研究来开发更经济有效的夜间应用的冷却器。

2. 白天制冷

在白天,朝向天空的结构上的向下照射以短波长的太阳照射为主(即 $0.3 \sim 2.5\ \mu m$)。全球太阳辐射热通量可达 $1000\ W/m^2$ 左右,但只有 10% 的太阳吸收能抵消典型的辐射冷却器产生的冷却效应。因此,要达到有意义的白天辐射降温,很大程度上取决于防止太阳辐射被冷却器吸收。有两种已知的方法可以达到这一目的,一种是用部分透明的屏蔽物阻止不需要的光谱到达辐射体,另一种是用反射镜反射太阳光。

为了在阳光直射下实现有意义的日间降温,研究人员提出了一种替代方法,即覆盖在大气窗口内具有高辐射率的半透明材料层,且该薄膜层具有宽带反射太阳辐射的能力。这种方法在阳光直射下的被动辐射冷却中取得了成功。白天冷却所需的选择性发射体的光谱特性需要复杂的纳米结构材料,虽然研究人员已经提出了数值和实验室规模的实验结果,但还需要进一步的研究,以使白天辐射冷却在实际应用中可行。对于大量纳米厚层的复杂一维结构和二维光子和等离子体结构,使用现有技术(如电子束光刻、反应离子刻蚀和卷对卷纳米压印)的制造成本极高。关键是要找到较少层数、更灵活、更廉价的制造技术和不使用昂贵物质(如稀土氧化物)的简单设计。对于由纳米颗粒嵌入顶层的结构,可以采用较便宜的制造方法,如湿法沉积和聚合物熔体。然而,除了纳米粒子的高成本外,在控制粒子的尺寸和分布方面也存在挑战。同时还要在聚合物和制备方法等成本效益材料方面做进一步研究,如自组装结构和纳米颗粒嵌入结构。

7.1.5　辐射冷却器的性能指标

为了便于比较各种冷却结构的辐射制冷性能,有一个共同的性能参数是非常重要的。在高于环境工作温度的情况下,引入了总发射器效率,即在相同温度下,冷却器的总辐射功率与黑体总辐射功率的比值,作为宽带红外发射器的性能指标。对于亚环境温度,选择发射器在大气窗口内的辐射效率与发射器的总辐射效率之比作为冷却器效率的指标。在这两种情况下,在相似的工作条件下,较高的发射器效率代表更有效的冷却器。对于建筑应用中的冷屋顶,太阳反射指数(SRI)是衡量建筑辐射冷却涂料冷却性能的常用指标。SRI 是根据辐射体结构的太阳反射率和红外热发射率计算的。SRI 值越高,表明地表的辐射冷却效果越好[11]。

7.2 辐射制冷材料与器件

本节将详细介绍辐射体的类型,包括自然辐射体、薄膜基辐射体、纳米粒子辐射体和光子辐射体等,介绍并分析各种辐射体的材料、结构和光学特性,讨论这些因素对辐射制冷的影响。根据辐射冷却的基本冷却原理,证明了辐射冷却器的辐射特性是有效散热的关键参数之一[12]。在历史上,天然材料和合成聚合物是辐射冷却的先驱。此外,各种节能辐射器,包括彩色涂料和功能性薄膜涂层辐射器,不断被开发用于夜间辐射冷却。但是,这些在大气窗口和(或)整个热辐射波段有强烈辐射的辐射器对太阳辐射的反射率不高,因此限制了大多数散热器在白天的应用。随着微/纳米材料的研究进展,人们设计并制备了用于日间辐射冷却的光子结构、纳米掺杂材料和超材料等新结构和材料。因此,本节将总结、分类和讨论用于夜间和白天辐射冷却的常用的先进辐射器[13]。

7.2.1 自然辐射体

辐射冷却一般可以用自然现象来说明,如叶片上形成霜和露水。即使在冰点和露点温度没有达到的情况下,也可以观察到霜和露水在叶片朝天空的表面形成。此外,一些动物可以被动地通过身体的外表面降温,例如,撒哈拉蚂蚁的银色外观被发现具有良好的太阳反射和强烈的红外热发射,即使在炎热的沙漠中也能保持较低的温度。通过分析自然辐射体的辐射特性与其特殊结构之间的关系,可研制出一些先进的辐射散热材料,如仿生材料,为探索尚未发现的辐射散热体提供了一条有效的途径。

7.2.2 薄膜基辐射体

1. 高分子薄膜

多用途聚合物薄膜散热器被广泛选择为夜间辐射冷却的杰出代表。在早期,三种典型的聚合物材料,如聚乙烯醇(PVA 或 Tedlar)[14]、聚氯乙烯(PVC)[15]和聚甲基戊烯(TPX)[16],由于其在大气窗口的低反射率和透射率,并具有高发射率,被选择作为辐射体。对上述三种聚合物的辐射特性进行比较[17],如图 7-3(a)表示。

PVC 薄膜首先被提出放在铝板上进行辐射冷却,这被证明对实现夜间的亚环境冷却现象很有用[18]。在 1970 年,人们开发出一种新型聚合物薄膜辐射器。该辐射器是在聚氟乙烯薄膜上覆盖一层蒸发铝。该辐射器在大气窗口范围内的平均辐射率为 0.8~0.9,而在大气窗口外的平均反射率约为 0.85。通过隔热框架和红外透明罩来控制非辐射换热对辐射器的不利影响,该辐射器不仅可以在夜间降温,还可以在漫射阳光下实现日照环境降温。这种 PVF 基辐射器已经被很多研究者持续开发应用于夜间辐射制冷。

近些年来,几种新的聚合物材料,如聚二甲基硅氧烷(PDMS)[19]和聚对苯二甲酸乙二醇酯(PET)[20],也已被用于辐射冷却。铝基上的 PDMS 薄膜作为辐射体,在大气窗口范围内可以实现选择性辐射。通过仿真实验表明,在晴朗的夜空下,该冷却器可以实现比环境温度低12℃的辐射冷却。在硅片上涂覆PDMS薄膜可以实现有效的日间辐射制冷[47]。该辐射器日间可被动进行低于环境温度8.2℃的辐射降温,夜间可被动进行低于环境温度8.4℃的辐射降温。此外,通过在传统的选择性吸收剂(钛基)上添加PET薄膜,开发出一种名为TPET的新型光谱表面,它在太阳光谱和大气窗口中分别显示出高的吸收/发射率[20],如图7-3(b)所示。

所有这些类型的聚合物辐射器在有效辐射冷却应用中表现出两个典型特征:第一,这些辐射器具有强烈的红外辐射,这是辐射冷却的关键因素;第二,可以实现辐射器的大规模生产,这是一个非常适合实际应用的特性。然而,在实际应用中,聚合物辐射体仍然存在一些问题。由于高分子材料易老化,一般应考虑和估计辐射器的使用寿命。因此,需要对辐射器生命周期进行分析。此外,这些辐射器的机械强度通常较小。因此,散热器的耐久性在实际应用中可能成为一个问题[21]。

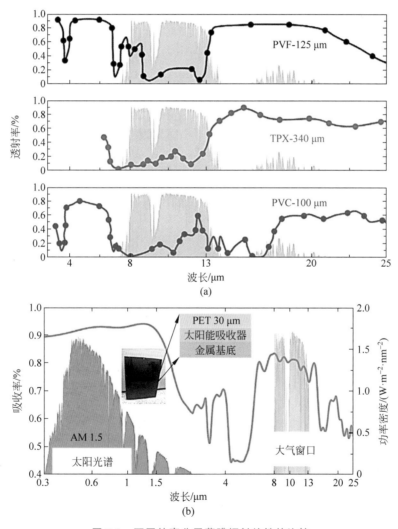

图7-3　不同的高分子薄膜辐射特性的比较

(a) 三种不同的辐射冷却聚合物薄膜的光谱透过率(以一个典型的大气窗口为参考,PVF、TPX、PVC的厚度分别为125、340、100 μm);(b) TPET表面的结构和光谱发射/吸收率;(c)~(f) 不同硅基辐射冷却涂层的光谱反射率,以一个典型的大气窗口作为参考

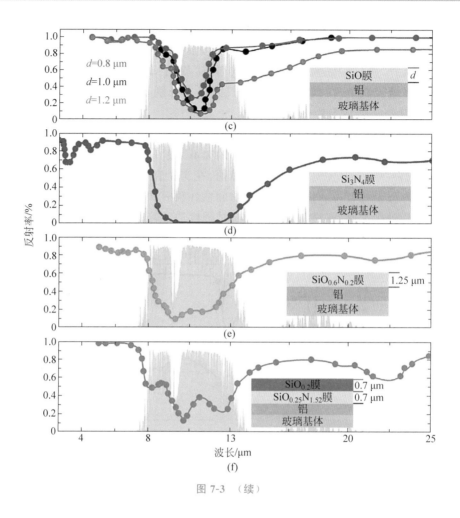

图 7-3　（续）

2. 有色涂料薄膜

除了聚合物膜外，有色涂料也是光谱选择性辐射材料的一个很好的选择，如二氧化钛（TiO_2）和硫酸钡（$BaSO_4$），通常被用作着色涂料的主要成分[22]。

通过在铝板上涂上一层光学厚度的白色涂料，在大气窗口内精确地显示出高选择性辐射率。在晴朗的天空和低的绝对湿度下，夜间辐射冷却低于环境空气温度近 15℃。在镀锌钢板表面上使用了 TiO_2 颜料，制造出波长大于 3 μm 的黑体辐射器[23]。该辐射器在同一住宅的屋面进行了制冷性能评估，在屋顶温度为 5℃、环境温度为 10℃时，获得了 22 W/m^2 的净制冷功率。在进一步的探索中，以颜料为基础的辐射体这一概念得到了不断的扩展和发展。相比之下，一些有趣的研究主要集中在彩色涂料红外覆盖层上，如硫化锌（ZnS）着色聚乙烯和硒化锌（ZnSe）着色聚乙烯[24-25]。

从颜料的性质来看，颜料具有与普通涂料相同的优势，即涂料的适应性，这是实现市场应用的必要条件。上述颜料涂料膜通常在夜间用于亚环境温度冷却，因为它们在大气窗口具有高辐射率。如果能显著改善涂料型辐射器的太阳反射，则该类型辐射器就能实现白天的亚环境辐射降温，这将大大增加市场应用的可能性，尤其是在节能建筑中[26]。

3. 无机涂料薄膜

另一种用于辐射冷却的膜基辐射器是无机涂层,特别是与硅有关的涂层,如一氧化硅(SiO)、二氧化硅(SiO_2)、碳化硅(SiC)、氮化硅(Si_3N_4)和氮氧硅(SiO_xN_y)。

在 20 世纪 80 年代,一系列具有选择性发射性的 SiO_2 涂层辐射器被开发出来。抛光铝和银膜等具有高反射率的材料是基材和反射层的最佳选择。图 7-3(c)～(f)所示,对不同厚度的 SiO_2 涂层辐射体的辐射特性进行了分析和比较。当 SiO_2 薄膜厚度约为 1 μm 时,辐射器的冷却性能达到最优值,能够辐射制冷使温度低于周围环境温度 14℃。

值得注意的是,SiO_2 是一种特殊的、卓越的辐射冷却材料,得到了广泛的研究和应用。由折射率和消光系数组成的 SiO_2 光学性质如图 7-4(a)所示。从图中可以得到两个重要信息。首先,SiO_2 的消光系数在整个太阳辐射波段为零,说明 SiO_2 对于太阳辐射是物理透明的,这是实现日间亚环境辐射冷却的完美特征之一。其次,SiO_2 的消光系数在 10 μm 和 20 μm 两处有两个强峰,在这两个峰处存在声子-极化子共振的特殊效应。对于块体材料包括涂层在内,SiO_2 界面和空气之间的强阻抗失配在这些波段内产生,从而使界面具有较大的反射率,并对热辐射增强产生负作用。然而,薄的 SiO_2 涂层对红外辐射呈现半透明状态。因此,SiO_2 的两种典型应用,包括薄膜和块体材料,被开发用于辐射冷却并计算了两种类似装配的 1.8 μm 厚的 SiO_2 薄膜和 500 μm 厚块体 SiO_2 的光谱发射率[52]。

除了硅基涂料外,还有许多特殊用途的无机涂料可用于辐射冷却。如氧化镁(MgO)和氟化锂(LiF),作为亚环境辐射冷却的辐射体也具有很大的潜力。

7.2.3　纳米颗粒基辐射体

与块体材料相比,纳米颗粒的光学特性略有不同。例如,块体 SiO_2 的声子-极化激子共振能产生强反射峰;相比之下,这种效应可被 SiO_2 粒子诱导为显著的吸收,对应于强发射。因此,以纳米颗粒为基础的辐射体是有效辐射冷却的候选之一。

一种高度可调节的纳米颗粒基双层涂层辐射器,如图 7-4(b)所示,它对辐射冷却具有选择性的特性。该辐射器主要由顶部反射层和底部发射层组成,分别由二氧化钛(TiO_2)纳米粒子和 SiO_2/SiC 纳米粒子组成,用于反射太阳辐射和向外太空散发热量。就冷却性能而言,在干燥的天空条件下,理论上可以分别在夜间和白天比环境空气温度低 17℃ 和 5℃。图 7-4(b)所示为一种通过将 TiO_2 和炭黑颗粒埋入丙烯酸树脂中形成双层涂层的辐射器。

一些聚合物,如 TPX 和低密度聚乙烯(LDPE),对太阳辐射是光学透明的。如果在大气窗口内只有狭窄吸收带的纳米颗粒被掺杂到这些聚合物中,那么大气窗口内的热辐射将会增强,同时仍能保持太阳辐射的透明度。图 7-4(c)左图为一种纳米颗粒掺杂的 PE 薄膜辐射器。该辐射器的聚乙烯薄膜中包含 SiC 和 SiO_2 纳米颗粒的混合物,通过背面的反射层(如铝),可以确保低成本的高性能冷却。图 7-4(c)右图为一种用于辐射制冷的新型超材料。该材料是随机将谐振极性介电 SiO_2 颗粒嵌入 TPX 基质中。这种超材料对太阳辐射完全透明,同时在大气窗口内具有强烈的热辐射。以银作为背板,日净冷却功率可达 93 W/m^2。

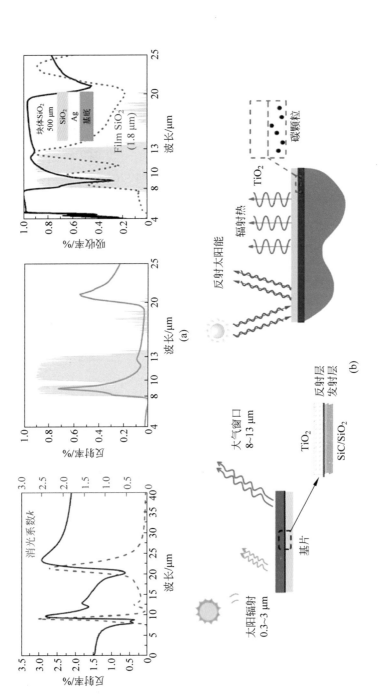

图 7-4 各种无机涂料辐射特性的比较

（a）SiO₂ 材料的光学性质[17.27-29]；（b）两种典型的纳米颗粒双层涂层[30-31]；（c）两种典型的纳米颗粒掺杂聚合物散热器[32-33]；（d）光子辐射体的扫描电子显微镜和光谱特征[34]

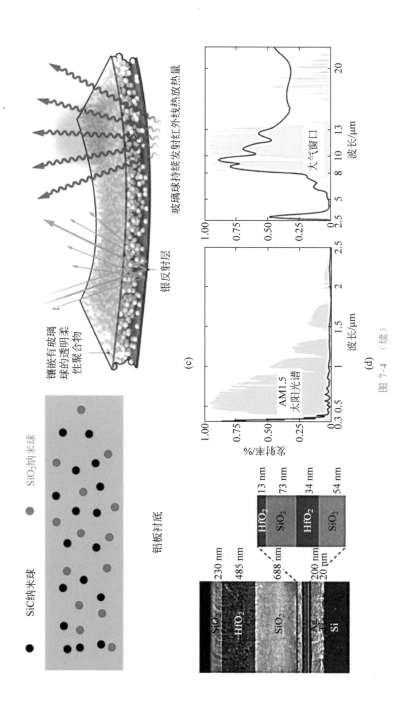

图 7-4 （续）

纳米粒子辐射体是一种新型的辐射冷却材料,尤其适用于亚环境日辐射冷却。因此,需要严格的光谱选择特性,包括对太阳辐射的高反射率和在大气窗口内的强热发射。一般情况下,对太阳辐射的高反射率是通过反射层来获得的,反射层可以沉积银层、TiO_2 粒子等。利用发射层,如近黑色表面和粒子掺杂聚合物,可以实现强烈的热发射。

7.2.4 光子辐射体

随着最近先进设计和制造技术的出现,光子技术已迅速发展为有效的辐射冷却,特别是亚环境辐射冷却。光子方法通过适当的周期结构,包括多层膜和图案表面,促进了对辐射体光谱辐射特性的修改,巧妙地提供了各种可能性,以提高辐射冷却能力。

1. 多层膜

多层膜是一种典型的一维光子晶体,由介电常数不同的材料交替层组成。亚环境辐射冷却首先由拉曼等在直接阳光下通过多层膜实验实现。如图 7-4(d)所示,该多层膜由 7 层不同厚度的二氧化铪(HfO_2)和 SiO_2 交替构成,位于 200 nm Ag 和 750 μm 的 Si 片衬底之上,反射约 97% 的入射太阳辐射,同时发出强烈的热辐射。即使在伴随冷却损失过程中,也可以获得低于环境温度 5℃ 的日辐射冷却,获得约 40.1 W/m^2 的净冷却功率。

对于多层膜,层数和层厚是光谱剪裁的重要参数。从理论角度来看,多层膜的设计和优化有多种经典方法,如针法优化、模拟退火、跳跃法、模因算法等。此外,一些用于实际应用的商业工具已经被开发用于膜设计。相比之下,许多技术也被用于薄膜制造,如溅射、原子层沉积等。然而,在多层膜制备过程中,如果无法消除单个层的厚度误差,将损害多层膜的光学性能,特别是对厚度敏感的多层膜。因此,具有适当层数和层厚的多层膜将在实际应用中使用更多。

2. 图形化表面

除了多层膜外,图形化表面已经被开发作为光子辐射体,实现有效的辐射冷却。与多层膜相比,图形化表面具有较高的自由度,这是一个很好的特征,可用于裁剪表面的光谱选择性[35]。

通过使用一种耐热石英纳米结构来实现保色日辐射冷却,如图 7-5(a)~(b)所示。在原始结构的顶部放置了一系列的辐射石英棒,它对太阳辐射是透明的,同时在大气窗口中保持强烈的辐射,从而导致温度降低。通过这种方法,可以在保持原有颜色的同时实现大量的降温,这对于各种潜在的应用,如户外或技术服装,都是一个有意义的工具。此外,还有研究者提出了另外两种图案表面,它们几乎在整个中红外波段都有强烈的热发射,同时保持其太阳辐射的透明度,具体结构如图 7-5(c)~(d)所示。上述基本原型是一个 SiO_2 的块体材料,它有两个主要的声子-极化激子共振在 10~20 μm 附近,对应表面的大反射率和小发射率。然而,在典型的环境空气温度下,10 μm 附近的小辐射率与黑体热辐射峰值重合,这肯定会对辐射冷却产生负面影响。两种纳米/微米结构,包括气孔和金字塔状,被开发用于块体 SiO_2 来修正这一缺陷。与金字塔图案表面类似,基于 Al_2O_3/SiO_2 全介电多层微金字塔结构阵列的蛾眼效应,提出了一种新型光子辐射体,可在 8~26 μm 范围内实现极低的太阳吸收和强烈的热发射。

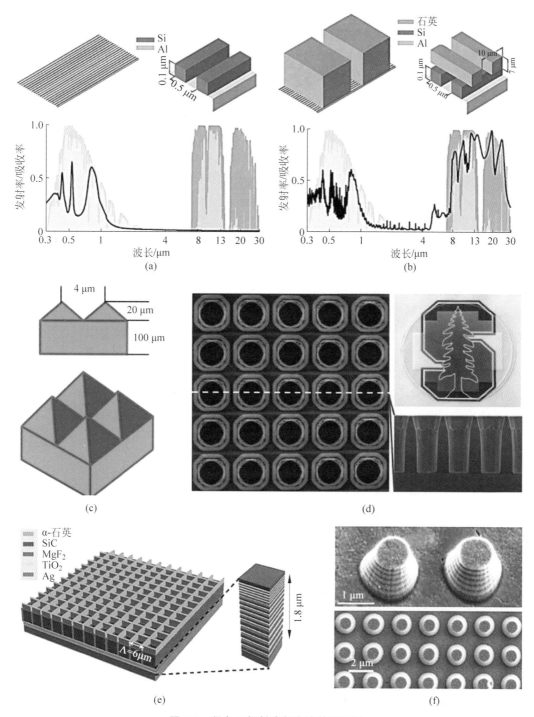

图 7-5　保色日辐射冷却方法的原理图

（a）使用硅纳米结构作为色彩生成器的原始结构示意图；（b）用于强热发射的结构示意图,在原结构上采用了镓石英棒阵列[36],光子辐射体的结构；（c）均匀二氧化硅层上二维方形晶格的示意图；（d）在块体二氧化硅材料上由方形晶格气孔组成的光子辐射体的 SEM 图像和照片[37-38],图形化表面与多层结构的组合；（e）辐射器原理图,包括用于热辐射的双层二维图案表面和用于太阳反射的啁啾多层；（f）由一组超材料圆锥结构组成的光子辐射体 SEM 图像[39-40]

图案面与多层的结合也是散热器设计的一种有效方法。图 7-5(e)所示为一种利用双层二维图案表面和啁啾多层表面的组合设计的具有高发射率的光谱选择性辐射体。如图 7-5(f)所示为利用一组对称形状的锥形超材料柱组成的特殊图形表面,每个柱由铝和锗多层组成,从而在 8~13 μm 波长范围内接近理想的辐射。

光子辐射体以其独特的能力,能够对辐射体的光谱特性进行调整,以实现白天有效的辐射冷却,成为辐射冷却领域的研究热点,推动了亚环境辐射冷却的发展。然而,光子辐射体仍然存在一些问题。光子辐射体,特别是三维辐射体的制造工艺要求很高,因此,光子辐射体的成本问题是实际应用中的一大难题。此外,受工艺和设备的限制,目前还难以实现大规模生产。因此,光子辐射体还处于早期发展阶段,还局限于实验室的研究和探索。

7.3 辐射制冷在 MEMS 热电发电中的应用

本节主要介绍辐射制冷发电与 MEMS 在热电器件中的应用,同时详细介绍 MEMS 发电芯片和辐射制冷器件的设计、加工、表征及应用。

目前,红外辐射制冷作为一种无需能源消耗的被动制冷方法已经在建筑物制冷、太阳能电池冷却等方面得到了广泛的研究应用。同时,具有全天候辐射制冷能力的材料的制备技术向规模化、简易化方向发展,给辐射制冷更大范围的应用提供了更大可行性。辐射制冷可以将物体的温度降低到物体周围环境温度以下,因此,将辐射体作为热电器件的冷端,而热电器件的另一端作为热端,改变一直以来研究的重点在增加热电器件热端温度的传统,降低热电器件冷端的温度,以此来增加热电器件的温差。本节论述通过辐射制冷实现热电器件 24 小时热电转换工作的机理及应用前景。

7.3.1 辐射制冷理论

为了研究辐射体辐射制冷性能,本文采用了一种通用的热模拟模型。采用该模型,需要进行如下条件假设[41]:
① 辐射制冷的过程是一个稳态过程;
② 辐射体表面温度均匀;
③ 辐射体光谱特性与角度无关,事实上辐射体的辐射性能与辐射角度有一定的关系,但是从应用研究角度及本文研究目的来说,为了便于计算,可将其相关性忽略;
④ 环境影响与辐射制冷系统的热交换通过一个复合换热系数进行表征。

7.3.2 辐射体加工原理及方法

电子束蒸发是物理气相沉积方法的一种,在真空条件下,利用电子束轰击蒸发材料,电子束与蒸发材料相互作用产生的热使蒸发材料熔化达到沸点,使材料蒸发,并在基片上沉积成膜[42]。利用高电压加热阴极钨丝灯丝,使其产生电子,加速阳极将电子拉出并加速,通过偏转磁场使电子束偏转 270°,并引导电子束轰击坩埚中的蒸发材料。轰击产生的热效应使蒸发材料熔化蒸发或者升华形成蒸汽,蒸汽遇到衬底并在衬底上沉积成膜。坩埚受冷却系统保护而避免与蒸发材料一起熔化蒸发,对薄膜造成污染。

电子束蒸发系统主要包含真空系统、电子枪系统、电源系统、冷却系统、膜厚控制系统、挡板、电脑控制系统等。真空系统主要包含机械泵、分子泵、真空腔以及各种真空阀门。真空系统主要为电子束蒸发系统提供工作环境,保证系统安全高效运行。电子枪系统主要包括 e 型电子枪以及磁场控制系统等,用来产生电子束以及控制电子束运动。电源系统主要指电子枪电源,也包含为各个系统提供电力的电源。冷却系统主要为坩埚提供冷却,保证坩埚安全,同时也为腔体提供冷却。膜厚控制系统主要是通过膜厚仪控制镀膜程序,保证蒸发速率在设定范围内。挡板主要有样品挡板和电子枪挡板,样品挡板主要是为了保证能够准确控制镀膜起止时间,而电子枪挡板主要保护蒸发源不受污染。电脑控制系统是整个镀膜系统的操作控制系统,可通过电脑上的操作面板对真空系统、电源系统及镀膜工艺过程进行控制。

PECVD 是 CVD 镀膜方式的一种,是以等离子体作为气体反应的能量来源,使气态反应物在衬底表面电离并发生化学反应,生成目标反应产物并在衬底上沉积。当反应气体分子进入反应腔,在等离子场中与高能电子发生碰撞、电离、分解等过程,形成活性很高的化学基团,作为次生反应物在衬底表面发生化学反应而生成目标薄膜。同时,在反应过程中产生的副产物被真空泵抽出反应腔。由于等离子体能够提供化学气相沉积过程中所需的激活能,因此,PECVD 与普通 CVD 相比,需要较低的衬底温度。原本需要在高温条件下进行的CVD 反应,利用 PECVD 方法在低温下就能实现。

PECVD 系统主要包含真空系统、特殊气体控制系统、反应系统、冷却系统、样品传输系统、电源系统及工艺程序控制系统等。真空系统主要由机械泵和分子泵组成,为化学反应提供反应环境及抽出反应副产物。特殊气体控制系统主要是根据需要,为反应腔提供反应气体及控制气体流量。反应系统主要是反应腔内的电极等,主要是通过射频电场产生等离子体场。冷却系统主要是为电极提供冷却,保持衬底温度稳定,并防止电极温度过高而受到损坏。样品传输系统主要是控制样品进出反应腔。电源系统主要为整个设备及射频电源提供动力。工艺程序控制系统通过电脑操作面板来设置并控制工艺程序和过程。

7.3.3　辐射体结构与性能表征方法

辐射体的结构和性能表征主要是利用 SEM 观测辐射体的周期性结构和利用积分球表征方法测量辐射体的光谱特性,主要是测量辐射体的中红外和远红外透射光谱和反射光谱[43]。测量的红外光谱波长范围为 $2\sim15\ \mu m$。最后选择辐射率最高的周期辐射体,对辐射体的辐射制冷性能进行测试。辐射体的制冷性能测试结构如图 7-6(a)所示,Al 箔的作用是作为阳光的反射层,避免白天阳光照射对整个测试系统的影响。聚乙烯(PE)薄膜作为风挡膜,避免辐射体与环境进行对流换热,减少外界影响。同时 PE 薄膜对 $8\sim13\ \mu m$ 波段的电磁波具有很高的透过性。聚苯乙烯(ESP)泡沫板作为热绝缘层,隔绝系统内部与外界进行热交换。热电偶(K 型)用来测定辐射体温度。所有数据采用数据采集器进行采集记录。

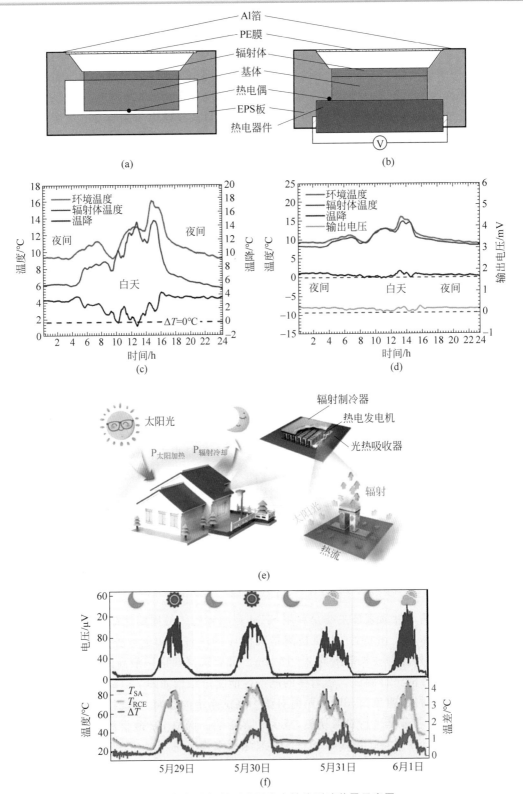

图 7-6　辐射体辐射制冷及发电性能测试装置示意图

（a）辐射体辐射制冷能力测试示意图；（b）辐射制冷发电测试装置示意图；（c）实验测量的辐射体温度、环境温度和温降；（d）实验测量的输出电压、环境温度、辐射体温度和温差；（e）辐射制冷-光热转热发电系统示意图；（f）辐射制冷-光热转热发电系统连续测试发电效果

7.3.4　辐射制冷发电系统的建立与测试方法

辐射制冷发电系统如图 7-6(b)所示,使用导热胶将热电器件与辐射率最大的辐射体基体进行键合,用热电偶测量热电器件冷端温度,用数字电压表测量热电器件的电压输出,所有数据采用数据采集器进行采集记录。

7.3.5　辐射体结构与性能表征测试结果

在 Si 基底上依次沉积 Cr、Ag 和 20 个周期的 SiO_2/Si_3N_4 周期交替层。选择 SiO_2 和 Si_3N_4 作为辐射体材料主要是因为这两种材料由于声子的极化共振使它们的红外吸收峰都位于大气窗口范围内。红外辐射的产生主要是来自于 SiO_2 和 Si_3N_4 的分子极化的激发。选择的 Si_3N_4 厚度较小,主要是为了降低在大气窗口外热辐射的损失。另外,SiO_2 和 Si_3N_4 都是常见又便宜的材料,有利于节省成本。Ag 层作为反射层主要是为了增强无共振的电磁波的反射,比如太阳光的反射,提高辐射体白天的红外辐射能力。Ag 层还能作为隔离层避免基底对红外辐射体辐射性能的不利影响,以及避免红外辐射透过辐射体的基体。同时,SiO_2 和 Si_3N_4 的组合效应以及不同材料层之间的界面干涉效应,能够增强辐射体在大气窗口的红外辐射性能[44]。

根据基尔霍夫定律,红外辐射体的辐射率等于其吸收率。因此,SiO_2/Si_3N_4 交替层周期结构红外辐射体在 $2\sim15\ \mu m$ 波段范围内的具有较好的吸收和发射率。通过比较大气窗口曲线和辐射体辐射率曲线,除了 $8\sim13\ \mu m$ 这个主要的大气窗口之外,辐射体在另外两个较窄的大气窗口也具有一定的辐射能力。由于这两个窗口很窄,在计算时可以忽略。而且在波长大于 $13\ \mu m$ 的区域辐射体仍然具有一定的吸收能力,这表明辐射体对红外辐射在大气窗口并没有非常严格的选择性。然而,辐射体在大气窗口的强辐射率保证了其仍然具有一定的辐射制冷能力。

图 7-6(c)展示辐射体的制冷能力,在图中,红线表示环境温度,紫色线表示发射器温度。从图中可以看出,夜间的降温幅度大于白天。因为在白天有一些复杂的环境条件,如风、太阳辐射等,影响热发射器的冷却能力,特别是太阳辐射,对辐射体的制冷能力影响最大。在夜间净辐射能力最高,降温可达 4℃。

7.3.6　基于辐射制冷的热电发电

图 7-6(d)展示了实验测量中辐射制冷发电系统输出电压、环境温度、辐射体温度及温差的变化。图中黑色的线表示热电器件的输出电压,蓝色的线表示辐射体的温度。从测量结果上看,热电器件在夜间的输出电压高于白天,夜间最大输出电压可达 0.5 mV 左右。在白天,尽管辐射制冷能力较低,但是热电器件仍有电压输出。这表明在热电器件两端仍有极小的温差存在,只不过该温差在仪器的测量精度范围之外无法被直接测量,因此,实验结果上白天的温差很难分辨出来。总之,利用辐射制冷和热电器件,能够实现全天 24h 持续电压输出。如图 7-6(e),图 7-6(f),在热电器件两端构筑以光热转换材料和辐射制冷材料为热,

冷端的综合发电系统可实现全天候持续发电。

为了研究辐射制冷热电发电系统的工作过程,根据实验装置,对该过程进行了简单的热分析。假定在热电器件表面沿平面方向不存在温度变化,环境温度稳定为298.15 K,实验装置除了辐射体与环境之间进行垂直于平面方向的热辐射、热传导和热对流之外为绝热状态。同时,材料在温度变化过程中性能稳定。另外,将热辐射体和热电器件看作一个无间隙的整体。在系统处于热稳定状态时,根据能量守恒建立一个简单的一维稳态热平衡方程。通过求解能量守恒方程可以得到输出电压和热辐射体温度之间的依赖关系。

辐射制冷热电发电系统中的辐射体温度越低,系统的热电器件输出电压越高。热电器件表面与环境之间的复合换热系数越大,意味着空气能够与热电器件进行更多的热量传递。在相同的辐射体温度下,复合换热系数越大,系统输出的电压越高。对于相同的输出电压和具有一定冷却能力的辐射体,复合换热系数越大,辐射体温度越高。这意味着当热交换系数较大时,辐射体与周围环境之间的温差减小。结果证明,当热电器件热端与环境有较大的换热系数时,热电器件可以输出更高的电压。另一方面,对于在一定的辐射体温度下,较大的换热系数意味着更多的热输入,更多的热量转化为电能。因此,热电器件中热电材料的性能是影响辐射制冷热电发电系统电压输出的一个重要因素。

目前,热电材料的热电转换效率仍然是制约着热电器件应用的主要因素,亟须开发出高性能的热电材料。未来开展研究具有高光谱选择性的热辐射体,减少太阳辐射对其辐射性能的影响;热电器件与辐射体的集成也是未来研究的重点之一。

基于辐射制冷的热电发电系统无需额外能源消耗,将环境中热能或太阳能直接转换为电能。从能源应用开发的角度来看,本节提到的能源应用方式因其特有的优点会吸引更多的研究者对其进行研究,该应用方式也有可能成为将来人们生产生活能源的重要来源之一。如果该方案能够实现实际应用,将会是一种改变人类能源应用方式的新方法,为缓解能源危机提供一种行之有效的解决方法。也许本方法可将人类发电方式从当前污染环境的"蒸汽机时代"逐步代入绿色的、可持续的、免费的"全天候芯片发电时代"。

7.4　小结

辐射制冷是近年来开发的被动冷却方法。可以以热辐射的形式通过"大气窗口"将地球上物体的热量传递到外部空间,无需使用电能和其他能源,从而降低了物体的温度。作为地球的基本散热方式,利用天空辐射冷却而不消耗外部能源的巨大潜力早已为人所知,虽然在实际应用中辐射制冷也取得了很大进展,但在很大程度上已落后于其潜力几十年。辐射制冷的好处来自各个方面,包括制冷节电、缩小建筑的暖通空调系统,增加太阳能电池发电和效率增益,以及为发电厂节约用水。

MEMS热电芯片系统可以转换普遍存在于自然界中且长期以来一直被忽略的微小温差(例如,室内和室外温差、海洋不同深度处的海温差、洞穴温度差、红外辐射冷却等产生的温度差)转化为电能。关于基于辐射冷却的小温差发电芯片,它可以在极地,无人的地方,例如,极地、岛屿、山脉、沙漠、自动无人气象站、浮标和灯塔,实现全天候无人值守发电、地震观测站,飞机导航信标,微波通信中继站等都可以使用免维护,长寿命的微温差发电系统。

致谢:
感谢国家自然科学基金(51776126)的资助!

第8章　水热电联产技术

夏建军　杨晓霖

在面临"双碳目标"和"清洁取暖"的双重挑战下,我国正在不断寻求低碳高效的能源替代途径。在此背景下,供水领域和供热领域既是关乎民生大计的重点领域,也是实现节能减排目标的潜力领域。在我国北方地区,淡水资源短缺且分布不均,供热需求日益增长且清洁热源不足,因此,寻求稳定、低碳、低能耗的供水和供热模式正在逐渐受到重视。有学者研究发现,我国北方水需求和热需求呈现明显的地理相关性,并且大量的电厂(主要包括火电厂和核电厂)余热资源亟待利用,这为未来水热电联产技术的发展和应用奠定了坚实的基础。

本章主要从水热电联产的技术背景、技术方案、技术案例、应用前景四个层面进行介绍。首先,对我国的供热现状、水资源现状、海水淡化产业的发展现状及水热电联产技术的意义作出了阐述;其次,对水热电联产技术的流程、原理及技术方案进行详细讲解;之后,以某火电厂、某核电厂和某实际项目分别为案例,对水热电联产技术进行了计算和经济性评估;最终,对我国火电厂供热潜力、核电厂供热潜力以及水热电联产技术应用前景做出了详细分析和总结。水热电联产技术能够充分回收电厂余热来产出人们生活、生产所需温度的淡水,很好地实现了供水和供热领域的结合。水热电联产技术不仅能够提高电厂的综合能源使用效率,而且能够减少电厂余热排放对海洋造成的热污染。同时,该项技术改变了水和热单独输送的模式,而是采用水热同产同送的新模式,可以进一步降低远距离输水输热成本。

———主编的话

摘　　要：近年来,全面治霾成为我国自上而下迫切的要求和愿望。从 2016 年,我国开始组织实施"清洁取
暖工程",在 26＋2 个试点城市陆续展开,并进一步推广到北方各个地区。通过"煤改电、煤改气"
的措施使得雾霾现象得以缓解,但由于我国"多煤少气"的先天资源条件,从经济代价和能源安全
方面来看,这些措施都难以持续,"冬季气荒"问题频出。因此,要在满足北方不断增长的供暖需求
的同时解决冬季供热污染的问题,必须寻找一条符合我国自身条件的清洁供暖技术路线。

　　电厂余热作为清洁能源未来在我国必将得到大力发展,但目前我国电厂普遍以发电为主,大量热
量被浪费,造成能源利用效率低下。若以电厂余热作为北方供暖的主要清洁热源之一,对于缓解
热源紧缺、优化供热能源结构具有重要意义。电厂供热后还有利于调和北方地区冬季热电比的
矛盾,若将电厂供热与海水淡化相结合,还可以通过水热同输的方式在供热的同时解决我国北方
沿海地区的缺水问题。

　　本章从我国北方城镇供热现状出发,同时考虑水资源条件,并结合电厂发展现状对我国电厂的水
热电联产的应用前景做出了分析。在对国内外的核能热电联产发展现状进行概述后,对核电厂
余热供热系统方案、水热同产同送技术方案和长距离输热技术进行了深入研究,从技术角度充分
论证了核能在我国北方地区供热的可行性。

关键词：水热电联产,应用背景,关键技术,应用前景

面对"双碳目标"和"清洁取暖"双重挑战,充分利用我国丰富的电厂余热资源日益重要。水热电联产技术能够充分挖掘电厂余热潜力,不仅可以在非采暖季产生满足需求的低温淡水,也可以在采暖季产生可以供热的高温淡水,在提高电厂的能源利用效率的同时,避免了电厂余热排放对海水造成的热污染。此外,水热电联产技术同时产热产水,改变了传统的单一产水输水和单一产热输热的模式,在经济性方面也占据一定优势。无论从节能、环保,还是经济层面分析,水热电联产技术都是一种值得发展的技术,对我国未来"双碳"目标及"清洁取暖"目标的实现都将起到积极的推动作用。

8.1 水热电联产技术应用背景

本节主要从北方城镇的供热现状及发展趋势、我国水资源概况、海水淡化产业发展现状三个方面,对水热电联产的应用背景进行介绍。

8.1.1 北方城镇供热现状及发展分析[1]

根据清华大学建筑节能研究中心的计算,2001—2016 年,北方城镇建筑面积从 50 亿 m² 增长到 130 亿 m²,增加了约 1.6 倍。城镇化的快速推进使得北方城镇建筑面积不断增长,同时城镇居民生活水平不断提高,北方城镇集中供热建筑的面积也随之增长。

根据《中国城乡建设统计年鉴》的数据,我国近十年集中供热面积增长迅速,年均增长率达 13%,2016 年北方地区城镇集中供热的面积约 91.4 亿 m²。由图 8-1 可知,城市占比 80%,可见城市集中供热在我国北方集中供热中占主体地位;而小城镇占比 20%,相比于 2006 年的小城镇占比 12.8% 有显著提升,可见近年来随着新型城镇化的推进,我国小城镇集中供热得到了迅速发展,因此对集中供热的研究也应充分考虑小城镇的情况。

根据 2017 年北方各省向住建部上报的清洁取暖汇报文件,从供热热源构成来看,我国北方供热领域仍然以燃煤采暖为主,2016 年底燃煤热电联产面积占总供暖面积的 45%,燃煤锅炉占比为 32%;其次为燃气供暖,燃气锅炉占比 11%,燃气壁挂炉占比 4%;另外还有电锅炉、各类电热泵(空气源、地源、污水源)、工业余热、燃油、太阳能、生物质等热源形式,共占比 5%。各省的热源结构差别较大,内蒙古、山东、河南等省份以热电联产为主,辽宁、吉林等省份燃煤锅炉占比较大,而北京、青海等地区则燃气供热占比较大。

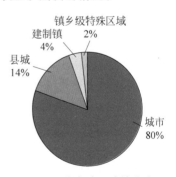

图 8-1 北方地区城镇集中
供热面积(2016 年)

从能源消耗量来看,如图 8-2 所示,2001 年至 2017 年北方城镇供热各类热源的一次能源消耗总量逐年增加,2017 年北方采暖总的一次能源消耗量为 2.01 亿 t 标煤。

从碳排放总量来看,2001—2017 年北方城镇供热各类污染物排放总量如图 8-3 所示。

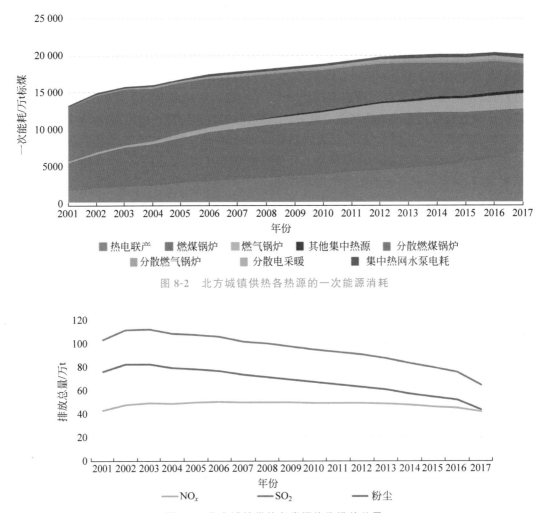

图 8-2 北方城镇供热各热源的一次能源消耗

图 8-3 北方城镇供热各类污染物排放总量

2017 年北方城镇供热的碳排放总量为 5.41 亿 t,占全国建筑运行能耗相关碳排放总量的 1/4。随着该地区单位平方米建筑供热能耗的下降,以及天然气比例的增加,该地区的碳排放总量和单位平方米的碳排放强度还会进一步下降。

随着高污染物排放的分散燃煤锅炉逐步被更清洁的热电联产和大型锅炉代替,各种污染物排放总量在达到峰值后不断下降,2017 年北方城镇供热所造成的 NO_x 排放总量为 42 万 t(占全国排放量的 3%),SO_2 为 64 万 t(占全国排放量的 4%),粉尘为 44 万 t(占全国排放量的 4%)。

近年来,我国东部和北部地区长时间持续地"雾霾"天已经严重影响了百姓的生理和心理健康。研究表明,不合理使用化石能源是导致大气污染和雾霾现象的根本原因。要实现北方供暖的清洁低碳发展,从长期来看必须彻底改变当前的热源模式,向低品位能源为主的能源结构转型,主要依靠火电厂和核电厂余热以及工业生产过程排放的低品位余热作为基础的供热热源,同时再辅之调峰热源,形成全新的供热系统。

在各类清洁热源中,应优先充分利用现有的余热资源和可再生资源,若现有的余热资源和可再生资源无法满足热需求,再使用清洁化石能源(如天然气)弥补缺口。因此,本小节中选择余热资源与可再生资源作为清洁热源调研对象,包括电厂余热、工业余热、城镇污水余热三项余热资源和城镇垃圾、农村富余生物质两项可再生资源。本小节中所调研的电厂余热为燃煤/燃气电厂余热。

2016年北方地区城镇总热负荷46.5万MW,清洁热源总供热能力高达84.8万MW,清洁热源供热能力总值为热负荷总值的1.8倍。由图8-4可得,大部分省份清洁热源总供热能力总值高于热负荷总值,只有北京的清洁热源供热能力总值小于城镇热负荷总值。

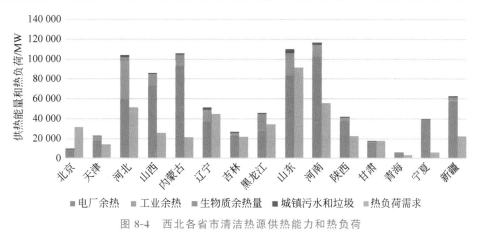

图 8-4　西北各省市清洁热源供热能力和热负荷

考虑到目前我国核电厂基本建设在海边,因此本小节重点对沿海地区的清洁热源发展情况进行分析。

目前,辽宁丹东、大连和山东潍坊、青岛等城市存在清洁热源不足的情况;辽宁营口、盘锦、锦州,河北沧州,山东烟台、威海等城市的热源供需比(供给能力/热负荷需求)小于150%;其余城市由于有较大体量的电厂余热资源,其中河北唐山、秦皇岛,山东东营、日照等地还有较大体量的工业余热,这些城市的清洁热源供应能力相对充足。

对于大连、青岛这两个重点城市(副省级城市)而言,随着经济及城市规模的发展,城市人口还将持续增加,相应的采暖负荷需求也将继续增加。而目前大连核心区和青岛主城区(市南区、市北区、李沧区、崂山区、城阳区,暂不考虑西海岸新区)主要依靠区域锅炉房和热电联产供热。若考虑引入大连红沿河核电站和烟台海阳核电站电厂余热,将彻底解决大连和青岛及其周边城市清洁热源缺口问题,并实现对域内燃煤热电厂的替代,助力清洁能源转型。

8.1.2　北方地区水资源概述

我国是世界上公认的水资源紧缺国家之一,以占全球约6%的可更新水资源,支持了全球22%人口的经济发展[2]。2016年,全国水资源总量为32 466.4亿 m^3 ,其中,地表水资源量为31 273.9亿 m^3 ,地下水资源量8854.8亿 m^3 ,地下水与地表水资源不重复量为1192.5亿 $m^{3[3]}$ 。我国人均水资源量约为2200 m^3 /人,仅为全世界平均水平的1/4。目前有16个省(区、市)人均水资源量(不包括过境水)低于严重缺水线,有8个地区(天津、宁夏、北京、山东、上海、河北、河南、山西)人均水资源量低于 500 m³,预测到 2030 年我国人口增至 16 亿时,人均水资源量将降到 1760 m³[2]。

我国水资源空间分布上呈"南多北少",长江以北系流域面积占国土面积 64%,而水资源量仅占 19%[4]。从地区水资源总量上来看,宁夏、天津、北京、上海、山西、甘肃、河北、山东、陕西等 9 个地区水资源总量不超过 300 亿 m³。天津、北京、山西、河北、山东、陕西、河南、重庆、贵州等 9 个地区人均用水量不超过 300 m³/人。北方尤其是沿海、临海地区(北京市、天津市、河北省、山东省等)水资源各项指标均处于全国末位。

针对我国北方地区水资源总量不足的问题,应对的思路为"节流"和"开源"。在"节流"方面,建设节水型社会,加强水生态环境的保护和治理已经成为全社会共识。在"开源"方面,南水北调工程成为缓解我国华北及西北地区缺水状况的重要举措,此外,海水、苦咸水、污水、雨水的资源化利用也一直是研究的重点方向。但要从根本上解决水资源短缺问题,采取一定措施增加淡水资源量也是必不可少的技术手段[5]。而我国北方缺水最严重的地区即沿海临海地区,海水距离近,资源丰富,利用海水淡化技术补充淡水将稳定增加我国水资源总量,对于保障我国经济社会可持续发展具有重要意义[6]。

8.1.3 我国海水淡化产业发展

20 世纪 50 年代末,我国开始研究海水淡化技术,在"十五""十一五"以来,我国海水淡化技术快速发展,海水淡化能力以年均 70% 的速度增长,海水淡化产业体系基本建立[7]。截至 2016 年底,我国海水淡化产能 138 万 m³/d,工程数量 158 个。其中应用反渗透法的工程 136 个,产能 96 万 m³/d,应用低温多效蒸馏法的工程 19 个,产能 42 万 m³/d,应用多级闪蒸法的工程 1 个,产能 6000 m³/d,其他技术应用规模较小[8-9]。

我国海水淡化主要分布在辽宁、山东、天津、河北、浙江、广东、福建等地。辽宁、天津、山东、河北北方沿海四省(市)海水淡化得到快速发展,全国产能占比超过 60%。但目前北方沿海四省(市)海水淡化主要应用于电力、钢铁、化工等工业,而在浙江、福建、广东等南方地区则主要用于市政用水。

目前,我国海水淡化正逐渐形成"南膜北热"的技术区域格局[10],"南膜北热"是指南方地区海水淡化多采用反渗透法,北方地区海水淡化多采用低温多效蒸馏法。而这种格局形成与海水淡化产业阵营和我国南北近岸海域海水水质条件有密不可分的关系。杭州水处理中心主要研发膜法海水淡化,天津海水淡化研究所则主要研究蒸馏淡化技术。两种技术也分别应用在浙江、上海等东南沿海以及天津、河北等北方沿海地区[11]。

目前低温多效蒸馏法产品淡水水质更优,TDS≤5 mg/L,反渗透法 TDS≤500 mg/L,而且北方沿海四省(市)较东南沿海水资源更加匮乏,但是北方海水淡化却主要应用于工业,南方主要应用于市政用水,这在一定程度上是不合理且有待改善的[11-12]。

全国海水利用"十三五"规划明确提出,在"十三五"末,全国海水淡化总规模达到 220 万 m³/d 以上,沿海城市新增海水淡化规模 105 万 m³/d 以上的目标。未来几年,海水淡化工程必将得到迅速推广,而海水淡化技术及产品淡水的应用方式还需要进一步探索和研究。

8.1.4　水热电联产技术的意义

通过前文的分析,可以发现我国北方的东部省份采暖负荷需求高,其中北京的整体城镇热负荷需求高于当地清洁热源供热能力。在北方沿海地区,辽宁丹东、大连和山东潍坊、青岛等城市存在清洁热源不足的情况,且目前大连和青岛还较大程度地依靠燃煤锅炉取暖。

同时,北方尤其是沿海、临海地区(北京市、天津市、河北省、山东省等)水资源各项指标均处于全国末位。沿海临海地区作为淡水缺乏地区,其距离海水近,且资源丰富,考虑利用沿海电厂余热废热进行海水淡化可有效缓解当地水资源紧缺问题,为当地水资源供给作出有力补充,同时提高核电站综合能源使用率。

考虑到我国北方地区水热需求存在地理上的相关性,如果沿海核电机组和火电机组可以水热电联产,即水热电同产同送,则能够同时解决城市的热需求和水需求。

水热同产同送还能充分利用余热,减少海水热污染。

目前采用低温多效蒸馏法的水电联产利用电厂的“低品位蒸汽”进行淡水制备,实际上主要消耗热量的品位,或者说是温度,而热的“量”大部分没有得到利用。例如,汽轮机给低温多效蒸馏装置输入70℃蒸汽,低温多效蒸馏经过多次蒸发和冷凝,最终产生一股低温(如30℃)蒸汽,两股蒸汽的量相差不多,凝结放出的热量相近。而海水作为冷却水,将蒸汽凝结成淡水后,排放至海里。

电厂温排水会给水体生态环境带来巨大影响。温排水使水域温度升高,易加速水体富营养化,引发赤潮[13];减少溶解氧含量,影响水体生物多样性[14];还有可能使水色变浊,透明度降低,水质矿化度加强。电厂余热对生态环境的影响已经引起社会广泛关注。

水热同产同送,在水电联产的基础上,利用蒸馏法产生的低温蒸汽的凝结热量来供热,减少热量排放。原本要排放至大海的热量,可长距离输送至城市侧,用于城市集中供暖。水热同产同送在供暖季不仅可以充分利用电厂余热,还能够减少对海水的热污染,是水电联产、电厂余热综合利用的有效途径。

另外,水热同产同送还能显著减少长距离输送成本。

沿海电厂与城市之间的距离较远,对于海水淡化工程来说,长距离管道输水的费用大幅提高了淡化水至城市末端的价格。例如,曹妃甸海水淡化工程项目总投资约170亿元,制水工程设备投资70亿元,曹妃甸至北京270 km输水管线投资100亿元。按照日淡水产量100万t,管道折旧年限20年简单估算,长距离管道输水的投资使每吨水价格增加3元。淡水出厂成本在5元/t左右,输送到城市末端综合成本达到8元/t以上,远高于当地城市居民用水价格,影响海水淡化产业及淡化水市场的可持续发展。

对于供热来说,热源与城市供暖区距离的增加,也会使输热能耗和经济成本提高。清华大学付林教授等人提出热网的吸收式循环,即大温差输热方式(如供水130℃,回水20℃)利用换热站中的吸收式换热器来实现低回水温度,将温差提高到110 K,与传统130℃/70℃供热管网相比,单位热量的投资和水泵能耗降低近一半。在太原市长距离供热项目中,输送电耗占总供热量的10%,经济成本占总热耗的50%。因此,长距离输送在供水供热工程的经济成本中都是不可忽视的重要组成部分。

水热同产同送的思路是利用淡水作为热量的载体,将制备出的淡水进一步加热接近

100℃,再用单根长距离管道输送到城市侧,释放热量后供水。与长距离管道输水相比,因输送的温度较高,需给管道提供保温。与长距离输热相比,考虑水质要求,对管道材质要求更高,但双管循环系统变为单管输送系统,减少了管材损耗和工程费用。

与常规的输水输热相比,水热同产同送需要增加的能耗和经济成本并不多。而且水热可以分摊成本,对水或者热的价格降低都有一定程度的作用。因此,水热同产同送是进一步降低远距离输水输热成本的新模式。

8.2　水热电联产技术方案

8.2.1　海水淡化与水热同产同送技术原理

海水淡化与水热同产同送系统是一种高效利用电厂余热的水热电三联产系统。

海水淡化与水热同产同送系统可以分为三个部分:高温淡水制备、长距离输送、末端热量析出。该技术原理示意图如图 8-5 所示。

高温淡水制备部分是采用海水淡化方法将海水转化为淡水的同时将淡化水加热至100℃左右。以某低温多效蒸馏流程为例[15],该流程包括海水淡化单元和余热利用单元,海水淡化单元采用低温多效蒸馏技术,余热利用单元采用吸收式热泵等技术。

长距离输送部分是采用一条加保温的输水管道,将高温淡水从电厂侧输送至城市侧。因淡水直接供应至城市用户,不需回水,故长距离输送管道为单管系统,不需要回路。但需沿途建设加压泵站,保证管道内淡水压力,防止汽化和水击问题。

末端热量析出部分是利用换热设备将高温淡水中的热量提取出来,再传热给城市热网循环水,冷却至20℃以下的淡水送至水处理厂,进行后续处理,用于市政供水。末端热量析出部分将淡水与城市集中供热热网循环水分隔开,便于城市供热工程独立建设,且避免热网循环水对淡水造成污染。

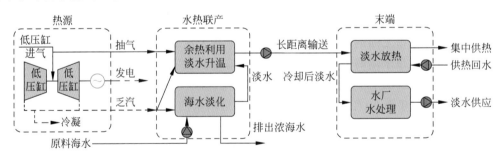

图 8-5　海水淡化与水热同产同送技术原理示意图

8.2.2　高温淡水制备原理与流程介绍

高温淡水制备部分包括海水淡化单元和余热利用单元,该部分需利用电厂低温蒸汽从海水中制备出淡水并加热至高温,作为水热电联产整套系统的热源。

1. 海水淡化单元

来自电厂的低温乏汽作为低温多效蒸馏装置的热源蒸汽,热源蒸汽向原料海水放热,海水蒸发后凝结、收集成产品淡水。

常见的低温多效蒸馏海水淡化装置有串流、并流和并叉流三种效间连接方式[16]。其中串流具有以下特点:海水依靠效间压力差实现逐级自流,而不是依靠盐水泵,电能消耗低且运行的稳定性和可靠性高;第1效蒸发器温度最高但海水浓度最低,末效蒸发器海水浓度最高但温度最低,这样的海水温度和浓度变化有利于减少海水结构和腐蚀的发生[17]。本节按照串流的方式设计低温多效蒸馏流程,通过控制各效蒸发器压力,将各个蒸发器串联,每一效蒸发器产生的部分二次蒸汽将作为下一效蒸发器热源蒸汽,浓海水将作为下一效蒸发器进料海水。蒸发器逐级产生淡水、二次蒸汽和浓海水,按照每一效蒸发器温差3℃设计,流程如图8-6所示。

原料海水的温度随季节变化而变化,以严寒期的渤海海水为例,3℃原料海水首先进入海水换热器,与末效蒸发器产生的部分二次蒸汽及浓海水换热,温度提升至28℃。34℃蒸汽凝结放热,与原料海水换热冷却至31℃,与前端产品淡水混合,进入储水罐。34℃浓海水与原料海水换热,温度降至6℃排出或进一步利用(考虑换热温差为3℃)。过渡季节,如原料海水10℃,则34℃浓海水温度降至13℃后排出或进一步利用。

经过预热的海水进入各效蒸发器。第1效蒸发器的加热蒸汽来源于提高了背压后的乏汽,因此该部分蒸汽凝结成的淡水需返回汽轮机锅炉,其余各效蒸发器产生的淡水逐级收集,最终作为淡水的产量。

最后一效蒸发器产生的二次蒸汽有4种去向,进入余热利用单元、进入最后一级预热器预热海水、进入海水换热器预热海水、进入凝汽器凝结成淡水。在供暖季,除预热海水的两股蒸汽,剩余所有蒸汽进入余热利用单元,为加热淡水提供热量,没有蒸汽进入凝汽器。在非供暖季,没有蒸汽进入余热利用单元,除预热海水两股蒸汽,剩余蒸汽进入凝汽器,经海水冷却,凝结成产品淡水。

在海水淡化单元,热源蒸汽、原料海水进入低温多效蒸馏装置,产出浓海水、产品淡水、二次蒸汽。设计共12效蒸发器,第1效蒸发温度为67℃,第12效蒸发温度为34℃,总蒸发温度差为33℃,各效蒸发器温差为3℃,以我国海水淡化技术发展水平,这在工程上也非常容易实现。

与常规水电联产低温多效蒸馏流程相比,该设计流程有两点不同:①前端产品淡水进入预热器与海水换热降温后,再与下一效蒸发器产品淡水混合,减少进入预热器二次蒸汽流量,增加淡水产量。另外,在该设计下,两股混合的淡水温度相同,消除掺混造成的品味浪费,而低温多效蒸馏法本质上就是消耗热量品味;②在供暖季,末效蒸发器产生的二次蒸汽进入余热利用单元,加热产品淡水,取消了原本的凝汽器,回收了低温蒸汽的余热。

按照本文低温多效蒸馏流程,取70℃热源蒸汽流量400 t/h,原料海水3℃,流量8000 t/h,得到各效蒸发器参数如表8-1所示。

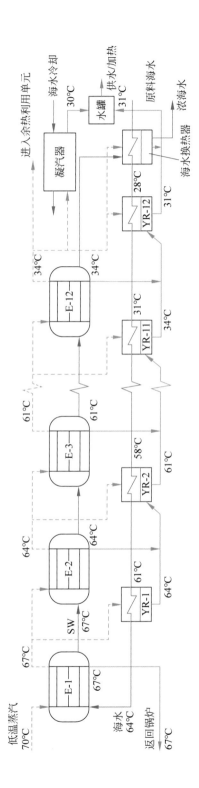

图 8-6 低温多效蒸馏流程设计示意 其中,E 代表蒸发器,YR 代表预热器

表 8-1　低温多效装置设计参数示例

	第1效	第2效	第3效	第4效	第5效	第6效	第7效	第8效	第9效	第10效	第11效	第12效	海水预热器
蒸发温度/℃	67	64	61	58	55	52	49	46	43	40	37	34	—
二次蒸汽/(t/h)	358	357	356	355	354	353	351	350	349	348	347	346	—
浓海水流量/(t/h)	7642	7285	6929	6575	6221	5869	5517	5167	4818	4649	4122	3776	3776
浓海水浓度/%	3.1%	3.3%	3.5%	3.7%	3.9%	4.1%	4.3%	4.6%	5.0%	5.4%	5.8%	6.4%	6.4%
预热蒸汽(进预热器)/(t/h)	43	41	39	37	35	33	31	29	27	25	23	21	163
产品淡水(出预热器)/(t/h)	43	399	753	1107	1460	1811	2162	2512	2860	3207	3554	3899	4062

从表 8-1 我们可以看出,各效蒸发器换热情况基本稳定,不同温度下水的蒸发潜热的变化,导致每一效蒸发器产生的二次蒸汽有细微差别。进入每一级预热器的预热蒸汽量明显减少,这是因为进入每一级预热器的预热淡水量在增加。8000 t/h 流量的原料海水最终浓缩为 3776 t/h,浓度为 6.4% 的浓海水排入大海或另作他用,浓缩比为 2∶1。目前实际海水淡化工业浓盐水排放质量分数在 5.1%～6.6%,6.4% 在海水淡化工程上属于正常排放区间。

第 1 效蒸发器换热量为 260 MW,之后各效蒸发器随进料海水流量减少而减少,第 12 效蒸发器换热量为 231 MW,各效间换热量相差不大,各级预热器因预热海水流量及提升温度不变,换热量均为 28 MW。因此设计蒸发器可将各效蒸发器换热面积取等值。

2. 余热利用单元

（1）余热利用单元的热量平衡

常规水电联产中,汽轮机低参数抽汽或乏汽,作为热源蒸汽,与原料海水进入低温多效蒸馏装置,产生 30℃ 左右淡水、浓海水及低温蒸汽。低温蒸汽要进入凝汽器,与冷却海水进行换热,才能转化为淡水。这部分蒸汽的潜热被排放掉了,未能得到利用。

而水热同产同送将海水淡化技术与余热利用技术结合,设置余热利用单元。在供暖季,利用电厂中压缸排汽(饱和温度 150℃),采用吸收式热泵、板式换热器等方式,来提取海水淡化单元中产生的二次蒸汽中的热量,在供暖季对产品淡水进行加热,二次蒸汽不需进入凝汽器。

余热利用单元热源为汽轮机抽汽(中压缸排汽)、海水淡化单元产生的二次蒸汽,热汇为产品淡水。设计淡水由 31℃ 升温至 97℃,则有热量平衡方程如下:

$$c_{pw} G_w \Delta T = G_{exs} \lambda_{exs} + G_{ls} \lambda_{ls} \tag{8-1}$$

式中, c_{pw} ——水定压比热,J/(kg·K);

　　G_w ——产品淡水流量,kg/s;

　　ΔT ——淡水升温温差,K;

　　G_{exs} ——进入余热利用单元的抽汽流量,kg/s;

　　λ_{exs} ——抽汽的汽化潜热,kJ/kg;

　　G_{ls} ——进入余热利用单元的二次蒸汽量,kg/s;

　　λ_{ls} ——二次蒸汽的汽化潜热,kJ/kg。

供热季,考虑最不利工况,原料海水温度最低时,水热电联产满负荷运行,进入余热利用单元的抽汽量与低压缸乏汽(进入海水淡化单元热源蒸汽量)、低压缸各级抽汽流量之和应为汽轮机中压缸排汽流量,存在质量平衡方程:

$$G_{exs} + G_{e0} + \sum G_{ex-lp} = G_s \tag{8-2}$$

式中,G_{e0}——海水淡化单元热源蒸汽流量;

$\sum G_{ex-lp}$——低压缸各级抽汽流量之和;

G_s——中压缸排汽流量,即抽汽总量。

根据海水淡化单元质量与能量平衡,可知海水淡化单元的输出量二次蒸汽量、产品淡水量,与输入量热源蒸汽量、原料海水量存在函数关系,用以下方程表示:

$$G_{ls} = f(G_{e0}, G_{yr_{sw}}) \tag{8-3}$$

$$G_w = g(G_{e0}, G_{yr_{sw}}) \tag{8-4}$$

式中,$G_{yr_{sw}}$——海水淡化单元中原料海水量。

在海水淡化单元,考虑浓缩海水浓度限制条件下,热源蒸汽与原料海水经济流量比为 1/20,即:

$$\frac{G_{e0}}{G_{yr_{sw}}} = \frac{1}{20} \tag{8-5}$$

根据式(8-1)~式(8-5)方程,存在 G_w、G_{exs}、G_{ls}、G_{e0}、$G_{yr_{sw}}$ 五个未知数,联立可解出进入余热利用单元的抽汽流量、二次蒸汽流量、产品淡水流量。

(2) 余热利用单元流程设计

根据前述的热量平衡,可得到进入余热利用单元的产品淡水流量、抽汽(饱和温度150℃)流量、二次蒸汽(34℃)流量。设计产品淡水从31℃加热至97℃,总换热量确定,根据抽汽与二次蒸汽热量之比确定余热利用单元换热流程。

因吸收式热泵COP随各器温度的细微变化较为复杂,本文考虑吸收式热泵整体COP为0.7(蒸发器换热量/发生器换热量)。

根据前面的研究,在原料海水10℃情况下,二次蒸汽凝结热量/抽汽凝结热量等于0.7,此时抽汽可以刚好利用吸收式热泵提取出低温二次蒸汽的热量;当原料海水温度低于10℃时,海水换热器需要预热蒸汽量减少,海水淡化单元产出的二次蒸汽量增加,此时二次蒸汽凝结热量/抽汽凝结热量的比值小于0.7,剩余部分抽汽需要用板式换热器将热量传给淡水。具体流程温度设计如下。

当 $\dfrac{G_{ls}\lambda_{ls}}{G_{exs}\lambda_{exs}} = 0.7$ 时,采用两台相同的吸收式热泵串联的方式,减少换热带来的火积损失。31℃淡水先进入第一台吸收式热泵的吸收器,温度升高至44.5℃,进入第二台吸收式热泵的吸收器,温度升高至58℃,再进入第二台吸收式热泵的冷凝器,温度升高至78℃,最后进入第一台吸收式热泵的冷凝器,温度升高至97℃送出。150℃高温抽汽进入两台吸收式热泵的发生器,凝结放热。34℃二次蒸汽进入两台吸收式热泵的蒸发器,凝结放热。

当 $\dfrac{G_{ls}\lambda_{ls}}{G_{exs}\lambda_{exs}} < 0.7$ 时,与上个流程类似,31℃淡水首先依次进入两台吸收式热泵的吸收器,再依次进入两台吸收式热泵的冷凝器。考虑可抽汽量高于提取二次蒸汽冷凝热所需的

抽汽量,淡水再进入板式换热器吸收剩余部分抽汽的热量,升温至 97℃。

3. 高温淡水制备整体流程

（1）供暖季运行流程及模式

高温淡水制备包括海水淡化单元和余热利用单元,分别在前两小节已经讲过。电厂为两个单元提供抽汽和乏汽,在供暖季可实现水热电联产。

在供暖季,以原料海水 3℃工况为例,发电机组按照高背压运行（0.031 MPa,70℃）,低压缸排汽进入海水淡化单元,作为低温多效蒸馏的热源蒸汽。70℃热源蒸汽与 3℃原料海水经过多次换热蒸发凝结,输出 31℃产品淡水、6℃浓海水、34℃二次蒸汽。汽轮机 263℃抽汽（0.484 MPa,饱和温度 150℃）,34℃二次蒸汽进入余热利用单元,分别作为换热器的热源、吸收式热泵的高温热源和吸收式热泵的低温热源,将产品淡水从 31℃加热至 97℃。具体流程如图 8-7 所示。

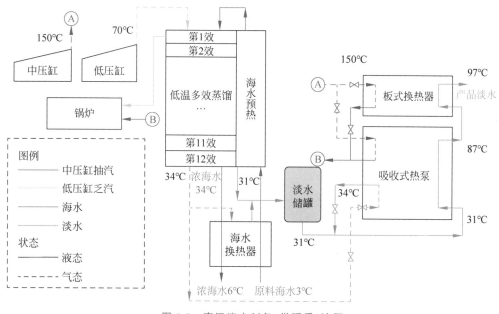

图 8-7　高温淡水制备（供暖季）流程

（2）非供暖季运行流程及模式

非供暖季,系统不需要供热,仅生产淡水,即淡水不需要加热至 97℃,保持在 31℃即可。考虑设备使用情况及工程实际,设计海水淡化单元的供暖季与非供暖季供水规模稳定,即全年淡水产量基本保持不变。具体流程如图 8-8 所示。

设计汽轮机低压缸正常运行,乏汽温度 27.58℃,压力 0.0037 MPa,乏汽冷凝后回到锅炉。抽取中压缸排汽（263.5℃,饱和温度 150℃）、海水淡化单元二次蒸汽（34℃）进入余热利用单元中的吸收式热泵做热源,加热经过 12 级预热器的原料海水,产生 70℃蒸汽。70℃蒸汽进入低温多效蒸馏的第 1 效蒸发器,作为海水淡化单元的热源蒸汽。

70℃热源蒸汽与 15℃原料海水（以 15℃工况为例）进入海水淡化单元,输出的二次蒸汽进入余热利用单元,一部分二次蒸汽与汽轮机抽汽作为吸收式热泵热源,剩余二次蒸汽进入凝汽器,被海水冷却,凝结成产品淡水。

图 8-8　高温淡水制备(非供暖季)流程

8.2.3　长距离输送

水热同产同送系统的长距离输送部分,除了要考虑供暖季输送过程中的热量和能耗问题,还要考虑输送海水淡化水产生的腐蚀问题,以及腐蚀带来的水质稳定性问题。有新闻称,浙江省舟山市嵊泗县海水淡化工程的淡化水,进入市政管网后,出现了红水或黄水的现象,这种现象就是由于海水淡化水的水质与自来水有区别,它对铸铁管的腐蚀造成的[18]。

海水淡化水总的来说其水质各项指标均符合国家饮用水标准,尤其是热法淡化的产品淡水。蒸馏法淡化水相较于常规自来水普遍存在 TDS 值低、PH 低、硬度低、碱度低、氯离子浓度低、硫酸根浓度低的特点。反渗透法淡化水 TDS 值、氯离子浓度较高,其余指标也有相同的特点。某实际膜法、热法海水淡化工程产品淡水的具体指标数值详见表 8-2。

表 8-2　常规自来水与膜法、热法淡化水主要水质指标对比[19]

测试指标	TDS /(mg/L)	pH	总硬度(以 CaCO₃ 计) /(mg/L)	总碱度(以 CaCO₃ 计) /(mg/L)	氯离子 /(mg/L)	硫酸根 /(mg/L)
常规自来水	176	8.31	160	98	20.5	50.2
反渗透法淡化水	237.5	6.63	1.75	4	159	8.1
蒸馏法淡化水	<10	6.7	1.02	8.21	0.73	0.15

目前输水管道应用范围最广的是铸铁管,上述表格中的各项水质指标对造成铸铁管腐蚀的影响是不同的。根据清华大学温柔的研究表明,增加淡水的 pH 值(7.6~8.2)对抑制管道铁释放有积极作用,pH 值在 8 与 pH 值在 6.6 相比,腐蚀试验中淡水含铁的浓度降低

了一半。增加淡水碱度（100 mg/L左右）对降低淡水浊度有显著效果，碱度100 mg/L的淡水浊度仅为淡化水浊度的1/8。

淡水中的无机离子对腐蚀的影响也较为明显。氯离子Cl^-和硫酸根SO_4^{2-}会对铸铁管道的腐蚀产生促进作用，蒸馏法淡化水的氯离子Cl^-和硫酸根SO_4^{2-}浓度较低，膜法两种离子含量较高。而钙离子Ca^{2+}和镁离子Mg^{2+}对铸铁管道腐蚀具有一定的抑制作用，钙离子可以与硫酸根生成碳酸钙沉淀，附着在管道内壁表面，减缓腐蚀速率。研究表明，混合添加钙镁离子，抑制腐蚀的效果更好。

根据对pH、碱度以及无机离子对腐蚀的影响介绍可知，对本文提出的水热同送系统中长距离输送的高温淡水，进行调pH值、加碱、矿化会降低其对铸铁管的腐蚀性。但在调节水质时应注意适量，避免对淡水造成污染，避免增加后处理成本的情况发生。

从另一个角度来看，解决海水淡化水腐蚀管道的问题，更换抗腐蚀性更强的管道是更为简单直接的方法。目前输水应用最广泛的是球墨铸铁管，淡化水对其腐蚀性的影响上文已经有了介绍，除铸铁管之外，抗腐蚀性能好且已经有较大范围应用的管材有内衬水泥砂浆管、PVC管和内衬环氧树脂管。

带水泥砂浆内衬的球墨铸铁管为硅酸盐体系，海水淡化水对其腐蚀的影响因素不同于铸铁管，例如，调节pH值和较高的氯离子浓度都对水泥砂浆没有腐蚀效果，但长距离输送管道如使用水泥砂浆内衬，则输配到城市末端必须进行不同于长输管道的后处理，增加淡化水成本[19]。PVC管与内衬塑钢管的耐腐蚀性表现良好，但淡水中可能会溶有有机物，尤其在淡水温度较高时，在有机物溶解方面内衬塑钢管要略优于PVC管，淡水中溶解的有机物，其对人体的危害还有待进一步研究。

目前市场上有一种专门为跨流域调水研制的新型管材，以不锈钢为面材，碳钢为基材，采用真空热轧工艺实现冶金结合的双金属复合板，不锈钢的抗腐蚀性能优良，将碳钢管内衬不锈钢，以降低管材成本。根据不同水质可调节内衬的不锈钢厚度，内衬厚度不同也影响管道的投资。根据水热同产同送系统的长距离输送要求，这种内衬不锈钢管道管材相较于球墨铸铁管投资可能高出30%左右，目前市场上还没有大规模应用。

8.2.4　末端热量析出

1. 初末寒期末端热量析出流程设计

考虑要保证电厂高温淡水制备部分稳定运行，减少因负荷变化带来的长距离输送部分的热损失，设计水热同产同送系统为城市提供稳定的供热负荷。假设城市侧供热系统调峰负荷为25%，基础负荷为75%，那么规划水热同产同送系统生产的高温淡水承担75%的基础负荷。

与传统的集中供热系统不同，水热同送管道是单管系统，没有回水管路，提取热量取决于高温淡水放热后的温度，温度越低，则从高温淡水中提取的热量越多，这对提高热量输送效率至关重要。

取初末寒期的热用户室内供回水温度为40℃/35℃，严寒期供回水温度为47℃/40℃。在初末寒期，供热热量完全由高温淡水承担，设计高温淡水到达城市侧后，先进入换热站，与城市一级热网进行换热。将高温淡水与城市热网循环水隔开,既可以保证淡水水质不受到污染,利于后续水处理厂再处理,同时也不会对城市热网循环水系统产生额外影响,方便其他清洁热源并网。

在75%以下负荷时,根据热用户供回水温度40℃/35℃,楼宇用户侧建设吸收式换热器,一次网92℃供水就可以通过吸收式换热器把一次侧温度降低到15℃,即城市一次网供回水温度92℃/15℃。长距离输送至城市侧的95℃高温淡水通过板式换热器将热量传递给一次网循环水,温度降至18℃以下,进入水处理。具体流程如图8-9所示。

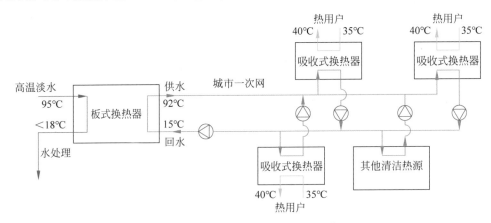

图 8-9　初末寒期末端取热流程示意

2. 严寒期末端热量析出流程设计

初末寒期,利用板式换热器将长途输送的高温淡水和城市一次网循环水分隔开,利用热用户与城市一次网间的吸收式换热器就可以实现较充分的提取热量。在严寒期末,40℃/35℃的供回水温度不足以满足用户热需求,取严寒期热用户供回水温度为47℃/40℃。但热用户温度提高,仅通过吸收式换热器不能将城市一次网回水温度降低至15℃及以下,按照初末寒期取热流程,不能从高温淡水中提取足够的热量。

根据初末寒期75%负荷下,用户侧总需热量为345 MW,则严寒期100%负荷约为460 MW。在100%负荷情况下,降低淡水温度有多种方式。以下针对几种典型流程设计作出说明和比较分析。

1)流程一:利用电热泵进一步降低淡水温度,并利用燃气锅炉补热

高温淡水经过板式换热器换热站后进入电热泵,电热泵提取淡水热量,释放给换热站附近的热用户。电热泵效率主要取决于蒸发器和冷凝器的温度。具体流程如图8-10所示,根据图中的流程设计,假设换热端差3K且ω为60%,电动热泵的制热COP约为4.9。

$$COP = \omega \frac{T_e}{T_c - T_e} + 1 \tag{8-6}$$

式中,T_e——电热泵蒸发温度,K;

　　　T_c——电热泵冷凝温度,K;

　　　ω——实际制冷COP与反向卡诺循环效率的比值。

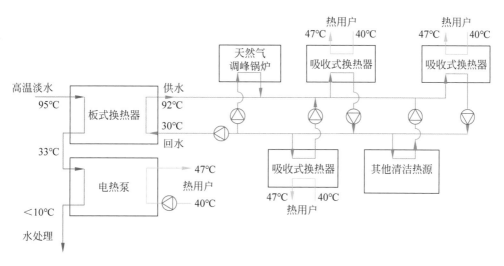

图 8-10　严寒期末端取热流程一

2）流程二：利用电热泵降低一次网回水温度，并利用燃气锅炉补热

用户侧建设电热泵，92℃城市一次网热水通过吸收式换热器和电热泵将一次网回水温度降低至7℃。95℃高温淡水通过板式换热器换热站，温度降到10℃以下，此工况下电动热泵 COP 约为 4.6。具体流程如图 8-11 所示。

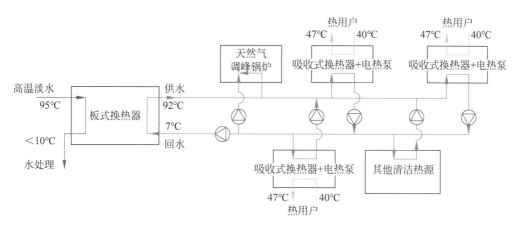

图 8-11　严寒期末端取热流程二

3）流程三：利用直燃式吸收机降低淡水温度

利用直燃式吸收机提取淡水热量，释放给一次网热水，增加一次网供回水温差。95℃淡水经过板式换热器温度降至18℃，再进入直燃式吸收机，温度降至10℃以下送入水处理厂。15℃一次网回水先经过板式换热器与淡水换热至92℃，再进入直燃式吸收机，温度提升至115℃。直燃式吸收机供热 COP 约为 1.7。具体流程如图 8-12 所示。

对比以上三种流程，都可以在严寒期使淡水温度降至10℃以下，但使用电热泵提取热量还需要再用燃气锅炉补热，从能源价格上讲，用电热泵的费用更高。但是，如果用户侧的

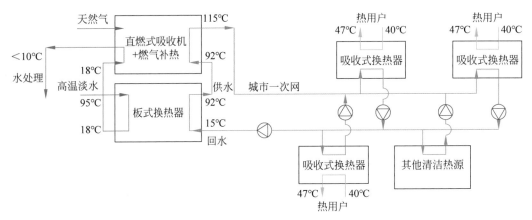

图 8-12   严寒期末端取热流程三

供回水温度过高,即使利用吸收式热泵,一次网回水温度仍然较高,此时电热泵经济性更有
优势。

8.3   水热电联产案例

8.3.1   火电机组水热同送案例

1. 运行参数计算结果

以某额定发电功率 350 MW 的火电机组为例,计算 350 MW 火电机组驱动的海水淡化
与水热同产同送系统的运行及经济情况。

在本案例介绍中,高温淡水制备流程见之前章节介绍,长距离输送管道选用内衬不锈钢
管,末端热量析出流程选择利用直燃式吸收机流程。案例火电厂汽轮机在标准发电模式下
的热平衡如表 8-3 所示。

表 8-3   某 350 MW 火电厂汽轮机热平衡图(标准发电)

		温度/℃	流量/(t/h)	压力/MPa	焓值/(kJ/kg)	发电量/MW	发电量占比
高压缸	高压缸进汽	569	981	24.6	3403.8	106	30%
	高压缸排汽	327.7	858	4.869	3012.1		
中压缸	中压缸进汽	569	843	4.479	3599.5	131	37%
	中压缸排汽	263.5	677	0.484	2989.7		
	饱和态	150	677	0.484	2747.1		
低压缸	低压缸进汽	263.5	679	0.472	2989.7	120	33%
	低压缸排汽	27.58	581	0.0037	2298.5		
发电量总计						357	100%
常规发电乏汽余热量						352 MW	

假设该火电机组海水淡化的原料海水来自于渤海,供暖季原料海水最低温度为 3℃。
该电厂距离城市水热需求侧 100 km,电厂海拔 0 m,城市海拔 50 m。按照供暖季 4 个月,

系统年利用率 80%,其中供暖季 4 个月不停机来计算。整套系统的运行参数如表 8-4 所示。

表 8-4 350 MW 火电机组水热同产同送系统运行参数

		非供暖季	供暖季
汽轮机	实际发电量/MW	321	286
	减电量/MW	36	71
高温淡水制备部分	耗电量/MW	5	4.7
	造水比	13.7	10.2
	淡水产量/(t/h)	4098	3859
	供热量/MW	0	296
长距离输送部分	流量/(t/h)	4098	3859
	水泵电耗/MW	11.7	9.9
	热损失/%	0	2.5
末端热量析出	实际供热量/MW	0	初末寒期 345 MW 严寒期 382 MW
	年运行小时数/h	4080	2928
	年减电量/(万 kW·h)	14 688	20 789
		合计 35 477	
	水泵年耗电量/(万 kW·h)	4774	2899
		合计 7672	
	海水淡化单元年耗电量/(万 kW·h)	2046	1383
		合计 3429	
	年供水量/万 t	1672	1130
		合计 2802	
	年供热量/万 GJ	0	381

从表 8-4 可知,水热同产同送系统年运行供水量 2802 万 t,年供热量 381 万 GJ,电厂年减电量为 3.5 亿 kW·h。

如果按照单位造水量或供热量来计算能耗:

在非供暖季,单位造水总耗电量 10.0 kW·h/t,单位输水耗电量 2.86 kW·h/t;

在供暖季,因水热联合生产,无法将水热生产耗能分开折算,若按照整体减电量与造水量、供热量分别相除,则单位造水总耗电量 19.62 kW·h/t,单位制热减电量 66.6 kW·h/GJ(此处制热量为源测制热量,即淡水从 31℃提升至 97℃吸收的热量)。在输送能耗上,按照整体耗电量与输水量、输热量分别相除,则单位输水耗电量 2.56 kW·h/t,单位输热耗电量 7.17 kW·h/GJ(此处制热量为末端放热量,即淡水从 95℃降低至 10℃释放的热量)。

2. 经济性参数计算结果

根据水热同产同送系统的运行参数,对系统中所用到的设备进行选型,具体经济性投入如表 8-5 所示。

表 8-5　350 MW 火电机组水热同产同送系统经济性投入

部　分	设　备	参　数	设计参数	经济性投入（百万元）
高温淡水制备	海水淡化单元	造水能力	4000 t/h	657.1
	余热利用单元（吸收式热泵＋板式换热器）	换热量	300 MW	176.5
	管道及管道附件	管径	DN800	520
		管长	100 km	
		流量	4000 t/h	
	泵站及水泵投资	中继泵站数量	5	13.6
		水泵总功率	12 000 kW	
末端热量析出	换热器	换热量	400 MW	25.0
	直燃式吸收机	换热量	80 MW	47.1
	吸收式换热器	换热量	460 MW	270.6
工程建设费用	工程建设			200
整体系统			合计	1909.3

350 MW 火电机组配套的水热同产同送系统总投资 19.1 亿元,这里不考虑融资方案等财务因素,仅从工程成本角度计算。根据经济性投入指标,计算水热同产同送系统水和热的成本如表 8-6 所示。

表 8-6　350 MW 火电机组水热同产同送系统水、热成本

项　目		参　数	运行成本（百万元/年）
弥补减电量	非供暖季	14 688 万 kW·h	58.8
	供暖季	20 789 万 kW·h	83.2
海水淡化单元	电耗	3429 万 kW·h	13.7
	药剂消耗	阻垢剂/消泡剂/氢氧化钠	0.02
长距离输水电耗	非供暖季	4774 万 kW·h	38.2
	供暖季	2899 万 kW·h	23.2
设备折旧	折旧年限 20 年	投资 19.1 亿元	95.5
总运行成本		合计	312.5
年供水量	2802 万 t	年供热量	381 万 GJ
水成本	6 元/t	热成本	38.0 元/GJ
水成本	7.1 元/t	热成本	30 元/GJ

在水、热成本的计算中,弥补减电量及海水淡化单元的电耗按照厂区上网电价 0.4 元/kW·h 计算,长距离输送水泵电耗按照 0.8 元/kW·h 计算,设备按照 20 年折旧后,得到的系统总运行成本为 3.13 亿元/年。如果水的成本按照 6 元/t 制定,则热的成本为 38.0 元/GJ;如果热的成本按照 30 元/GJ 来制定,则水的成本为 7.1 元/t。

8.3.2　核电机组水热同送案例

1. 运行参数计算结果

以某额定发电功率 1000 MW 核电机组为例,计算 10 000 MW 核电机组驱动的海水淡

化与水热同产同送系统的运行及经济情况。假设条件同上小节的火电机组案例。案例核电厂汽轮机在标准发电模式下的热平衡如表 8-7 所示。

表 8-7 某 1000 MW 核电厂汽轮机热平衡图(标准发电)

		温度 /℃	流量 /(t/h)	压力 /MPa	焓值 /(kJ/kg)	发电量 /MW	发电量 占比
高压缸	高压缸进汽	280.1	5478	6.4	2772.4	409	40%
	高压缸排汽	327.7	4473	0.964	2486.8		
中压缸	中压缸进汽	268.8	3850	0.936	2986.5	218	21%
	中压缸排汽	152.7	3412	0.310	2766.2		
低压缸	低压缸进汽	152.7	3412	0.310	2766.2	405	39%
	低压缸排汽	35.53	2897	0.0037	2307.0		
发电量总计						1032	100%
常规发电乏汽余热量						1739	—

表 8-8 1000 MW 核电机组水热同产同送系统运行参数

		非供暖季	供暖季
汽轮机	实际发电量/MW	917	700
	减电量/MW	127	333
高温淡水制备部分	电耗/MW	24	23
	造水比	13.7	10.2
	淡水产量/(t/h)	19 677	18 585
	供热量/MW	0	1431
长距离输送部分	流量/(t/h)	19 677	18 585
	水泵电耗/MW	35.4	30.2
	热损失/%	0	1.9
末端热量析出	实际供热量/MW	0	初末寒 1665 MW
			严寒期 1838 MW
年运行参数	年运行小时数/h	4080	2928
	年减电量/(万 kW·h)	51 816	97 502
		合计 144 422	
	水泵年耗电量/(万 kW·h)	14 443	8842
		合计 23 285	
	海水淡化单元年耗电量/(万 kW·h)	9825	6659
		合计 16 484	
	年供水量/万 t	8028	5442
		合计 13 470	
	年供热量/万 GJ	0	1897

从表 8-8 可知,水热同产同送系统年运行供水量 13 470 万 t,年供热量 1897 万 GJ,电厂年减电量为 14.4 亿 kW·h,水泵年耗电量 2.3 亿 kW·h,海水淡化单元年耗电量 1.6 亿 kW·h。

如果按照单位造水量或供热量来计算能耗:

在非供暖季,单位造水减电量 7.7 kW·h/t,单位输水耗电量 1.8 kW·h/t;

在供暖季,因水热联合生产,无法将水热生产耗能分开折算,若按照整体减电量与造水量、供热量分别相除,则单位造水减电量 19.14 kW·h/t,单位制热减电量 64.6 kW·h/GJ(此处制热量为源测制热量,即淡水从 31℃ 提升至 97℃ 吸收的热量)。在输送能耗上,按照整体耗电量与输水量、输热量分别相除,则单位输水耗电量 1.62 kW·h/t,单位输热耗电量 4.66 kW·h/GJ(此处制热量为末端放热量,即淡水从 95℃ 降低至 10℃ 释放的热量)。

2. 经济性参数计算结果

该 1000 MW 核电机组的各部分初投资如表 8-9 所示。

表 8-9　1000 MW 核电机组水热同产同送系统经济性投入

部　分	设　备	参　数	设 计 参 数	经济性投入(百万元)
高温淡水制备	海水淡化单元	造水能力	20 000	3285.7
	余热利用单元(吸收式热泵＋板式换热器)	换热量	1500 MW	882.4
长距离输送	管道及管道附件	数量	2 根	2080
		管径	DN1200	
		管长	100 km	
		流量	20 000 t/h	
	泵站及水泵投资	中继泵站数量	10	40.8
		水泵总功率	36 000 kW	
末端热量析出	换热器	换热量	1700 MW	91.1
	直燃式吸收机	换热量	420 MW	247.1
	吸收式换热器	换热量	2300 MW	1352.9
工程建设费用	工程建设			800
整体系统			合计	8780.0

1000 MW 核电机组配套的水热同产同送系统总投资 87.8 亿元,这里不考虑融资方案等财务因素,仅从工程成本角度计算。根据经济性投入指标,计算水热同产同送系统水和热的成本如表 8-10 所示。

表 8-10　1000 MW 核电机组水热同产同送系统水、热成本

项　目　1	项　目　2	参数	运行成本(百万元/年)
弥补减电量	非供暖季	51 816 万 kW·h	207.3
	供暖季	97 502 万 kW·h	390.0
海水淡化单元	电耗	16 286 万 kW·h	65.1
	药剂消耗	阻垢剂/消泡剂/氢氧化钠	0.06
长距离输水电耗	非供暖季	14 443 万 kW·h	115.5
	供暖季	8843 万 kW·h	70.7
设备折旧	折旧年限 20 年	投资 87.8 亿	439
总计运行费		合计	1287.8
年供水量	13 470 万 t	年供热量	1897 万 GJ
水成本	6 元/t	热成本	25.3 元/GJ
水成本	5.3 元/t	热成本	30 元/GJ

取厂区上网电价 0.4 元/kW·h,长距离输送水泵电耗按照 0.8 元/kW·h 计算,设备按照 20 年折旧后,得到的系统总运行成本为 12.9 亿元/年。如果水的成本按照 6 元/t 制定,则热的成本为 25.3 元/GJ;如果热的成本按照 30 元/GJ 来制定,则水的成本为 5.3 元/t。

8.3.3　工程应用案例

这里以位于山东胶东半岛的海阳核电的规划项目为案例,对核能水热电联产的技术方案的应用效果进行具体评价。

胶东半岛主要包括青岛市、烟台市和威海市,是山东省经济最发达的地区,但作为区域水网、电网、气网的末端,能源供需矛盾也最为突出,尤其是青岛市,当地水资源及供热能力均严重不足,难以支撑经济发展和人民生活需求的快速增长。与此同时,位于青岛市东北方 100 km 的海阳核电厂,发电余热规模可观,且核电厂靠近海边,具有得天独厚的海水淡化条件。胶东缺水缺热,海阳产水产热,二者供需高度匹配。

1. 投资匡算

整个工程预算须在原有核电厂的基础上增加投资 314 亿元,其中海水淡化和冬季热水制备系统投资约 176 亿元,长距离输热管网投资 61 亿元,末端换热设备 45 亿元,工程建设费用 32 亿元。各部分初投资如表 8-11 所示。

表 8-11　初投资匡算表

部　　分	设　　备	初投资(亿元)
高温淡水制备	低温多效蒸馏	138.4
	余热利用单元(吸收式热泵＋板式换热器)	37.2
长距离输送	水热同送(单管)	59.3
	中继泵站及水泵	1.6
末端热量析出	换热器	3.8
	吸收式换热器	41.4
工程建设费用	工程建设	32
初投资合计		314

全年系统运行耗电 30 亿 kW·h,年总运行费用(含设备折旧)约 61 亿元。全年总成本分析如表 8-12 所示。

表 8-12　成本分析表

项　　目		参　　数		费用/(亿元/年)
弥补减电量	供暖季	47.5	亿 kW·h	19.9
	非供暖季	22.0	亿 kW·h	9.2
长距离输水电耗		9.6	亿 kW·h	7.7
海水淡化电耗		20.6	亿 kW·h	8.7
设备折旧年限 20 年		314	亿元	15.7

续表

项　　目	参　　数	费用/(亿元/年)
供暖季运行费(141 天)		34.4
非供暖季运行费(172 天)		26.8
年总运行费		61.2

备注:弥补减电量指因海水淡化和余热加热而减少的发电量,此部分成本按照厂内上网电价 0.42 元/kW·h 计算;长输电耗成本按照 0.8 元/kW·h,海水淡化电耗按 0.42 元/kW·h 计算。

项目供暖季供热水量 2.65 亿 t(供热量 7534 万 GJ),非采暖季供淡水量 3.41 亿 t。按照折旧年限 20 年(静态回收期 20 年)计,当热量价格为 40 元/GJ 时,水的最低销售价格为 5.1 元/t,当水价格为 6 元/t 时,热量的最低销售价格为 32.9 元/GJ。

当水热同送热价和水价采用目前青岛市居民价格(热价 42.3 元/GJ,水价 3.5 元/t)时,项目静态投资回收期为 41.4 年;若水价上涨至 10 元/t,则项目静态回收期为 6.7 年。

河北沧州地区现有的 10 万 t/日海水淡化水的成交价格是 9.2 元/t,已经运行了五年,另外从水资源状况和节水要求看,社会水价有上升空间。因此海阳核电水热同送工程经济可行。

2. 效果预测

规划改造海阳核电 4 台 125 万 kW 的 AP1000 核电机组,最终可实现全年供水 6.1 亿 t、可承担胶东半岛约 40% 的淡水需求,其中青岛 39%、烟台 28%、威海 27%;实现全年供热量 0.8 万 GJ,可承担胶东半岛约 70% 的总供热量。

相比于胶东半岛集中供热现状,引入海阳核电站余热可完全替代当地的燃煤供暖锅炉,远期可实现减煤量 186 万 t 标煤;节省化石能源 148 万 t 标煤,节能比例达 67%;减少 CO_2 排放量 420 万 t,减排比例达 74%;主要污染物减排比例达 70% 以上。在远期相同供热规模下,相比于常规"煤改气"方案,水热同送方案可节省化石燃料消耗 285 万 t 标煤,节能比例达 80%;减少二氧化碳排放量 464 万 t,减排比例达 76%;并且主要污染物减排比例达到 80% 以上。

3. 可行性分析

在技术层面,海阳核电至周边城区的沿途地势较平缓,建设难度小;采用新型管材,保温性能好,寿命长,冬季输热时温降不超过 2℃,输送能耗不高;单管供应,管道易维护。

在水质层面,该项目规划采用的低温多效蒸馏出水的 15 个常规水质参数,全部满足我国饮用水标准;由于水热同输系统输送的是 97℃ 高温淡水,还可杀灭水中残留微生物,进一步保障水质。

新型管材不锈钢内衬可以保证水质达到食品级要求;用直埋管道输水不影响沿途的生态环境,且无蒸发失水和沿途污染,输水安全性优于明渠输水。

在经济层面,海阳热电采用水热同产同送技术,可实现"一种介质、两种用途",将原有的三根管道(一根供淡水管道和两根供热管道)"合三为一",使得长距离输热更具经济效益。另外,目前国际上海水淡化的成本在 0.5~1 美元/t 水,还有进一步降低的空间。因此海阳核电水热同送方案在经济上具有可行性。

4. 远景展望

若长远考虑海阳核电四期共 8 台 AP1000 核电机组和荣成石岛湾 2 台 CAP1400 核电机组均采用水热同产同送技术,可完全覆盖威海、烟台、青岛各主城区共 7.1 亿 m² 供热面积,承担基础热负荷共 1.9 万 MW;同时向胶东半岛年提供 17 亿 m³ 淡水,约占远期总淡水需求的 42％。考虑胶东半岛各火电机组关停后,每年可减少煤炭用量约 1900 万 t 标煤。

8.4　水热电联产技术应用前景分析

我国火电、核电厂的热效率实际较低,火电厂一般热效率在 40％ 左右,核电厂热效率在 35％ 左右,这就意味着火电、核电厂的余热量巨大,火电厂余热量约是发电量的 1.3 倍以上,核电厂余热量约是发电量的 1.7 倍以上。因此,充分利用核电厂和火电厂的余热无论对节约能源还是保护环境都意义重大。

8.4.1　我国核电厂现状及供热潜力分析

截至 2019 年 10 月,我国商运核电站 47 座,装机容量为 46 700 MW;在建核电站 13 座,装机容量约 13 869 MW,且全部分布在东部沿海地区。

根据《中国核能发展报告 2019》,2018 年我国核电发电量为 2865.11 亿 kW·h,约占全国累计发电量的 4.22％,相比 2017 年上升了 15.78％,在非化石能源发电量中的占比达到 15.83％。2018 年我国核电设备平均利用小时数为 7499.22 h,设备平均利用率为 85.61％,实现连续两年增长。

我国核电虽然起步较晚,但发展迅速,近 30 年来取得了举世瞩目的成绩,据有关单位预测,到 2030 年前后,我国核电装机规模将达到 1.5 亿 kW 左右。

我国核电设备平均利用小时数约 7500 h,但我国北方沿海地区核电设备平均利用小时数明显低于全国平均利用小时数,以辽宁红沿河核电站商运机组运行情况为例,2016 年全场平均利用小时数仅为 4835 h。原因是我国东北近年来冬季用电负荷下降,而供热需求基本不变,北方地区热电联产集中供热热源比例较大,出现电力过剩、热量不足的问题。冬季为"保民生",导致核电、风电、光电等清洁能源无法上网,被迫停机。

因此,合理利用核电厂余热、推广核能供热技术对提高能源利用率、减少清洁能源浪费具有重要意义。

核电站一般分为两部分:利用原子核裂变生产热量的核岛和利用热量发电的常规岛。核岛产生蒸汽,进入常规岛汽轮机中发电,低温乏汽进入冷却塔,利用海水或河水冷却,乏汽凝结成水回到核岛蒸汽发生器。核电产生主蒸汽参数低(约 300℃),热电转化效率低,乏汽热量未得到利用,大量的热量被浪费,一台 1100 MW 核电机组余热量超过 1700 MW。

如果按照 1100 MW 核电机组余热量 1700 MW 计算,我国北方目前商运及在建的 11 811 MW 核电机组可实现供热能力 18 253 MW,承担供热面积 6.1 亿 m²。

8.4.2 我国火电厂现状及供热潜力分析

对我国沿海省份(天津、河北、山东和辽宁)范围距海 5 km 以内的火电机组进行统计,北方沿海共有百万千瓦火电厂 16 座,60 万 kW 至百万千瓦火电厂 6 座。

据统计,这些 60 万 kW 以上的火电厂机组的装机容量总计 6067 万 kW,占北方沿海四省(市)总装机的 36%[20],余热量粗略估计近 1 亿 kW。

8.4.3 水热电联产应用前景分析

从上文的介绍来看,我国北方沿海地区几乎是我国缺水最严重的地方。另一方面,随着我国城镇化的发展,由供热所带来的环境问题愈发地引起人们的关注。在过去的很长一段时间里,无论独立供热还是集中供热,燃煤锅炉都作为主要的一次能源,占比超过 50%,由于锅炉的效率以及燃烧的方式等因素,燃煤锅炉所产生的诸多污染物对环境和人类健康造成了一定的危害。但当燃煤锅炉逐渐被淘汰后,我国北方地区,尤其是沿海地区将出现严重缺少热源的情况。

而在北方沿海地区,仍存在大量火电厂和核电厂的余热暂未利用。合理有效地利用这些余热可以产生所需温度的淡水,因此,水热同输可以同时解决城市的热需求和水需求。我国北方地区城市供暖与城市用水需求之间存在地理上的相关性。环渤海、黄海、北京、天津、河北、辽宁、山东等地,清洁热源不足,同时面临缺水问题。这些省份地区容纳了 2.55 亿人,预示着水热同输系统有广阔的应用前景。

此外,水热同产同送不仅可以提高能源利用效率、节约能源、减少投资运行成本,而且避免了大量余热排放到海洋而造成的大规模海水污染,对保护环境有着至关重要的意义。

8.5 小结

电厂余热作为清洁能源未来在我国必将得到大力发展,但目前电厂利用仍以发电为主,大量乏汽热量没有得到合理利用,综合能源利用效率较低,同时还会造成海水热污染。

此外,核能在城镇供热热源结构中的缺位也不利于核电自身的发展。东北近年来冬季用电负荷下降,而供热需求基本不变,北方地区热电联产在集中供热热源比例较大,出现电力过剩、热量不足的问题。冬季为"保民生",导致核电、风电、光电等清洁能源无法上网,被迫停机。

若以电厂余热作为北方供暖的主要清洁热源之一,对于缓解热源紧缺、优化供热能源结构具有重要意义。电厂供热后还有利于调和北方地区冬季热电比矛盾,通过热电协同等方式帮助电网灵活调峰,对于增强供电灵活性、提高能源利用效率有积极作用。若将电厂供热与海水淡化相结合,则可以通过水热同输的方式在供热的同时解决我国北方沿海地区的缺水问题,可谓一举两得。

电厂余热供热与水热同产同送同时具有经济、社会和环境的多重效益,为实现国家能源供给革命、落实北方地区清洁供暖、解决北方地区缺热(缺水)等问题开辟了一条新的路径,也为我国新旧动能转换提供了新方向。

第 9 章　磁约束核聚变前沿科学技术

唐军　谭扬

在众多的可实现低碳排放的新型能源中,如果说存在一种同时能够满足:对地理环境条件依赖性较低、占地面积和空间相对较小、便于大规模产能储能、可实现昼夜不间断供能、可温室气体净零排放且又只会产生容易被彻底处理的核废料的新型清洁能源,那一定就是核聚变能源。

随着科学技术的突飞猛进,如超导材料、先进的面向等离子体材料、高性能计算机等方面的重大突破,可控核聚变能源技术实现落地应用指日可待,我国已经成功立项并正在建设中的 CFETR 大科学装置的目标就是要在 ITER 之后验证聚变能源的工程可行性。2020 年 12 月,位于成都的中核集团核工业西南物理研究院成功建成了我国全新一代的最高参数的核聚变大型研究装置 HL-2M,并实现首次放电。2021 年 5 月,位于合肥的中科院等离子体研究所的 EAST 装置首次实现了 1.2 亿摄氏度等离子体“燃烧”101 s。这些一次又一次的科学壮举,将有力推动核聚变能源尽快实现商用。

核聚变能源一旦成功并网发电,按照现有的全球年人均能耗估算,人类可以继续使用达上亿年,这将会是一个相当可观的能量来源,可以彻底解决人类永续发展的难题。如果再结合其他新型能源,包括风能、氢能、太阳能、地热能、海洋能、生物质能和分布式储能等的综合运用,并逐渐取代高燃耗的化石能源,人类解决全球变暖问题并实现对温室气体排放的精准控制将只是时间问题。

——主编的话

引　言：近年来，全球变暖致气象灾害频发，造成大量人员伤亡和经济损失。面对气候变化加剧的挑战，国际社会正通力合作，加大应对气候变化力度，推动可持续发展，共同构建人与自然生命共同体。而要遏制气候变化，就必须要实现碳中和。中国政府已经承诺在 2060 年前实现碳中和的战略目标，以与国际社会一道共同控制减少温室气体排放，应对全球气候变暖。在实现碳中和的进程中，通过节能减排等下游控制方式的同时，也需要做到加快对清洁能源的扩大利用，这些清洁能源包括了地热能、生物质能、水力发电、海洋能、光伏发电、风力发电、氢能源、核能等上游发电方式。而作为理想的人类终极清洁能源选项的尚在开发中的可控核聚变能源，将会成为未来人类大规模利用清洁能源的最优选项。尽管我们强调开发可控核聚变能源的重要性，但其科学和工程难度极具挑战性。本章将介绍磁约束可控核聚变能、现阶段开发过程中所遇到的科学与工程技术前沿问题及其进展。

关键词：清洁能源，核能，可控核聚变，前沿，进展碳中和(carbon Neutral),指的是企业、团体或个人测算在一定时间内,直接或间接产生的温室气体排放总量,通过植树造林、节能减排等形式,抵消自身产生的二氧化碳排放,实现二氧化碳"零排放"。2020年9月22日,我国政府在第75届联合国大会上提出:"中国将提高国家自主贡献力度,采取更加有力的政策和措施,二氧化碳排放力争于2030年前达到峰值,努力争取2060年前实现碳中和。"

2021年3月5日,《2021国务院政府工作报告》中指出,扎实做好碳达峰、碳中和各项工作,制定2030年前碳排放达峰行动方案,优化产业结构和能源结构。

在生活中,通俗地讲,要实现碳中和,就代表着由个人、企业或团体自身所产生的碳的排放,能够通过某些其他方式将这些排放出的碳成分进行削减或消除,以达到净化"碳"对环境的影响,实现碳的零排放。举个简单的例子,对于个人而言,少用一张纸,少用一个塑料袋,减少旅行次数,使用节能家电等,就代表相对减少了碳排放。但是如果产生了碳排放,例如,用天然气生火做饭,开燃油车上下班,冬季燃料供暖,使用纸制品等诸多生活场景产生了碳量释放,那么就可以在利用了这些碳量消费后,多种一些植物树木,抵消碳排放,实现碳中和。

"碳中和"这一概念自1997年问世以来,便开始从西方萌芽、发展、壮大,之后这一概念得到了越来越多民众的支持。2006年,《新牛津美语字典》将碳中和评为年度词汇,并成为美国当局重视的实际绿化行动。

2007年1月29日,IPCC在巴黎举行会议,发表了一份评估全球气候变化的报告,预测到2100年,全球气温将升高2~4.5℃,全球海平面将比现在上升0.13~0.58 m。报告还提到,过去50年来的气候变化现象,其中90%可能是由人类活动导致的。

2013年7月,国际航空运输协会提出了"2020年碳中和"方案。其中承诺了三个目标:①2009—2020年,年均燃油效率提高1.5%;②以2020年实现的碳排放量为顶峰,不再增长;③将2050年排放量削减至2005年的一半。该方案对各国的航空公司的碳排放进行了约束,也就是要为2020年后超过排放指标的部分交纳"碳税"。

2018年10月,联合国政府间气候变化专门委员会发布报告,呼吁各国为把升温控制在1.5℃之内而努力。要实现这一目标,就需要在能源、建筑、运输、工业、土地和城市等领域展开高效而深刻的变革。

既然碳中和是碳量排放和吸收之间的动态平衡,作为与碳中和目标直接关联的能源行业而言,如何减少碳排放、加强对碳量的控制和吸收、实现碳的收支平衡就成为了各能源企业不得不直接面对并须要解决的问题。在碳排放未到达峰值之前,能源企业不能放松对碳吸收的努力。企业也可以通过碳补偿的方法实现碳平衡,而实现了碳平衡就意味着不能再继续过量碳排放了,这也是国家对能源行业碳排放的政策要求。

目前部分能源企业响应国家政策号召,纷纷亮出了自己的碳减排计划表。而一些不具备减排能力的能源企业也在寻找能够实现碳中和的其他道路,希望将来能让"火力发电厂"一类的名词不再被贴上高能耗、高污染的标签,由此导致这些能源企业也需要积极参与到如何去实现节能减排的目标上来。尽管总会有一些由于技术壁垒而无法克服减排问题的能源企业会被历史淘汰,但是即便那一天要到来,那时候我们所生活的环境也早已经发生了翻天覆地的变化,绿色健康可持续的碳中和发展方式早已成为了人们心中根深蒂固的生存理念。

而对于目前的各大能源企业而言,如何实现碳中和目标,从今往后就成为了能源行业发展的决定性方向。

9.1 核能行业与碳中和

核电行业一直被视为可以高效节能减排,是实现'碳中和'目标的有利手段。首先,核电不需要消耗化石燃料,一座装机百万千瓦的核电机组,每年只需要使用一辆大卡车容量的核燃料即可。对于相同规模的火力发电厂,其燃料需求高达每年 300 万 t 煤,需要每天用 100 节火车车厢来运输。而且,核电在正常运行时,不会像火电厂那样产生二氧化硫、氮氧化物、粉尘等大气污染物,更不会排放二氧化碳等温室气体。所以,核能可以认为是近乎完美的清洁能源。

据统计,一座百万千瓦的核电机组每年发的电量,相当于减少燃煤消耗 300 万 t,二氧化碳减排 750 万 t,二氧化硫减排 6.7 万 t,氮氧化物减排 4.2 万 t,等效于种植了 2 万公顷的森林,其大小相当于现在的河南省洛阳市的城建面积,可见其环保贡献是空前巨大的。因此,核电行业在产生电能的同时又不会产生碳排放。从这一点出发,核电领域也可以作为"碳补偿"的对象。

随着国家在核能领域发展的日趋成熟,随着以压水堆为技术基础的第三代核电站——华龙一号建成并网投产并正式进入商业运营,以及以高温气冷堆为技术基础的第四代核电站——石岛湾核电站进入全面调试阶段,核电的安全性也不断得到了公众的认可,国家逐渐将战略目光向核能聚焦,历经 30 多年的发展,我国已经成为核电大国。截至 2019 年年底,在运行、在建设的核电装机容量达 6593 万 kW,位居世界第二,在建核电装机容量列居世界第一,同时已经形成了包括核电装备制造、核电站设计和建设、核电站运营、核燃料供应以及核废料处理等完整的核电产业链。

在 2020 年 12 月发布的《新时代的中国能源发展》白皮书中提出:建设多元清洁的能源供应体系,优先发展非化石能源,安全有序发展核电是多元清洁能源供应体系的重要组成部分。并且,白皮书中强调,我国要掌握百万千瓦级压水堆核电站设计和建造技术。目前,我国自主研发的三代核电技术装备已经达到世界先进水平,具有自主知识产权的华龙一号与示范工程——福清 5 号核电机组取得重要进展,"国和一号"(CAP1400)示范工程和高温气冷堆示范工程建设稳步推进,快堆、小型堆等多项前沿技术研究取得突破。可以预见,在国内碳中和政策的大方向下,将来的核电必定会在碳中和的道路上越走越开阔,逐渐发挥其砥柱中流的作用。

核电行业因其高效、稳定、绿色的独特优势,相对于其他类型的清洁能源,如地热能、风力发电、水电、潮汐能、太阳能发电等,对地理环境条件依赖性较低,更高效、更环保且年发电量可以做到更大,对于东部沿海城市的清洁电力生产使用助益良多,也能够减轻西电东送工程中对来自西部生产电力的输电压力。因此,核电行业的优越性是明显的,将来必定会发挥举足轻重的作用。

当然,从过去到现在,核电领域的安全性在广大公众心目中的认可度和接受度并不是特别高。尤其是过去核电发展的几十年来,世界范围内偶发了几起核事故,较严重的如苏联切尔诺贝利核事故、美国三里岛核事故、日本福岛核事故等。尽管这些事故本身发生概率极小,但是一旦出现便可以致使一座城市陷入瘫痪。即便这些事故的出现本身是由于当时核电安全措施不完备等因素造成的,随着最新的核电安全技术的开发,这些原本的缺点都已经被一一规避,但由于民众一直心存担忧,核事故也从来无小事,同时,在内陆地区,尤其是西部地区的清洁和常规电力资源都相对丰富,民众还能够适应使用目前电力供应条件的大背景下,相对而言,内陆对核电的需求度就远没有沿海地区那样迫切,这也导致内地核电建设多年来一直没有起色。显然,广大内陆民众的这些担忧和焦虑也都为核电行业在碳中和道路上发挥更多作用带来了许多不确定性。面临这样的困境,需要核电行业相关人士发挥自己更多的智慧来进行疏导和解决。

表 9-1　核废料成分

类　　型	体　积　份　额	放射性份额
高放废料	3%	95%
中低放废料	97%	5%

数据来源:世界核协会

基于核裂变原理来产生电力的核电厂,由于裂变原料及其裂变产物乃至核废料都会有不同高低放射性的核辐射产生,部分核废料的半衰期时间尺度可以长达上千年。根据核废料的放射性水平高低不同,其放射性等级可分为高、中、低三级,如表 9-1 所示。其中,中、低放射性核废料占主要部分且寿命较短,高放射性核废料虽然占比较小,但是放射性很强且很持久。最常用的办法一般是对其作封藏、深埋处理,但是这种办法依然不能彻底解决核废料的放射性问题。因此,如何妥善处理这些放射性核废料,多年以来一直都是核裂变发电厂行业最为头疼同时又无法回避的难题。

我国核能的安全发展一直以来都是备受重视,将核安全作为核电发展的生命线,坚持发展与安全并重,实行安全有序的核电发展的方针,加强核电规划、选址、设计、建造、运行和退役等全生命周期管理和监督,坚持采用最先进技术和最严格的标准来发展核电。从始至今,在运核电机组总体安全状况良好,未发生过国际核事件分级 2 级及以上的事件事故。因此,坚定核电安全发展战略,对我国构建安全高效能源体系、保障可持续发展、加快科技创新、应对全球气候变暖、保障和提升国家总体安全都具有重大的战略意义[1]。

9.2　核聚变领域与碳中和

相比于基于核裂变发电原理建设的核电站,另外一种基于核聚变原理来发电的可控核聚变堆研发正在紧锣密鼓地进行。在过去几十年的研发过程中,全世界的主要发达国家,包括一些发展中国家,都在尝试进行着可控核聚变能源的开发。

作为基于核聚变原理生产出的能源,可控核聚变能源因其具备资源丰富、内在固有安全性、环境友好等独特优点,目前,被公认为是可以彻底解决人类社会能源问题和环境问题的理想办法和终极方案[2]。

开发新能源必须同时考虑防止地球大气层温室效应且有利于环保,而作为人类终极理想能源的核聚变能就具备以下独特优势。

（1）资源丰富。作为核聚变燃料的氘（D）广泛的分布在海水中。每 1 L 海水提取出的氘在彻底的核聚变反应中所释放的能量相当于燃烧了 300 L 汽油。假如将来某一天,人类终于实现了氘为燃料的可控核聚变,那么按照地球海水中氘的储量计算,将可以获取 2×10^{11} TW·a(太瓦年)的核聚变能;如果人类每年消耗 20 TW 的能量,那么只是由可控核聚变产生的能源就可以供应人类使用100 亿年;就算是以氘氚(D-T)为燃料,也可以供人类使用 3000 万年。

(2)核聚变能源具备内在固有安全性。当等离子体一旦开始点燃,任何运行故障将都能够使得等离子体熄灭、冷却,从而使得核聚变反应可以在很短的时间内自动停止,这也说明了核聚变反应本身就具备固有安全性。

(3)核聚变能源是相对洁净且环境友好型的能源。当商用核聚变堆建成并且开始运行投产并网发电时,它会如同裂变电站一样不会产生任何温室气体,而且更胜一筹的是,核聚变电站还不会产生裂变产物。故而,从这一点上就足以体现开发核聚变能源对于我国碳中和政策践行和实施是具有重要价值和意义的。但是,并不是说以 D-T 为反应原料的核聚变电站就不会产生放射性。要知道氚(T)是具有放射性的,但是它的半衰期是很短的,只有12.5 年,而且在聚变堆中将会很快再循环并燃烧掉。就算是核聚变反应时会产生高能中子,引起反应堆内表面材料元素的活化嬗变也不必太过担忧,因为科学家们正在研发的氚增值包层技术,将可以使得反应生成的大多数中子与包层里的铍(Be)和锂(Li)元素反应重新生成氚,从而形成聚变堆内的氚的自持供应。同时,氚是非常昂贵的一种放射性同位素,而且地球上储量也极其稀少,国际市场上一克氚售价就达到 30 000 美元。科学家们基于中子轰击铍和锂反应生成氚的原理所研发的氚增殖包层就能够解决这一个难题,如图 9-1 所示。

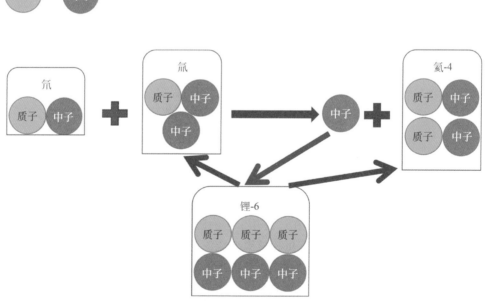

图 9-1　氘氚核聚变反应示意图

(4)核聚变反应所产生的高能中子在军事和其他领域也都能够有广泛的用途。所以,核聚变能源不仅仅是目前人类所认知的最终解决人类能源问题的终极方案之一。同时,对它的开发和利用在其他重要领域,同样具有重大的科学意义和战略意义。

由核聚变能源的几大独特优势可以看出,开发核聚变能源不仅可以有效解决人类对大规模清洁能源的利用问题,也能解决人类永续发展的生存问题;不仅能够有效助力我国的碳中和政策的实现,还能够带动其他各关键领域的发展进步;不仅是提升综合国力的体现,也是强化国防安全领域的助推器。

人类开发核聚变的历史最早可以追溯到 20 世纪上半叶,如今走过了近 70 年的历程。虽然至今仍然没有彻底实现可控核聚变能的利用,但是如果我们纵观核聚变能源的开发进程就可以看出来,科学家们从早期认识核聚变开始到如今,已经是越来越接近这一终极目标了。目前,可控核聚变已经走到了验证聚变能否进行商用示范的实验验证阶段。一旦验证成功,将会迎来下一波全球范围内的聚变能开发热潮,而且这一波的热潮将很可能是商用堆建成之前的最后的开发阶段。我们可以相信,在当代年轻一代人的有生之年,将是能够见证核聚变商业堆的建成投产且并网发电的。下面简要介绍一下,世界范围内的核聚变能开发的历程。

9.2.1　可控核聚变的基本原理

如同核裂变能源,因为科学家们发现了中子诱发重原子核裂变引起的链式反应产生了质量亏损导致的质能转换的结果,从而发明了核裂变堆,归根结底是遵循并利用了自然规律。核聚变能的发现实际上也是如此。同样是科学家们发现、遵循并利用了自然世界的规律,并希望通过一定的人类主观能动性去对其实施改造和控制,从而驾驭核聚变能源,为人类所用。

实际上,核聚变能源在自然世界一直存在。它是一种宇宙能源,而且每天都围绕在人类身边,无处不在。它伴随着宇宙的产生和运转,在宇宙中是取之不尽、用之不竭的清洁能源。我们人类生存空间所处的太阳系实际上就是依靠着太阳的辐射接收着光和热。太阳就犹如一座巨大的核聚变反应堆,源源不断地向地球输送着能量,只是太阳产生核聚变能的原理过程与核聚变科学家所研究的核聚变能的原理过程不太一样。由于在太阳中心,温度高达1500 万摄氏度,又由于太阳巨大的质量使得内部产生巨大的重力场,内部气压高达 3000 多亿个大气压,正因为太阳内部具备极高的温度和压力,使得内部的原子时时刻刻都在进行着激烈的运动和变化,而太阳中的物质构成主要是氢元素,所占比例高达 71%,因此太阳内部依靠的是重力约束的核聚变反应,使得氢原子核聚合成氦原子核。热核聚变反应不断进行,同时释放出巨大的能量。在已知的太阳 45.7 亿年的生命长河里,太阳就犹如一个巨大的核聚变反应堆,无休无息地向地球及其他系内行星释放能量。

直到 1952 年,当第一颗氢弹爆炸后,人类应用核聚变反应开始成为现实,也从此认识到了核聚变反应所能带来的空前巨大的能量释放,只是那样的巨大能量是通过不可控的瞬间爆炸产生的。而若想要设法将氢弹瞬间爆炸完成的核聚变反应变成一个可以受人类控制的过程,从而实现其所释放的能量充分地被人类利用,科学家们首先想到的是仿照太阳释放能量的原理来研究可控核聚变。

要在地球上实现核聚变反应,必须要满足两个基本条件。首先,是要把燃料加热到非常高的温度,比如 D-T 反应所要求的温度要不低于 1 亿摄氏度,而 D-D 反应所要求的温度不能低于 5 亿摄氏度。显然,如此高的温度已经远远超过了太阳的温度,而当燃料粒子处在这样的高的温度下,粒子就会出现电离状态,也就是"等离子体态"。所谓等离子体,是一种充分电离的、但整体呈现电中性的类似于气态的物质,科学家们通常将其命名为物质的第四态——"等离子体态"。等离子体由于自身处于高温,电子已经获得足够的能量可以摆脱原子核的束缚,原子核完全裸露出来,从而为核子之间的碰撞聚合过程准备了条件。当等离子体的温度达到几千万甚至几亿摄氏度的时候,原子核就可以克服库仑斥力进入强相互作用力范围从而相互吸引并聚合在一起。

其次,除了要具备极高温度的条件以外,还必须要将等离子体聚集并约束在某种真空容器中,并且要保证等离子体在里面能够维持足够长的时间,以使其充分发生碰撞聚合实现核聚变反应。这样就能释放出足够的能量,直到这些聚变反应产生的能量大于生成和加热这些等离子体所消耗的以及在此过程中损失的能量时,也就是实现 $Q > 1$,从而实现能量的自持反应。也就是能够利用核聚变反应放出的能量来维持住反应本身所需要的极高温度,而无需再从外界输入能量,这样就代表实现了能够自持的聚变反应。这里的"Q"值指的是核聚变反应过程中输出能量与输入能量的比值,而表征聚变自持这个概念的术语叫做"聚变点火"。

但是,高温等离子体的约束时间越长,技术上就越难实现,更不能像约束一般气体或液体那样将它们简单的容纳在容器中,因为对于温度高达上亿摄氏度的氘/氚等离子体而言,地球上还不存在任何一种材料制作的容器可以与这种高温物质直接接触。此外,由于聚变等离子体的温度极高并伴随有极高的热运动速度,如果不外加任何保护隔离措施就这样直接将它们放在任何一个容器中,那么高速运动的粒子与器壁一旦直接接触,将立即导致等离子体冷却并终止聚变反应,且容器壁很可能出现破裂而无法再继续使用。因此,要想在一个容器中维持住这样的高温等离子体,就必须采取一些特殊技术手段。而早在 20 世纪中叶,科学家们就提出了可以通过磁场约束的办法来"捆住"等离子体,也就是利用强磁场将高温等离子体约束在被称为真空室的容器中,这样就能够使得真空室中的高温等离子体环与器壁完全脱离。

既然能够使用磁场对等离子体进行约束,换句话说,就是使得等离子体的密度增加,那么,等离子体的密度既然提升了,要实现 $Q > 1$ 的点火条件,需要约束多久才可以实现点火呢? 首先,磁场约束确实可以提升等离子体的密度,但是这里的等离子体的密度的提升是有基准线的,也就是要有足够的密度(如 $10^{14} \sim 10^{16}$ 个/cm^3)才会有足够多的粒子发生反应,才有聚变能的输出。由以上分析可以看出,要实现聚变点火,必须要同时满足 3 个条件:足够高的等离子体的密度;足够长的约束时间;还有足够高的温度。为此,科学家劳逊(J. D. Lawson)很早就计算出了核聚变等离子体中的能量平衡公式,要实现热核聚变反应,必须满足"聚变三重积"大于 5×10^{21} $m^{-3} \cdot s \cdot keV$。这里的"聚变三重积"分别指的是等离子体密度 n,加热温度 T 和等离子体的热能约束时间 τ 三项的乘积。也就是要等到"聚变三重积"达到 10^{22} 时,聚变反应输出的功率才会等于为驱动聚变反应而输入的功率,只有三重积超过这个数值的时候,聚变反应才能自持的进行。

而实现了聚变点火,也最多只是刚刚迈入了可控核聚变的大门,后面还有很多路要走。接下来,就是要使输出能量超过输入能量,而只有这样才可以实现可控热核聚变反应的能量净输出,才能说得到了可控的核聚变能,才能宣称人类实现了可控核聚变,才能铺开计划大力建设真正的可控热核聚变商业堆发电站。

那么可控核聚变如果实现了点火,并且 Q 超过了1,那么这种装置又是如何进行发电的呢?而且等离子体的中心温度那么高,又是如何把这些热量带出来呢?

$$_1^3T + {}_1^2D \longrightarrow {}_2^4He + {}_0^1n + 17.6\ MeV$$

图 9-2 氘氚核聚变反应方程式

事实上,核聚变能是两个较轻的原子核结合成一个较重的原子核时,由于质量产生损耗,这些损失的质量就会通过爱因斯坦质能转换方程转换成能量。相比于 D-D 反应,D-T 核聚变反应相对更容易实现。在物理机制上,要使得 D-T 进行聚变反应,首先需要两个原子核获得足够高的动能来克服电荷排斥力,其受力范围会从库仑力相互作用范围进入强相互作用范围,此时原子核就掉入了"势阱"内。这里可以通过反应截面来描述 D-T 聚变反应的发生概率,D-T 核聚变反应的最大反应截面在温度达到 50 keV 时候达到最大(1 eV=11 600 K),也就是差不多要达到 5 亿摄氏度才会有最大反应截面。然而实际上当温度达到 10 keV 时候,也就是温度上升到 1 亿摄氏度以上时,就会产生足够的反应截面[3]。根据图 9-2 所示 D-T 反应方程式,一个氘核和一个氚核发生聚变反应时,会释放出 17.6 MeV 能量,其中约 80% 能量为高能中子(14.1 MeV)带出来的。其余的约 3.5 MeV 能量为 α 离子携带着并留在等离子体内部进行自加热。而对于在未来的核聚变堆中如何实现发电,科学家们的方案是将这些高能中子在包围着等离子体四周的包层材料中进行慢化,同时将中子携带着的这些能量转化成热能,接着这些热能将会被冷却剂带出来进入下一个回路产生热蒸汽,进而推动常规的透平汽轮机发电。

如果我们未来能够建成一座 1000 MW 的核聚变发电站,每年只需要从海水中提取 304 kg 所需的氘燃料进行发电,而仅在地球上海水中所能取的氘就足够人类使用上百亿年。打个比方,也就是说,就算再过 50 亿年,太阳已经快要熄灭了,人类却还是能够依靠可控核聚变能继续生存下来并繁衍生息数十亿年。科学家们认为,热中子堆,也就是目前常见的核电站,可以算作是第一代核电站;目前将要进行商用的快中子堆,属于第二代核电站;那么,核聚变反应堆将会就是第三代核电站。尽管当前的受控核聚变研究还处于科学和技术的验证阶段,但终会有一天,"人造太阳"的核电能源会实现商业运用,从根本上解决人类对大规模使用真正无污染、环境友好、取之不尽且廉价的清洁能源的需求。到那时,可控核聚变能将成为全球能源供应的主要来源。同时,由于核聚变反应会产生出大量的高能中子、极高能的带电粒子以及极强的 X 波段微波辐射,这些独特优势也将能够很容易转化为重要的军事价值。

而自 1952 年首枚氢弹爆炸试验成功后,已经几十年过去了,可控核聚变研究才进入到开始建设热核聚变实验堆的阶段。相比 1942 年首个可控自持裂变反应堆的早早实现,可见可控核聚变堆的开发过程是何其的艰难。但是,也往往是这种社会价值越是巨大的领域,才越是开发难度大,开发过程艰难并漫长。因此,可控核聚变能开发要提前策划、提前起步、提早投入,才可以有备无患。

9.2.2 磁约束核聚变能的开发历程

关于人类早开发、早投入、早策划可控核聚变的研发历程,可谓一波三折,跌宕起伏,已经历经了几代人的不断接力推进。

早在 1920 年,英国化学家阿斯顿(F. W. Aston)在研究同位素是否存在的时候,就发现了核子聚合在一起可以释放出能量。在同一时期,大名鼎鼎科学家的卢瑟福(L. Rutherford)也证明了轻的原子核只要以足够高的能量相互碰撞就有一定的概率产生核反应。1929 年,阿特金森(R. Atkinson)和奥特曼斯(F. Houtemans)通过理论计算出了氢原子在几千万摄氏度的高温下有可能聚合成氦,并认为正在太阳上进行的核反应可能就是这样一种核聚变反应。1934 年,奥利芬特(M. Oliphant)在实验中发现了第一个 D-T 核聚变反应。1942 年,金(King)和施莱伯(Scllreiber)在美国普渡大学首次实现了 D-T 的核聚变反应。

进入 20 世纪的 50 年代,欧洲各国开始着手开启针对磁约束核聚变的研究,一些可控核聚变概念及其相应的实验装置,如仿星器、箍缩装置、磁镜装置等相继出现。但是,前期的这些实验装置性能不是很理想,以箍缩装置为例,等离子体在里面只能维持几个微秒。与此同时,苏联的科学家们也在进行着对磁约束核聚变科学的探究,物理学家塔姆(Tamm)和萨哈罗夫(Sakharov)一起提出了托卡马克(Tokamak)装置的概念。什么是托卡马克?简单地说就是将环形等离子体中感应电流产生的极向磁场跟外部的环向磁场结合在一起,这样可以实现能够维持等离子体平衡的位形,而这里的 Tokamak 也是用四个俄文词汇的首两个字母组合而成的新单词。苏联的第一个托卡马克装置于 1954 年诞生在库尔恰托夫原子能研究所,并且在这个实验装置上实现了核聚变反应,但是放电时间仅仅维持了 300 μs,所产生的能量也是极其微弱的,随后经过研究人员的改进,装置的整体性能有了很大提高。

1955 年,在第一次和平利用原子能国际会议上,担任大会主席的印度科学家霍米·巴巴(Homi K. Bhabha)曾预言:在未来的 20 年以内,受控核聚变就能得到实现。后来到了 1958 年的第二次和平利用原子能国际会议,人们逐渐开始认识到受控核聚变在工程上的艰巨性和物理上的复杂性,并意识到这不是一个能在短时间内完成的任务,于是大家开始将研究题目转向更为基础的内容。也就是在这次会议上,各国将研究成果解密,公开了一批理论和实验的结果,并开启了更为紧密的国际合作。

到了 1968 年 8 月,在新西伯利亚召开的第三届 IAEA 等离子体和受控核聚变研究国际会议上,苏联科学家阿齐莫维奇(A. L. Andreevich)公布了 T-3 托卡马克装置上的最新研究成果:在该装置上,首次观察到了核聚变能量的输出,等离子体电子温度达到 1 keV,离子温度 0.5 keV,$n\tau = 10^{18}$ m^{-3} · s,等离子体体能量约束时间长达几个毫秒,能量增益因子 Q 值达到十亿分之一。这在当时算是受控核聚变研究的重大突破,其结果令人感到震惊。但是不少人也开始表示怀疑,这里面的温度如此的高,真的测得是准确的吗?第二年,英国卡拉姆实验室主任皮斯(R. S. Pease)带领一个小组访问苏联,他们用当时最先进的红宝石激光散射系统对 T-3 的等离子体温度进行重新测量验证。结果表明,T-3 的电子温度确实达到了 1 keV,从此这项结果得到了世界的公认。在随后的几年里,全世界范围开始掀起了一股研究托卡马克的热潮。美国的普林斯顿大学将原先的仿星器-C 改建成了 ST Tokamak,美国橡树岭国家实验室建立了奥尔马克(Ormark)装置,法国冯克奈-奥-罗兹研究所建立了 TFR Tokamak,英国卡拉姆实验室建立了克利奥(Cleo)装置,西德的马克思-普朗克研究所建立了 Pulsator Tokamak 装置等,这些也都可以被称作初代托卡马克装置。

1970 年,托卡马克开始进入了快速发展期,到了 70 年代中期,第二代托卡马克装置已经建成且投入运行。理论研究也开始从纯粹的基础理论研究转入到了理论与实验相结合的方向，一些重要的物理过程和机制相继被发现并理解，并且也开始大力发展了杂质控制和辅助加热等技术手段。TFTR、JT-60、JET 和 T-15 等一些有着巨大影响力的大型托卡马克装置也是在这一时期建成的。

托卡马克装置又被称作环流器，等离子体被约束在一个像汽车轮胎一样的环形强磁场中，并且有着很强的环电流。在全世界掀起了托卡马克装置的研究热潮后，托卡马克也显示了较为光明的发展前景。在核聚变科研领域，一直以来，研究的重点基本集中在如何努力在托卡马克装置上提高能量的增益因子 Q 值，也就是提高输出功率与输入功率之间的比值。到了 70 年代末期，分别由美国、欧洲、日本、苏联开始建造的 4 个大型托卡马克。美国的 TFTR，欧洲在英国建造的欧洲联合环 JET，日本的 JT-60 和苏联建造的 T-20（该装置由于后期经费和技术的原因被改为了较小的 T-15，采用超导磁体），以上 4 个装置为后来的磁约束核聚变研究能够进入实验验证阶段做出了决定性的贡献。

到了 20 世纪 70—80 年代，中国科学院物理研究所、核工业西南物理研究院、中科院合肥等离子体物理研究所等先后建成并运行了一系列中小规模的托卡马克装置，其中包括：中国科学院物理研究所的 CT-6B、核工业西南物理研究院的 FY-I、中国科学院等离子体物理研究所的 HT-6B、核工业西南物理研究院 HL-1、中国科学技术大学的 KT-5B 等。值得一提的是，我国于 1984 年由核工业西南物理研究院成功研制并运行了中等规模的托卡马克装置 HL-1（后升级为 HL-1M），该装置的研制、建成和成功运行标志着我国磁约束核聚变领域进入了大规模实验的全新阶段[3-4]。

进入到 80 年代，托卡马克的实验研究水平得到大幅提升。1982 年，在德国的 ASDEX 装置上发现了高约束模式放电，该结果对于建立商用堆具有重大意义。1984 年，JET 装置公布的实验结果显示，等离子体电流达到了 3.7 MA，且能够维持数秒。1986 年，普林斯顿的 TFTR 装置将 16 MW 功率的氘中性束注入氘靶等离子体中，实现中心离子温度达到 2 亿摄氏度，这差不多是太阳核心温度的十倍，并产生了 10 kW 的聚变功率，中子产额达 10^{16} cm^{-3}·s^{-1}。经过以上的突破性尝试，到了 20 世纪 90 年代，科学家们开始尝试获取 D-T 聚变能。1991 年 11 月在 JET 上首次成功地进行了 D-T 发电实验，1997 年 JET 通过 25 MW 的辅助加热功率成功产生了 16.1 MW 的聚变功率，产生聚变能 21.7 MJ 的世界最高纪录。但是，当时能量没有实现得失相当，即没有获得输出大于或等于输入的净能量。日本后来在 JT-60 上成功进行了 D-T 反应实验，刚刚好实现 Q=1，即实现能量的得失相当；经过后续实验，Q 值超过了 1.25，即说明开始有了净能量的输出。之后，日本的升级版托卡马克装置 JT-60U 也取得了受控核聚变科研的最好成绩，得到了聚变三乘积为 1.5×10^{21} m^{-3}·s·keV，接近反应堆级的等离子体参数，等效能量增益因子 Q>1.3。可以毫不夸张地说，这些突破性进展，宣告了以托卡马克为代表的磁约束核聚变堆芯等离子体的科学可行性在实验上得到了证明，人类已经可以开始考虑建造聚变实验堆，开启大规模的核聚变研究[4]。

1995 年，我国的中国科学院等离子体物理研究所建成了中国超导托卡马克装置——HT-7[3,5]。2002 年，核工业西南物理研究院建造并运行了国内首个具备偏滤器位形的托卡马克装置 HL-2A。紧接着，中国科学院等离子体物理研究所于 2006 年 3 月建成了中国自行设计研制的世界首个全超导托卡马克装置——EAST。后来，核工业西南物理研究院于 2020 年通过自主研发，成功建成了中国新一代高参数托卡马克装置——HL-2M。其建造目标瞄准解决 ITER 装置物理及工程技术问题的需要,属于聚变堆实验研究不可或缺的卫星装置,也是我国在可控核聚变领域的一个重要的步骤,其设计的等离子体运行温度将超过1.5 亿摄氏度,属于国内最高,并全球领先。其科学目标是:①产生近堆芯参数的高性能等离子体,为聚变物理的研究提供必要的实验平台;②研发关键技术,为下一代聚变堆的设计建造积累技术支撑;③广泛开展实验研究,为聚变领域培养更多人才。

进入 2000 年以后,我国磁约束核聚变研究取得了卓越的进步,不仅有了大中型托卡马克装置(HL-2A、HL-2M 和 EAST),而且在这些装置上取得了具有国际先进水平的创新性实验结果。我国的磁约束核聚变研究与国际核聚变的研究合作交流也日趋紧密,已经成为了全世界可控核聚变科研领域中举足轻重的一部分。

2020 年 12 月 4 日 14 时 02 分,国内最新一代托卡马克装置——中国环流器 2 号 M 装置(HL-2M,图 9-3)在成都建成并成功首次放电,这标志着我国已经自主掌握了大型托卡马克装置的设计、建造和运行技术,从而为我国的聚变堆的自主设计建造打下了坚实的基础。该装置是我国的大型常规磁体托卡马克研究装置,目前在我国属于规模最大、参数最高的先进托卡马克装置,是我国新一代先进磁约束聚变实验研究装置,采用了更先进的控制方式和设计结构,其等离子体体积可达到国内现有装置的 2 倍多,等离子体电流也会提高到 2.5 MA以上,离子温度可到达 1.5 亿摄氏度,能够实现高比压、高密度、高自举电流运行,该装置可以为我国核聚变能源开发事业实现跨越式发展提供重要的依托作用,同时也是我国在理解消化吸收 ITER 技术方面有着重大意义的实验研究平台。

图 9-3 我国自主研发建成的 HL-2M

在 HL-2M 装置的建设过程中,中核集团核工业西南物理研究院联合了国内多家研制企业单位,在装置物理与结构设计、材料连接与关键部件研发、特殊材料研制、总装集成等方面取得了多项科研、工程和技术突破。实现了可拆卸线圈结构,增强了控制运行水平,提升了装置物理的实验研究能力;研制成功了国际先进水平的国内首个大型立轴脉冲发电机组;掌握了具有国际先进水平的异性铜合金厚板材制造成型工艺等。在该大型装置的牵引下，中核集团核工业西南物理研究院掌握的关键设备、极端条件精密制造、特种材料等关键技术已经在其他交叉领域实现共生发展，在航空、航天、电子等前沿领域实现了创新性应用。HL-2M 装置作为我国核聚变技术实现高质量发展的重要依托，将会使得我国的堆芯级等离子体物理研究及相应关键技术达到国际先进水平，为我国协同世界核聚变能开发打造的国际合作平台[6]。

2021 年 5 月 28 日凌晨 3 点 02 分，在中国科学院合肥物质科学研究院 EAST 装置上创造了新的世界纪录，该装置成功实现了可重复的 1.2 亿摄氏度 101 s 和 1.6 亿摄氏度 20 s 等离子体运行，将原先的 1 亿摄氏度 20 s 的纪录延长 5 倍(图 9-4)。目前，EAST 装置上已经拥有核心技术 200 多项、专利近 2000 项，集合了"超高温"和"超低温"，"超高真空"加"超大电流"和"超强磁场"于一身，总功率达到 34 MW，等效于 6.8 万台家用微波炉同时加热。而且，为了保证让 1 亿摄氏度与−269 摄氏度的环境实现共存，需要利用到"超高真空"技术进行隔热，其真空度极低达到大气压强的一千亿分之一。此次新世界纪录再一次证明核聚变能源的可行性，也为托卡马克装置的进一步实现商用奠定了物理和工程基础[7]。据悉，下一代超大型托卡马克装置"中国聚变工程实验堆"(CFETR)已经完成工程设计工作。根据我国的磁约束核聚变发展路线图，未来目标是建设世界首个聚变示范堆。

图 9-4　EAST 实现新的世界纪录

在国际合作的大框架下，由七方国家和国际组织(中国、俄罗斯、欧盟、美国、日本、印度、韩国)共同参与设计、建设了 ITER 装置和未来实验研究。建设地点选在法国的卡达拉奇(Cadarache)，同样采用的是托卡马克位形。如图 9-5 是 ITER 装置的设计图及其工地建设现场，其科学目标为：①以实现稳态为最终目标，证明受控点火和氘氚等离子体的持续燃烧；②在核聚变综合系统中验证核反应相关重要的技术；③对聚变能和平利用相关的高热通量和辐照部件进行综合实验研究。

我国全面参与了 ITER 项目管理、设计、建造、安装以及将来的实验运行等工作，通过提供实物的方式贡献了绝大多数的建设投资，包括第一壁、屏蔽包层、氘燃料注入、器壁放电清洗、等离子体诊断、超导线材、超导磁体、磁体馈线、磁体电源、磁体支撑、产氚包层等。

1989 年，在 ITER 装置概念设计的早期，便同时形成了"国际托卡马克物理活动"(International Tokamak Physics Activity，ITPA)。在概念设计的研讨会上，聚变科学家们在会上针对托卡马克等离子体低约束模式进行了数据分析和定标，得到了 ITER-89P 能量

(a)

(b)

图 9-5　ITER 装置

（a）设计图；（b）工地现场

约束时间定标律；同时还就托卡马克等离子体高约束模的定标律研究提出了议案。基于以上议题，ITER 概念设计开展了一系列托卡马克物理相关的实验和研讨活动，最终获得了 IPB98(y,2)能量约束时间定标律。从此，国际托卡马克物理活动开始显现出雏形。1994年，ITER 负责人提议将国际托卡马克物理活动分为 6 个专业小组，并将 ITPA 的组织构架基本确定下来。2001 年，ITPA 组织正式成立。我国从 2005 年开始以观察员身份参与了ITPA 活动，加入 ITER 计划后，正式成为 ITPA 成员。国际 ITPA 物理研究活动主要包括以下几个方面：①以统一的物理格式来准备和收集经过校验的各个聚变实验装置的实验数据；②管理、组织和更新经过检验的数据库；③介绍实验的分析结果以提高对聚变等离子体物理的理解；④发展理论模型和数值模拟以解释和重现实验结果；⑤鼓励和促进国际托卡马克装置间的联合实验；⑥演示能够用于优化 ITER 性能的技术；⑦研究适用于 ITER放电运行的方案；⑧通过基于现有装置通过模型化的模拟以探索 ITER 实施燃烧等离子体实验的潜力;⑨确认和决定在 ITER 等离子体控制中可能发生的关键的加热和电流驱动、诊断、加料问题;⑩支持一些新的相关物理研究等。其中,托卡马克中涉及的主要物理问题包括:①束注入加热过程中的物理问题;②等离子体高温区的放电和击穿问题;③等离子体与壁相互作用;④等离子体的诊断;⑤等离子体杂质的问题等。

9.2.3 中国聚变工程实验堆

ITER 作为实验堆,其作用仅局限于对核聚变能能否实现利用而进行实验上的验证,对于下一阶段所需要的工程可行性的研究而言,为了后 ITER 时代的聚变堆研究,各国已经在提前准备自己的计划用于下一步聚变能开发的研究。例如,美国的 FNSF-ST/AT、俄罗斯的 T-15MD 和 IG-NITOR、欧盟的 EU-DEMO、日本的 DEMO、韩国的 KO-DEMO 等,只是其各自的科学目标稍有差异。

我国在这一大方向下,也有着同样的考虑。目前,我国已经开始聚集全国的精英科研人员,积极全面的开展"中国聚变工程实验堆"(CFETR)的设计工作。CFETR 的科学目标是:①实现自持聚变燃烧;②实现氚自持;③进行聚变科学、材料、部件等方面研究并建立数据库;④建立聚变堆核安全及标准体系。图 9-6 是 CFETR 的概念设计图。

图 9-6 CFETR 概念设计图

依照该装置的科学目标,CFETR 将会被要求要达到比 ITER 更稳定的运行指标以及更大的聚变输出功率。其设计大半径为 7.2 m,小半径为 2.2 m,磁场为 6.5 T,等离子体电流为 14 MA,可实现最大聚变功率为 2000 MW,功率增益 Q~30。为了实现燃料自持燃烧,该装置还设计有产氚包层,先进偏滤器,以及可控的、适当的粒子约束能力。

CFETR 装置设计和建设主要基于国际托卡马克研究和 ITER 装置研究基础展开,预计2030 年前后建成。就短期而言,目前的设计目标主要分为两期:一期主要目标是实现稳态运行和氚自持,实现不低于 200 MW 的聚变功率且功率增益因子为 5 的长脉冲燃烧等离子体物理;二期的目标主要是针对未来聚变示范堆燃烧等离子体的高效、高约束等科学问题进行实验研究,全面调试装置主机和所有系统在氘氚燃烧等离子体(Q>10)长脉冲 H 模条件下的性能和可靠性,全面验证氚工厂、包层、智能遥操系统的功能,实现 1000 MW 的稳定长脉冲等离子体聚变功率的产生。为将来纯粹的聚变电站的设计和建设打下坚实的基础,使我国率先实现聚变能发电,实现能源利用的跨越式发展成为可能[8]。

9.2.4 托卡马克的材料问题

对于托卡马克聚变堆的现阶段开发任务而言,现有的为聚变堆开发的材料很难满足新一代聚变堆高温、高压以及强中子辐照的苛刻条件。因此,开发适合聚变堆使用的材料主要研发途径有两条:一方面,开发新型的可适用于新一代聚变堆的材料;另一方面,在现有的聚变堆材料基础上,继续提升其应用性能,使之成为可以适用于聚变堆的材料。

托卡马克磁约束聚变堆从内到外主要涉及的材料包括面向等离子体材料、结构材料(包括防氚渗透涂层)、中子倍增材料、氚增殖材料、绝缘材料、窗口材料、光纤材料和超导材料等,这些材料都具备各自的独特功能和研发侧重点。

1. 结构材料

结构材料的选择与氚增殖剂、中子倍增材料、冷却剂等紧密相关,其应用要求包括:在高温、高中子注量、高热符合和高温冷却剂环境中具有合适的工作寿命,且在其使用寿命期限内,结构材料应保持其结构尺寸稳定性和化学稳定性,能够与氚增殖剂、冷却剂、中子倍增材料和面对等离子体材料相互兼容,并且能够抗中子辐照。第一壁材料(包括第一壁结构材料在内)如果是比较厚的板材,则要考虑热应力的影响。如果反应堆运行在周期性工况,则需要考虑材料的疲劳性能。

目前,较为热门的结构候选材料为低活性的铁素体/马氏体钢、钒合金和高纯度的碳纤维增强材料等,其面临的主要问题包括:辐照对硬度、脆性及韧脆转变温度(DBTT)的影响;其磁效应对等离子体稳定性的影响;蠕变断裂的强度和材料氧化物弥散增强性能。

2. 面向等离子体材料(PFM)

面向等离子体材料对于聚变堆作用是非常重要的,它不仅关系到等离子体运行的稳定性,还关系到第一壁结构材料和元件免受等离子体轰击损伤等问题。其主要功能包括:①有效控制进入等离子体的杂质;②有效移走辐射到材料表面的热功率;③非正常停堆时,保护其他部件免受等离子体轰击而损坏。同时,面对等离子体材料与堆运行寿命、可靠性及其维护紧密关联。因而,对面向等离子体材料的总体要求是具备耐高温、低溅射、耐中子辐照、低氚滞留与结构材料相互兼容等综合服役性能。作为候选的面向等离子体材料主要包括:碳基材料(石墨、C/C复合材料)、铍、钨等,为了提高面向等离子材料的抗辐照性能,还可以在面向等离子体材料表面喷涂碳化硅、碳化钛等涂层,理由是低原子序数元素可以有效地降低杂质对等离子体稳定性的影响。它们在600℃条件下的基本性能见表9-2。

表 9-2　几种面向等离子体材料基本性能参数(600℃)

材料	原子数	熔点/℃	密度/(g·cm⁻³)	热导率/(W·m⁻¹·K⁻¹)	10^6热胀系数/K⁻¹	弹性模量/GPa	运行温度/℃	自溅射率1000℃	氚滞留量/%[①]
石墨	6		1.8~2.1	90~300	4.5	8.1~28	RT~2000	>1	>1(辐照后)
C/C复合材料	6		1.8	155~400	3.6~7.8	9.3	RT~2000	>1	>1(辐照后)

续表

材料	原子数	熔点/℃	密度/(g·cm^{-3})	热导率/(W·m^{-1}·K^{-1})	10^6热胀系数/K^{-1}	弹性模量/GPa	运行温度/℃	自溅射率 1000℃	氚滞留量/%[①]
Be	4	1284	1.85	96	18.4	290	RT～1000	<1	<1
W	74	3400	19.25	176	4.2	379	RT～1000	>1(>100eV)	

注：①以原子百分数计。

以上几种材料有待解决的关键问题如下。

(1) 碳基材料。碳基材料的低原子序数有益于和等离子体之间良好的相容，它们具备极好的抗热冲击性能。在ITER中，等离子体破裂及慢瞬态过程对碳基保护材料带来了极高的热负荷水平，而由于碳纤维复合材料(CFC)具有高热导率(20℃时达到300 W/(m·K)，800℃时候为145 W/(m·K))能够经受高热冲击，所以CFC与铍和钨一起可以作为ITER面向等离子体部件的候选护甲材料。而且，在和等离子体直接接触的偏滤器垂直靶板和搜集板，目前只能采用CFC，因为在高功率运行的条件下(慢瞬态和破裂)CFC不会熔化，从而具有更高的剥蚀寿命以及高热流密度下具备更好的热机械性能。但由于ITER将产生强的中子注量率，尚还需要大量的研究和发展工作说明中子引起的损伤对这些材料微观结构和重要性能，如热导率、氚捕获和肿胀的影响，因为性能上的这些变化会限制它们在聚变装置中的应用。另外，关于碳基材料中还有待解决的问题包括：对化学溅射及辐照升华的抑制，辐照后的氚滞留和释放行为，与结构材料的连接技术等。

(2) 铍材料。铍有很多适合于聚变堆材料的优点，例如，其原子序数比碳要低，热导率较高，与氢之间没有相互作用，与氧的亲和力较高，感生反射性低和中子倍增能力高。这些优势使铍与钨/碳基材料一起被选作ITER第一壁和偏滤器的护甲材料，用于包层中氚增殖的中子倍增材料以及在惯性约束聚变堆堆腔中组件部分。在被称作Flibe的LiF和BeF$_2$熔盐混合物形态中Be被考虑作为聚变堆先进概念中的可更新面向等离子体的表面材料和冷却剂材料。其缺点也较明显，包括熔化温度低、蒸气压高、物理溅射产额高、中子辐照期间力学性能下降、有毒性、与蒸汽的化学反应和氚释放速度较慢。当然还有许多问题有待研究，尤其是对遭受高热流密度的部件，比如偏滤器中的构件及其制造，其与自身及其他材料的连接有关。需要解决的主要问题包括：制造技术(杂质控制、性能对杂质极为敏感)，与结构材料的连接技术，中子辐照行为等。

(3) 钨材料。值得一提的是，钨及其合金是作为第一壁及偏滤器面对等离子体的最佳候选材料，它是体心立方结构，在固相温度范围内不发生同素异形转变。且在所有的金属中，钨的熔点最高(3410℃)，蒸汽压最低(1.3×10^{-7} Pa)，热导性好，高温强度高，不形成氢化物，不与氚共沉积，是一种很好的高热流密度部件的护甲材料。钨的主要问题是再结晶脆性和辐照脆性，且当W离子能量超过100 eV时，W-W自溅射系数会超过1。

钨在近年来的聚变装置中有着广泛的应用。ITER装置的挡板零件以及偏滤器内外垂直靶板的上部区域将运用W护甲。其中，W-5Re合金由于高热导率和很高的熔点，以及热胀系数也匹配良好，故被提出用于碳护甲偏滤器的散热板材料。

另外，钨合金本身具备很多方式可以得到改进。除了制备，原材料、合金元素和掺杂物/杂质，热机械处理以及最终形状/几何条件都对W的力学性能有着强烈的影响。目前已知的先进钨基合金材料，例如，通过高能率锻造制备的HERF W-Y$_2$O$_3$新型钨基材料就具备再结晶温度高，韧脆转变温度低的优势。其中，最新实验室结果表明，其韧脆转变温度

（DBTT）可以低至室温。另外，作为 PFM 的热门候选材料的 W-K 合金，其韧脆转变温度（200～300℃）同样比纯钨低，且其再结晶温度极高，经过优化掺杂比例的 W-K 合金的再结晶温度（RCT）目前已经能够达到 2000 K 以上，而如此高的再结晶温度显然与微量掺杂的 K 的作用是分不开的[9-10]。目前钨及其钨基合金存在的有待优化解决的问题有：细化晶粒；与结构材料的连接技术；中子辐照行为；与等离子兼容性等。

3. 氚增殖剂材料

氚增殖剂包括固态增殖剂及液态增殖剂两大类。固态增殖剂已经被广泛深入研究，而液态增殖剂以其热导率好、低压运行和结构设计简单等特点而具有一定的吸引力，主要进行研究的国家有美国、德国和俄罗斯等，但未进行深入研究。表 9-3 分别列出了部分固态增殖剂和液态增殖剂的性能参数。

表 9-3 （1）几种固态增殖剂性能参数

材料	熔点/℃	热导率/(W·m^{-1}·K^{-1})	10^6 热胀系数/K^{-1}	杨氏模量/GPa	抗压强度/MPa	1d 氚滞留的温度/℃
Li$_2$O	1432	3.58	1.5	60.7	28.4	325
Li$_4$SiO$_4$	1255	0.82	1.41	48.2		388
Li$_2$ZrO$_3$	1695	1.42	0.57	77.3		319
LiAlO$_2$	1750	2.83	0.62	70.5	39.6	469

注：在 600℃下相对密度（实际密度与理论密度之比）为 80%，晶粒直径为 10μm、Li 丰度为 90% 的固体增殖剂。

（2）几种液态增殖剂性能参数

材料	熔点/℃	密度/(g·cm^{-3})	热胀系数/%	潜热/(kJ·kg^{-1})	热导率/(W·m^{-1}·K^{-1})
Li	181	0.518	1.5	66.2	42
Li$_{17}$Pb$_{83}$	235	8.98	3.5	33.9	13
Li$_2$BeF$_4$	459	2.0			1.0

4. 绝缘材料、窗口材料和光纤材料

（1）绝缘材料。有关对 Al$_2$O$_3$、MgO、MgAl$_2$O$_4$ 和 BeO 等绝缘材料的专项研究还较少，尤其是外加电磁场中受中子辐照后的电性能的退降，目前尚不十分清楚。

（2）窗口材料。石英晶体用于远红外区，锌硒化合物（ZnSe）用于红外区，融合二氧化硅（Fused Silica SiO$_2$）用于可见光和近紫外区，蓝宝石（Sapphire）和氟化镁用于紫外区。研究者所关心的问题是，中子辐照后部件变形以及微小变形引起的组件的高应力。

（3）光纤材料。光纤材料主要用于诊断和遥控设备。与其他玻璃类型光纤相比，SiO$_2$基的光纤更稳定，对辐照不敏感。辐照诱导色心不能被消除，但可预期和控制。重点问题是，辐照后引起的自发射及辐照对光在光纤中传播的影响。

5. 超导材料

托卡马克磁体的线圈如果是使用常规材料制作成的，通电后就会因电阻损耗造成温度升高，难以实现在大电流条件下的稳态运行，因而未来目标为商用的磁约束聚变堆其磁体不可能用通常的铜线圈[11-12]。更重要的是，聚变堆如果使用铜线圈，其所消耗的电功率将大

大超过堆本身所产生的能量,作为面向未来大规模新能源所利用的实用装置是相当不合算的。而且,未来聚变发电装置需要保证稳定且连续的工作模式,因而必须采用超导线圈[13]。目前,托卡马克的研究重点已从常规托卡马克转移到了超导托卡马克上来,以开展稳态先进托卡马克聚变堆的工程技术与物理实验研究[14]。

相对于低温超导磁体,高温超导(HTS)磁体具备了大幅度节省制冷费用和热磁稳定性高的独特优势,在实际运用中将会取代低温超导。理论计算结果表明,如实现低温超导材料向高温超导材料过渡,至少可以让占总费用5%~10%的冷却费减低90%。随着高温超导材料的发展,聚变堆的磁体用高温超导体代替低温超导体将会实现,一旦实现,聚变堆堆的造价和维护费用将明显降低,对其的防护措施也会减少,维护起来也更容易。人类就能最终实现通过商用核聚变堆的发电,满足对大规模清洁能源的迫切需求。

在超导材料的研究应用过程中,还需要面临并解决以下问题:聚变磁体使用的超导材料,不仅要求导体有高的临界电流、高的临界磁场及小的交流损耗值,而且在设计导体时必须考虑到磁体在运行时所处的环境;聚变磁体在运行时,导体要传输很大的电流;在大绕组尺寸下,线圈要产生很高的磁场;导体要经受瞬变电场分量的影响和中子辐照的影响,还要承受大的应力。这些都是对超导体很不利的因素。当导体绕成线圈后,还要综合考虑磁体的冷却、绝缘、保护、机械刚性、稳定性及安全裕度等诸多问题。

聚变材料研究发展的总体目标是:开发新材料,提高材料性能,理解材料在堆环境中的行为和行为结果,建立材料数据库,为反应堆工程设计提供所需数据[15]。

9.3　关于托卡马克的工程问题

托卡马克聚变堆的主要部件包括:①第一壁,它是直接面对等离子体并形成包容等离子体的腔室;②偏滤器,是用于除灰与杂质控制的部件;③包层,将聚变能转换成热能同时可以生产出氚的系统;④屏蔽部件,给磁系统的损伤提供防护;⑤真空容器;⑥磁场系统;⑦加料与等离子体辅助加热等系统。典型的托卡马克结构示意图,如图9-7所示。

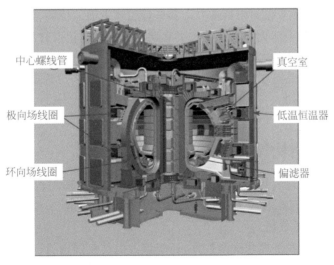

图 9-7　典型的托卡马克结构示意图

9.3.1 第一壁结构

第一壁指的是包容等离子体区和真空区的部件,又被称作面对等离子体部件。其外围与包层结构紧密相连。第一壁结构包括以下部件:①第一壁,形成等离子体室和真空室的容器壁;②孔栏,是可以限制等离子体边界的部件,也可以兼作为杂质控制系统;③偏滤器,作为杂质的控制系统;④其他部件,如中性束流注入区、诊断窗口以及内衬板等。

第一壁材料主要包括了第一壁表面覆盖材料、第一壁结构材料、高热流材料和低活化材料。

9.3.2 第一壁结构的工作环境

第一壁是聚变堆中距离等离子体最近的部件。由 D-T 反应产生的电磁辐射、带电粒子、中性粒子以及 14 MeV 中子会直接与第一壁表面产生相互作用,构成对第一壁的能量沉积、中子辐照损伤及其他等离子体与壁材料的相互作用过程。

对第一壁材料的设计和选择要求是要在使用中能够经受住聚变堆的严苛辐照、高热流、化学和应力等工况条件,并且还要能够保持住部件的机械完整性和尺寸稳定性。这些材料必须要具备较好的抗辐照损伤的性能,能够在高温高应力状态下运行,还要能够与面对等离子体材料和其他包层材料相容,同时也要与氢等离子体相容,材料表面能够承受住高热负荷的冲击。考虑到需要降低温度和应力梯度,所以有必要将较低的热膨胀系数、高热导率和低弹性模量作为候选第一壁材料的物理性质方面的选择指标。同时,材料的高温抗拉强度以及蠕变强度也是重要的性能参考指标。第一壁结构在承受通常和瞬态热负荷条件时所产生的热应变和机械应变应该在有限的范围内变化,并且还能同时保持一定的塑性。但需要注意的是,过度的辐照肿胀或蠕变会导致材料及其结构上的尺寸变化,最后将会引起失效。疲劳和裂纹的生长在实际应用中也需要被重点考量。

此外,以 D-T 为燃料的聚变反应本身并不会产生放射性物质。而要使得聚变能够成为相对清洁的能源,且同时考虑到要具备安全和环境影响方面的优势,则聚变堆材料应该尽可能选择或开发那些低中子活化和不产生长半衰期的放射性同位素材料。同时要保证聚变反应堆具备低放射性衰变余热,以减少有害的生物效应及其对环境的不良影响。而只有首先保证了聚变反应堆自身具备了环境友好的特点,才能进一步来讨论通过开发聚变能来永久实现碳中和国家战略规划。

9.3.3 包层结构设计

氚增值材料与结构材料和冷却介质及其他材料构成聚变堆的包层[16]。包层的作用主要有两个:第一,是生产氚,持续提供聚变反应所需的燃料;第二,是将聚变产生的能量变成热能,并且由冷却介质带出。

包层设计除了考虑经济性和安全性外,还应该考虑具有较高的氚增殖比、满意的氚释放性能、减少放射性废物的低中子活化、高可靠性以及便于维修。包层的安全问题主要涉及系统在停堆后失水或欠冷事故的应急反应速度的效率。为此,包层材料应该选择低衰变余热、低氚存留量和低放产物的材料。

氚增殖材料各种性能的重要性对于不同的包层结构和聚变堆运行模式是不一样的。比如,采用固态增殖材料和中子倍增材料混合结构,有利于取得均匀的氚分布和热量分布,这时候,相容性将是一个很重要的性能。对于以脉动形式运行的聚变反应堆,在其运行工况或当发生瞬态过程时,热扩散系数是一个重要参数;而对于稳态运行的聚变堆而言,该参数就不是很重要了。

9.3.4　氚工厂

氚是核聚变不可缺少的燃料,但是在自然界仅有微量的存在,远低于铀的存量,而且也不能像铀那样通过开采获得,只能借助聚变堆产生的中子与锂的核反应实现氚的自持。因此在未来的核聚变反应堆中,氚工厂承担着实现“氚自持”循环中精细、高效、安全处理氚的功能,如同聚变反应堆的“燃料供应+废弃物处理”工厂车间[17]。

中国工程物理研究院材料所已联合国内优势单位,合作完成了CFETR的氚工厂概念设计,并在氚提取、氚燃料纯化与分离、氚贮存、氚测量等领域实现多项突破。

CFETR氚工厂概念设计已于2015年宣告完成,在该设计中,提出了氚工厂氚氚内燃料循环回路、氚安全与包容系统总体设计,研究确定了各子系统关键技术参数、功能要求和工艺流程等。目前,中国工程物理研究院研究团队已基本掌握等离子体排灰气氚回收,水去氚化、氢同位素分离、氚包容等氚工厂子系统的原理性技术以及阻氚涂层、固态氚增殖剂等小批量制备涉氚材料的技术;开发了氚燃料纯化与分离、氚提取、氚测量、氚贮存等原理性实验系统和关键设备的原型样机等,为未来聚变能源商用堆奠定了充分的基础。

9.4　小结

这一章主要介绍了人类的终极清洁能源——热核聚变能源的开发,将会对我国早日实现2060碳中和目标带来怎样的助益。同时,也介绍了全世界在聚变能源的开发方面所经历的过程,以及其开发难度如何之大。尽管半个多世纪以来,核聚变能源暂时还没有被真正实现商用,但是当我们回顾这数十年来,从起步到探索再到一步一步的可行性验证,我们是可以明显地看到,人类已经距离这一终极能源目标越来越近了。可以想象,很可能在当下年轻一代的有生之年,我们人类是可以实现利用清洁的无尽的聚变能源为人类带来无穷的且近乎免费的电力的一天。到那时,当第一缕由可控热核聚变堆产生的电流点燃了第一盏灯泡时,我们人类也就可以宣布终于实现了聚变能源可控利用了;到那时,千家万户都在使用着清洁的聚变能带来的电力。而从那以后,人类距离奔向浩瀚星辰,普通人也能够实现太空旅行将不再是天方夜谭。

那时的地球,也将会处处鸟语花香,气候适宜,极端天气几乎很少再出现,地球温度得以控制在最适宜的范围内,人类的生活水平和质量以及幸福指数将会达到历史新高度,实现真正人类命运共同体及和谐世界也将是全人类的共同愿景。

致谢:

本工作获得国家自然科学基金资助(No.11775149,No.11975160,No.12005152)。

第 10 章　凝聚态核反应

张武寿　肖无云

太阳内部发生核聚变所产生的巨大能量使地球获得持续的光和热,按照物理学的定义,核聚变仅仅需要两个原子参与就可以放出巨大的能量,同时不会产生核污染。如果有可能做成非常小的实验装置并实现聚变,这将是一种很有吸引力的分布式清洁能源系统。

本章介绍的凝聚态核科学(CMNS)极有可能发展为一种革命性能源技术,该技术的最大特点是在廉价、温和条件下获得能源。它不仅会取代目前的煤炭、石油与天然气,从根本上解决碳排放问题,而且其低辐射性意味着它比核裂变更安全、干净。虽然CMNS只有短短三十多年的历史,其物理机制还不清楚,但实验事实已经表明这是一种广泛存在的自然现象,是从宏观的地质条件到微观的纳米材料,从高能束靶反应到室温附近微生物中普遍存在的。目前研究的最多的是含氢(氘)金属中异常热与核素产生,其热功率密度已经超过现有的核电站,而核产物主要是稳定核,很难观测到放射性核素与核辐射。如钯-氘系统中主要反应道是两个氘核聚变为氦4并放出 23.85 MeV 的热量,比传统的氘氘反应道放出的能量高 6 倍。当然,由于现象复杂,机理不明,很多细节还在探索之中,科学界对此也存在争议,这也是很多伟大发现和发明不可避免的遭遇,但 CMNS 蕴含的科学和技术意义值得我们重视并认真研究。

——主编的话

摘　要：本章综述了凝聚态核科学的历史与现状,介绍了金属中束靶型核反应的截面增高、自然界核反应、钯(镍、钛)阴极电解重水(轻水)中与合金-氢(氘)气中的异常热释放和核产物、各种生物化学条件下的核嬗变等不同能量尺度范围内发生的异常核效应。其共同特征是反应需要介观到纳米尺度的材料及热、光、机械等激发条件,物理化学条件的细微变化会导致核过程的不同。反应产生热量和稳定核,几乎没有放射性。钯-氘系统核产物主要以氦 4 为主,其他系统核产物尚未确定,生成多种元素是普遍现象。凝聚态核科学的发展将开辟新的物质科学领域,最终解决化石能源引起的碳排放问题,甚至可能为放射性废物处理提供新的解决方案。

关键词：凝聚态核科学,低能核反应,聚变,超热,核嬗变

　　自从 1989 年弗莱希曼（M. Fleischmann）和庞斯（S. Pons，下面合称二人为弗-庞）宣布发现钯阴极电解重水系统中产生异常热效应以来，凝聚态核科学（Condensed Matter Nuclear Science，也称为低能核反应（Low Energy Nuclear Reaction），俗称冷聚变（Cold Fusion））这个充满争议的学科已经形成三十多年了。现在该领域的研究范围已经远远超出氘聚变，它包括一大类现有理论无法解释的，在凝聚态中发生的核聚变、核嬗变以及核反应截面增高等异常现象，通称为凝聚态核科学。本章将对其历史和现状作简单介绍。为避免误解，笔者尽量使用凝聚态核科学一词，只有在描述历史及其狭义内容时才使用"冷聚变"。

10.1　什么是凝聚态核科学

　　为便于理解凝聚态核科学，先简介核反应常识。两类最为大众熟知的核反应是裂变和聚变，裂变即重核分裂为多个轻核，如原子弹与核电站利用的就是裂变能。而聚变相当于裂变的逆过程，即多个（通常是两个）轻核聚合成重核，氢弹利用的就是氢同位素 D-T 的聚变能。核反应放出的能量比化学反应高很多，如 D-D 热聚变时平均每个氘核可放出 1.8 MeV 的能量，也就是说每克氘放出的能量相当于 3 t 标准煤燃烧释放的能量。所以聚变反应蕴含着巨大的能源利用前景，对其研究已经持续了六十多年。核裂变需要克服核内质子与中子间的短程吸引力；核聚变需要克服反应核正电荷间的库仑排斥力，其大小正比于两核各自正电荷数的乘积——称为库仑势垒。即使是最简单的聚变反应——如 D-T 或 D-D 聚变，也需要克服 0.288 MeV 的势垒，这对应着约 30 亿摄氏度的高温。考虑到量子隧道效应和等离子体的能量分布后，D-T 聚变也要 1 亿摄氏度（D-D 聚变要 7 亿摄氏度）以上的高温才能发生可持续的反应。当然实际上还要满足一些其他要求，这些条件用一个称之为劳逊判据的参数综合描述，对于 D-T 聚变，可用压强 p 和约束时间 τ 的乘积表示为 $p\tau > 10$ atm · s（大气压·秒），点火条件的要求略低一些，不到 5 atm · s 就可以。现在磁约束达到 1 atm · s，惯性约束达到 0.1 atm · s。

　　核反应涉及的能量值（$>10^5$ eV）远大于化学反应和凝聚态层次的物理化学过程（$<10^0$ eV），核反应截面也比化学反应的小得多，反应过程也快得多。因此化学环境对核过程几乎没有影响，这正是核性质的化学无关性（当然，穆斯堡尔效应等极少数情况例外）。而凝聚态核科学正相反，实验发现，适当的物理化学条件可以极大促进某些核反应的发生，这相当于在传统的核物理与凝聚态物理（或物理化学）间巨大的荒漠上开辟出一条绿色走廊，人类不再需要通过大型加速器和托卡马克研究和利用核反应，其意义如何高估都不算过分。

10.2　凝聚态核科学简史

　　近现代史上最早的凝聚态核科学实验报道可追溯到 1922 年，美国科学家温特（G. L. Wendt）和伊利恩（C. E. Irion）在《美国化学会志》（*Journal of the American Chemical Society*）上刊登钨分解为氦的实验结果。1926 年德国柏林大学的潘尼斯（F. Paneth）先后在德国《自然科学》(*Naturwissenschaften*)和英国《自然》(*Nature*)等杂志上发表了氘气通过灼热钯管生成氦的报道[1],虽然他后来因受质疑而撤回了该结果,但这个实验结果与近年来日本荒田-张氏(Arata-Zhang)小组的非常类似。另外哈佛大学的布里奇曼(P. W. Bridgman,于 1946 年获诺贝尔物理学奖)在 1930 年代也发表了相关结果并对弗莱希曼早期思想产生过强烈影响。

在冷聚变发现之前,弗莱希曼已是英国皇家学会会员(FRS),他首次于 1974 年用银黑电极实现了表面增强拉曼散射(SERS),直到今天学者们还只能定性解释该效应。1983 年,弗莱希曼从英国南安普顿大学(University of Southampton)提前退休后到美国盐湖城的犹他大学(The University of Utah)化学系做访问学者,在那里和当时的系主任庞斯一起自费在庞斯家厨房进行钯阴极电解重水实验,后来把装置搬到犹他大学化学楼的地下室。在实验中他们多次观测到电解池的异常温升,之后在 1984 年秋的一次实验中烧干而断电后的电解池竟然烧穿了实验台。到 1988 年时他们已经花费了十万美元,无力继续支持实验工作,遂向美国能源部(United States Department of Energy,DOE)申请经费支持。能源部挑选同在犹他州的普罗沃(Provo)的杨百翰大学的琼斯(S. E. Jones)作为评审人,但琼斯反对资助弗-庞,可他自己却在 12 月份申请有关专利并向能源部提交研究建议书。

1989 年 2 月 23 日,弗-庞获悉了琼斯的工作,他们与琼斯及双方学校有关人员商讨同时公布发现。但琼斯于 3 月 6 日通知弗-庞他要在五月份的美国物理学会(APS)春季会议上公布发现,弗-庞要求其推迟一年半未果,于是在 3 月 11 日仓促间把论文投到了《电分析化学杂志》(*Journal of Electroanalytical Chemistry*)上[2]。然后弗-庞于 3 月 23 日召开记者招待会,因事出突然,记者们用"冷聚变"描述这种新现象,从此在世界范围内掀起一波冷聚变热潮。

在弗-庞发布新闻第二天的 3 月 24 日,琼斯通过传真向英国《自然》杂志投稿,该文于 4 月 27 日刊登出来[3]。他用钛阴极电解含多种盐分的重水溶液,测量到约 0.04 n/s(每秒中子数)的核反应,反应率为 $10^{-23} \sim 10^{-20}$ (D-D 对)$^{-1}$s^{-1},比弗-庞的低 11 个量级以上。

但这种热潮并未持续多长时间,世界各实验室的重复结果有正有负,众说纷纭,美国能源部组织能源顾问委员会(EARB)对冷聚变进行评估[4],委员会主要成员是琼斯的朋友与同行等核物理学家,报告承认有比本底高的核辐射但否认了热测量结果,即支持琼斯而反对弗-庞。

冷聚变热度随后逐渐降温。但与以前历次发现不同的是,弗-庞这次的发现导致了一门新学科——凝聚态核科学。因为前述和后面将要谈到的原因,现在学界主流还对该学科持怀疑态度,但近年来的美国物理学会年会、美国化学会年会上皆有凝聚态核科学的专场报告,而且有多个国际性盲审杂志已正式发表有关文章。说明"气候虽冷,但坚冰已破",凝聚态核科学的春天指日可待。

虽然现在凝聚态核科学不再像 1989 年那样轰轰烈烈,但这次发现激发了许多学者的热情,研究领域也大大超出单一的钯阴极电解重水系统而扩展到范围大得多的领域。在下节中笔者将以特征能量为标准分别概述从 $10^4 \sim 10^{-2}$ eV 能级(相当于亿摄氏度到室温)范围、简单到复杂的多种体系中的异常核效应,以逐步深入理解凝聚态核科学现象。

10.3 凝聚态核科学主要实验结果

10.3.1 束靶反应中的屏蔽能异常增高

自从卢瑟福通过散射实验发现原子的行星模型以后,用粒子轰击靶材料成为研究核物理与高能物理的经典方法,已知的核反应截面值都是用这种方法获得的。有趣的是,欧洲多国科学家对许多含氘材料中的 $D(d,p)T$ 反应(氘氘反应生成质子和氚,括号内斜体小写表示束原子核和测量的产物,括号外大写字母表示靶原子核和核产物)的截面随束能量变化进行了系列测量,发现许多金属中反应的屏蔽能远高于半导体与绝缘体中数值,且无法用已有的核反应屏蔽理论解释,如图 10-1 所示。

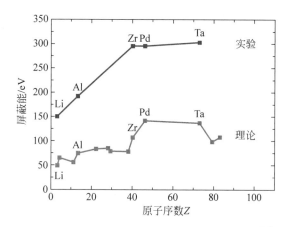

图 10-1 不同金属中 $D(d,p)T$ 反应屏蔽能的理论值与实验值比较[5],图中下侧红色方块是理论值,上侧蓝色方块是实验值

日本的笠木治郎太(J. Kasagi)等也发现钯复合膜中 $D(d,p)T$ 反应的屏蔽能远高于其他材料,还证实了掺 Li 的 Pd 片中 $^6Li(d,\alpha)^4He$ 反应的屏蔽能为 1.55 ± 0.40 keV,$^7Li(d,\alpha)^5He$ 反应屏蔽能为 1.76 ± 0.30 keV,而作为对比的 Au 片中的相同反应屏蔽能只有 0.06 ± 0.15 keV[6]。有趣的是后来用纯锂作靶,锂发生固液相变时屏蔽能从 400 eV 增为 700 eV。国内的王铁山小组发现 Li 固液相变时 ^6Li+d 反应屏蔽能增加 235 eV,^7Li+p 反应屏蔽能增加 140 eV[7]。说明不同金属,甚至相同金属的不同状态都对核反应有不同影响,这是传统理论无法解释的。

日本的北村晃(A. Kitamura)用 1 mm 厚 Pd 片为靶[8],真空侧蒸镀 $20\sim150$ nm 厚的金膜,另一侧是 $1\sim3$ atm 的氘气。用 $15\sim25$ keV 的 D^{2+} 离子从真空侧轰击 Pd 靶中的 D,测量 $D(d,p)T$ 反应生成的质子,结果发现用 20 nm 厚 Au 膜时质子产额比无镀层时大 10 倍,比理论值大 200 倍;用 70 nm 厚 Au 膜时质子产额比理论值大 10^3 倍。而且速度相同时 D^{2+} 离子比 D^+ 离子的归一化产率高一个数量级以上。

不仅 $D(d,p)T$ 反应截面在低能时出现增强,$D(d,n)^3He$ 反应亦然。中国工程物理研究院两小组在金属-氘气放电产物 2.45 MeV 中子测量中发现,放电电压越低中子产率偏离理论值越明显,在 4 kV 时实验值比张信威小组的理论值高 1000 倍。最近,美国劳伦斯伯克利国家实验室(LBNL)的申克尔(T. Schenkel)小组也在 Pd 阴极气体脉冲放电中发现 D(d, n)^{3}He 反应屏蔽能达(1000±250)eV[9]。

2020 年,美国航空航天局(NASA)格伦研究中心(GRC)报道用 2.9 MeV 电子束辐照氘化铒(ErD$_3$),电子束在金属内通过韧致辐射产生高能 γ 射线,γ 射线分解氘核为质子和中子,中子再碰撞氘核形成热氘(平均能量为 64 keV),热氘与晶格间隙的冷氘碰撞发生 D(d, n)^{3}He 反应生成 2.45 MeV 中子,这是光离解产生高能粒子导致的次级核反应。按照实验观测到的中子产率,ErD$_3$ 中氘氘反应屏蔽能为 347 eV,远大于已有理论值,他们称之为晶格约束聚变(LCF)[10-11]。

最近,斯洛文尼亚的利波格拉夫谢克(M. Lipoglavšek)等用 260 keV 质子束轰击含氘石墨靶[12],反应产物是^{3}He 及 5.5 MeV 的 γ 射线,同时还观察到 5.6 MeV 的电子,是 γ 射线数目的 0.15%,说明电子不仅屏蔽而且参与了核反应,这是以前未曾观测到的现象,对机理的深入研究有重要意义。

已有数个小组用各种理论讨论了含氘固体靶中的束靶反应,但给出的屏蔽能都不足以解释实验现象。上述结果说明冷聚变不是孤立的实验现象,而是低能条件下屏蔽能增高的极限情形,也说明在高能核反应与低能核反应间存在广阔的过渡区域。

10.3.2 自然界中的核反应

1989 年后,自然界存在的异常核效应又重新受到关注。如 1972 年 2、3 月期间,夏威夷冒纳乌鲁(Mauna Ulu)火山附近空气中氚分布处于历年的高峰,而此时正处于火山喷发的高峰期,根据观测数据求得每千克熔岩中至少有 10^{12} 个氚原子[13]。1980 年初在位于南纬 15°的东太平洋隆起处的水质取样表明其中的^{3}He/^{4}He 比值比大气中高 50%,此地也正是板块构造的活动带[14]。氚和^{3}He 是氘氘核聚变的产物,而地心温度估计最高值为 76 000℃,按照传统理论,根本不可能发生核反应。

国内的蒋崧生小组对土耳其内姆鲁特(Nemrut)火山口湖的氚和氦同位素含量垂直分布进行了研究[15]。该湖的氚垂直分布呈现"反常",湖底部的氚含量比表面的高,这些氚不可能来自人类核爆沉积物和已知核反应等常规来源,是从湖底部输入的。此外湖底部的^{4}He 含量是大气饱和值的 25 倍,而^{3}He 的过饱和值达到 190 倍,底部^{3}He/^{4}He=1.01×10^{-5},是大气中比值的 7.5 倍,因此可以排除多余氦的大气来源。但该比值与地幔中相同,说明其来自地幔。基于剩余氚与^{3}He 和热流相关性,推论出剩余氚与^{3}He 都来自地幔。此外德国拉谢尔(Laacher)火山口湖底部也存在来自地幔的^{3}He 和氚,应该是来自地球深处的核聚变产物。

地球内部的^{3}He 起源是一个有争议的话题,大多数地球学者接受初始起源的假说,但该假说仍有许多问题。有意思的是^{3}He 与热流的比值(1.4±0.1)×10^{-12} mol/J 与 D-D 聚变中的相应平均比值 3.2×10^{-12} mol/J 在相同的数量范围内,仅相差一倍多。

1978 年,苏联学者发现一些工业纯的金属和半导体中富含有^{3}He,^{3}He/^{4}He 丰度比约为 1,且^{3}He 分布在毫米级区域内,而地壳中^{3}He/^{4}He~10^{-7}。^{3}He 一般是核聚变的产物,所以^{3}He 的富集可能说明金属与半导体中发生了核反应[16]。

10.3.3　钯-氘系统

钯是人类认识最早的吸氢金属,在气压足够高的条件下,钯吸氢可以达到 H/Pd＝1 的化学计量比。钯的另一个特别之处是这种吸收是可逆的,当外界温度升高或压力降低时,氢可以从钯中脱出,即钯吸氢反应的吉布斯能变化很小。与锂、镁、铝、钛等金属相比,钯吸氢后保持其金属性不变,只是密度、电阻等物理性质随吸氢量变化,而不会变成离子晶体或直接破裂成粉末。这些性质使钯-氢系统成为人类研究最充分的金属-氢系统,因此在钯-氘系统中最早发现冷聚变也是一件顺理成章的事情。钯阴极电解水是常见的充氢方法,可以在常温常压条件下通过电解液组分控制、加大电流等方法,可获得一般在高压条件下达到的高充氢率,这也是弗-庞最早想到用电化学方法进行冷聚变实验的原因。

1. 钯-重水电解系统

钯阴极电解重水产生超热至今仍是凝聚态核科学中研究最多也是了解最深入的现象,它已经明确的特征如下:在电解过程中钯阴极吸收氘气进入金属内并在其中发生聚变,与热核聚变主要产生 T、p、^{3}He 和 n 不同,其核产物主要是 ^{4}He,伴随微量的 T、n。当然,因为现象本身的化学敏感性,实际结果要复杂得多,而具体机理仍在不断争论与探索中。下面以弗-庞型超热为出发点较详细地介绍该类现象即狭义的冷聚变。

弗-庞型电解池是一个细长的玻璃杜瓦瓶,见图 10-2(a)[2],其中装入钯阴极和同心密匝缠绕的铂丝阳极、半导体温度计、电阻加热器等,管口留有通气孔并用聚三氟氯乙烯塞封紧。电解液为氘氧化锂重水溶液(LiOD＋D_2O),电解池放在恒温水浴中。输出热功率主要由电解池与水浴间温差引起的热传导决定,同时考虑热辐射等因素并用电阻加热器进行校验。输出功与输入功的差惯称为超热(excess heat,实际是超功,即 excess power)。弗-庞的典型超热结果如图 10-2(b)所示,其主要特征是电压降低而温度升高,这说明是电化学过程以外的热源导致的变化。国内外多个小组都观察到类似的结果。

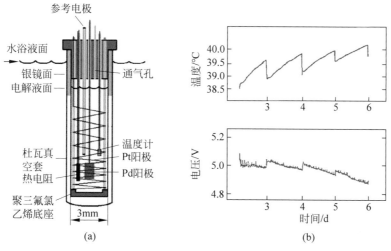

图 10-2　弗-庞实验装置及超热结果

(a)弗-庞所用的电解池(非比例绘制);(b)弗-庞的一例实验结果[17]

弗-庞型装置的缺点在于热测量复杂,用于定量研究无法实现各参数的有效分离。从热测量角度而言,弗-庞使用的是等温外套量热法,适合于总热量测量。对于功率测量人们更倾向于使用等温或半等温量热计,但这两者多是针对小体积样品的。为此人们设计了大体积量热计进行热功率测量,其中流量型和塞贝克型两种用得最多。使用流量型量热计以麦克库博(M. C. H. McKubre)最早,在 1990 年的第一届国际冷聚变会议上就报道了有关结果。美国洛斯阿拉莫斯国家实验室(LANL)的斯多姆斯(E. Storms)最早自制并使用塞贝克量热计进行量热。

因为钯可以吸收氘气并形成非化学计量化合物 PdD_x,所以钯阴极电解重水产生超热很自然使人想到钯中氘浓度与超热间的函数关系。1992 年麦克库博[18]与国松敬二(K. Kunimatsu)[19]同时报道产生超热需要 D/Pd 阈值。1995 年麦克库博从 23 实验年共 214 轮实验结果中挑出其中的 176 轮共 177 640 小时的数据分析后得出超热与各参数的唯象表达式[20]:

$$P_{ex} = C(t - t_0)(j - j_0)(x - x_0)^2 \left| \frac{\partial x}{\partial t} \right| \tag{10-1}$$

其中 C 是常数;右式第二项表示超热需要弛豫时间 t_0,麦克库博后来认为它至少要十倍于扩散时间;第三项表示超热需要临界电流密度 j_0 且与电流密度成正比;第四项表示超热需要临界氘浓度 x_0 且正比于氘浓度的二次方;最后一项表示超热需氘的吸入或放出。

麦克库博的结果发表后就在冷聚变界产生了很大影响,由于超热难以重复,许多人把原因进一步深入到钯的材料产地、冶炼方法、杂质去除、合金掺杂、体积膨胀控制以及电解液提纯等材料学细节上。这些方法经过主要评述者斯多姆斯的反复强调成为主流思潮[21],结果使冷聚变像热聚变一样变成一个复杂的工程问题。

为什么麦克库博的临界充氘率概念在很长时间内深入人心呢?这除了他工作结果细致而显得有说服力外,更主要原因还是热聚变范式对冷聚变研究的影响所致。因为热核聚变的条件就是温度、约束时间和密度的乘积要满足临界值即劳逊判据,而冷聚变的临界充氘率(很容易通过温度-压力-组分关系式转换为压力)和弛豫时间正好满足了人们把冷聚变作为低温版热聚变的心理预期。结果冷聚变学者们在突破了反应分支比异常这一热聚变常识以后,又陷入了"劳逊判据"的陷阱,这说明旧范式的影响是如何的强大。

张武寿等发现钯电解重水产生超热的关键因素是电解过程中的温度升高而非充氘率提高[22],一例对比结果如图 10-3 所示。该实验中,电解池最终都稳定在 80℃左右,但初始温度高、导热好的电解池无超热,而初始温度低、绝热好的电解池在其他参数不变的情况下产生了明显超热。该发现说明为什么单纯使用等温或半等温量热计很难得到正结果,因为这类量热计抑制了电解池的温度升高,而弗-庞型电解池是一个杜瓦瓶,在电解过程中温升显著,恰恰是对这一特点的忽视及流量型量热计对温升的抑制导致了很长时间内超热实验的低重复性。田坚小组也发现 D/Pd 比在 $Pd-D_2$ 超热产生中并不重要。

现在温度对超热的正面影响已经成为凝聚态核科学研究中的共识。近年来根据超热对温度的依赖性,多个小组求得超热产生的活化能。斯多姆斯用塞贝克量热计的测量结果表明,钯样品在 28~31℃出现活化能变化(图 10-4),高温区活化能为 0.13 eV/atom,低温区为 0.63 eV/atom。在低温区产生超热需要高的 D/Pd,而高温区 D/Pd=0.01 就够了。这个结论终于把不同温区产生超热的矛盾要求统一了起来。此外,高温区固体 Pd 超热受限

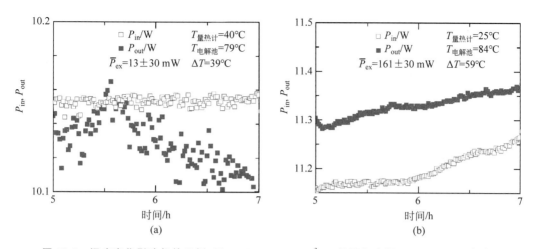

图 10-3　温度变化影响超热示例，用 $25 \times 25 \times 0.3$ mm^3 Pd 片阴极电解 $D_2SO_4 + D_2O$ 溶液，电流 3 A，图中 P_{in}、P_{out} 和 P_{ex} 分别是输入功、输出功和超功率

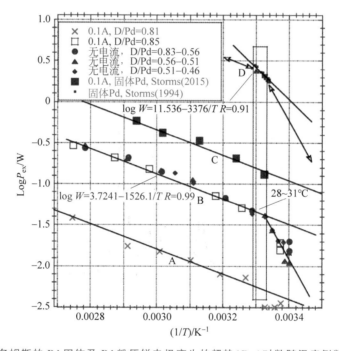

图 10-4　斯多姆斯的 Pd 固体及 Pd 粉压饼电极产生的超热（P_{ex}）对数随温度倒数的依赖关系

于 D 在 Pd 中的扩散过程，所以活化能与 D 扩散活化能相同，在钯粉压饼样品中扩散不成问题，所以活化能显示的是其他过程的[23]。斯多姆斯用空气中短时间氧化后的钯粉压饼很容易获得超热，而固体钯则困难得多。其样品形态与近年来发展出的合金粉末趋同，说明介观-纳米尺寸在凝聚态核科学中起重要作用。国内李兴中小组历年 Pd-D 系统中超热活化能为 0.56 eV/atom[24]，与斯多姆斯结果定性一致。

2. 各种激发超热的方法

除了上述热激发以外,人们还利用其他方式刺激超热产生,例如,意大利的塞拉尼(F. Celani)在细钯丝上加高电压使氘在钯中迁移来获得超热,美国西德尼基梅尔核能复兴研究所(Sidney Kimmel Institute for Nuclear Renaissance)采用复杂波形的电磁脉冲(称之为超波)激发超热。此外还有用激光、超声等方法激发超热。

最早用激光激发超热的是美国的利兹(D. Letts)小组[25],他们使用 Pd 阴极片电解重水溶液,先电解充氘,然后使用 Au 辅助电极做阳极,阴极镀金直到变黑。断开 Au 阳极电路并继续原电解过程,将波长为 630～680 nm 激光照射在阴极上形成直径 2 mm 的斑点。在近三年超过千次的实验中观测到比激光功率大 5～30 倍的超热,最大超热为 350 mW,照射区域约 0.03 cm²,可求得超热密度为 10 W/cm²。此后多个小组重复了该结果并发现只有适当的 Au 厚度才起最佳作用,但超热对波长依赖关系不太明显。美国麦克库博小组[26]、意大利的维奥兰特(V. Violante)小组[27]皆证实激光极化方向影响超热。

2009 年,利兹与麻省理工学院(MIT)的黑格斯坦(P. L. Hagelstein)合作使用不同波长的激光形成拍频[28],在 8.3 THz、15 THz、20.5 THz 为中心、半高宽(FWHM)为 2 THz 的三个拍频峰附近出现超热峰值(图 10-5),其他拍频区无超热。另外,在把电解池温度从 62℃增加到 72℃时超热从 225 mW 增加到 900 mW。

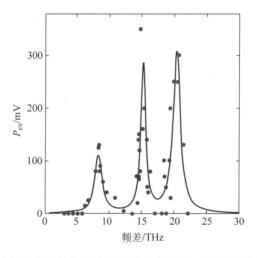

图 10-5　利兹与黑格斯坦在两年共 50 轮实验中的超热(P_{ex})随双频率激光频差的变化[28]

美国的斯特林厄姆(R. Stringham)用超声空化的方式激发了核反应[29]。斯特林厄姆在 300～450 K、1～30 atm(一般是 Ar 气氛)条件下,把 0.02～1.7 MHz 的超声波输入内置有 Pd 膜或 Ti 膜(厚度皆为 0.1 mm 量级)的流动重水反应室中产生超热。其中一例实验是用 20 kHz 超声输入 12 W,产生了 9 W 超热,最大超热达 40 W;用轻水的反应室则无超热产生。DOE 实验室的奥利弗(B. Oliver)收集了 Ti-D_2O 反应室中的气体产物并用气相质谱分析,在 6 个月前后对 ^3He 的测量表明与氚衰变产生 ^3He 量的变化相一致,说明超声空化导致氚产生。2002 年有报道 Pd-D_2O 反应室的产物是 ^4He(比空气中的本底高 100 倍),用场发射扫描电镜(FESEM)可看到 Pd 表面直径为 5 μm 的空洞。笔者认为这应该是在重水气泡空化过程中产生的低能高密度氘喷射流作用到金属片上发生了核反应。

3. 高额超热

Pd 阴极电解重水的另一个显著特征是能够产生高超热,这说明它具有能源利用的技术前景而不仅仅是一个科学现象。弗-庞用 4 个试管同时进行实验,所用阴极为直径 4 mm 的 Pd 棒,在恒电流电解两周以后,每个电解池的温度都在半小时内突然升高到沸点,在电解池烧干后仍保持 100℃达 3 小时,即阴极不需要输入功就可自加热。因为杜瓦瓶内固定电极的聚三氟氯乙烯已融化,根据其融化温度可推测电解末期的温度应该在 300℃以上。

水野忠彦的一个类似实验也很说明问题[30],约 100 g 的 Pd 管一直产生好几瓦的超热达一月,最后电极变得红热,超热已过百瓦,电解池无法继续冷却电极。水野忠彦把电极扔入一桶水中,在 11 天内共加入 37.5 L 水才把 Pd 电极冷却下来。仅冷却水的蒸发热就达 85 MJ,连同前期的 12 MJ 超热,该电极共产生 97 MJ 能量。这相当于 2.8 L 汽油的热值,可以推进普通小汽车行驶 27 km。

日本的荒田-张氏小组使用双结构 Pd 阴极也得到了高额超热。把直径 1.4 cm、长 5～7 cm 的 Pd 柱轴心钻孔,孔内放置约 3 g 钯黑,孔口用电子束焊接并与真空系统相连或直接封口,然后封闭电解池进行电解,在 7 个月的时间内产生了平均为 5～10 W 总量、达 200～500 MJ/cm^3(20～50 keV/Pd-atom)的超热。用轻水电解或用固体电极、Pt 阴极电解重水皆无超热。

国内王大伦曾观测到重 1.3 g 的 Pd 管电解重水出现的大超热现象,张信威等事后估计在不到 17 s 的时间内释放出 12 kJ 的热量[31]。

这些大超热特点有四个:一是开放电解;二是高温,都在高于室温的状态下工作,常常在沸点附近,最高达 300℃以上;三是大样品,尺寸都在毫米以上;四是部分样品出现热自持现象。这些结果不仅可为实验和理论研究提供方向,而且可为将来的技术应用提供参考。现在核电站反应堆堆芯的功率密度是～20 W/g 或 150 W/cm^3,而上述弗-庞的自持热功率达 3.7 kW/cm^3,因此冷聚变将来完全可用于供热、发电。

4. 核产物 I:^{4}He、^{3}He、T 和中子

因为钯-重水电解系统和钯-氘气系统的核产物在多数情况下相同,所以我们将统一描述。

在冷聚变出现初期,因为测到的中子和氚远低于根据热核聚变反应式和总热量得出的期望值,所以有人推想反应途径主要是:D+D→^{4}He+23.85 MeV,即主核产物是^{4}He。迈尔斯(M. H. Miles)、高桥亮人(A. Takahashi)、荒田-张氏等小组先后证实了^{4}He 与超热的正相关性。迈尔斯最早测得钯-重水电解系统中^{4}He 原子数与超热比值:$(0.7 \times 10^{11} \sim 2.5 \times 10^{11})$J^{-1},其上限已与期望值一致,说明上述设想正确且反应在近表面区[32]。经过多年努力,麦克库博和维奥兰特两小组测出电解系统中的^{4}He 为理想值的(50 ± 15)%～(100 ± 10)%范围内。

美国得州农工大学(Texas A&M)的博克里斯(J. O'M. Bockris)小组将产生超热的直径 1 cm 的钯棒电极底部切下,再切出其中 1/4 圆片,该片再分成 4 片,结果发现不同片中的^{4}He 含量差别达 50 倍,说明^{4}He 产生是不均匀的[33]。

日本荒田-张氏小组与美国的克斯(L. C. Case)都用钯微粒-氘气系统实现持续的热产生,同时测到 ^{4}He。美国麦克库博证实了这两个小组样品中 ^{4}He 的产生。这说明钯-氘气系统中超热也来自 ^{4}He 反应道。

另一个容易测量的累积核产物是氚。多个小组在电解后的电解液中用液体闪烁计数器测量氚,发现氚的产生具有猝发性和随机性,氚产额比 ^{4}He 少 9 个量级左右,比较典型的几个结果如下。

美国的克拉克(W. B. Clarke)[34] 用荒田吉明提供的阴极电解 90 天,阳极电解 83 天的内含 ~5 g 钯黑的圆筒电极内气相中测到 $(2.3\pm0.5)\times10^{12}$ atoms/cm^3 的 ^{3}He,54 天后测到 ^{3}He 增加,电极外壁上 ^{3}He 的分布随径向厚度变化,越往外越少(图 10-6),说明 ^{3}He 是圆筒内产生的 T 衰变来的,且在向外扩散。

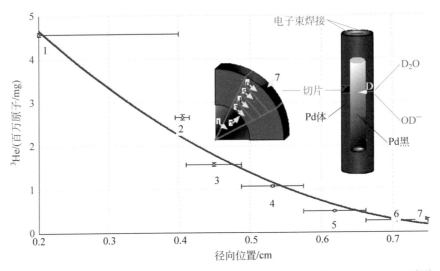

图 10-6　克拉克等人测到的荒田-张的电解后 Pd 管样品壁内部 ^{3}He 随深度的变化[34]

美国 LANL 的克莱特(T. N. Claytor)在钯-氘气放电系统中测到显著的氚产生。

印度巴巴原子中心(BARC)在 1989 年用 Pd-Ag 合金片吸收氘气产生氚。Pd-Ag 片在 1 atm 氘气氛下封闭吸氘 1~10 天(D/Pd=0.45~0.46)。然后把样品浸泡在重水中置换出其中的氚,液闪测量发现产生 2×10^{10}~2.4×10^{11} 个氚原子,似乎样品接触氘气时间愈长,氚愈多。此外把 Pd-Ag 合金片与 X 射线胶片接触形成氚射线自显影。该技术利用样品所含氚放出的 β 射线和轫致辐射产生的 X 射线使胶片感光,可得到氚分布影像。BARC 用 Pd 阴极电解重水也观察到大量的氚产生,其主要特点如下:①氚、中子产生时间是随机的、猝发式的;②在测量到中子猝发后也观察到氚增加,说明二者同时产生;③中子与氚的比值为 10^{-9}~10^{-6}。在一例结果中,电解液中氚含量为 121 nCi/ml,比电解前增加了 1000 倍。总产额为 9×10^6 个中子、1.9×10^{15} 个氚原子,n/T=5×10^{-9}。

国内王大伦小组最早于 1989 年 4 月用钯管电解重水 5 天后测到持续 10 小时的中子,强度 ~10^3 n/s,一周后用液闪测量发现重水中的氚计数比未电解的高 30%。其氚和中子产生模式与 BARC 类似。

俄罗斯的利普森(A. G. Lipson)用 Au/Pd/PdO 多层膜片进行实验[35],首先阴极电解吸氘,然后在空气中加压力或真空中加热等方法脱气,用 NE213 测到 2.45 MeV 聚变中子、用金硅面垒探测器测到质子。还用 CR-39 固体核径迹探测器测到 D-D 反应产物 p-T 对、$10\sim16$ MeV 的 α 粒子。反应率与琼斯水平相近。结果表明,反应是在氘扩散过程中而不是表面上产生的,如果能产生足够大的氘流,就可以测到显著的中子。

美国海军研究实验室(United States Naval Research Laboratory,NRL)的斯兹帕克(S. Szpak)与莫斯尔-鲍斯(P. A. Mosier-Boss)小组通过电解 Pd 盐重水溶液,使 Pd 与氘在阴极上共沉积以降低充气时间。他们不仅观察到了超热,还测到了 X 射线和带电粒子等多种电离辐射。2005 年,他们用金箔为阴极电解含 Pd 盐电解液,塑料电解池外用平行铜片并加 6 kV 高压形成平行于阴极面的电场。实验结束后用扫描电镜发现样品表面呈现熔融状,并用能量色散 X 射线谱仪(EDS)在样品表面测到 Al、Mg、Ca、Si 和 Zn 等新元素。而未加电场的样品表面呈菜花状颗粒,表面组分只有 Pd 和 O。2007 年,他们用 CR-39 片在电场加磁场的条件下捕获很多质子与 α 粒子形成的径迹。特别是用 CR-39 观察到三重径迹[36]。6 h 和 10 h 不同时间的蚀刻表明这是三个 α 粒子向三个不同方向飞出的径迹。在该系统中,只有 9.6 MeV 能量以上的高能中子才能引起碳的破裂反应 $^{12}C(n,n)3\alpha$,从而形成这种三重径迹,这说明 Pd/D 电解过程中产生了高能中子。这是凝聚态核科学实验中第一次得到如此高能中子的证据。

5. 核产物 II：嬗变核产物

博克里斯小组在 1993 年把重水中长时间电解过的钯电极表面剥离 1 μm 厚,测得了许多新元素,当时以为是溶液中的杂质沉积到了电极上,结果发现溶液中也有相同的"杂质"。而阳极上的 Pt 虽然也沉积到了 Pd 电极上,但其随深度指数衰减。后来多个小组确认这是核嬗变,特别是日本水野忠彦在 Pd 阴极高温等离子体电解中也发现很多核嬗变产物。从 Ni-H 系统的核嬗变工作看,Pd 阴极在室温附近电解重水主要产生 ^{4}He 反而是一种特殊的情况。当然由于这些核嬗变产物比 ^{4}He 少,规律性还不是十分明显,但有些模式已很明确。如美国的达什(J. Dash)小组多次在重水中电解后的 Pd 阴极上测到银,特别在边缘、裂缝与火山口形貌的中心等三种位置,一般比 Pd 多 1/10[22]。2019 年法国比伯里安(J.-P. Biberian)报道了 2001 年庞斯给过他一个产生很多超热的 Pd 阴极,他拿出来用 SIMS 测量发现表面有 Ag 斑点,且 ^{107}Ag/^{109}Ag 丰度比为 10,而天然值为 1.06,深度分析表明 Ag 只有 1 μm 厚[37]。反应很可能是

$$^{105}Pd + D =\!\!=\!\!= ^{107}Ag + 13.12 \text{ MeV} \tag{10-2}$$

多年实验表明,Ag 产生是普遍现象,比超热要容易得多。

日本的岩村康弘(Y. Iwamura)用氘气扩散通过钯片多层膜观测到核嬗变现象[38]。用厚 0.1 mm 的 Pd 片,两面分别为氘气和真空,氘气侧 Pd 片交替沉积 5 层 CaO(2nm)/Pd(18 nm) 膜,再用电化学方法沉积一层锶(Sr),然后使氘气扩散通过 Pd 片(见图 10-7 中插入图)。一周后用 X 射线光电子能谱仪(XPS)检测发现 Sr 减少而 Mo 出现并增加,如图 10-7 所示。用二次离子质谱仪(SIMS)分析表面,发现产生的 Mo 同位素分布与天然的不同,而与 Sr 分布有对应关系,即可能的核反应途径为

$$^{88}Sr + 4D \longrightarrow ^{96}Mo + 53.41 \text{ MeV} \tag{10-3}$$

当表面沉积 Cs 时发现 Cs 减少,镨(Pr)出现并增加,可能的反应途径为

$$^{133}\text{Cs}+4\text{D}\longrightarrow^{141}\text{Pr}+50.49\ \text{MeV} \tag{10-4}$$

其他条件相同但用 H_2 取代 D_2 时看不到表面元素异常变化。

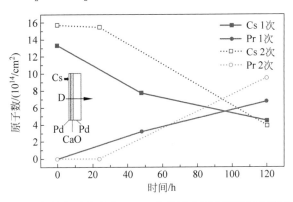

图 10-7　岩村康弘实验中 Cs、Pr 在样品表面密度随时间的变化

进一步研究表明 Pr 数量正比于通过 Pd 中的 D 流。对表面 Pr 深度分布的分析表明，活性层厚度为 10 nm。利用 X 射线荧光光谱分析仪（XRF）测量表面二维元素分布，发现三个样品上有些位置有 Pr 似的 X 射线 L_α 峰，表明核嬗变反应是不均匀的。岩村康弘认为除了足够的氘扩散流外，还需满足两个条件：一是表面有足够多的氘，二是在 Pd 表面有低的功函数材料。日本已有小组用电感耦合等离子体质谱（ICP-MS）和中子活化分析（NAA）在相似条件下（70℃，5 atm，岩村康弘提供的样品）证实了 $^{133}\text{Cs}\longrightarrow^{141}\text{Pr}$ 反应，还有人在真空侧镀膜（而非上游）也测到 Cs $\longrightarrow$ Pr 反应。

因有人怀疑 ICP-MS 的 ^{141}Pr 测量结果是复合核的，而背散射结果只与束靶间的库仑相互作用有关，证据更直接，容易为核物理学家们承认，2016 年，笠木治郎太用 ^{40}Ar 的卢瑟福背散射（RBS）验证了岩村康弘型实验中 ^{133}Cs 嬗变为 $^{141}\text{Pr}^{[39]}$。

根据核物理常识可知，上面的核反应需要克服的库仑势垒是 38（或 55）个正电荷与 4 个正电荷之间的，这种多体反应的截面比氘氘反应截面小的倍数本身已是天文数字，传统核物理根本不能解释。该结果的重要性在于它完全是一个物理实验，不涉及化学变化，符合物理学的简单性、理想性要求，具有重要的科学意义。

Pd-氘系统中除了银产生和岩村型产物外，有多个小组报道了钯-氘（氢）系统中其他元素的产生，特别在高温、激光照射、强电场等极端条件下会产生多种核产物，且随参与的氢同位素不同而不同，前述斯兹帕克和博克里斯两小组的结果仅是其中两例，类似结果还有很多。

10.3.4　镍-氢系统

镍-氢系统的工作主要以美国的镍阴极电解轻水和意大利的镍-氢气系统为主。在元素周期表中，镍与钯同族，二者表面性质接近，因此都常用作催化剂。但镍从氢气中吸收氢是吸热反应，所以氢进入镍晶格较难，一般需要加压升温或与其他易吸氢金属形成合金（最有名的如镍氢电池中的 LaNi_5）来吸氢。

1991 年，米尔斯（R. L. Mills）小组最先报道 Ni-H_2O 电解时测到超热[40]并为其他小组

所证实。布什(R. T. Bush)用两个全同的电解池,一个用普通轻水,一个用仅有普通水 1‰
氘含量的贫氘水(即 D/H＝18 ppm),结果两个热效应在误差范围内相同,说明氘未参与轻
水超热的反应。该系统的最大进展是 20 世纪 90 年代后期帕特森(J. A. Patterson)的镀镍
微球电解轻水实验,微球是直径 1 mm 的苯乙烯塑料,先在微球表面镀铜闪,然后交替电镀
镍和钯形成多层膜,用数以千计的小球作阴极电解轻水。在 1995 年底的一个展览中输入
1.4 W 的电解功率,输出热功率达到 1,280 W。但只维持了几个小时就镀层脱落、无法继续
工作了。

美国的米利(G. H. Miley)等人在经过长时间电解的帕特森型镍和镍/钯多层膜阴极中
观测到原子序数在 3～92 的稳定核素。所产核素可分为四个主要群,相应的原子序数为
6～18、22～35、44～54 和 75～85,核素产率的峰值在原子序数为 12、30、48 和 80 处,如
图 10-8 所示[41]。其中一例是经过两周电解,约 1000 个小球(0.5 cm^3)共生成 1 mg 的核
素,即有大于 40% 的金属嬗变为其他核素,原子产率为 10^{16} atom/(cm • s),比超热～60 keV/
atom。米利同时采用 NAA、SIMS、EDS 和俄歇电子谱(AES)等多种手段进行测量。所产核
素的同位素丰度与天然丰度完全不同,表明其是核嬗变产物。新核素集中分布于金属体内
部也说明核素不是由外界扩散进去的。用磺化塑料球作阴极的对比实验也证明了观察到的
核素不是杂质污染,不同实验室的样品都给出相似的结果,说明它是可重复的。用 Pd 阴极
也测到类似的四群核素,但产率比镍和镍/钯多层膜低好几个量级,说明弗-庞型实验中用轻
水测不到超热是反应率太低所致。当用玻璃代替塑料作为金属膜的衬底时高原子序数的两
群核素产率明显降低,表明衬底材料对核过程有明显影响。他们未测到中子、X 和 γ 射线。
此外日本的水野忠彦也在重水中高温高压等离子电解过的钯阴极中观测到大量嬗变核产
物。他们的结果说明嬗变是比聚变更普遍的凝聚态核科学现象。

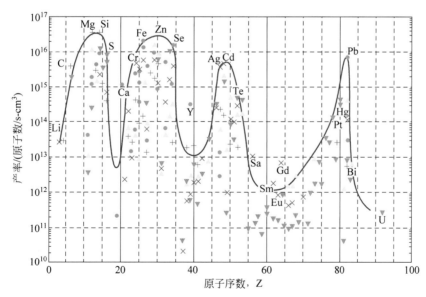

图 10-8　米利小组观察到的 Ni-H 系统嬗变核产物的元素谱

美国斯瓦茨(M. Swartz)等人报道 Ni 丝(直径 0.041 mm,面积约 24 m^2,2.13 kg 重)开
放电解 0.6 M K_2CO_3＋H_2O 溶液,超热至少是输入功的 4 倍,最大超热约 5 W。作者认为

D 参与反应并放出热量,因为对电解逸出气做质谱分析,发现 DH/HH 的质量 3/2 峰值比变小了 43%,这与前述布什 Ni 阴极电解贫氘水产超热的结果相矛盾。

镍-氢系统最大超热结果来自镍-氢气系统。1989 年 8 月,意大利的生物物理学家皮安特利(F. Piantelli)在实验中用液氦冷却生物制品,氢气氛中使用了镍,当氢气压力降低时温度升高,最高升到 160℃,这是违背已知物理学定律的。此后他与博洛尼亚(Bologna)大学的福卡迪(S. Focardi)等人一起重复了该实验[42],材料从镍棒逐渐演变为蒸镀和表面处理形成的镍膜。后来福卡迪与罗西(A. Rossi)合作继续探索,不再使用镍膜,开始使用镍粉作为反应物。近十年来,罗西展示了多个版本的能量催化器(energy catalyzer,E-Cat)[43]。在 2014 年的一次演示中,前 10 天平均输入 778 W,输出 2436 W,能效比(输出功率与输入功率比值)COP=3.13,反应温度超过 1200℃。32 天内共释放净总热量是 5.83±0.58 GJ,按燃料重量计算的比超热是 5.83±0.58 GJ/g,功率密度是 2.1±0.2 kW/g。以前的实验需要充入氢气而这次只用密封陶瓷管且产物中存在 Li 和 Al,人们猜测是使用氢化铝锂(LiAl₄)作为氢气来源。

2014 年底,俄罗斯人民友谊大学的帕克哈莫夫(A. G. Parkhomov)成功重复了罗西的实验[44],他使用质量比 10∶1 的镍粉与 LiAlH₄ 混合物 1.1 g,密封在陶瓷管内,陶瓷管内径 5 mm,外径 10 mm,长 120 mm,管外绕加热丝,贴热电偶。把陶瓷反应釜放在小容器内,小容器再放入具有保温层、盛装水、上留通气孔的大容器内,通过大容器内水的蒸发和内外温差求得反应釜释放热功率。结果如表 10-1 所示。可见在温度达到 1150℃后 COP=1.92,即产生了 92%或 360 W 的超热。2018 年帕克哈莫夫用 1.2 g 镍粉在氢气氛条件下持续产生超热达 200~1000 W(COP=1.6~3.6)并持续 225 天,释放出总热量达 4.1 GJ,比超热为 2.1 MeV/atom-Ni。国际上还有其他小组重复出镍粉-氢气系统中的超热。

表 10-1 帕克哈莫夫实验参数

平均温度/℃	970	1150	1290
时间/min	38	50	40
电输入功率/W	300	394	498
输入能/kJ	684	1182	1195
水蒸发量/kg	0.2	0.8	1.2
加热到沸点所需能量/kJ	63	251	377
蒸发能/kJ	452	1808	2712
泄漏热功率/W	70	70	70
泄漏热/kJ	159	210	180
总输出热/kJ	674	2269	3269
COP	0.99	1.92	2.74

近年来,美国的布里渊能源公司(Brillouin Energy Corporation)研发的氢热管(Hydrogen Heat Tube)也属于镍-氢气技术路线,芯部是金属与合金涂层,最外侧涂层一般是镍,电流脉冲可激发超热。通过调节电激励波形、脉宽、重复率及幅度可实现超热的开关。在 250℃时 COP=1~2,超热还依赖于气体组分[45]。

镍-氢系统核产物除了米利小组获得的电解条件结果外尚未见到其他小组在镍-氢气系统中更深入、系统且自洽的测量结果,反应物的同位素变化很普遍,例如,帕克哈莫夫小组和布里渊公司报道过镍同位素丰度的变化,国内田中群小组报道过锂元素丰度变化,但核产物则众说纷纭,其具体核反应途径还是个谜。

10.3.5 镍合金-氢(氘)气系统

近年来,日本在镍合金-氢(氘)气系统超热研发上取得了突破性进展,相同的样品在日本国内多个小组间进行过比对,稳定超热可达 20～30 W,这是国际上其他材料未曾达到的。

该工作的最早开拓者是大阪大学的荒田-张氏小组[46],早期工作中他们用内置 Pd 粉的 Pd 管阴极电解产生超热,后来直接把内置 Pd 粉的 Pd 管放入高压氘气中,最后仅用 Pd 粉-D_2 系统获得超热。其中 Pd 粉呈纳米形态,与 ZrO_2 微粒混合。此后神户大学的北村晃和高桥亮人把纳米 Pd/ZrO_2 扩展到纳米 Ni 合金系统,他们用熔融纺丝(melt spinning)法制作 $Pd_{0.044}Ni_{0.31}Zr_{0.65}$(简称 PNZ3)和 $Cu_{0.044}Ni_{0.31}Zr_{0.65}$(简称 CNZ5),然后在空气中 450℃ 下经过 60 h 氧化 Zr 为 ZrO_2,如此形成纳米 Ni 基合金复合材料。这些材料在 350℃ 高温下都表现出 5～10 W 的超热并持续好几天,对应的比超热为 5 keV/atom-D(H)。

2018 年他们用流油式量热计,用 PNZ3 从 333 K 升到 473 K 无超热,从 500 K 升到 570 K 产生约 10 W 持续 90 h 的超热[47]。他们最近的结果表明,煅烧次数越多,超热也越大,PNZ 和 CNZ 样品的结果随煅烧次数的变化分别如下表 10-2 和表 10-3 所示[48]。

表 10-2 PNZ10 样品(Pd_1Ni_{10}/ZrO_2-D_2)超热与煅烧次数的关系

实验编号	P_{in}/W	比超热/(W/kg)			平均温度/℃		
		0 次	1 次	2 次	0 次	1 次	2 次
♯1-2	12 080	5	47.3	168	280	301	360
♯1-4	14 095	4	95	198	310	366	409
♯2-2	12 080	10		175	306		362
♯2-4	14 095	14	77	200	342	357	410
♯3-2	12 080	8		177	298		362
♯3-4	14 095	18	124	196	348	379	408
样品重量/kg		1	0.45	0.438			

表 10-3 CNZ7 样品(Cu_1Ni_7/ZrO_2＋H_2)超热与煅烧次数的关系

实验编号	P_{in}/W	比超热/(W/kg)			平均温度/℃		
		0 次	1 次	2 次	0 次	1 次	2 次
♯1-2	12 080	脉冲	96	219	脉冲	336	358
♯1-4	14 095	12	110	245	336	383	405
♯2-2	12 080	6.8	118	214	295	346	357
♯2-4	14 095	14	126		359	392	
♯3-2	12 080	8.6	115		298	345	
♯3-4	14 095	13	137		349	392	
样品重量/kg		1	0.505	0.34			

不同于上述荒田、高桥、北村的技术路线,日本的水野忠彦独立开发出一套产超热实验方法,他最早用 Ar 气等离子体放电的方式在 Pd 丝表面沉积 90％Pd＋10％Ni 纳米颗粒,然

后通入氕气,在几个帕的气压下获得超热。这几年只用 Ni 网,用 Pd 棒蹭在 Ni 网上沉积约 50 mg 的 Pd 微粒,即可在低气压氕气氛中获得超热[49]。在最好的一次实验中,输入 300 W,输出达 3 kW,且使用空气流量法量热,这样做的好处是可提高工作温度。日本的五十岚淳太(J. Igarashi)、印度的拉马劳(P. Ramarao)和国内的张航都先后不同程度上重复了水野忠彦的超热结果。

上述镍合金-氢(氕)气的问题是核产物和核反应途径未知。

10.3.6　钛-氘系统

在吸氢金属中,钛比钯便宜得多,如果钛能够产生超热无疑将具有明显的实用价值。前述斯特林厄姆用超声激发 Ti-D$_2$O 系统产生超热,国内苟清泉小组和美国达什小组都报道过钛阴极电解重水产生超热。但相对钯而言,钛产超热实验报道较少。钛-氘系统中最多的结果是关于核测量的。琼斯最早用钛阴极电解重水产生中子,意大利的迪尼诺(A. De Ninno)小组的钛刨片-氘气密封系统在室温和液氮温度间循环过程中用 BF$_3$ 正比计数管测到中子发射,中子也是猝发式的[50]。印度的 BARC 在 1989 年用钛阴极电解重水测到比本底高 1 倍的中子,总共产生 $\sim 3 \times 10^7$ 个中子,氚信号增加 3 个量级,氚总量为 $\sim 1.4 \times 10^{14}$ 个原子,n/T$=2 \times 10^{-7}$。

BARC 最显著的结果是用稠密等离子体聚焦装置(DPF)得到的[51]。分别用黄铜、不锈钢、铝和钛圆柱作阳极,样品室内充入氘气,放电后通过氘等离子体自聚焦形成高温高压而发生核聚变。用一个钛柱分别作阳极、阴极,多次放电后连续两天进行 X 胶片放射自显影,没有图像出现。但静置五周后用 NaI 探头在钛柱头上测到 $\sim 392\ \mu$Ci 的氚($\sim 10^{16}$ 原子),而当时放电产生的中子不过 10^9 个。为验证氚产生,用 X 光胶片放在钛柱头上 66 h,结果显示出氚分布的图像。在几个月后还可得到相同的图像,说明氚分布稳定。该图表明氚分布集中于电极边缘、晶格内的一些点和晶界上,弥散性的图像应该是深层 β 电子韧致辐射产生的软 X 射线引起的。但对经过相同处理的黄铜、不锈钢和铝的放射自显影没有图像,这是钛特有的,作者估计氚是在放置过程中产生的。此后用另外两个钛柱分别作阳极放电 25 次、阴极放电 25 次后也立刻用放射自显影测量柱头,但只有虚弱的影像,也说明氚不是等离子体聚焦过程中产生的。

10.3.7　生物与化学系统

法国的科夫兰(L. Kervran)从 1954 年就开始了对生物系统中核嬗变的研究[52]。利用各种培养方法和分析技术,日本、乌克兰和俄罗斯的小组在 1989 年后也得出了类似结果[53],如用穆斯堡尔效应证实了各种酵母和病毒培养物中 ^{55}Mn 和 D 聚变为 ^{57}Fe,可能的反应途径为

$$^{55}\text{Mn} + \text{D} \longrightarrow {}^{57}\text{Fe} + 16.89\ \text{MeV} \tag{10-5}$$

只有 Mn 和 D 都在培养物中时才有 ^{57}Fe 生成,速率为 $(1.9 \pm 0.5) \times 10^{-8}\ (^{57}\text{Fe}/^{55}\text{Mn})/\text{s}$。因为用的是传统方法且它仅对 ^{57}Fe 的出现敏感,而 ^{57}Fe 又很容易从环境中检测出来,所以该结果特别有说服力。

该小组在食品和轻工业废物组成的厌氧基上进行生物核嬗变实验,ICP-MS 证明 21 天培养后 Sr 浓度明显降低而 Y 同位素浓度增加,反应途径为

$$^{88}Sr + p =\!=\!=\, ^{89}Y + 7.08 \text{ MeV} \tag{10-6}$$

另一个反应是

$$^{39}K + p =\!=\!=\, ^{40}Ca + 8.33 \text{ MeV} \tag{10-7}$$

国内吕功煊在化学条件下也观测到 ^{39}K 嬗变为 ^{40}Ca[54]。

10.4 理论解释

虽然凝聚态核科学的实验证据已有很多,但学界主流至今没有承认,其原因除了实验本身的复杂、自洽性不够和重复性低等问题外,很重要的一点就是理论上无法解释。这一点至关重要,其实类比超导发现以来一个多世纪的历史就可理解凝聚态核科学理论的困难所在。昂尼斯在 1911 年就发现了金属的超导电性,但过了近半个世纪,由巴丁(J. Bardeen)、库珀(L. V. Cooper)、施里弗(J. R. Schrieffer)提出 BCS 理论后人们才理解了超导的微观机理,而1987 年发现的高温超导直到现在其具体机理还众说纷纭。另一例与弗莱希曼本人有关,如前所述,他于 1974 年发现的表面增强拉曼散射至今仍只有定性解释,定量上理论值还比实验值小几个量级。凝聚态物理问题耗费如此长时间的原因在于包含了大量的多体复杂相互作用,而科学的最根本特点是分析主义,正是复杂世界与简单分析之间的基本矛盾造成了凝聚态物理的很多理论解释困难,而这也是凝聚态核科学的基本困难所在。因此我们不必惊异于各种千奇百怪的理论,理论研究的这种混沌状态应该是凝聚态核科学范式形成过程中不可避免的阶段,虽然它确实有点长。

按照目前的认识,凝聚态核科学理论至少要解决三个问题:

(1) 库仑势垒问题。如前所述,核反应如何在低能条件下克服只有高能方可克服的库仑势垒;

(2) 分支比异常。为什么低能核反应路径完全不同于传统束靶反应,例如,D-D 反应不放出氚和中子却放出大量 ^{4}He,物理化学条件变化时产物也不同,镍-氢系统核产物以丰富的嬗变产物为主,幻数核产物较多,合金-氢(氘)气系统核产物尚未确定;

(3) 能量释放问题。反应能为什么不是以核辐射而是以热量的形式放出。

当然实际的问题还有很多,如为什么含氢系统的核反应以嬗变为主而含氘者以聚变为主等,所有理论都必须同时解决这些问题。另一方面,如果理论可以正确解释其中的一个那么也应该可以解释大多数问题。各种理论正是针对这些要求并结合一些实验现象提出的。

毫不夸张地说,凝聚态核科学中的理论模型数目要多于其研究者——有人提出过好几个理论,但得到众人认可的理论则很少。斯多姆斯说现有模型的 99% 要淘汰掉,这应该也是 99% 理论工作者的意见。这些理论几乎遍布了物理学各个层次,而绝大多数模型都存在致命缺陷。因理论实在太多,此处仅列出一些具有共同特点或曾经有过一定影响的理论。

(1) 经典屏蔽方法。应用经典物理方法讨论冷聚变机理的有意大利的弗里松(F. Frisone)、LUNA 和米利等多个小组的有关人员。弗里松考虑晶格变形与空位缺陷对核反应的提高,等离激元和 d 电子的作用。而 LUNA 和米利等小组及相关学者基本按经典方法考虑内层电子、价电子的屏蔽来处理问题。他们的结果使人更多地看到了经典方法

的局限,当然也给人以启发。

(2)电子催化。在 1989 年之前冷聚变专门指 μ 介子催化核聚变,μ 介子是一种比电子重 206 倍的短寿命负电荷。自然有很多人提出各种形式的电子催化核反应,如试图利用重电子或高能电子催化核反应的理论。

(3)小氢(氕)原子、分子。美国的米尔斯提出不同于经典图像的新原子模型,他认为原子除了主量子数为自然数的能级以外还有单分数能级,正是氢(氕)向该能级的跃迁放出巨大能量。国内的张信威提出电子以光速运动,会比经典数值大的概率接近原子核形成新束缚态——小氢(氕)原子。国内的张中良与张兆群、鲁润宝、美国的穆伦伯格(A. Meulenberg)、法国的帕耶(Jean-Luc Paillet)等人都提出各自的氢(氕)原子或分子束缚态(亚稳态)。

(4)新核模型。提出各种新的核结构以解释实验结果的模型不少。例如,法国的多佛(J. Dufour)提出 D-D 间存在汤川形吸引势;而库克(N. D. Cook)假设核中的质子和中子像反铁磁体中不同自旋的电子一样形成密堆积的 fcc 结构。澳大利亚的霍拉(H. Hora)进一步发展原子核壳层模型,提出更高的质子、中子和总核子数幻数的存在,这些超重核子在裂变中形成了以各个幻数为极值的质量数分布,以解释米利观察到的嬗变核产物分布,有美国学者认为米利观测到的核嬗变起因于微型超新星爆炸。

(5)团簇模型。多数实验结果显示出强的局域性质,因此各种团簇模型也应运而生,例如,斯多姆斯认为氕与金属形成团簇,其他如舒尔德斯(K. Shoulders)的电子团簇、路易斯(E. Lewis)的类似于球形闪电的等离子体团、亚达门科(V. Adamenko)的电子-核子等离子体团簇等等。上面有些核模型也属于团簇模型。

(6)多中子态。很早就有很多人提出各种的中子态从而避开库仑势垒难题,例如,美国菲舍尔(Fisher)、日本小岛英夫(H. Kozima)分别提出的中子滴理论,拉提斯(Ratis)的两个中子与一个中微子形成的双中子亚稳态等。

(7)各种固体元激发。建立含氢金属中各种元激发与核反应的关系一直是凝聚态核理论中的主要努力方向之一,其中著名的例如黑格斯坦的声子理论,丘博(Chubb)叔侄的离子带态模型,意大利维奥兰特小组和日本的田边克明(K. Tanabe)试图建立金属表面等离激元与核反应联系等。

(8)共振隧穿。在三十多年的研究中总有人提出各种各样的共振隧穿模型,影响大的早期如布什(R. T. Bush),现在如李兴中。其主要问题是由于共振宽度太窄、需要的时间太长,给出的核反应率远低于可观测水平。

还有一些物理学家如美国的金英一(Y. E. Kim)、日本的高桥亮人也一直活跃在凝聚态核科学理论探索中,弗莱希曼、荒田吉明等都有自己的理论。

另外,虽然有很多学者期望提出好理论能解释并指导实验,现实情况是因为现象复杂,理论还落后于实验。也许只能等到判决性实验出现后才可能真正指明理论努力的方向,就像超导中的同位素效应说明了声子参与超导机制一样,这还取决于实验工作者的努力。

10.5　凝聚态核科学的影响

凝聚态核科学的研发不仅会带来科学与技术革命,还将深刻改变人类的生活方式。这些影响中有的是可预见的,更多是超出目前人类想象的[55]。

10.5.1 科学影响

凝聚态核科学的实验事实表明人类可通过小型器件在温和条件下实现以前只能使用大型加速器获得极端物理条件才能发生的高能反应,仅此一点就意味着高能物理实验的小型化,而且对宇宙元素的演化、核能利用都将产生革命性影响。

在科研领域,凝聚态核科学与传统高能物理有显著不同,这种不同体现在各个方面。首先是研究手段,束靶反应是一种经典的高能物理实验方法,随着研究向微观不断深入,人类建造的加速器也越来越大。而凝聚态核科学的出现打破了这种设备规模的恶性膨胀趋势,它仅需一张书桌上的装置就能完成传统上需要一座楼房的设备才能实现的高能反应。这正是高能物理研究手段走到尽头出现的转机,虽然现在能认识到这种趋势并把握它的人还寥寥无几。

除前述各种核反应结果外,笔者此处大胆地猜想了一些高能物理实验。例如,当代核物理的目标之一就是通过大型加速器实现核融合反应到达超重核稳定岛。从凝聚态核科学结果看,如果真有这个孤岛的话,已经存在更便捷的驶向超重核稳定岛的航线。另如元素的演化,宇宙原初元素主要是氢,氢聚变以后生成产物氦,地球上的元素既有恒星燃烧的灰烬也有超新星爆炸的产物,这是根据现代物理学得出的宇宙演化史和元素生成史常识。凝聚态核科学的实验表明元素的演化还有另外一条低温途径,特别是在类地行星上。

另一个显而易见的科学影响是相对热聚变而言的。热聚变从理论方法到技术模式上更多地局限于牛顿力学范式,致力于追求简单性、确定性与稳定性,力图避免复杂性和不稳定性。而冷聚变的发生本身就依赖于非稳定的动力学过程,其机理也与凝聚态中的复杂相互作用相关联。而非线性、复杂性、开放性正是现代科学、技术的发展方向,这种特征从混沌、非线性热力学到人工神经网络等多个学科都有所表现。

10.5.2 技术影响

我们知道,对能源与动力的追求是人类解放自我、实现自由的基本技术手段,冷聚变的发展必定会成为人类学会利用火、畜力、蒸汽机、石油、电力、核裂变以后的又一项革命性能源技术。

氘是地球上极为丰富的物质,地球上约有 10^{15} t,目前的能源使用水平相当于每年1000 t 氘氘聚变能,所以地球上全部氘可供人类使用万亿年。举一个具体的例子,按照冷聚变中 D-D 反应生成 ^{4}He 且能源效率与现在的百公里耗油 10 L 相当,那么现在零售价人民币 150 元的 30 mL 重水中氘氘聚变释放的能量就足以驱动小轿车行驶 100 万 km。此外,冷聚变的实现过程比热聚变要平和得多,它几乎不产生放射性废物和核辐射,也无有害和温室气体排放,这是任何矿物燃料和其他核能都无法比拟的。所以,冷聚变极有可能最终解决全人类的能源问题。

虽然热聚变也致力于利用氢同位素的聚变能,但热聚变的发展完全是理性建构的结果,许多技术与现有工业体系脱节,人们不得不从实验室开始从头进行研究,而冷聚变的工程化完全与现有热机、火电技术自然衔接,商业化过程也容易得多。

冷聚变本身的小规模决定了它不需要集中控制,开发上更多地依靠研发机构与企业间的自发合作,再加上它的安全性特征,未来的冷聚变可以像太阳能、风能、燃料电池等可再生能源一样形成分布式发电站进而组成智能电网。工厂、机关、社区甚至普通家庭都可能既是终端用户也是发电厂,它具有更强的稳定性,即便某一单元、某条线路出现故障也不会影响周围区域的供电和整个系统的运行。

此外,凝聚态核科学实验中物理化学层次的变化可以改变原子核的放射性,因此现在核电站与核裁军产生的放射性废物可通过核嬗变实现永久性安全处理。形象地说,冷聚变不仅可替热聚变拉车,还能给核裂变打扫卫生。

凝聚态核科学中一大类核嬗变反应预示着可改变元素本身,对于某些人类急需而储量稀少、开采困难的稀有元素而言,核嬗变提供了一种工业化制取新元素的可能途径。现有的稀土元素和贵金属由于品位很低(通常低于 3%),在制造过程中不可避免会污染环境,而用贱金属制造可极大地降低污染。

10.5.3　经济、社会和文化影响

凝聚态核科学的研发与广泛应用,将深刻地改变人类的生活方式,促进文明形态的演化。

如前所述,冷聚变在能源领域的大规模应用不仅将改变工业格局,也将改变经济组织方式和地缘政治。具有自然垄断特征的电力(特别是核电、水电)系统将让位于分布式、网络式的智能电力系统。就像信息业发展导致计算机、电信、影视、图书出版等传统上完全不同的行业出现融合趋势一样,凝聚态核科学的发展将使汽车、电力、供热等能源、动力、运输业甚至稀有金属行业出现融合趋势。这种趋势将延续并进一步提高人的自由度。

从历史上文明体间的关系看,凝聚态核科学的发展将制造人类和谐相处的基本技术条件,极大克服地理因素的局限,缓解石油矿产天然不均分布导致的地缘政治紧张。此外,地球是人类文明的摇篮,离开地球拓殖新的星球是人类的梦想。冷聚变有可能使该梦想变成现实。虽然人类早于 1969 年就登上月球,但只有基于冷聚变动力,才可能实现商业性的天际远航与地外基地的运转。

第 11 章 功能介孔碳基薄膜的界面组装及能源应用

孔彪 徐鸿彬 谢磊 何彦君

在能源使用过程中,很大一部分能量在生产出来后需要进行存储(如电池)或转换为其他能量(如热能到机械能)。新能源发展的关键包括研发高能量密度和高功率密度的可充电储能装置以及高效的电催化剂,而复合材料是推动这些领域发展的关键。

本章介绍了基于功能介孔碳基薄膜材料的能源存储技术。这种材料和技术是一种具有广阔应用前景的高效能量存储与转换材料,对于推动我国碳中和以及新能源的发展有重大意义。在众多复合材料中,功能介孔碳基薄膜因其比表面积高、孔容积大、孔径和通道可调等优势,在超级电容器、新能源电池以及水电解制氢方面都有广泛的应用,且其生产过程简单、成本低,适合大规模生产。介孔碳基薄膜的独特优势能够加快包括新能源电池、氢能在内的新能源领域的发展,有望实现我国二氧化碳早达峰、峰值降低、峰值平台缩短。对该领域的研究能够加快我国达成碳中和目标,符合我国提出的碳中和国策,具有重大的战略意义。

——主编的话

摘　要：随着能源需求和环境问题的快速增长，可持续能源技术的新型功能材料的开发备受关注。介孔碳基膜具有独特的性能，是一种具有广阔应用前景的高效储能与转换材料，这类薄膜器件通常采用界面组装策略来构建。在这个章节中，阐述了近年来通过界面组装方法合成介孔碳基薄膜器件的研究进展。对于介孔碳基材料而言，模板法和无模板法是获得这种独特结构的两种常用方法。本章重点介绍了五种主要的界面组装方法，包括流动导向组装、蒸发诱导自组装、溶剂铸造组装、静电纺丝组装和基板组装，并详细阐述了合成过程和机理。此外，本章还介绍了介孔碳基薄膜器件在电池、电催化等电化学能源系统中的应用，展示了它们的潜力，并讨论了提高这些系统性能的机理。
关键词：介孔碳，界面组装，薄膜，能源

目前,复杂的能源系统是大多数国家经济的引擎。这些能源系统和相关技术被用来寻找能源,并将它们转换成各种可用的能源形式,这些能源形式可以提供所需的服务,如工业制造、运输和个人生活。当今世界经济的现代化和全球化得益于化石能源,然而这种资源迟早会枯竭,同时造成环境污染等影响人类生存的问题。面对这些挑战,我们别无选择,只能开发利用新能源体系,走可持续发展道路。21世纪是新能源快速发展的时代。新能源的开发一方面依赖于新能源系统的利用,另一方面也必须依赖于相应能源材料的开发和应用,才能使新能源系统得以实现,并进一步提高效率和降低成本。

为响应国家对碳达峰碳中和的规划,新一代科技革命和产业变革正在蓬勃兴起,以科技创新为驱动、以绿色低碳为导向的能源转型变革正在全球范围内深入推进。为实现这一目标,要坚定不移加强能源科技创新、完善能源科技创新体系,依托企业、科研院所和高校开展协同创新,组建一批"产-学-研-用"一体的技术创新平台,加强储能、储氢、能源互联网等绿色低碳技术研发、示范和应用。由此可见,能源材料的发展对于国家与社会未来的发展起到至关重要的作用。本章中涉及的功能介孔碳基薄膜材料,是一种新兴技术,可以有效服务于能源领域,对碳达峰和碳中和具有重大意义。

能源材料的研究方法可以从两个角度来解释,即材料视角和能源视角。在材料科学与工程领域,能源材料主要通过材料的制备与工艺、材料的组成与结构、材料的应用与性能等方面进行研究。在能源领域,主要是通过储能与转换的性能、相应的微观机理、安全性等方面进行研究。总之,能源材料的开发和应用应以提高性能、确保安全、降低成本和减少污染为目的。我们相信,能源材料将为我国乃至世界的经济发展、能源结构转型、环境保护等方面做出不可磨灭的贡献。本章将介绍一种具有广阔应用前景的高效储能与转换材料——介孔碳基膜,主要介绍其界面组装方法及其能源应用。

11.1　介孔碳基薄膜材料的合成

多孔材料具有独特的性能和广泛的应用,一直是研究的热点。根据国际纯粹与应用化学联盟(IUPAC)的定义,多孔材料按孔径可分为三类。即当孔径小于 2 nm 时为微孔、2～50 nm 为介孔、>50 nm 是大孔。其中,介孔碳材料由于具有较大的表面积和孔体积、可调节的孔径和通道,被认为在许多能源系统中有前途的候选材料。介孔碳材料的这些特性使其在解决不同能源存储和转换领域一些问题时独具优势。首先,在电催化等表面或界面相关反应中,大的表面积,特别是与某些特定的官能团或原子结合时,可以提供更多的反应位点和活性吸收位点。其次,大孔容积不仅可以容纳更多的客体材料作为良好的主体,而且可以缓冲许多电池在重复电化学反应中体积的变化和松弛应变。第三,可调节的孔径和通道可以加速离子和中间物质的迁移,提高反应速率,保证反应的完全转化。而且,这些具有适当尺寸的介孔具有物理和化学限制作用,从而可以避免一些储能装置和催化过程中活性材料的损失或聚集。

近年来,已有报道合成了许多基于石墨烯、黑磷或过渡金属碳化物 MXenes 的独立薄膜。二维(2D)薄膜也因其独立、柔韧、轻盈、坚韧等特点而备受关注,更适合大规模生产,且成本更低。然而,二维薄膜器件仍存在几个关键问题,阻碍了其在高效能量存储和转换系统中的进一步应用。在制造过程中,二维纳米片倾向于重新堆叠并形成紧密的薄膜,这会减少表面积并减少暴露的反应位点。此外,过于密集的结构会阻碍离子传输、电荷转移和反应中间体的吸收。更重要的是,某些材料的表面化学性质的差异通常会导致二维薄膜器件在制造过程中的失败。因此,考虑到上述介孔碳的优点及其所具有的表面化学性质,结合了双方优点的功能性介孔碳基薄膜器件成为了储能和转换系统的绝佳选择。

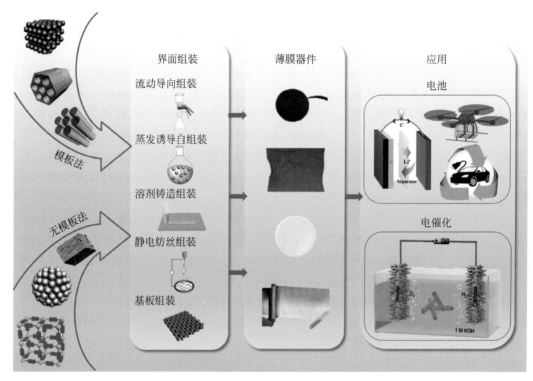

图 11-1　用于能源系统的功能性介孔碳基薄膜器件的界面组件

优异的功能性介孔碳基薄膜器件通常采用分步法来制备,首先需要合成功能性介孔碳基材料,之后运用界面组装策略获得可应用于能量存储和转换系统的薄膜器件。在本节中,我们提供了一些合成介孔碳的常用方法,包括模板法和无模板法。同时,本节将着重介绍界面组装策略,例如,流动定向组装、蒸发诱导自组装(EISA)、溶剂浇注组装、静电纺丝组装和基于基板的组装这五种策略,以描述和指导如何合成功能性介孔碳基薄膜器件。图 11-1 展示了功能性介孔碳基薄膜器件的典型界面组件及制造工艺,以及其在能量存储和转换系统中的应用示意图。

11.1.1　介孔碳

1. 模板法

模板法通常可以分为硬模板法、软模板法、多模板法和其他模板法等。每种方法都有其优点和缺点。

　　硬模板法是构建介孔结构最常用的方法之一,因为它可以在合成过程中保持模板的原始形态。在该方法中,模板不容易变形,所以获得的最终产品的结构高度继承了硬模板,这确保了该方法可以成功地合成具有可调孔径和形貌的介孔碳材料,甚至是二维纳米片。1999 年,Ryoo 等人第一次以介孔二氧化硅 MCM-4 为硬模板合成了有序的介孔碳材料,这使得介孔碳材料更具吸引力[1]。2016 年,Jiang 等人以介孔分子筛 SBA-15 为硬模板,噻吩和吡咯单体为碳源,在氯化铁氧化下引发共聚反应,得到共聚物/SBA-15 复合前驱体。在碳化和模板去除后,由前驱体进一步制备得到了硫-氮(S-N)双掺杂有序介孔碳(SN-OMC),如图 11-2(a)所示[2]。作为一种介孔碳材料,S1N5-OMC 具有 601.7 m^2/g 的高比表面积,并显示出典型的介孔结构,平均孔径约为 6 nm。此外,从透射电子显微镜图像如图 11-2(b)所示,可以观察到平行通道,证明了其具有规整的介孔结构,其在电催化尤其是高效的氧还原反应领域具有可观的应用前景。

　　使用硬模板法制备介孔碳材料具有诸多优点。除了保持硬膜板本身的形态外,不需要精确控制水解过程,可以避免客体材料的聚集和与表面活性剂的连接。此外,硬模板可以保证介孔或介孔通道的实现。通常,碳材料中的介孔可以通过使用介孔无机材料(包括二氧化硅或其他纳米粒子)进行纳米浇铸来构建,然后去除模板以获得最终产品。尽管如此,硬模板法仍然存在一些缺点,如可用模板有限且耗时。

　　在采用软模板法的制备过程中,通过客体物质和表面活性剂之间的共组装过程可以直接合成介孔碳或有序介孔碳材料。因此,相比较于硬模板,这种方法具有制备方法简单这一明显的优势。此外,基于其连续的骨架,通过软模板直接合成的碳结构更加具有多样化和机械稳定性。通过调节反应温度、溶剂和离子强度,可以获得不同的孔结构。整个过程成本低、简单、方便,适合大规模工业化生产。

　　介孔结构通常由碳前驱体和表面活性剂或共聚物的相互作用决定,这种相互作用还可以驱动软模板进行自组装。该方法可用于合成纯介孔碳或介孔碳基材料。例如,Tan(谭)等人通过使用三聚氰胺甲醛树脂(M-FR)作为碳源和氮源,$FeCl_3$ 作为铁源[3]。在这项研究中,三嵌段共聚物聚(苯乙烯-乙烯基吡啶-环氧乙烷,PS-b-P_2VP-b-PEO)用作软模板。新鲜的可溶性 M-FR 与 PS-b-P2VP-b-PEO 胶束溶液混合,树脂前体与聚合物链之间丰富的氢键极大地增强了它们的结合,这是复合材料成功合成的先决条件。此外,复合材料中空结构的直径由 PS 核的长度决定,而多孔壳的厚度可以通过 M-FR 的浓度精确调节。Fe_3C-Fe,N/C-900 球体的空心直径约为 16 nm,壳厚度约为 10 nm,图 11-2(c)所示。结果显示,合成的材料 Fe_3C-Fe,N/C 具有高达 879.5 m^2/g 的高比表面积和大孔体积,这极大地促进了活性位点与电解质的接触,进而有助于其卓越的氧还原反应(ORR)性能。这种策略的挑战是软模板的选择主要限于嵌段共聚物,前驱体主要是酚醛树脂。为了更好地结合软模板和硬模板的优点,有时会采用多模板法来设计具有多级孔的材料,进而应用于能源系统。

　　最近,Xi 等人开发了一种软硬模板辅助方法,以 MgAl 层状双氢氧化物(MgAl-LDH)作为硬模板,三嵌段共聚物 F127 作为软模板,酚醛树脂作为碳源,制备得到非常规整的独立自支撑的有序介孔碳片[4]。在图 11-2(d)中,与前面的例子类似,由于酚醛树脂和三嵌段共聚物 F127 之间的强相互作用,在适当的条件下可以很容易地形成甲阶酚醛树脂-F127 单胶束。此外,resol-F127 单胶束和 MgAl-LDH 之间的氢键加速了单胶束在 MgAl-LDH 表面的沉积。经过交联、固化、碳化和硬模板去除过程,最终得到独立的 OMC 片层材料。值得

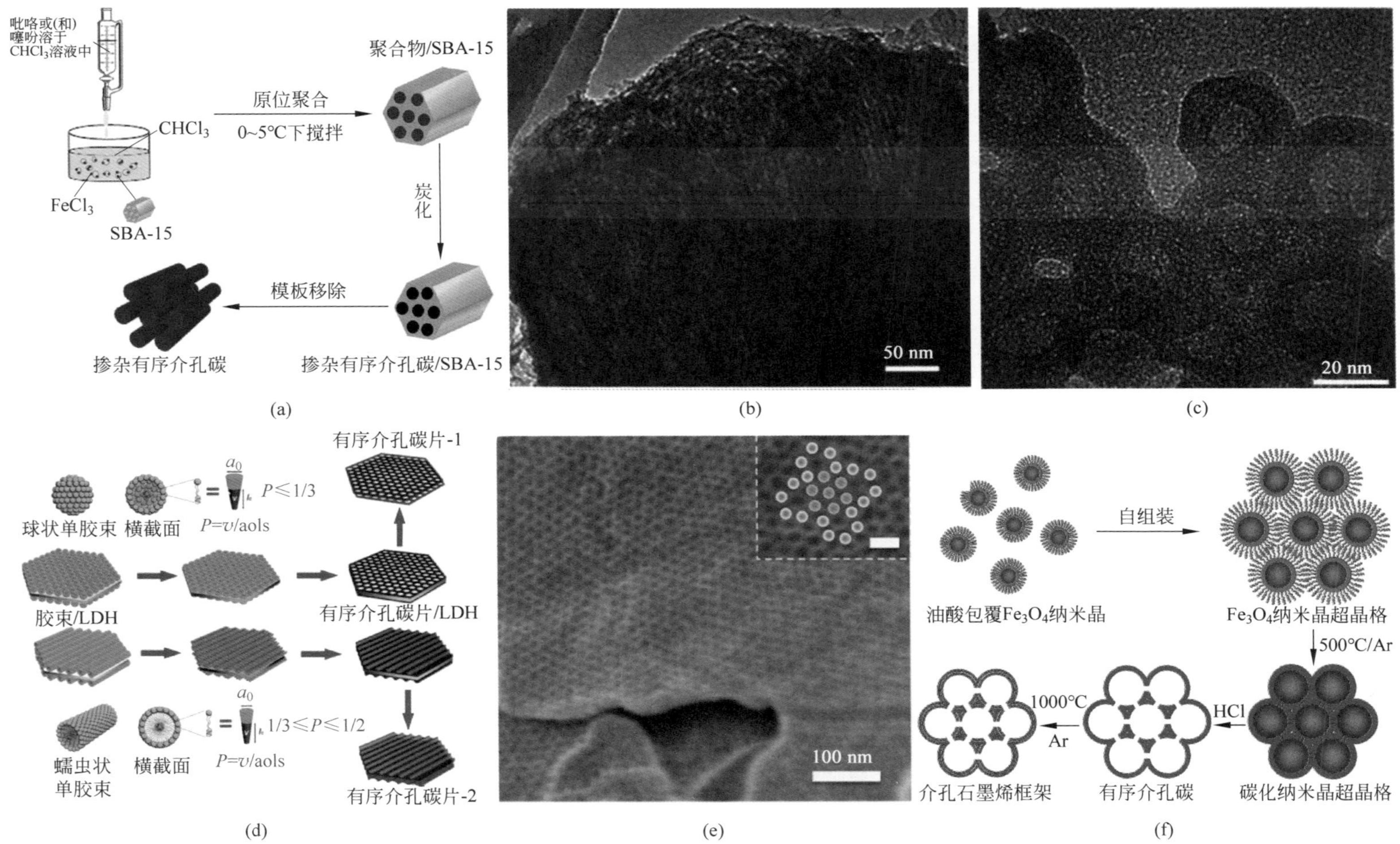

图 11-2 有序介孔碳材料的制备

(a) S或(和)N掺杂有序介孔碳的合成过程示意图；(b) S_1N_5-OMC 的 TEM 图像；(c) Fe_3C-Fe,N/C-900 空心球 TEM 图像；(d) MgAl-LDH 表面 resol-F127 单胶束的界面诱导共组装机制；(e) 分别为 OMCS-1 和 OMCS-2 的 SEM 图像，插图标记了介孔的六边形图案(比例尺：25 nm)；(f) 从胶体 Fe_3O_4 NCs 制造 MGFs 的示意图(横截面图)；(g) 水热处理碳(HTC，未在 KOH 中处理)和致密多孔类石墨烯碳(PGC)材料的形成示意图；(h) 单个大米和膨化大米的光学图像及 PRC 合成过程的光学图像；(i) A-ZIF-67@ZIF-8@GO 复合材料的 TEM 图像

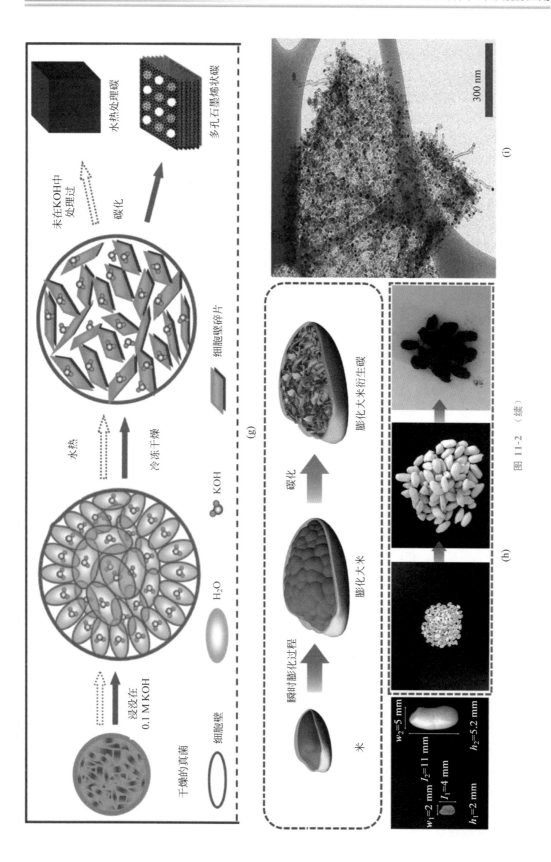

图 11-2 （续）

一提的是，MgAl-LDH 和 resol-F127 单胶束之间的相互作用对 OMCS 中介孔的取向有显著影响，这有助于可控地制造具有垂直或水平排列的介孔阵列的 OMCS，如图 11-2（e）所示。正如预期的那样，OMCS-1 的比表面积为 650 m^2/g，这确保了其在全固态超级电容器中作为电极的应用潜力。

除了这些传统的模板外，一些纳米晶体如 Fe_3O_4 也可以作为模板构建介孔碳结构。例如，董等人报道了一种制备高度有序的介孔石墨烯框架（MGF）的策略，其孔壁由三到六个堆叠的石墨烯层组成[5]，合成过程如图 11-2（f）所示。胶体油酸（OA）封端的 Fe_3O_4 纳米晶体（NCs）可以自组装成 Fe_3O_4 超晶格。然后碳化去除 Fe_3O_4 NCs，得到 Fe_3O_4-NC 衍生的OMCs。通过在氩气气氛下在 1000℃ 下退火，合成的 OMC 最终转化为 MGF。由此产生的MGF 显示出高度有序的介孔、高比表面积和大孔体积。通过调节 Fe_3O_4 纳米晶的尺寸，获得的 MGFs 的孔宽可以在 8～20 nm 之间进行调节。在 1000℃ 下进一步热处理导致形成多层石墨烯作为孔壁。由此产生的石墨化 OMC 表现出从模板复制的长程高度有序的超晶格对称性。

2. 无模板法

除了模板法外，无模板法更广泛地用于合成能源系统的介孔材料。在无模板法中，生物质是最常见的碳源之一。使用化学活化剂可通过固-固反应或固-液反应构建具有高比表面积的多孔碳结构。其中，使用 KOH 作为活化剂具有较低的反应温度和较高的产率，以及明确的孔径分布和超高的比表面积，因此被认为是一种有前景的方法。然而，由于使用的各种前驱体的反应和实验方法存在明显的差异，该过程的活化机制尚未得到很好的解释。尽管不同的案例有不同的解释，但有几个共同的结论被广泛接受。①各种钾化合物与碳（化学活化）之间的反应通常会形成孔隙网络。②通过碳的气化过程，活化系统中 H_2O 和 CO_2 的形成，即物理活化，对孔隙度的进一步发展有积极贡献。③所制备的金属 K 在活化过程中有效地嵌入碳基体的碳晶格中，从而导致碳晶格的膨胀。如图 11-2（g）所示，通过使用真菌作为碳前驱体和 KOH 作为活化剂，Long 等人报道了一种合成三维（3D）、致密多孔石墨烯类碳（PGC）的新策略[6]。在这个过程中，KOH 或 K_2O 纳米粒子不仅可以有效地阻止细胞壁的聚结，而且由于 KOH 的活化作用，在碳纳米片中产生了许多孔。因此，PGC 具有 1103 m^2/g的高比表面积，远高于 HTC 产品（51 m^2/g），表明 KOH 活化导致高的孔隙率。此外，PGC具有大量的介孔，通过 BJH 方法计算出的孔径均匀地分布在 4 nm 左右。

除 KOH 外，许多报告表明金属盐和氧化物均可用于形成多孔结构，从而在多孔碳主体中形成金属纳米颗粒。这种具有分级微孔、中孔和大孔的碳材料可以拥有更高的比表面积和更多的用于各种电化学反应的活性位点。例如，钟等人通过将大米快速膨化形成高度多孔的大细胞结构，如图 11-2（h）描述了膨化大米衍生碳（PRC）的过程。制备的 PRC 在轻松碳化后继承了它原有的宏观结构[7]。在大米前驱体中加入镍盐（$NiCl_2$）可以得到 PRC/Ni，与PRC（表面积为 445.1 m^2/g）相比，PRC/Ni 具有更高的孔隙率、更大的表面积（1492.2 m^2/g）和更强的电导率。受益于 PRC/Ni 的高比表面积和分级微孔、中孔和大孔，其用于锂硫电池时可以负载更多的活性材料并加速离子转移。

生物质碳源和化学活化剂在控制复合材料的孔结构或整体形态方面存在一定困难。因此，另一种无模板框架化学法近年来越来越受到关注。通过使用分子构建模块（如无机簇、有机分子和配合物),该方法可以构建各种金属有机骨架(MOFs)和共价有机骨架(COFs)作为制备介孔碳基材料的前驱体。例如,陈等人提出了一种新策略,通过使用氧化石墨烯(GO)包裹的核-壳(Co,Zn)-双金属沸石咪唑酯骨架(ZIF)作为前驱体,然后碳化,制造嵌入原位形成的 N 掺杂 CNTs 接枝石墨烯片的超细 Co 纳米粒子[8]。前驱体 ZIF-67@ZIF-8@GO 具有核壳结构,ZIF 材料锚定在 GO 片的两侧。由于继承自 MOF 的网络结构和骨架,ZIF-67@ZIF-8@GO 前驱体碳化后,形成了大量孔径约为 4 nm 的介孔和 Co 纳米颗粒,如图 11-2(i)所示。由于 MOFs 的合成方法简单,易于控制且可以获得多种功能化衍生物,MOFs 衍生材料广泛应用于各种储能和转换系统。

　　综上所述,我们阐述了几种制备介孔碳基材料的方法,它们各有优缺点。模板法通常可用于合成有序介孔材料并控制孔径,但其过程复杂且耗时。无模板法难以控制孔径和排序,但易于合成。介孔碳合成方法的选择取决于材料应用的要求,例如,如果将介孔碳用作催化的载体材料,则 MOFs 作为前驱体是一种有效的方法。

11.1.2　多孔碳基薄膜组件

1. 直流式组装

　　一般情况下,直流式界面组装是一种常见且有效的制备薄膜的方法。通常情况下,前驱体(通常是粉末)分散在水或有机溶剂中,并与一些材料(通常是碳基材料)混合,这些材料可以通过真空抽滤形成薄膜,如氧化石墨烯片、石墨烯和碳纳米管(CNTs)。为了获得均匀的悬浮液,通常使用超声和机械搅拌的方式。悬浮液可以通过多孔支撑物,如滤纸或混合纤维素酯膜进行过滤。最后,从这些支撑物上剥离,然后烘干,就可以得到薄膜。在此过程中需要注意流速、悬浮液浓度、悬浮液体积等几个因素。这些因素可以调控薄膜的厚度和密度。需要注意的是,氧化石墨烯和碳纳米管等材料通常不会产生介孔,其介孔结构和性能主要来自于所制备的介孔碳基材料。

　　近年来,有相当数量的工程采用这种方法来制作多孔碳基薄膜组件,并用于能源系统。Lou 等人报道了以一维铁基配位聚合物纳米线(Fe-CPNW)和二维氧化石墨烯(GO)为基本单元,填充得到的 $Fe_{1-x}S$ 多孔碳纳米线/还原氧化石墨烯($Fe_{1-x}S$@PCNWs/rGO)高柔性杂化膜。将 GO 和 Fe-CPNWs 在乙醇中混合,然后进行真空过滤,就可以得到薄膜[9]。随后进行硫化,除了形成 $Fe_{1-x}S$ 外,聚合物纳米线还可以转化为多孔碳纳米线。图 11-3(a)显示了杂化膜具有平滑的表面。更重要的是,这种薄膜可以承受各种机械形变,如滚动、扭曲、弯曲,甚至多次折叠,证明这种杂化薄膜具有优异的柔韧性和极高的机械性能。除了真空过滤后进一步硫化的过程外,在许多情况下,真空过滤得到的薄膜可以直接用作电极。例如,Xu等人将纳米硫、石墨烯和聚 3,4-乙烯-二氧噻吩:聚苯乙烯磺酸盐(PEDOT:PSS)(SGP)进行复合,制备得到了柔性、无粘结剂的硫阴极[10]。在形成均匀的 SGP 溶液后,通过真空过滤可以得到独立自支撑的、柔性的 SGP 薄膜。将该薄膜直接用作锂硫电池正极时,电池既表现出较高的可逆容量,又表现出优异的循环稳定性。

　　除了使用 GO 作为构建单元之外,CNT 是另一种常见的构建单元。例如,Wu 等人通过交替堆叠 $NiCo_2O_4$@CNTs 复合层和纯 CNTs 层,合成了一种轻质、灵活和自支撑的超薄

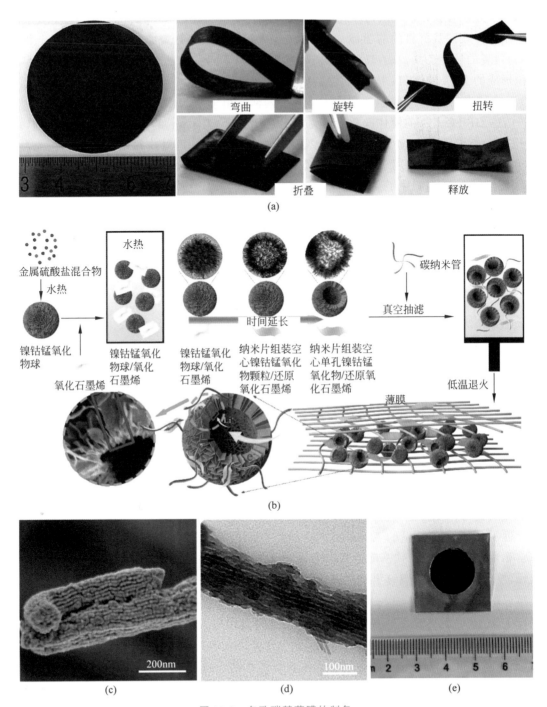

图 11-3 多孔碳基薄膜的制备

(a) 获得柔性的 $Fe_{1-x}S@PCNWs/rGO$ 膜的外观(弯曲、滚动、扭曲和折叠)的图片；(b) C-NHSNCM 薄膜的合成和储能特性示意图；(c) 扫描电镜；(d) 透射电镜图像；(e) CMWs/AAO 异质结膜的光学图像

膜($NiCo_2O_4@CNT/CNT$)。将制备的 $NiCo_2O_4@CNTs$ 分散液和纯 CNTs 悬浮液充分混合,通过真空过滤得到薄膜。此外,Che 等人报道了一种由三维多 CNT/rGO 包裹的纳米片

组装成的 Ni-Co-Mn 氧化物（NHSNCM）薄膜，它是通过真空抽滤 CNT 制备得到的，如图 11-3(b)所示[11]。具有较高石墨化程度的三维多孔弹性 CNT/rGO 网络提供了电子快速扩散的通道，使电解液渗透到薄膜的最内部，并可以调节较大的体积变化。在上述讨论的启发下，我们可以很容易地将模板法或无模板法得到的介孔碳作为一种构建单元，而将 GO、碳纳米管或石墨烯作为另一种构建单元来构建具有良好物理和化学性质的薄膜。

　　此外，Kong 等最近报道了通过一种简单直接的软模板水热碳化方法，合成了具有高度柔韧性和机械稳定性的有序介孔炭纳米线（CMWs）[12]。CMWs 纳米纤维阵列的结构导向剂辅助超组装机理和 CMWs/AAO 的合成过程如下。核糖与模板剂组装成圆柱形 F127/核糖胶束，疏水的 TMB 与 F127 的 PPO 嵌段组装，亲水性的 PSSMA 通过库仑相互作用和氢键与 F127 的 PEO 嵌段以及核糖相互作用。随后，这些圆柱形胶束通过六边形（P6mm）组装并聚集成短束。核糖的脱水和缩合导致反应初期低聚物的形成，溶解度有限的低聚物倾向于从 PEO 进入 PPO 嵌段。随着低聚物不断进入 PPO 嵌段，同时沿着柱状胶束的 PPO 一维内截面聚合，形成炭质纳米纤维阵列。柱状胶束将进一步沿着基于纳米纤维阵列的纳米线的长轴方向进行首尾相连的组装，从而在核糖和衍生低聚物的交联和聚合的驱动下形成更长的介孔纳米线。随着反应的进行，最终形成基于纳米纤维阵列的较长的 CMWs。随后以获得的 CMWs 为基础，通过真空过滤的方法制备致密的 CMWs/AAO 异质结薄膜。扫描电镜和透射电镜图像显示各向异性纳米线的平均长度为 4.2 μm，平均直径为 120 nm，如图 11-3(c)和图 11-3(d)所示。一维纳米纤维和介孔通道沿纳米线的长轴平行排列。CMWs 还可以作为构建单元，通过真空抽滤的方法组装在 AAO 膜上，形成致密的 CMWs/AAO 异质结膜，如图 11-3(e)所示。

2. 蒸发诱导自组装（EISA）

　　自从 Ozin 和 Brinker 的团队首次报道了利用蒸发诱导自组装（EISA）方法制备介孔二氧化硅薄膜以来，这一策略已被广泛应用于许多材料的合成过程中[13]。EISA 方法可以直接用于介孔材料以及介孔薄膜或膜的设计。这种自组装过程由挥发性溶剂的蒸发引起，可以导致前驱体与表面活性剂结合形成介观结构。为了阐明这种自组装过程的机理，人们做了大量的工作，主要提出了两种理论来解释这一过程。第一种是液晶模板（LCT）理论，在这个理论中，无机分子处于接近平衡状态的表面活性剂的中间相。第二种是协同自组装（CSA）理论，在该理论中，无机组分和表面活性剂相互作用形成杂化中间体[14]。值得注意的是，与表面活性剂组装和无机齐聚物聚合几乎同时发生的协同组装机制不同，在 EISA 中，前驱体的交联、聚合和表面活性剂的组装是分开的。产物在惰性气体中炭化，由于介孔树脂骨架的稳定性，这些介孔聚合物可以直接转化为介孔碳骨架。随着合成技术的发展，利用 EISA 合成功能介孔碳基薄膜极大地开发和拓展了该方法的优势。在早期，赵等人做了一些开创性的工作。如图 11-4(a)所示，以两亲性三嵌段共聚物（PEO-PPO-PEO）为模板，以可溶性苯酚和甲醛齐聚物（Resol MW=500~5000）为前驱体，进行热聚合反应，可以合成高度有序且稳定的介孔聚合物[15]。这一过程中的关键因素是选择溶剂作为前驱体，因为溶剂中含有大量的羟基(-OH)，这些羟基与三嵌段共聚物形成氢键，两者具有很强的相互作用，可以成功构建有机-有机介孔结构。在 100~140℃，通过简单的热聚合反应，溶剂可以转化为类似于沸石的结构，含有交联苯环的碳氢网络。除去表面活性剂模板，如图 11-4(c)所示，

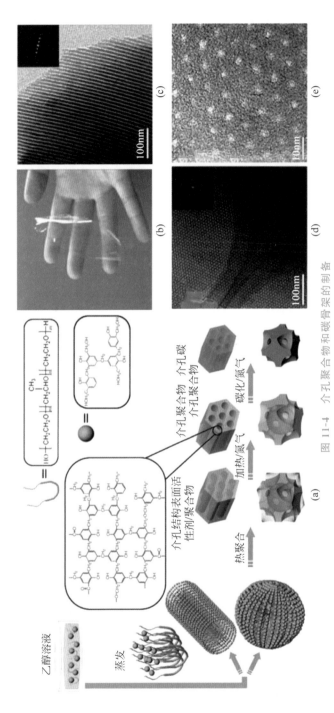

图 11-4 介孔聚合物和碳骨架的制备

（a）介孔聚合物和碳骨架的制备示意图；（b）未经处理的 FDU-15 的 TEM 图像；（c）在 350℃ 下煅烧的 FDU-15 的 TEM 图像，沿 [110] 方向观察；（d）1400℃ 煅烧的 C-FDU-15 的 TEM 图像；（e）1400℃ 煅烧的 FDU-15 的 HRTEM 图像；（f）通过连续导自组装诱导蒸发性官能选择性官装和表面选择性官装的 Janus 介孔碳/二氧化硅薄膜的制备流程示意图；（g）Janus 介孔碳/二氧化硅薄膜的 TEM 图像，顶部是介孔碳；（i）和（j）超小石墨 PND 插入介孔碳的 SEM 和 TEM 图像；（k）和（l）超小石墨 PND 插入介孔 C-SiO₂ 的 SEM 和 TEM 图像

乙醇溶液
蒸发
介孔结构表面活性剂/聚合物
热聚合
加热/氮气
碳化/氮气
介孔聚合物 介孔聚合物
介孔聚合物 介孔聚合物

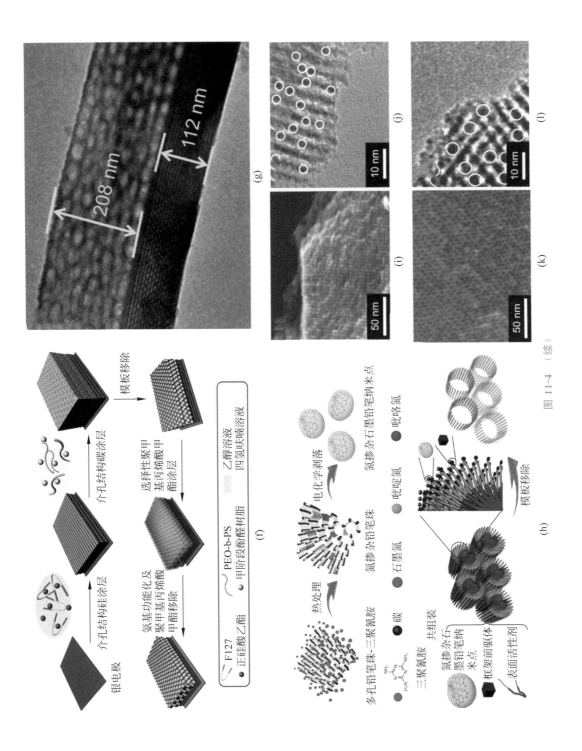

图 11-4 （续）

然后以适当的速度炭化,可以成功地获得有序的介孔碳骨架。如图11-4(b)所示,未经处理的 FDU-15 是一种软而柔性的薄膜,这也表明 FDU-15 是一种均匀的有机-有机结构复合材料。TEM 和 HRTEM 图像,如图11-4(d)和图11-4(e)所示表明,C-FDU-15 在 1400℃炭化后仍具有稳定有序的介孔结构,特别是 900℃炭化后的 C-FDU-15 具有 968 m^2/g 的高比表面积和 2.9 nm 左右较窄的孔径分布。

除了纯碳材料外,赵等人还公布了一些新的研究成果。例如,通过简单的 EISA 方法和随后的表面修饰,合成了具有不同双活性中心的 Janus 介孔碳/二氧化硅薄膜作为多气体传感器[16]。在形成介孔二氧化硅之后,通过在顶部沉积碳前体溶液(两亲性两嵌段共聚物聚 PEO-b-PS 作为表面活性剂模板,酚醛树脂作为碳源,四氢呋喃为溶剂),在 40℃ 下蒸发 THF,将介孔碳层进一步涂覆在介孔二氧化硅层上以形成不对称的 Janus 结构。在惰性气体中进行热处理可以同时生成有序的介孔碳/二氧化硅结构。剥离后薄膜的横截面图像显示,如图11-4(g)所示,连续均匀的非对称双层介孔结构由厚度约为 100 nm 的有序介孔二氧化硅和位于上方厚度约为 200 nm 的介孔碳组成。

为了进一步拓宽 EISA,基于这种方法,Kong 等开发了一种有效的共组装策略,通过氢键将超小的石墨铅笔纳米点(PND)(<5 nm)结合到有序的介观结构中[17]。合成过程主要涉及超小型 PND 的原位插入超组装,以碳和表面活性剂等介孔材料前驱体为模板,通过使用商业石墨铅笔的电化学剪裁方法制备,如图11-4(h)所示。在这种情况下,由于 N-PND 表面有许多-COOH 和-OH 官能团,N-PND 很容易通过氢键进行共组装。从图11-4(i)中可以看出,超小的石墨 PND 可以插入到不同的骨架中,如介孔碳和介孔碳-二氧化硅。这种将多种超小纳米点修饰到有序介孔材料中的超组装合成方法,将纳米点与有序介孔结构相结合,可以激发和拓宽介孔材料在能源系统中的实际应用。

3. 溶剂浇注组装

溶剂浇铸组装是一种有用且常见的制造各种薄膜的方法。该方法操作方便,成本低,可用于工业化大规模生产。在浇注过程中,通过外力将混合的浆液或悬浮液缓慢浇注在一定的基材上,在适当的温度下干燥后,再从基材上剥离即可获得薄膜。一般来说,基材可以是聚四氟乙烯(PTFE)或聚对苯二甲酸乙二醇酯(PET),通常使用刮刀将浆料铺平成膜。例如,高等人报道了一种通过溶剂浇注组装制造塌陷的氧化石墨烯和石墨烯纸的简便方法。如图11-5(a)所示,凝胶膜可以通过在 PTFE 基材上浇注 GO/DMF 液晶分散体,然后通过凝胶化浸入 EA 池中来获得。最后,通过干燥凝胶膜,获得柔韧的橡胶状 GO 纸。

除了纯 GO 纸外,该方法还可以合成许多含有介孔材料的复合膜,如 MOFs,特别是固体电解质和隔膜。例如,王等人通过在商业隔膜上浇注 NH_2-MIL-125(Ti) MOF 材料制备了复合隔膜,该隔膜可以允许长期可逆的锂电镀/剥离和无枝晶的致密锂沉积,而不会引入额外的电化学电阻。在这种情况下,使用刮刀法将含有所制备的 MOF 粉末(NH_2-MIL-125(Ti))和 Nafion 粘合剂的浆料涂覆在商用 PP 隔膜的两侧。干燥过夜后,即可得到薄膜。这种方法在制造固体电解质膜时被广泛使用。郭等人研发的新型 PEO-n-UIO_1 固体电解质是通过将锂离子导电纳米多孔 UIO/Li-IL 填料分散在 PEO 基质中制成的,并应用于 $LiFePO_4$/Li 固态电池[18]。为了在浇铸前获得浆料,将含有 PEO,LiTFSI 和 UIO/Li-IL 填料的乙腈进行超声处理,充分混合。然后,将浆料浇铸到聚四氟乙烯成型机上,通过在室温

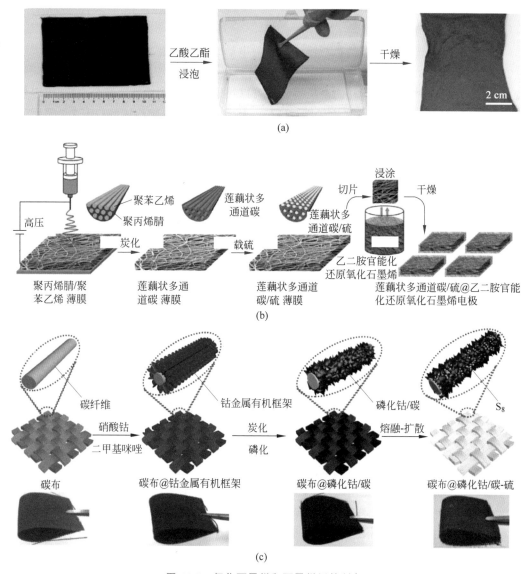

图 11-5　氧化石墨烯和石墨烯纸的制备

（a）塌陷氧化石墨烯纸制备的过程,包括用刀片浇铸氧化石墨烯/DMF 溶液,用 EA 浸泡,干燥氧化石墨烯自立凝胶膜；
（b）LRC/S@EFG 电极的合成过程说明；（c）混合动力车 CC@CoP/C-S 作为锂电池柔性自支撑阴极的详细合成过程的示意图

条件下挥发溶剂并干燥来获得膜。此外,Goodenough 等人研究出一种新的自模板策略,用于通过溶液生长过程合成尺寸可调控的中空介孔有机聚合物（HMOP）球体[19]。同样,固态电解质膜可以通过溶剂浇注组装合成,可用于性能优异的全固态锂/钠电池。此外,Kong 等使用这种方法合成了用于离子传输的 PA（聚酰胺）-GO/AAO。然而,关于先合成介孔碳基材料,再使用溶剂浇铸制备薄膜的报道并不多,这可能有几个原因。第一个是因为面向应用,这种方法通常用于制备固体电解质,设计人员并不关心它是否是碳基的。此外,有序介孔碳材料的合成过程复杂,结合溶剂浇铸会使整个过程更加复杂。尽管如此,尤其是在使用介孔碳基薄膜材料作为隔膜和固体电解质时,这种方法还是值得探索的。

4. 静电纺丝组装

最初,静电纺丝用于合成纳米纤维。尽管静电纺纳米纤维最早于1938年用于开发空气过滤器,但直到20世纪90年代初,Reneker的团队和Rutledge的团队才开始重新发明这项技术[20]。他们证明了许多不同的有机聚合物可以被电纺成纳米纤维。迄今为止,可以使用的聚合物包括聚碳酸酯(PC)、聚丙烯腈(PAN)、聚乳酸(PLA)、聚乙烯醇(PVA)、聚甲基丙烯酸酯(PMMA)、聚苯乙烯(PS)、聚环氧乙烷(PEO)等。静电纺丝是聚合物流体静电雾化的一种特殊形式。这时候雾化的物质不仅是微小的液滴,而是聚合物微射流,可以喷射很远的距离,最后凝固成纤维。在电场作用下,针头处的液滴从球体变为锥体(称为"泰勒锥"),并从锥体的尖端延伸以产生纤维。通过这种方式,可以生产具有纳米级直径的聚合物纤维。随着技术的发展,可以通过改变静电纺纤维的排列、堆叠或折叠来合成由纤维构成的薄膜。此外,除了纯聚合物溶液之外,还可以将静电纺丝组件与其他技术相结合,例如,在通过引入前体或纳米颗粒进行原位生长、溶胶-凝胶化学或超组装。例如,通过静电纺丝在PAN纳米纤维上原位生长ZIF-8,Wang等人制备了基于ZIF-8的PAN纤维过滤器。将$Zn(acac)_2$引入聚合物溶液中,当PAN纤维与2-甲基咪唑溶液混合时,可以生长一层ZIF-8纳米晶体。此外,静电纺纤维可以设计成各种形态,如多孔、中空、核壳、多通道或分层结构等。因此,静电纺丝组装是一种通用且可行的技术,用于制造用于能量转换和存储设备的薄膜。

例如,Lou等人已经开发出一种用于独立式饼状纸电极的新技术[21]。在这种结构中,通过静电纺PAN/PS前驱体合成的三维互连根状多通道碳(LRC)纳米纤维是硫的主体,这是饼状电极的填充物。至于外壳,LRC/S电极表面涂有一层薄薄的乙二胺(EDA)功能化还原氧化石墨烯(EFG)。合成过程如图11-5(b)所示。当PS球加入PAN溶液中时,它们可以在静电纺丝过程中在PAN纤维中形成微乳液,可以变形为纳米线,然后在退火过程中分解,最终得到纳米通道结构。应该指出的是,LRC纳米纤维的通道结构是可调的。通过简单地将PAN和PS的重量比从1∶0.1调整到1∶1,LRC纳米纤维中通道的数量和直径也会增加。考虑到LRC结构仍然存在多硫化物,会无法避免地溶解到电解质中,因此合成的LRC/S电极被EFG纳米片功能层包裹,最终形成设计的"饼"状结构。当LRC/S@EFG被用作锂硫电池的独立正极时,它能表现出优异的循环稳定性和出色的倍率性能。

长期以来,将基于MOF的纤维设计成兼具MOF和静电纺纤维优点的薄膜是一个有趣的话题。丁等人通过静电纺丝获得PAN/HKUST-1(PAN/HK)NFM框架,代替上面提到的原位生长,提前生成了MOFs纳米颗粒(HKUST-1)[22]。含有HKUST-1纳米颗粒和PAN的DMF分散体用于静电纺丝。因此,PAN/HK NFM适合跟随HKUST-1的生长,PAN/HK NFM中嵌入的HKUST-1纳米粒子为新的生长提供了丰富且均匀的位点或核。这种策略不仅可以实现高MOFs负载,还可以制备多个MOFs纤维薄膜。在这种情况下,MOF没有经过预处理或后处理。然而,如上所述,MOF可用于构建介孔碳基材料。因此,如果这种材料在静电纺丝后热解,可以很容易地获得介孔碳基薄膜。李等人精心开发了一种"立方体上的管"碳质杂化物(CPZC),其具有三元分层结构,由纤维骨架、多孔立方填料和植根于立方体上的碳纳米管触角组成,作为高级硫宿主增强的锂硫电池性能[23]。将得到的ZIF-67纳米立方体均匀分散在PAN/DMF溶液中,PAN与ZIF-67的重量比为2∶1,然后用于静电纺丝制备自支撑复合织物薄膜。获得的PAN@ZIF复合材料(PZ)薄膜在氩气气氛下热解得到碳质复合纤维(CPZ),然后进行 CVD 处理。CPZC 具有 $665.6~\mathrm{m^2/g}$ 的高比表面积和 $1.45~\mathrm{cm^3/g}$ 的孔体积。CPZC 的高孔隙率有望为硫物质提供强大的物理限制,以抑制穿梭行为,同时其高表面积引入了丰富的电极/电解质界面,电子和离子易于接近,从而实现快速有效的硫界面反应。此外,其高孔体积也有望实现高效的硫负载、电解质渗透以及对电池循环时体积变化的良好适应。

5. 基于基板的组装

上面讨论的组装方法通常没有基板或涉及最终被移除的牺牲基板。例如,在溶剂浇铸组装过程中,可以通过从基材上剥离来获得薄膜。然而,在很多情况下,用碳布、PP 隔膜甚至镍泡沫等基材设计薄膜也是一种常见的策略。通常来说,通过基材法的合成被认为是表面合成。与那些没有基材的产品相比,由于基材是宏观层面的二维膜,所以构建介孔碳基薄膜要容易得多。因此,对这些薄膜进行修饰和设计的方法有很多种,包括原位生长、沉积或上述方法等。值得注意的是,基板上的材料应具有很强的受力。或与基材相互作用,使其不易从基材上脱落。朱等人通过结合碳布(CC)、碳包覆的 CoP 纳米片阵列(CoP/C)和负载的活性材料硫(CC@CoP/C-S),开发了一种新型独立且灵活的硫阴极[24]。如图 11-5(c)所示,以 CC 为基材,第一步是在 CC 上生长 2D Co-MOF(ZIF-67)纳米片阵列。通过碳化和磷化,再通过熔融灌注法引入硫,所制备的 CC@CoP/C-S 可直接用作锂硫电池的正极。整个过程中,薄膜保持了良好的机械性能和柔韧性,这保证了锂硫电池的高性能。除了电池的应用,Wu 等人还使用碳布作为基材合成嵌入 2D N 掺杂碳纳米片和 3D N 掺杂空心碳多面体(Co@N-CS/N-HCP@CC)中的超细钴纳米粒子。最终的薄膜可以直接用作水分解的电极。在这项研究中,CC 基板具有几个优点,包括良好的机械强度、柔韧性和导电性。此外,这样的基板还可以防止 2D 纳米片和 3D 多面体的聚集或堆叠。因此,双功能 Co@N-CS/N-HCP@CC 催化剂在 OER 和 HER 以及水分解方面表现出出色的性能。除了 CC,商用 PP 隔膜也是合成薄膜的常用基材,作为电池的改性隔膜。例如,段等人设计了一种 rGO@SL 复合膜作为锂硫电池的隔膜。其中商用 PP 隔膜是基材,通过简单的真空过滤,PP 隔板可以覆盖一层薄薄的 rGO@SL。这种带负电荷的多功能石墨烯复合膜可以有效抑制穿梭效应,因为多硫离子也带负电荷。此外,合成后的薄膜具有优异的机械稳定性,并且该薄膜可以被电解质润湿,可以承受弯曲、起皱甚至折叠,有望在各种极端条件下应用。在某些情况下,基于基板的组装也可以与上面提到的其他方法相结合,如使用 AAO 直接流动组装,正如我们在之前部分已经讨论过的那样。

以上五种界面组装方法均可用于合成介孔碳基薄膜,也是常用的五种液固界面组装方法。除 EISA 外,其他方法难以同时实现成膜和介孔合成。它们通常需要预处理或后处理以形成介孔。如前所述,首先合成介孔碳材料,然后通过界面组装合成薄膜。

11.2 在能源体系上的应用

为有效利用绿色能源,研发高能量密度和高功率密度的可充电储能装置具有重要的意义。迄今为止,科学家们发明了各种可充电电能储存装置。作为这些可充电储能装置系统的重要部件,电极在性能改进中起着至关重要的作用,其最重要的性能包括能量密度和功率密度。最近由柔性材料通过界面组装方式构成的层状器件得到了良好的发展,其在超级电容器、锂离子电池(LIB)、钠离子电池(NIB)、锂-硫电池和锂-金属电池等方面的应用被广泛研究。

电化学反应被广泛认为是解决能源危机的绿色方式,如制氢和降低二氧化碳浓度。而这种优势与过量的风能和水能结合使用时发挥出更突出的优点。然而,电化学反应往往具有反应动力学缓慢、比较高的过电位和副反应等缺点,阻碍了其进一步发展。因此,电催化成为了研究的热点。电催化是利用合适的催化剂加速电极上的反应,以有效降低电极上的过电位,提高反应选择性,节约能源的一种方式。

11.2.1　超级电容器

电容器经过 100 多年的发展后,科学家们发明了超级电容器。超级电容器的输出功率优于电容器,这弥补了可充电电池和电容器之间的差距。因此,它们对于满足日益增长的能源需求至关重要,如需要高功率密度的电动汽车。与传统超级电容器相比,层状超级电容器通常由具有夹层结构的薄膜电极,或具有核壳结构的纤维状电极,或至少在二维微尺度尺寸的面内微电极指阵列等制成。由于电极的边缘暴露在电解质中,基于层状设计可以增加活性电极材料的可及性。因此,可以实现比电池和传统超级电容器大几个数量级的超高功率密度。这种情况对于电极由二维层状材料组成的系统尤为重要。基于碳材料的层状超级电容器遵循与传统超级电容器相同的分类原则,根据储能机制可分为双层电容器(EDLC)和混合超级电容器两大类。碳材料作为最典型、最常见的 EDLC 电极材料,在电极和电解质之间的界面上以静电的方式储存电荷,其组成的超级电容器具有高功率密度和长循环寿命等特点。赝电容器是一种将化学能通过可逆的氧化还原反应中电子转移的方式转化成电能,并将其以电能方式储存的装置。这代表了与 EDLC 不同类型的电容。赝电容是一种不同于传统碳基层状超级电容器的储存方式的电容,其储能机理并非源于静电方式,而发生在电化学反应中电荷转移过程中,在一定程度上与电极材料的微观结构(比表面积、孔隙率和孔径分布等)有关外,还与电极活性物质的种类(元素组成)、晶体结构等因素息息相关。赝电容器的电极材料通常由导电聚合物和金属氧化物等材料组成。混合超级电容器是一种基于上述 EDLC 和赝电容的组合的电容器,这种超级电容器中 EDLC 和赝电容协同工作。在本节中,我们关注碳基薄膜器件,包括 EDLC 和混合超级电容器。

Wang 等人利用 GO 水凝胶作为前驱体,制备了由较大比表面积层状多孔石墨烯薄膜组成的柔性超级电容器[25]。图 11-6(a)说明了 RGO 薄膜的制备过程。在他们的研究中,一个关键的创新是用 GO 水凝胶替换 GO 分散体来制备多孔 RGO 薄膜。GO 水凝胶具有良好的加工能力和优异的结构稳定性,使其成为制备大面积 RGO 薄膜的优选材料。图 11-6(b)显示了一张制备好的 RGO 薄膜的数字照片,其长为 8.7 cm、宽为 3 cm。干燥的 RGO 薄膜表面呈现出闪亮的金属光泽,表明其还原度较高。此外,RGO 薄膜显示出良好的柔韧性,可以卷成多层圆柱体,如图 11-6(c)所示。受天然的静脉纹理叶子的启发,Lee 等人报道了一种具有大量纳米通道的 PDDA 介导 RGO(nc-PDDA-Gr)膜,他们制备的这种薄膜具有高堆积密度和高效的二维离子传输通道,并且制备方法简单,能够大量制备[26]。他们将 PDDA 分散的 GO 溶液与 $Cu(OH)_2$ 纳米线溶液混合,之后用滤膜过滤得到一种薄膜,这种薄膜中

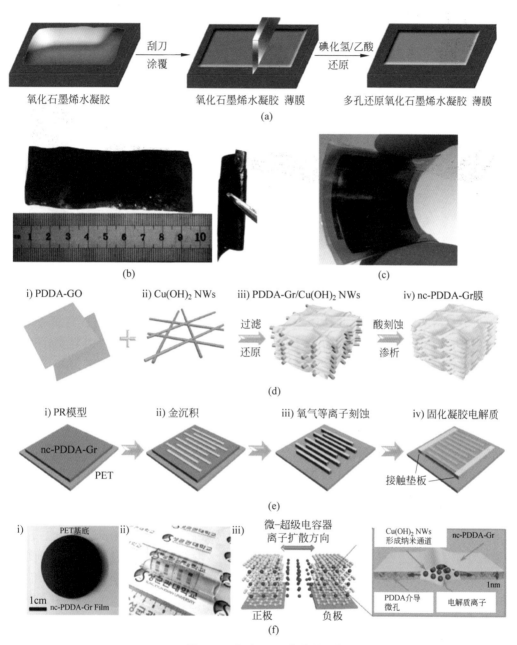

图 11-6　多孔 RGO 薄膜的制备

（a）多孔 RGO 薄膜的制备过程示意图；（b,c）RGO 薄膜和相应柔性超级电容器的数码图片；（d）nc-PDDA-Gr 薄膜的制备过程；（e）MSCs 制备过程；（f）所制备的 MSCs 及其离子转运途径；（g）CND300 转化为 3D-ts 石墨烯的过程示意图

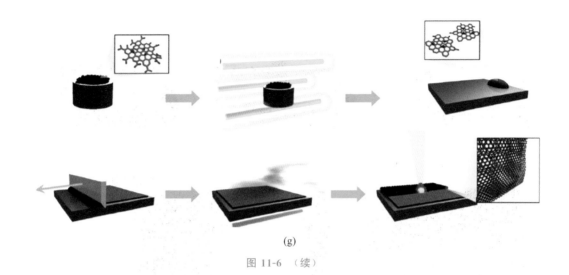

(g)

图 11-6 (续)

纳米线随机的堆叠分散在二维石墨烯层中,如图 11-6(d)所示。最终通过将氧化石墨烯化学还原的方法和酸处理去除纳米线来获得具有静脉状纹理叶的二维纳米通道结构。他们将所制备的薄膜通过光刻蚀和 O_2 等离子体蚀刻等方法制备交叉金电极,如图 11-6(e)所示。图 11-6(f)中显示的为所制备的 nc-PDDA-Gr 薄膜转移到 PET 上后得到的数码图片,其显示出具有光滑的薄膜表面。这种具有堆叠石墨烯层和预先形成的纳米通道的薄膜型电极允许离子在平行于石墨烯平面方向的扩散。静脉状纹理的二维纳米通道起到了为离子提供平行于石墨烯平面上的有效传输途径的作用。通过纳米通道石墨烯的光刻图案化制造的交叉金电极用于 MSCs,其促进了离子在平行于薄膜方向的扩散,以保持高倍率性能,而这种倍率性能几乎与薄膜的厚度无关。

碳纳米点(CNDs)中包含类似于石墨/石墨烯结构的核,因此可以被认为是石墨烯的较小同系物,这促使它们用作更大 π 系统的前驱体。Kaner 等人研发了一种将基于生物分子的 CNDs 转化为高表面积的层状石墨烯网络,如图 11-6(g)所示,他们在制备过程中利用了热解和红外激光处理的方法[27]。他们最初通过微波辅助热解和退火的方法合成了 CNDs。然后将热解的 CNDs 施加在基板上并将其作为前驱体来制备具有类似于石墨烯气凝胶或石墨烯泡沫形态的高表面多层石墨烯。所制备的三维多层石墨烯网络表现出优异的形态学特性,例如,层状多孔结构和高表面积,以及优良的电化学特性。其在 560 A/L 的电流密度下的体积电容高达 27.5 mF/L,对应于在 711 W/L 的功率密度下的 24.1 mWh/L 能量密度。值得注意的是该体系具有极快的充放电循环速率,时间常数为 3.44 ms。

原则上,EDLC 可以实现快速的电荷储存,与此同时,其提供的电容相对较低,而与之相反,赝电容器提供高电容,但具有较差的倍率性能和低循环稳定性。因此,结合了 EDLC 电容器和赝电容器优点的混合超级电容器正成为科学家们大力研究的热点,在一个设备中可以同时实现高能量密度和功率密度。目前有几种类型的碳基材料被用于制备混合超级电容器,包括石墨烯纸、碳纳米管薄膜和具有活性成分的碳薄膜。

值得注意的是,粉末形式的活性材料必须使用粘合剂和导电碳材料浇铸成平面电极,以获得最终的超级电容器。然而,当超级电容器弯曲、扭曲或拉伸时,活性材料很容易从电极上脱落,这是目前仍然存在的一种缺点。因此,需要一种柔性结构来提高其灵活性,并且需要寻找一种更简便的制备方法。陈等人开发了一种由碳纤维线-聚苯胺和功能化碳纤维线电极制成的固态非对称纤维状超级电容器,其表现出较高的工作电压(1.6V)。在人体等生物系统中,各种化学物质在比较复杂环境下处于一种动态平衡。这就要求这些柔性器件能够承受不同频率下的各种结构变形。将所制备10 cm长的设备缝在手套中以测试电子纺织品的柔韧性。在不同的弯曲角度下,CV曲线没有明显变化,电容比保持接近于1。此外,所制备的器件在不同拉伸条件下具有高拉伸性能和良好的机械稳定性。该器件的优异性能可归因于以下原因:①非对称系统扩大了其工作电压,从而极大地提高了器件的体积能量密度和功率密度;②CFT@PANI和FCFT电极的多孔通道有利于离子可及性,导致FASC具有良好的倍率性能;③CFT和PANI的高柔韧性赋予了FASC在弯曲测试中的良好性能。李等人将螺旋环结构引入到CNT纱线中,并制备了一种自支撑、可自拉伸的CNT/PPy纱线超级电容器。两根单独的螺旋线用作两个对称电极,涂上一层薄薄的H3PO4-PVA凝胶电解质,然后扭成独立的双螺旋结构。高拉伸性是通过在张力下分离螺旋纱线内的线圈来实现的,其机理相似于弹簧的拉伸。

11.2.2　锂离子电池

锂离子电池作为一种最具发展前景的可充电储能设备,在电动汽车和混合动力汽车上得到了广泛的应用。其阳极材料往往在保护锂离子电池能量密度、安全性和循环寿命中起着重要的作用。石墨因其良好的循环稳定性,特别是在锂化过程中体积仅变化12%,已被广泛应用于工业阳极。然而,该材料具有较低的理论容量(LiC_6,372 mAh/g)和蒸发电位(0.05 V vs. Li^+/Li)。显然,这对于智能电网系统和可穿戴电子设备所需要的下一代锂离子电池来说,是一种不合适的阳极材料。因而需要构建一种相较于石墨具有更高储锂能力和操作安全性的新型负极材料。

为了提高锂离子电池的循环性能,科研工作者对一部分层状/夹层结构的混合薄膜进行了深入的探究。由金属基材料组成的活性材料层具有较高的锂存储能力,而由碳组成的导电材料层可以作为柔韧的缓冲空间,以适应锂合金化/脱合金化反应引起的大体积变化。与锚定结构不同,层状/夹层结构中的金属基活性材料的两侧都受到相邻的多功能基体的良好约束,因此可以更好地提高电极在循环过程中的完整性和稳定性。此外,材料在制备过程中产生的空隙不仅缓解了锂离子的体积变化,并且缩短了锂离子的扩散长度。

游离膜已被广泛地用作阴极、阳极、隔板,甚至电解质。例如,Tour等人报道了通过使用石墨烯纳米带(GNRs)和硅纳米线(Si-NWs)作为构建块过滤的"纸状"电极(Si-NW/GNR)[28,29]。在第二次循环中,Si-NW/GNR纸在0.2 A/g下的可逆容量为2000～2500 mA·h/g,是石墨的比容量(372 mA·h/g)的6～9倍。Si-NW/GNR纸在0.2 A/g下同样具有长期优异性能。除经过50次循环后的初始衰减外,该材料可以维持1500 mA·h/g直至300次循环仍维持最小衰减,并且库仑效率可以保持在99.6%以上。这种GNR也可以与$LiCoO_2$纳米线(LCO-NWs)相结合,通过类似于Si-NW/GNR的过滤产生LCO-NW/GNR纸。LCO-NW/GNR纸可作为锂离子电池的阴极。因此,可以用Si-NW/GNR作为阳极和LCO-NW/GNR作为阴极来制备全电池。

以 NW/GNR 为阴极,输出电压约 3.65 V,在电流密度为 2 A/g 的条件下,174 次循环后,电池容量仍可保持在 75% 左右。这种情况下的多孔性会在结构内部产生空隙,这可以降低锂离子吸收过程中高体积膨胀引起的应力。全电池的高性能表明,游离膜在锂离子电池中作为阳极或阴极具有巨大的潜力。除了阳极和阴极电极外,电解质也是电池的重要组成部分,尤其是考虑到电池的安全性时。固体电解质因可以提高电池的安全性能,成为近年研究热点。通过增加能量密度降低电池的整体重量目前是一种较为有效的方法。因此,Goodenough 等人将 HMOP 球、PEO 和锂盐或钠盐结合制成薄膜[19]。图 11-7(a)显示了 HMP-PEO-LiTFSI 薄膜的高离子电导率,并在 LiFePO$_4$/Li 固态电池中进行了测试。初始充放电容量分别为 135 mA·h/g 和 131 mA·h/g。经过 100 次循环(120 mA·h/g)后,容量略有下降,库仑效率很高,如图 11-7(b)所示。HMP-PEO-LiTFSI 电解质膜也表现出优异的倍率性能。如图 11-7(c)所示,该电解质膜在 0.2 C、0.5 C、1 C 和 2 C 时,可分别提供 139 mA·h/g、132 mA·h/g、108 mA·h/g 和 85 mA·h/g。相对较低的阻抗是由于填料清除痕量溶剂杂质的能力所致。当使用介孔填料如 SBA-15 和 MOF 时,其他研究也观察到类似的效果。

11.2.3　钠离子电池

地球上有限的锂储备近年来引起社会各界的广泛关注,这可能会在不久的将来大幅增加锂离子电池的成本。由于锂离子和钠离子具有相似的电化学性质和氧化还原电位,以及自然界中丰富的可达钠资源,钠离子电池已成为一种很有前景的储能替代品。钠离子比锂离子半径大(约 1.5 倍),离子质量大(约 3.3 倍)。因此,在具有相同晶体结构和离子通道的电极上,钠离子电池需要克服更高的钠离子插层/萃取能量障碍,这将导致钠离子运输动力学更加迟缓。为了制造高能量密度的钠离子电池,其中一种策略是设计一个独立的、无粘结剂的电极,并且要求所有的材料都参与钠的储存。

各种聚合物,包括 PAN,PAN/精炼木质素,以及 PAN/Pluronic F127 都可以用于制备钠离子电池的柔性电极。Lou 等利用聚酰胺酸(PAA)作为聚合物前驱体,制备了悬空柔性氮掺杂碳纳米纤维(N-CNFs)PAA,纳米纤维经煅烧后转化为 N-CNFs[30]。柔性电极在 5 A/g 下循环 7000 次后,其可逆容量为 210 mA·h/g(容量保持率为 99%)。该方法的关键概念是选择富氮、热稳定的聚酰亚胺(PI),它可以转化成含氮量高、结构稳定性好、机械灵活性好的碳纳米纤维。到目前为止,许多活性材料,包括 Sn 纳米点,Sb/Bi/SbBi 纳米点,以及 MoS$_2$ 纳米片均已被嵌入到柔性碳膜中。

Kong 等人通过空间受限的超组装策略,利用易于热解的三苯基锑(TPA)分子,制备了多种独立 MCF,如 Sb/C,Bi/C,SbBi/C 复合材料,如图 11-7(d)所示,所制备的 MCF 复合材料均由分布在多层石墨烯纳米片间隙中的超小金属纳米点组成[31]。其中,Sb/C 框架同时具有较大的中孔(~21 nm)和大孔(~60—100 nm)孔道,并且具有卓越的性能,例如,比容量高达 246 mAh/g,寿命周期长(5000 次),在 7.5 C 的高速率下容量保持率几乎达到 100%,如图 11-7(e)所示。独特的骨架结构为 Sb 纳米点提供了足够的空间来适应体积变化,并分别为 Na$^+$ 的稳定和快速扩散提供了不可变形的通道。高分散的 Sb 纳米点可以减缓 Na$^+$ 的体积膨胀,缩短 Na$^+$ 的扩散长度。同时,不同寻常的可逆晶相转变有利于钠的快

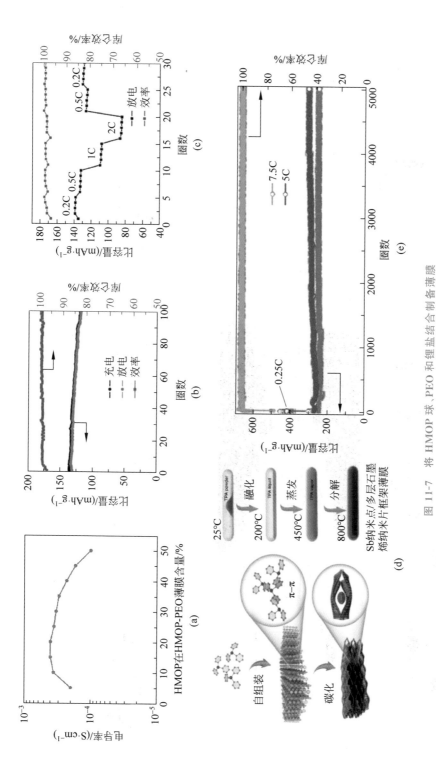

图 11-7 将 HMOP 球、PEO 和锂盐结合制备薄膜

(a) 含不同 HMOP 的 HMP-PEO-LiTFSI 膜在 65℃下的离子电导率,EO:Li 的比值保持在 10:1;(b) 以 HMP-PEO-LiTFSI 为隔膜/电解质的 LiFePO₄/Li 半电池在 0.5 C 下的循环性能;(c) 速率性能;(d) Sb/C 骨架膜的形成过程示意图;(e) Sb/C 框架膜电极在高电流密度(5℃和 7.5℃)下的循环性能;(f) NCF/CNT/PEDOT@S 和 NCF/CNT@S 电极围绕玻璃棒卷曲的照片;(g) NCF/CNT/PEDOT@S 电极压前(上)和压后(下)的照片;(h) 为柔性手镯供电;(i) 柔性电池结构示意图;(j) CF/Ag-Li 复合电极制备工艺示意图

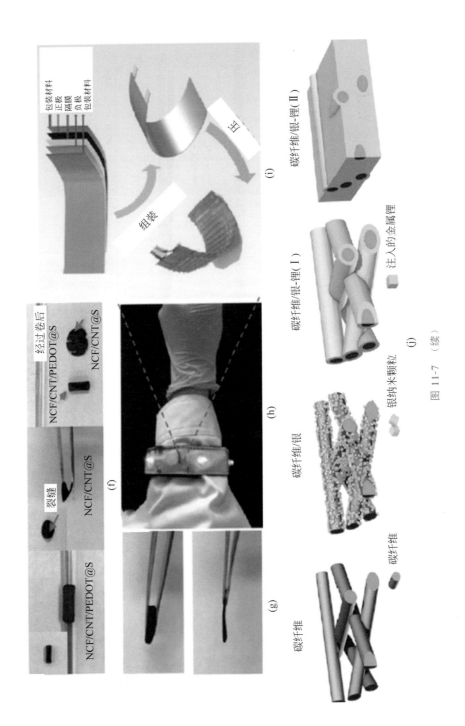

图 11-7 （续）

速、长期循环存储。显然,这种合成策略可以应用于其他金属或合金体系,如通过简单地改变不同的前驱体分子来制备 MCF。

11.2.4　锂硫电池

锂硫(Li-S)电池具有较高的理论比能和成本效益,是下一代具有潜力的关键储能设备之一。但 Li-S 电池由于多硫化物中间体的溶解,自放电性能较高,循环稳定性较差,硫和放电产物的绝缘特性等,从而使得 Li-S 电池的倍率性能较差,硫利用率较低。为了解决这一问题,研究人员开发了多种方法,如将硫限制在碳载体中,添加过渡金属化合物等。其中,功能介孔碳基膜可以结合物理和化学方法的优势,实现高性能锂硫电池。

一般来说,大多数多孔碳/硫阴极是通过传统的泥浆铸造工艺组装的,其中使用了金属集流剂、导电剂和聚合物粘结剂,不可避免地降低了体积能量密度。将硫基体与中间层结合在一起,构建无粘结剂、致密、导电、独立的集成阴极是一种可靠而高效的策略。以氮(N)掺杂的碳泡沫/碳纳米管为支架,以聚(3,4-乙二氧基噻吩)(PEDOT)包裹的硫纳米颗粒为活性材料,构建了无粘结剂、自支撑的柔性阴极;选择商用三聚氰胺泡沫(MF)作为三维模板和碳源,构建自支撑柔性电极。将 PANI 涂层在 MF 骨架(MF-P)上不仅可以提高氮含量,还可以将大空隙分成小空隙,然后通过浸泡/吸附方法吸附 CNT 溶液,得到 MF-P/CNT。MF-P/CNT 经干燥和炭化后转化为 NCF/CNT。褶皱的碳纳米管层不仅提高了导电性,还提供了许多活性位点。此外,混合 NCF/CNT 薄膜为随机和无序的互连导电框架提供了大量的空间。为了获得良好的电化学性能,将 NCF/CNT 浸泡在 PEDOT@S 悬浮液中。由于 NCF/CNT 的无序结构,PEDOT@S 弥散可以很容易地注入 NCF/CNT 泡沫中,形成了相当大的空隙空间[32]。最后,成功地将柔性自支撑电极组装成柔性电池。此外,系统地研究了柔性电池中电极的柔性及其分配。NCF/CNT/PEDOT@S 电极在缠绕玻璃棒后仍保持整体结构完整,而通过硫熔体扩散制备的阴极在缠绕玻璃棒时被破坏,如图 11-7(f)所示。图 11-7(g)为挤压前后的电极。厚膜能吸收更多的活性物质,压后保持良好的弹性。为验证柔性设计在实际应用中的可行性,制备了用于软封装电池的 NCF/CNT/PEDOT@S 电极。然后将柔性电池嵌入到工作状态下的手链中,如图 11-7(h)所示。如图 11-7(i)所示,将独立的 NCF/CNT/PEDOT@S 电极和锂箔分别作为正极和负极,用模具压紧,形成一种轻量化、薄度、柔性的 Li-S 电池。所获得的软封装锂电池能够在弯曲和折叠状态下点亮 11 个 LED(初始电压输出为 3.1 V)。为了进一步展示 NCF/CNT/PEDOT@S 负极的实际应用,我们用一块商用智能手表测试了柔性 NCF/CNT/PEDOT@S 电池的性能。当电池以不同角度弯曲时,手表仍然保持良好的功能,说明设计符合商业对柔性电子产品的要求。

除了层次结构的碳质材料外,金属氧化物/硫化物也受到了广泛的关注,因为这些材料中的纳米结构极性位点能够强烈吸附聚硫中间体。尽管这些材料表现出对多硫化物的有效化学吸附,但氧化物/硫化物本身的低电导率可对电极的电化学动力学产生不利影响,特别是在高硫负载时。因此,进一步的研究主要集中在两个方面:①开发更有效的多硫化物捕集主体材料,控制形态,增加组分之间的界面相互作用;②提高 Li-S 体系的电导率和多硫化物的催化转化,提高电化学性能。Wang 等人设计了一种新型柔性多孔 CNF 薄膜,以石墨烯和超细极性 TiO_2 纳米颗粒作为硫宿主,以正硅酸乙酯(TEOS)和 TTIP 分别作为成孔剂和金属源,采用静电纺丝法制备了前驱体膜[33]。对采集的前驱体膜进行碳化和模板刻蚀后,成功制备了柔性靶膜。由 S/TiO₂/G/NPCFs 薄膜组装而成的柔性袋电池可用于驱动 LED,甚至可承受弯曲过程,这都证实了 S/TiO₂/G/NPCFs 薄膜在柔性 Li-S 电池中的潜在应用价值。该结构不仅使硫可以高效分散,同时使锂以及多硫化物具有高容量和强约束能力,从而延长了循环寿命。

前人研究表明,HfO_2 在锂离子电池和钠离子电池的电化学过程中增强了界面氧化还原反应能力[34]。尽管如此,HfO_2 仍然是一种新型金属氧化物,很少用于锂电池。Wang 等人报道了将 HfO_2 原子层沉积改性的超薄交叉堆积碳纳米管薄膜作为高性能锂-硫电池的高效聚硫屏障[35]。高导电性的 CNT 和 HfO_2 组成的网络对多硫化物的催化表面吸附显著抑制了其穿梭现象。含硫量高达 75%wt 时,HfO_2/CNT 中间层电极的各种电化学性能均有显著改善,包括长期循环稳定性(1℃循环 500 次后 721 mA·h/g)、高倍率性能(5℃下 800 mA·h/g)、良好的抗自放电性能、良好的电化学性能和良好的电化学性能以及抑制锂阳极腐蚀等。在中间层中引 VOx,通过强烈的化学作用锚定锂多硫化物。采用水热法制备了具有双约束功能的柔性多硫化物 VOx nanosphere@SWCNT,杂化膜通过水热反应合成了中空的 VOx 纳米球,通过改变前驱体的浓度可以控制其尺寸。硫被注入到中空的纳米球中,形成 VOx@S 的核-壳结构,进一步与 SWCNTs 混合,交织成独立的柔性薄膜。SWCNTs 缠绕在 VOx 纳米球周围,形成相互连接的网络,提供电导率以及保持结构完整性,而小的 VOx 纳米球对多硫化物具有很强的限制和优异的吸附能力,从而产生良好的循环性能。

11.2.5　金属锂电池

锂(Li)金属阳极具有极高的理论容量(3860 mA·h/g)和最低的标准电化学电位(−3.04 V),在下一代高能量密度锂电池中具有广阔的应用前景。然而,金属锂存在着树枝状生长不受控制、体积膨胀相对无限、副反应严重等问题。在这些问题中,树突的生长被认为是最关键的问题。树枝晶极易穿透隔膜,引起电池短路、热失控、起火甚至爆炸。此外,树突很容易与电解质发生反应,不可逆地消耗活性物质。锂枝晶溶解不均匀所导致的死锂将进一步降低电池寿命。目前,人们对抑制锂枝晶的生长已经做出了很大的努力。

金属粒子的引入是一种新兴的纳米碳材料表面化学调整策略,以降低成核过电位。据报道,在这些结构中,锂金属会优先在锂成核过电位较低的金属纳米颗粒上成核,从而在一定程度上调节锂成核行为,抑制锂枝晶生长。Cui 等人首创了通过非均匀种子生长选择性锂沉积的方法,设计了一种中空碳球内部有纳米粒子种子的纳米胶囊结构[36]。选择金纳米粒子作为核晶,发现金属锂主要生长在空心碳球内部。将柠檬酸稳定的金纳米粒子固定在 3-氨基丙基三乙氧基硅烷改性的二氧化硅上,包覆间苯二酚甲醛树脂,煅烧成无定形碳。最后,通过 HF 或 KOH 蚀刻去除二氧化硅模板,得到中空的碳壳内含有 AuNPs。与裸碳纳米胶囊相比,这种选择性沉积和稳定包覆金纳米胶囊方法可以有效消除树枝晶的形成,在高于 300 次循环的烷基碳酸酯电解质中,库仑效率仍高达 98%。

Cui 小组的另一项有趣的工作为以硅亲石涂层作为锂金属阳极主体的三维多孔碳基质[37]。硅涂层与熔融锂反应生成二元合金相锂硅化合物,驱动和引导液化锂浸湿碳支架表面,从而填充多孔结构。在这种情况下,通过 CVD,在支架表面涂上一层薄薄的硅,以辅助熔体灌注过程。由于缺乏主支架,控制锂电极的形状和厚度在每次剥镀过程中都会发生变化。Li/C 电极体积变化小,表面完整稳定。与无主机的锂金属相比,该锂/碳复合阳极能够适应体积变化,从而降低了潜在的安全隐患。综上所述,三维碳基体的高比表面积有利于降低实际电流密度,从而避免树枝状锂的形成。此外,具有导电互连网络的三维矩阵有利于电子/离子输运。它的低密度保证了锂阳极的高比容量和高能量密度,而它的灵活性和机械稳定性又缓解了循环过程中的体积变化。在镀锂过程中,由于锂液与基体的反应,其他涂层改性,如银和镁也被用来提高锂液在基体上的润湿性。例如,Zhang 等人通过镀银和熔锂法制备了珊瑚状镀银碳纤维复合锂阳极(CF/Ag-Li),如图 11-7(j)所示[38]。与传统的高温 CVD 和原子层沉积相比,该电镀策略易于实现亲石基质,成本效益高。银粒子不仅可以诱导具有亲石性的碳纳米纤维获得 CF/Ag-Li,还可以调节锂在镀锂过程中的形核和生长。他们利用原位光学显微镜观察了锂完全注入 CF/Ag-Li 电极的锂溶出过程,锂金属从电解液的一侧溶解到基片集流器的另一侧,未观察到死锂。值得注意的是,除去锂后,CF/Ag-Li 的厚度几乎不变,说明在汽提过程中体积变化几乎为零。CF/Ag-Li 剥离复盖后的扫描电镜图像显示出均匀的剥离形貌和无树突复盖形貌。

11.2.6 析氢反应和析氧反应

凭借高能量密度和环境友好的特性,氢能已成为最有发展前景的能源载体之一。电解水是一种绿色、可持续的制氢技术。然而水分解的两个半反应阴极析氢反应(HER)和阳极析氧反应(OER)在热力学上是上行的,这必然导致高过电位和低反应动力学。传统的粉末催化剂需要制成浆料后涂覆在电极上,使用起来既费时又不方便。自支撑薄膜可以解决这一问题,更适合实际应用。

与碳纳米管、石墨烯等碳材料结合构建杂原子掺杂薄膜是提高 HER 电催化剂性能的有效方法。例如,罗摩克里希纳(Ramakrishna)使用 3D 的 CoS_2 与 RGO 和 CNT 相结合,通过简单的真空过滤方法合成了 3D CoS_2/RGO-CNT 薄膜[39]。图 11-8(a)中的 LSV 曲线显示,3D CoS_2/RGO-CNT 只需 142 mV 过电位即可达到 10 mA/cm^2 电流密度。而且,3D CoS_2/RGO-CNT 的 Tafel 斜率很小,约为 51 mV/dec,如图 11-8(b)所示。此外,带衬底的膜也越来越多地在 HER 中使用。Yan 等人开发了一种高活性的 HER 电催化剂。以 CoW-MOF 为前驱体,在碳布上进行热解和磷化,可制得以(S,N)掺杂碳基体为载体的 S 掺杂 CoMP 纳米颗粒薄膜,并可直接用于 HER[40]。S-CoW@(S,N)-C 在电流密度为 -10 mA/cm^2 时的过电位为 35 mV,塔菲尔斜率为 35 mV/dec。此外,S-CoWP@(S,N)-C 纳米线催化剂也表现出优异的稳定性,在恒定电位 -35 mV 下持续工作 40 h 的电流几乎没有衰减,如图 11-8(c)所示。

OER 是水分解过程中另一个重要的半反应。Ramakrishna 等人展示了由电纺碳纳米纤维(CoNCNTF/CNFS)薄膜支撑的独特的具有层次化结构和优异的 OER 活性的氮掺杂、钴包覆碳纳米管/多孔碳阵列(CoNCNTF/CNFS)[41]。为了提高水的整体裂解性能,双功能电催化剂的研究非常热门。Li 等人发明了一种新颖、简便的以单块金属钴为原料,通过原

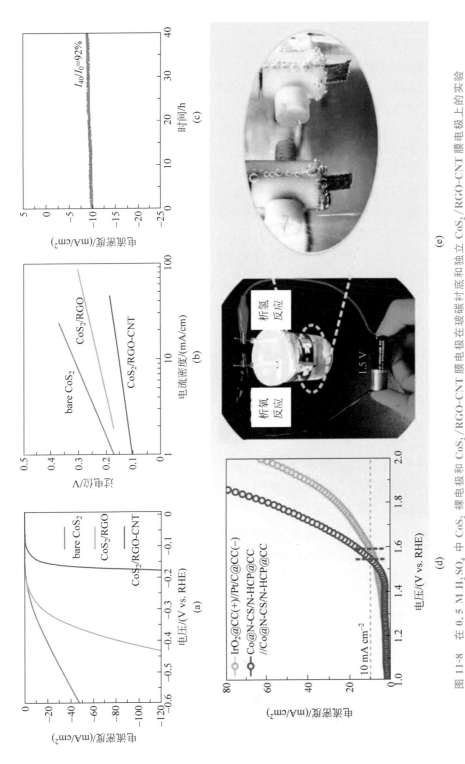

图 11-8 在 0.5 M H₂SO₄ 中 CoS₂ 裸电极和 CoS₂/RGO-CNT 膜电极和独立 CoS₂/RGO-CNT 膜电极上的实验

(a) 极化曲线和(b)Tafel 图；(c) S-CoWP@(S,N)-C 的 LSV 曲线；(e) 由标称电压为 1.5 V 的单电池 AAA 电池在 1.0 M KOH 中驱动的全水解驱动的数码照片；(f) 原始 CP,D-CP@G 和 DN-CP@G 催化剂的 Pt/C@CC(−)的 LSV 曲线；(c) S-CoWP@(S,N)-C 纳米线在−67 mV(Vs RHE)下的耐久性试验；(d) Co@N-CS/N-HCP@CC‖Co@N-CS/N-HCP@CC 和 IrO₂@CC(+)‖ ORR 极化曲线，(g) 在 N₂ 饱和(虚线)0.5 M KClO₄ 或饱和 CO₂ 电解液中,以 10 mV/s 的扫描速率测定线速率测定线速性扫描伏安曲线；(h) CO 的 FeS,以及 H-CPS (红色)和 F-CPS(黑色)在不同加电位下的线性扫描伏安曲线；(i) 在 Ar 和 N₂ 气氛下 10 mV/s 的扫描速率测量了 Cu/PI-300(催化剂负载量：5 mg/cm²)的线性扫描伏安曲 线；(j) 固定催化剂负载量(5 mg/cm²)在不同工作电位(K)下 6h 内的法拉第效率；(k) ¹⁴NH₄⁺ 和 ¹⁵NH₄⁺ 分别在 ¹⁴N₂ 和 ¹⁵N₂ 气体中反应产生的 1H NMR 谱

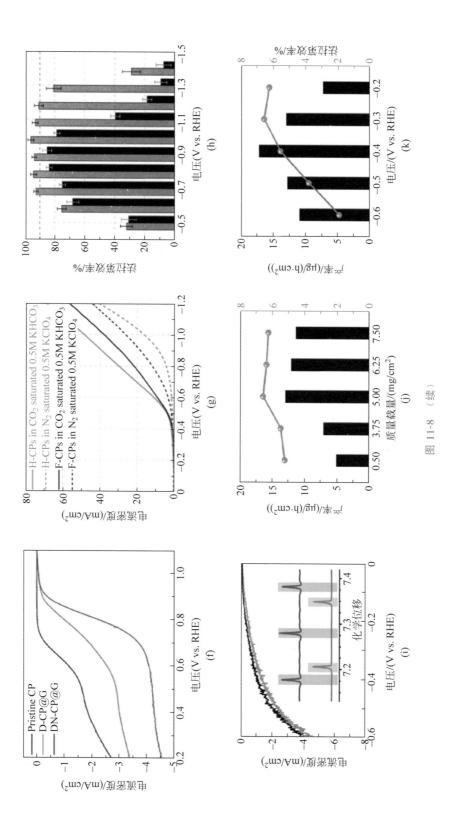

图 11-8　（续）

位热发射制备钴纳米颗粒包裹的三维导电膜(Co/CNF)的方法[42]。当 Co/CNFs 作为柔性自支撑电极时,Co/CNFs(1000)催化剂在电流密度为 10 mA/cm^2 时 OER 和 HER 的过电位分别为 320 mV 和 190 mV,具有较高的催化活性和较低的塔菲尔斜率。而当 Co/CNFs 同时作为阴极和阳极时,只需要 1.69 V 即可提供 10 mA/cm^2 的电流密度。此外,Wu 等人还合成了 Co@N-CS/N-HCP@CC。当电流密度达到 10 mA/cm^2 时,OER 和 HER 的过电位分别为 248 mV 和 66 mV[43]。图 11-8(d)显示了碱性溶液中 Co@N-CS/N-HCP@CC 作为双功能催化剂的全水解性能。只需较低的电压(1.545 V),Co@N-CS/N-HCP@CC 就可以驱动 10 mA/cm^2 的电流密度,与 Pt/C@CC‖IrO$_2$@CC 电偶(1.592 V)相比,它的性能更优越。此外,这一过程也可以由 1.5 V 的商用电池驱动,如图 11-8(e)所示,薄膜上产生的气泡表明了它们在实际应用中的潜力。

11.2.7　氧还原反应

氧还原反应(ORR)电催化剂在质子交换膜燃料电池、金属-空气电池等储能转换设备中起着至关重要的作用。尽管铂族金属基材料已被认为是催化 ORR 反应迟滞的最有效催化剂,但它们仍然存在稀缺、成本高和耐甲醇能力差等问题。因此,人们一直致力于开发无铂的 ORR 催化剂。

对于实用化的金属-空气电池,通常需要将活性电催化剂负载到 3D 导电基板(如碳布、碳纸)上以增强其质量和电子传递。但这一过程需要使用额外的粘结剂,不仅复杂,而且会导致电极的内阻较高。如果能从导电衬底原位生成石墨烯纳米片(GNSs),再掺杂 N 形成活性中心,然后直接用作自支撑电极,将会简化电极的制造过程。此外,由于其天然的活性中心和完整的结构,电极的催化稳定性和电子导电性将得到极大的提高。Huang 等人将碳纸中的石墨烯原位剥离,然后经过高温氨气处理,成功地制备了一种以 PN 为主的富含缺陷的碳基纳米材料[44]。

原始的碳纤维的表面非常平整光滑。经过化学剥离和热处理后,部分粘合剂被破坏和蚀刻。碳纤维表面变得粗糙多孔,表明缺陷位是在 D-CP@G 中产生的,注氨后,DN-CP@G 与 D-CP@G 基本保持相同的结构,说明氨处理对 CP 基材料的形貌影响不大。在 77 K 下,通过 N$_2$ 吸脱附测定了 CP 基材料的比表面积和孔径。原始 CP 的吸附-脱附等温线重叠,吸附容量低,孔隙率低,比表面积低(11.6 m^2/g)。D-CP@G 和 DN-CP@G 的高吸附容量和 H1 和 H3 型等温线的组成特征分别表明 D-CP@G 具有高比表面积(D-CP@G 为 60.5 m^2/g,DN-CP@G 为 67.3 m^2/g)和横跨微孔到中孔的分级多孔结构。

依据半波电位($E_{1/2}$)和极限电流密度值,ORR 活性按原始 CP、D-CP@G 和 DN-CP@G 的顺序增加,如图 11-8(f)所示。计算 K-L 曲线斜率可得原始 CP、D-CP@G 和 DN-CP@G 的 n 值分别为 2.4、3.2 和 3.7。DN-CP@G 的高 n 值表明其在 ORR 过程中的催化效率高、副产物少。DN-CP@G 除了具有良好的 ORR 活性外,在 0.1M KOH 溶液中也表现出较高的稳定性。DN-CP@G 材料由于其优异的 ORR/OER 性能和新颖的一体化三维多孔结构,被用作锌空气电池正极的自支撑空气电极。组装后的电池长时间保持 1.43 V 的高开路电压(OCV)。作为对比,我们也在相同条件下对 Pt/C 和 Ir/C(质量比为 1∶1)的混合物进行了测试。在初始循环测试中,Pt/C+Ir/C 混合电极的放电电压高于 DN-CP@G 电极,充电电压低于 DN-CP@G 电极。然而,随着连续循环试验的进行,Pt/C+Ir/C 电极的性能逐渐下降。运行 40 次后,电压间隙高达 1.41 V,显示出较低的伏安效率和较差的耐久性。对于 DN-CP@G 电极,在长时间循环试验中保持了高度稳定的放电和充电电压平台。即使在 250 次循环时,DN-CP@G 电极的电压也只有 0.98 V,与初始循环(0.95 V)几乎相同,这表明 DN-CP@G 具有较长的循环寿命和较高的伏安效率。将 DN-CP@G 电极直接作为空气正极,可制备全固态(ASS)锌空气电池,该电池在 1 mA/cm^2 的电流密度下保持了稳定的放电和充电循环,进一步验证了如上所述的 DN-CP@G 电极优异的电催化活性和稳定性。

11.2.8　二氧化碳还原反应

大气中 CO_2 浓度的升高会引起温室效应,破坏环境,威胁人类生存。但 CO_2 也是一种廉价、清洁、丰富的碳资源。通过电化学还原或循环 CO_2 为利用可再生能源合成燃料和化工原料提供了一条潜在的途径。实现二氧化碳还原反应(CO_2RR)的主要技术挑战是开发高效和具有选择性的催化剂。CO_2 分子的活化通常被认为是 CO_2RR 过程的第一步。电催化剂通过在催化剂和 CO_2 之间生成化学键来稳定中间体,从而产生较小的负氧化还原电位。通过使用适当的电催化剂,可以在低过电位下将 CO_2 还原为 CO 或 HCOOH,其机理是两电子过程。

理想的 CO_2 电还原催化剂应具有足够的可访问性、高活性中心和可靠的稳定性,以满足工业需求(包括高工作过电位、目标产品的高电流密度和易于大规模生产)。此外,为了达到工业规模的电极,以前的大多数 CO_2 电还原催化剂都需要借助绝缘聚合物粘合剂(如 Nafion 或 PVDF)固定在导电衬底上,这大大增加了合成的复杂性和成本。为了满足上述工业需求,迫切需要开发一种可扩展的方法,将廉价的原料转化为高效、稳定的催化剂。Li 等人研究了一种通过在块状 Ni 和 N 掺杂碳(N-C)层之间的固态扩散来构建层次化和原子化催化剂的有效方法,其中的碳纸是自支撑的,可以直接用作二氧化碳还原的无粘合剂电极[45]。

首先,利用喷涂设备将三聚氰胺沉积在镍箔表面形成薄膜。通过精确控制加热速度使温度从室温到 1000℃,三聚氰胺薄膜逐渐转变为 C_3N_4 结构,覆盖在镍箔上。在镍源的催化下,C_3N_4 可以在高温下转化为 N-C。在 Ni-N 配位之间强烈的 Lewis 酸碱相互作用的驱动下,高温下形成的大量不饱和碳空位使得表面的 Ni 原子扩散到被覆盖的 N-C 基底中,占据了碳空位。在体相 Ni 衍生的 Ni"种子"催化下,N-CNTs 生长在 N-C 层表面,形成一维纳米管垂直于二维 N-C 层的层次化结构。这些柔性和独立的碳纸可以很容易地从镍箔表面剥离,形成新制备的碳纸(F-CP)。最后,通过酸浸步骤溶解 N-C 基底中的大部分 Ni 种子,得到了两侧富含 N-CNT 的分级碳纸(H-CP)。经像差校正的 H-CPs 高角度环状暗场扫描透射电子显微镜(HAADF-STEM)图像表明,Ni 原子在纳米管表面主要表现为原子分散,表现出较强的抗酸浸性能。H-CPs 表现出优异的力学性能。与 F-CPs 相比,H-CPs EXAFS 谱的傅里叶变换 K^3 加权 c(K)函数表明,在 2.15μ 处主要的 Ni-Ni 键明显减少,在 1.42μ 处出现了新的 Ni-N 配位。由于 Ni 纳米颗粒的溶解,H-CP 的比表面积为 143.97 m^2/g,高于 F-CP 的 113.21 m^2/g。经 CO_2 吸附等温线验证,比表面积的提高可使 100 kPa 下的 CO_2 吸附容量从 3.85 cm^3/g 提高到 7.64 cm^3/g。CO_2 的电还原是在两室气密槽中进行的,气密槽由 Nafion-115 质子交换膜分离,以防止生成的产物被氧化。在 N_2 饱和的 0.5M $NaClO_4$ 溶液和 CO_2 饱和的 0.5M $KHCO_3$ 溶液中分别对 F-CP 和 H-CP 进行了线性扫描伏安测量,如图 11-8(g)所示,以排除 HCO_3^- 的影响。H-CPS 在 CO_2 饱和的 $KHCO_3$ 溶液中表现出较高的活性,起始电位仅为 0.32V。H-CPs 在 $0.7\sim1.2V$ 的宽工作电位范围内 (CO 的法拉第效率大于 90.8%)保持了优异的法拉第效率(FE),这表明竞争的析氢反应 (HER)在很大程度上被抑制在了单个 Ni 位点上,如图 11-8(h)所示。

11.2.9　氮气还原反应

氮气还原反应(NRR)通常是指 N_2 和水分子直接被光催化或电催化转化为 NH_3,被认为是 Haber-Bosch 工艺的潜在替代品。电催化 NRR 是由 Davy 等人于 1807 年发现的,并在近几年受到越来越多的关注和研究。然而必须承认,eNRR 目前还不能达到较高的转化效率和氨产率。因此,合理的催化剂设计和相应机理的深入研究可以帮助我们更快地提高 eNRR 的性能。当然,这既是挑战,也是机遇。由于国内对 NRR 催化剂的研究较少,后续研究和推广的空间很大。

由于目前 NRR 催化剂不多,我们不会介绍分类。在这一部分中,我们主要介绍了几种 NRR 催化剂,对这一领域进行了简要的介绍,以期对读者有所启发。

第一项工作是用过渡金属提高法拉第效率。Chen 等人开发了一种有效的策略来提高活性较低的铜纳米催化剂的 NRR 活性,方法是在一个重要的电位范围内调节 Cu 纳米粒子的电子密度,同时抑制析氢反应(HER)活性,并提高 NRR 活性,从而获得更高的法拉第效率和 NH_3 的产率[46]。研究人员采用改进的溶剂热法在 300℃(PI-300)、400℃(PI-400)和 600℃(PI-600)下进一步缩合,以调整共轭度制备了聚酰亚胺纳米花作为湿浸渍法制备铜纳米颗粒的载体。Cu/PI 电极(以 Cu/PI-300 材料为例)在 N_2 气流中提供的电流密度高于在 Ar 中的测量结果,如图 11-8(i)所示,这表明其可能对 N_2 还原具有选择性。对 Cu 含量为 5% 的 Cu/PI-300 电极进行标准电催化测试,结果显示,在 RHE 为 $-0.3V$ 时,催化剂的 NRR 法拉第效率最高,为 6.56%。当提升催化剂负载量至 5 mg/cm^2 时,在 RHE vs $-0.4V$ 电位下,Cu/PI 300 电极的 NH_3 产率可进一步提高到 17.2 $\mu g/(h \cdot cm^2)$,如图 11-8(j)和图 11-8(k)所示。

随着电子密度的降低,吸附在铜表面的 N_2 分子的极化逐渐增强,电子密度差的明显差异很好地反映了这一点。电子密度降低的 Cu 表面与 N_2 的相互作用增强也很好地反映了吸附能的增强。此外,在 NRR 过程中抑制 HER 过程是保证催化剂最终选择性的另一个重要点。对于碱性电解质条件下的 HER 过程,水分子的吸附和 OH^- 的解吸通常主导整个传质过程。Cu 纳米颗粒的缺电子表面与 OH^- 阴离子产生很强的静电相互作用,这对碱性溶液中在 Cu-中心的 HER 过程是不利的。结果表明,在研究的所有 Cu/PI 样品中,Cu/PI-300 表现出最差的 HER 性能。更重要的是,根据计算的吉布斯自由能变化(ΔG),作为速率限制步骤的第一个氢原子加到预吸附的 N_2($*N_2$)的过程也逐渐被具有更低电子密度的 Cu 团簇所促进(从原始 Cu 上的 2.3 eV 到 $Cu^- 0.04e^-$ 上的 1.76 eV 到 $Cu^- 0.06e^-$ 上的 1.60 eV)。由于缺电子的 Cu 表面的自由能大大降低,从 $*NNH_4$ 到 $*NH_2$ 的解离步骤再次自动进行。这一诱导缺电子策略为合理设计廉价、高选择性、高活性的氮气还原反应催化剂提供了新的思路。

11.3 小结

近年来,越来越多的研究人员开始关注用于能量存储和转换系统的自支撑功能介孔碳基薄膜的开发。由于这些薄膜具有优异的物理化学性能,便于大规模生产,在实际生产中具有很大的应用前景。本章总结了功能介孔碳基膜的合成方法及近年来的研究进展。对于膜中的介孔碳,主要有模板法和无模板法两种方法合成。近年来,无模板法得到了广泛的应用,因为它可以将其他元素引入到涂料中,或通过一些步骤反应生成活性材料,如用 MOFs 构建介孔碳。重点介绍了五种界面组装方法,包括流动导向组装、蒸发诱导自组装、溶剂铸造组装、静电纺丝组装和基板组装。在此基础上,介绍了这些方法的原理、优缺点及其应用。同时讨论了功能介孔碳基薄膜在储能转化系统中的应用。重点介绍了电化学相关电池和电催化系统,并简要介绍了它们的机理和面临的挑战。在电池方面,主要研究的是锂离子和钠离子电池、金属锂电池、锂硫电池,涉及在阴极、阳极、电解质和隔板上使用薄膜,以提高电池的性能和安全性。在电催化方面,我们主要讨论了 HER、OER、ORR 和 CO_2RR 以及这些体系中作为自支撑电极的薄膜。

致谢:

感谢国家重点研发计划项目(2019YFC1604601,2019YFC1604600,2017YFA0206901,2017YFA0206900,2018YFC1602301),国自然基金项目(21705027,21974029,2210050428)对本书的支持。

第 12 章 分子光储能

上官之春　张召阳　李涛

　　不可再生的化石燃料约占全球能源消耗的 80%,而化石燃料的燃烧会导致以 CO_2 为代表的温室气体排放量迅速增加,使得全球气候剧烈变化。为了应对这一现实问题,必须加快全球能源结构从化石燃料转向可再生能源。在众多可再生能源中,太阳能的储量最为丰富,并且由于阳光普照全球,它使每个国家都成为潜在的能源生产国。但是,太阳能具有季节性和间歇性的特点,地表的太阳辐照受天气、季节和地理环境等因素的影响,这意味着夜间和阴天能量供应会中断。因此,需要发展新的太阳能储存技术,以满足无光条件下的能量需求。

　　本章介绍了一种基于光开关分子的新概念太阳能利用技术,即分子光储热技术。光开关分子吸收太阳光后,从低能量的稳态结构光异构化为高能量的亚稳态异构体。此时,太阳能就转化为分子的化学键能储存起来。理想情况下,能量可以一直以化学能形式储存,直至有能量需求时,利用一定的外部刺激(光、热、催化剂等)触发,将原来处于亚稳态的高能量异构体激活,将储存的化学能以热能的形式释放出来。分子光储热技术在太阳能的转化、储存和释放过程中,与外界环境只有能量的交换而没有物质的交换,即能量的利用过程零排放。这一特点有利于降低二氧化碳等温室气体的排放,促进达成碳中和。

摘　要：太阳能的开发和利用,有望解决全球日益增长的能源需求,加快能源消费结构向清洁低碳转变。
但是由于太阳能的间歇性特征,因此需要开发太阳能储存技术。其中一种有潜力的方法是基于
光开关分子来实现太阳能的储存,即分子光储热。光开关分子,在吸收光后会从低能量的基态转
变为具有高能量的亚稳态异构体,如果亚稳态异构体具有足够的稳定性,就实现了光能转化为分
子的化学能。触发亚稳态异构体向稳态异构体转变,储存的能量以热能形式释放出来。在此,本
章重点总结了降冰片二烯和偶氮苯分子体系,在太阳能储热系统的研究进展。讨论了通过分子
结构优化,来提高太阳能捕获、转化、储存和释放方面的性能。例如,给受体结构红移了降冰片二
烯的吸收波长,光化学相变和纳米碳材料提高偶氮苯的能量密度,杂环取代改善偶氮苯能量储存
时间。最后,总结了目前实现可控能量释放的方法与器件结构。

关键词：太阳能转化与储存,光开关分子,能量按需释放,封闭体系,光化学相变

12.1　引言

自工业革命以来,化石燃料成为了人类生产活动中的最主要能量来源,为人类文明的发展和进步提供了重要的助力。但是化石燃料的储量有限,随着化石燃料的不断枯竭,未来人类将面临日趋严重的能源危机。而且化石燃料的燃烧过程会产生大量的温室气体,对地球的气候造成持久的伤害。事实上,由于二氧化碳等温室气体的大量排放,2020 年成为有记录以来温度最高的三个年份之一,全球平均温度较 1850—1900 年间的平均温度高出 1.2 ± 0.1℃[1]。为应对全球气候变化,我国政府在第七十五届联合国大会上提出,二氧化碳排放力争于 2030 年前达到峰值,努力争取 2060 年前实现碳中和。开发和利用可再生的新能源是实现碳中和的有效途径。目前,人们研究的可再生能源主要包括:太阳能、风能、地热能和潮汐能。其中太阳能的储量最为丰富,而且太阳的寿命至少还有几十亿年,太阳能可谓是"取之不尽、用之不竭"。据统计,2015 年辐照到地球的太阳能总量约为 23 000 TWy/y,而同年全球能源消耗约 18.5 TWy/y,也就是如果我们能 100% 利用太阳能,仅需收集 7 h 左右的太阳辐照,就足以提供人类全年的生产活动所需要的能源[2]。虽然太阳能储量丰富,但是太阳能具有季节性和间歇性的特点,地表的太阳辐照受天气、季节和地理环境等因素的影响。因此,如何高效地将太阳能收集、转化并储存为其他的二级能源,是太阳能利用领域最具挑战的科学问题。

长久以来,太阳能转化和储存主要采用以下三种方法。

(1)光伏电池[3]。利用光生伏特效应把太阳能转换为电能,具有结构简单、易安装以及可循环使用等优点。近年来,光伏电池的发展迅速,仅 2020 年太阳能发电容量就增加了20%,几乎是此前最高年度增幅的两倍[4]。但是光伏电池还需与其他的储能系统相结合,才可以实现太阳能的大规模有效储存。

(2)人工光合作用[5]。通过将太阳能转化成可利用的化学能,从而同步实现了太阳能的转化和储存,具有能量密度高、易储存等优点。常见的人工光合作用包括:太阳能分解水制氢气、光驱动二氧化碳向有机物的转化等。但是这一过程需同时从外界环境中捕获物质和能量,为热力学开放体系,易对周围环境造成影响,且所用的催化剂生产成本高昂,尚处于实验室探究阶段。

(3)太阳能集热器[6]。吸收太阳辐射,将其转化为热量,并将产生的热能传递到传热介质中,已广泛应用于家庭生活和工业生产中。通常集热器与周围环境存在热量差,会进行热交换,从而导致热量损失。尽管可以通过一定的技术手段来降低热损失,但仍然难以实现长期稳定的热能储存。

本章总结了近些年来发展的另一项太阳能转化和储存技术——分子光储热技术[7]。分子光储热技术是基于光开关分子的可逆异构,来实现的太阳能的转化、储存和释放。其基本原理如图 12-1 所示[8]。

(1)太阳能的转化:处于稳态的异构体吸收太阳光中特定波长的光子能量,转化为亚稳态的异构体,将太阳能转化为化学能。

(2)能量的储存:相对于稳态的异构体,亚稳态异构体具有更高的能量,两种异构体之间的异构焓即为储存的能量 $\Delta H_{storage}$。并且亚稳态异构体需要克服回复能垒 ΔE_a，才能恢复为稳态异构体，可用回复半衰期 $t_{1/2}$ 来表示能量在亚稳态异构体中储存的稳定性。

（3）能量的释放：在一定外部刺激下，亚稳态异构体克服回复能垒 ΔE_a，将储存在亚稳态异构体中的化学能以热能的形式释放出来，分子恢复为稳态异构体。这一体系在整个太阳能的吸收、转化、储存和释放过程中，与外界环境只有能量的交换而没有物质的交换，并且分子只是在两种构型之间转变，不涉及分子的损耗。这些特点使分子光储热技术与前文提到的三种太阳能利用技术有显著的不同。与光伏电池技术相比，太阳能的转化和储存是同时完成的，不需要额外的储能系统；与人工光合作用技术相比，分子光储热技术在热力学封闭体系中进行，降低了结构的复杂度；与太阳能集热器技术相比，分子光储热技术不需要对热介质进行绝热处理，因为它的热能是以化学能的形式储存在分子中，释放过程由高能量态结构的 ΔG_{rev} 决定，可以实现更长时间的能量储存。分子光储热技术的这些良好特性，例如，装置简单、零排放、易于运输、可循环使用以及能量的可控释放，使其成为太阳能利用领域的有力竞争者。

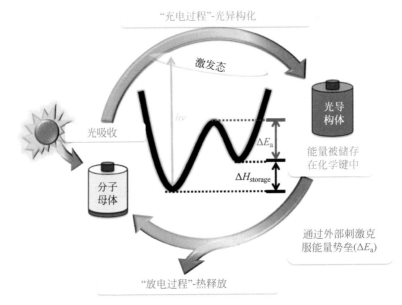

图 12-1　分子光储热系统转化、储存与释放能量的机理示意图[8]。$\Delta H_{storage}$ 是储存的能量值，对应从母体结构生成光异构体的标准异构焓，ΔE_a 代表从光异构体回复过程需要克服的的能垒

12.1.1　理想的分子光储热体系

早在 1909 年，魏格特（Weigert）就意识到了利用光开关分子来储存太阳能的潜力，并估算了蒽的光二聚反应能量储存能力[10]。但是直到 20 世纪 70 年代左右，分子光储热技术领域才开始受到越来越多的关注。近年来，受石油危机的影响，人们对于开发和利用新能源的意愿更加迫切。适用于分子光储热体系的理想光开关分子应该具备以下的特点[11]：①低能量态异构体的吸收光谱应处于 300～800 nm 之间，因为到达地球上的太阳中 50% 以上能量分布在这一范围；②两种异构体的吸收光谱完全分离，避免储能时发生光致逆反应，从而

实现高的光致异构产率；③光异构量子产率等于或接近 1，减少光照下发生其他形式的跃迁，造成能量损耗；④两种异构体之间具有高的能量差，且保证低的相对分子量，从而实现高的重量能量密度（>0.3 MJ/kg），高于水温升高 50℃ 所需的能量（0.21 MJ/kg）；⑤亚稳态异构体在室温下具有较长的半衰期 $t_{1/2}$ 从几天到几年的储存时间，以应对不同场景的需求。根据阿伦尼乌斯方程，亚稳态异构体的热回复活化能 ΔE_a 应该处于 $100 \sim 125$ kJ/mol；⑥在一定的外部条件刺激下，可以极大减小 ΔE_a，实现能量的按需释放；⑦优异的循环稳定性，在多次储能和释能过程中不发生分解；⑧容易大规模工业生产，成本低廉，并且对环境无害无毒。

12.1.2　常用的分子体系

当前分子光储热系统的研究，主要包括如图 12-2 所示的四个分子体系[9]：①基于可逆电环化反应的降冰片二烯/四环庚烷（NBD/QC）体系[12]；②基于顺反（$cis/trans$）异构化的偶氮苯体系[8]；③基于逆环化的二氢薁/乙烯基七富烯（DHA/VHF）体系[13]；④以及基于有机金属光反应的富瓦烯钌（FvRu$_2$）体系[7]。其中 NBD/QC 和偶氮苯体系是该领域研究得最多的分子体系。

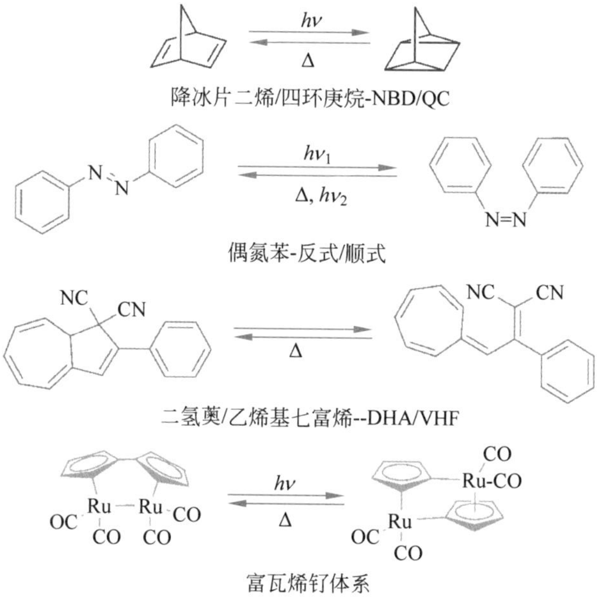

图 12-2　常用于分子光储热系统的光开关分子[9]，从上到下依次是降冰片二烯/四环庚烷（NBD/QC）体系，顺反（$cis/trans$）异构化的偶氮苯体系，二氢薁/乙烯基七富烯（DHA/VHF）体系，富瓦烯钌（FvRu2）体系

热力学稳态的 NBD 在光照下转变为异构体 QC，加热或催化剂可使 QC 回复为 NBD。两种异构体之间的能量差可高达 89 kJ/mol，也即最高可将 0.97 MJ/kg 的光能储存在 QC 中，并且 QC 的热回复活化能高达 140 kJ/mol，即室温下（298 K）QC 的半衰期 $t_{1/2}$ 大约为 10^8 h。尽管 NBD 分子具有高的重量能量密度及超高的热稳定性，但是它在太阳能储存的

实际应用中还存在一些不足,例如,NBD 的最大吸收波长为 213 nm 和 236 nm,并且吸收的截止波长<300 nm,与太阳光谱几乎没有重叠,难以直接利用太阳能。此外,NBD 的光异构量子产率较低,仅为 0.05。最后,它的循环稳定性较差,在光异构过程中容易发生光降解。偶氮苯分子在光照下经历可逆的顺反异构,并且这一过程可进行多次而不发生光降解。一般情况下反式异构体为热力学稳态,经紫外光照射变为顺式异构体,顺式异构体在可见光或加热下可恢复为反式异构体。反式偶氮苯最大吸收峰在 320 nm 左右,部分与太阳光谱重叠,顺式异构体具有中等水平的重量能量密度,约为 0.22 MJ/kg。但是它的反式→顺式的光异构量子产率较低 0.10~0.20(一定程度上受溶剂影响),顺式异构体的回复能垒相对较低,约为 95 kJ/mol,即回复半衰期相对较短(~4 天),两种异构体的吸收光谱存在重叠,难以通过光照得到单一的异构体。

DHA 是一种单向的光异构体系,即在光照条件下仅发生 DHA 向 VHF 的转变,VHF 回复到 DHA 的过程需在加热或催化剂条件下进行。DHA 的最大吸收峰为 350 nm,部分与太阳光谱重叠,还具有较高的光异构量子产率 0.35~0.60(一定程度上受溶剂影响),并且具有较好的循环稳定性(在甲苯溶液中单次循环分解<0.01%)。然而,VHF 仅比 DHA 的能量高 28 kJ/mol,即重量能量密度仅为 0.11 MJ/kg,与此同时 VHF 的回复半衰期仅为 4 h 左右。$FvRu_2$ 的最大吸收峰为 350 nm 左右,在光照下经历 Ru-Ru 键和 C-Ru 键的断裂和生成,形成亚稳态结构。$FvRu_2$ 的亚稳态具有较高的半衰期,300 K 时 $t_{1/2}$ 大约为 10^5 h,以及高的异构体能量差(83±6) kJ/mol。但是由于相对分子量大(444 g/mol),重量能量密度不具备突出的优势(0.19 MJ/kg±0.01 MJ/kg),而且金属 Ru 在地球上储量有限,价格昂贵,不利于大规模应用。

显然,以上四种未经修饰的母体光开关分子,都存在一定的不足,不能完全满足分子光储热的需求。因此,通过分子和结构设计或引入其他材料和结构,以提高上述光开关分子在能量收集、转化、储存和释放方面的性能,是分子光储热领域的研究重点。基于以上四种母体光开关分子的不同特性,已报道的研究侧重点也有所不同。对于 NBD/QC 体系,其主要目标是合成吸收波长红移的 NBD 衍生物,从而与太阳光谱重叠。对于偶氮苯体系,虽然将偶氮苯应用于分子光储热系统的时间不久,但偶氮苯作为一种最常用的分子光开关,在扩展其吸收光谱,提高光致异构产率以及控制亚稳态异构体的稳定性已经有大量的研究工作。这些研究工作,有助于开发出基于偶氮苯体系的高性能分子光储热系统。而 DHA/VHF 和 $FvRu_2$ 体系,相关的研究文章较少,且主要集中在合成方法的改进和理论计算的光储热性能。因此,本章主要总结与探讨近些年 NBD/QC 以及偶氮苯分子体系在分子光储热系统中的应用。

12.2 太阳能的收集与转化

太阳辐射中大部分是可见光(400~780 nm)占比约 50%,紫外光成分仅占 4.5%,而未经修饰的光开关分子的异构波长却大多在紫外区(200~400 nm)。因此,提高分子对长波段的能量利用,可有效提高太阳能转化效率。为了使分子利用长波段的光子能量,可以从两个方面入手。最直接的方法是拓展光开关分子的吸收光谱,使其与太阳光谱更好的匹配。

另一个方法是利用上转换材料,将低能量的光转换为高能量光,从而与光开关分子的吸收光谱匹配。

12.2.1 分子结构优化

1985 年吉田善一(Yoshida)[14]提出了如图 12-3(a)所示的结构,基于给受体(D-A)系统的空间相互作用,使 NBD 吸收光谱红移。即在 NBD 的一个双键上引入两个电子给体,另一个双键上引入两个电子受体,通过电子给体与电子受体的空间相互作用,形成 D-A 系统,D-A 体系使得形成电荷转移吸收带,从而使得 NBD 衍生物的吸收光谱红移。基于这一策略,最终使得 NBD 衍生物的截止吸收波长红移至 557 nm,但是这一策略需在 NBD 的四个位点同时修饰上生色基团,合成难度大,而且使得分子的相对分子量较高,降低了重量能量密度(0.10~0.20 MJ/kg)。为了在红移吸收光谱的同时,最小程度增加分子的相对分子量,研究者们设计了如图 12-3(b)所示的结构,通过双键上的 D-A 结构,即 NBD 的一侧双键上同时修饰上电子给体和电子受体[15]。基于这种方法可以使得 NBD 衍生物的截止波长红移至 460 nm,并且保留较高的重量能量密度(0.30~0.50 MJ/kg),但是这一方法通常降低了能量存储时间和光异构量子产率。最近,另一种红移 NBD 吸收光谱的方法被提出,如图 12-3(c)所示,是将一个富电子的体系与两个或三个吸电子基团取代的 NBD 连接起来,这种方法可以最大程度的减少取代基修饰后带来的分子量增加,从而实现较高的重量能量密度(0.50~0.90 MJ/kg)[16]。

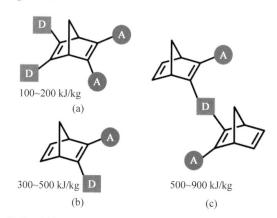

图 12-3 通过(a)供体-受体通过空间作用策略;(b)同一双键上供体-受体策略;以及
(c)供体-受体二聚体策略,使 NBD 波长红移的方法[12]

Moth-Poulsen(莫斯-波尔森)课题组[16]通过苯基、乙炔基或二乙炔基苯,桥连两个氰基取代的 NBD,得到截止吸收波长红移至 411 nm 的 NBD 衍生物,量子产率为 0.94,半衰期为 4.33 h,并且在 70℃下光异构/热回复的循环中发现,每次循环分子的光降解率低(0.11%/次)。更有意思的现象是,对亚苯基及对乙炔基桥连的 NBD 二聚体中,不仅发现 NBD 衍生物的截止吸收波长发生红移,而且 NBD-NBD 与 NBD-QC 的最大吸收峰出现的位置不一样。说明从 NBD-NBD→NBD-QC 以及 NBD-QC→QC-QC 的过程可以在不同波长的光下逐步进行,从而扩大对太阳光谱的利用。在 405 nm 光照下,可以使分子从 NBD-

NBD 完全转变为 NBD-QC,继续使另一个 NBD 异构为 QC 需要在能量更高的 340 nm 的紫外光下进行。与 NBD 异构为 QC 的过程类似,QC 热回复为 NBD 的过程也是逐步进行的,即第一个 QC 热回复为 NBD 时,也会影响第二个 QC 的热回复活化能。从 QC-QC 回复到 QC-NBD 的半衰期 $t_{1/2}$ 为 10 d,而 QC-NBD 热回复为 NBD-NBC 的半衰期 $t_{1/2}$ 更短仅为 2 d。这种分步异构的机理尚不明确,可能是电子效应引起的。NBD 低聚物的设计不仅改进了分子的光物理特性和循环稳定性,还能最大程度降低对重量能量密度的影响。

原始的偶氮苯在 320 nm 附近有一个很强的吸收峰($\varepsilon \sim 22\,000$ L/(mol·cm)),对应 π-π^* 跃迁,在 450 nm 附近有一个弱的对称禁阻的 n-π^* 跃迁($\varepsilon \sim 400$ L/(mol·cm));而其异构体顺式偶氮苯在 270 nm 左右出现由 π-π^* 跃迁产生的中等强度吸收峰($\varepsilon \sim 5000$ L/(mol·cm)),在 440 nm 附近出现比反式偶氮苯更强的 n-π^* 吸收峰($\varepsilon \sim 1500$ L/(mol·cm))[17]。经 313 nm 紫外光和 436 nm 蓝光照射,分别会得到反式偶氮苯含量为 20% 和 90% 光平衡态。在偶氮苯的对位引入给电子取代基(如氨基和羟基),其吸收光谱会发生很大的变化,π-π^* 跃迁会发生红移,而 n-π^* 跃迁变化较小,有时 n-π^* 跃迁甚至会完全被 π-π^* 跃迁掩盖。红移效应与取代基的给电子效应强弱有关,红移效应的顺序一般是 $H <CH_3 < OCOCH_3 < OH < OCH_3 \approx NHCOCH_3 < NH_2 < NHCH_3 < N(CH_3)_2$[8]。

木冢伸夫(Kimizuka)及其合作者[18]通过支链烷氧基取代,使偶氮苯的最大吸收峰移动到 345 nm,红移了大约 25 nm。并且在偶氮苯的末端引入支链烷烃减弱了分子间的相互作用,使得偶氮苯的两种异构体在室温下都是液体,因此在纯物质下就能进行光致异构反应,在 365 nm 紫外光的照射下发生了液体颜色从亮橙色变为了深红色。将液态的偶氮苯夹在石英片中间,记录它的吸收光谱发现纯液态时反式异构体的 π-π^*($\lambda_{max} = 344$ nm)与在稀溶液中几乎相同($\lambda_{max} = 345$ nm),说明液体偶氮苯中不存在明显的分子间相互作用。在 365 nm 紫外光照射下,344 nm 处的 π-π^* 吸收峰在 60 s 内下降,而在 443 nm 附近出现 n-π^* 吸收峰,证明了从反式→顺式的异构,实现了纯液体下的能量储存。差示扫描量热法(DSC)测试不同顺式异构体含量(从 15%~68%)的异构焓值,从而拟合出 100% 顺式异构体能存储的能量为 52 kJ/mol,重量能量密度为 0.17 MJ/kg。但是由于两种异构体的吸收光谱部分重叠,直接照射纯液体无法实现 100% 的异构,以及半衰期较短(1.5 d),难以实现长期高效的能量存储。在偶氮苯的 4,4' 位分别取代上吸电子基团和给电子基团,会使偶氮苯的电子分布变得很不对称,这种推-拉电子结构能使偶氮苯的吸收光谱大幅度红移。例如,4-二甲氨基-4'-硝基偶氮苯最大吸收峰红移到了 480 nm 左右,比原始偶氮苯红移了 160 nm,但是这类偶氮苯的半衰期通常很短,从几秒到几十分钟不等,不能满足能量存储的需求[8]。

虽然反式偶氮苯 n-π^* 跃迁在 440 nm,但试图用 436 nm 的蓝光激发 n-π^* 跃迁时,只有小部分能发生反式→顺式的转变(10%),完成储能过程。这是因为顺式异构体的 n-π^* 跃迁也在 440 nm 附近,且强度高于反式异构体,所以大多数分子发生的是从顺式→反式的回复过程(90%),即释能过程。而如果能使顺反异构的吸收光谱发生分离,则可以用可见光激发 n-π^* 跃迁,完成反式→顺式的转变。目前已经开发出分离顺反异构体吸收光谱的策略包括:邻位四取代使 n-π^* 跃迁分离,亚乙基桥连使 n-π^* 跃迁分离,BF_2 配位实现 π-π^* 跃迁的红移与分离(图 12-4)。

Woolley 课题组[19]首次制成了四邻甲氧基取代的偶氮苯,这种偶氮苯展现出独特的光物理特性。反式异构体的 n-π^* 跃迁相比未取代的偶氮苯发生明显红移,红移到了 480 nm,

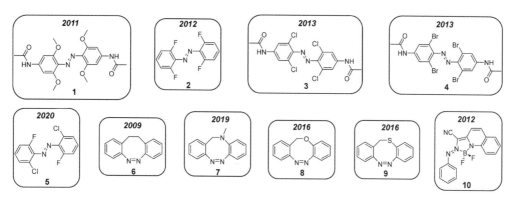

图 12-4 目前开发的几类双向可见光异构的偶氮光开关

并且吸收峰强度明显增加($\varepsilon \sim 4030$ L/(mol·cm)),而顺式异构体的 n-π*(444 nm)跃迁未发生明显变化。n-π* 跃迁分离的原因是反式异构体中偶氮上的孤电子对受到电负性的氧原子排斥,使得 HOMO 轨道能量升高,降低了 n-π* 跃迁的能量,而顺式异构体中偶氮上的孤电子与氧原子距离较远,相互作用力弱。反式异构体 n-π* 跃迁强度增加则是因为,四个邻位甲氧基的空间位阻导致偶氮苯的两个苯环偏离了同一个平面,整个分子呈现扭曲的构型,破坏了 n-π* 跃迁的对称禁阻。经 560 nm 的绿光和 460 nm 蓝光照射,分别会得到反式偶氮苯含量为 20% 和 85% 光平衡态。顺式异构体在 25℃ 的 DMSO 溶液中的半衰期为 14 d。虽然这一研究使偶氮苯能在可见光下异构,且具有较长的半衰期,但是重量能量密度仅为 0.07 MJ/kg。

Hecht 课题组[20]通过邻位四氟取代也实现了顺反异构体的 n-π* 跃迁分离。与未取代的偶氮苯相比,反式异构体的 n-π* 跃迁未发生明显变化(458 nm),但顺式异构体的 n-π* 跃迁发生明显的蓝移,蓝移到了 416 nm,顺反异构体的 n-π* 吸收峰有 42 nm 的分离,从而使得用大于 450 nm 的绿光和 410 nm 的蓝光照射,分别得到反式偶氮苯含量为 9% 和 86% 光平衡态。造成这一现象的原因是邻位氟原子取代,减弱了顺式异构体的偶氮上孤电子的排斥作用,使得 HOMO 轨道能量降低,从而升高了 n-π* 跃迁的能量。又因为氟原子半径与氢原子相近,引入四个氟原子后不会带来空间位阻,使得反式偶氮苯仍然保持了平面结构,平面结构下偶氮上的孤电子对排斥作用较弱,所以反式偶氮苯的 n-π* 跃迁未发生明显变化。这种偶氮苯表现出来的另一个特点是顺式异构体具有较高的热稳定性,在 25℃ 的 DMSO 溶液中的半衰期达到了 700 d,对比未取代的偶氮苯有极大的提高。与邻位四甲氧基取代类似,邻位四氟取代也降低了分子的重量能量密度,仅为 0.10 MJ/kg。随后的研究将其中一个或多个氟原子替换为其他的卤素(Cl、Br),同样实现了顺反异构体的 n-π* 跃迁分离,并且可以用 650 nm 的红光使偶氮苯发生反式→顺式的转变。

Herges 与其合作者[21]在偶氮苯的 2,2'位用亚乙基桥连起来,也实现了顺反异构体的 n-π* 跃迁分离。与邻位四取代不同是,亚乙基桥连的偶氮苯顺反异构体的热稳定性发生了翻转,即顺式偶氮苯为热力学稳态,而反式偶氮苯为热力学亚稳态。造成这一现象的原因是,短桥连接后极大的扭曲了反式异构体结构,产生很大的环张力,而顺式异构体本身为扭曲的构象,受环张力影响小。经 385 nm 的蓝光和 520 nm 绿光照射,分别会得到反式偶氮苯含量为 92% 和 1% 光平衡态。与其他的偶氮苯体系相比,这一类偶氮苯具有高的光致异构量子产率,从顺式→反式为 0.72,反式→顺式为 0.9。但是它室温下在己烷中的半衰期仅为 4.5 h,且重量能量密度也不高,理论值仅为 0.12 MJ/kg。随后该课题组还在桥连的亚乙基上进行杂原子替换(N、O、S)[22-23],杂原子替换能使反式异构体的 n-π^* 跃迁进一步红移,从而在近红外光(740 nm)的触发下实现反式→顺式的回复过程。

Aprahamian 课题组[24]制成了 BF_2 配位的偶氮苯,其中 π-π^* 和 n-π^* 跃迁的能级翻转,即 π-π^* 跃迁需要更低的能量,而 n-π^* 跃迁需要吸收更高的能量。反式异构体的最大吸收波长在 530 nm($\varepsilon = 8026$ L/(mol·cm)),顺式异构体的最大吸收波长为 480 nm($\varepsilon = 7792$ L/(mol·cm))由于顺反异构体的 π-π^* 很好的分离,从而实现可见光下的异构。在 570 nm 的绿光照射下,溶液从亮紫色变为浅橙色,得到反式偶氮苯含量为 3% 光平衡态。随后用 450 nm 蓝光照射,溶液恢复为亮紫色,得到反式偶氮苯含量为 80% 光平衡态。双向光异构过程都具有较高的量子产率反式→顺式为 0.48±0.06,顺式→反式为 0.67±0.08。产生 π-π^* 和 n-π^* 跃迁的能级翻转的原因是,偶氮键上的氮孤对电子与 BF_2 络合后 n 电子的能量极大的降低了,而结构中 N-C-C-N-N 的共轭,产生了更高能量的 π 轨道成为 HOMO。室温下在除氧的二氯甲烷溶液中,半衰期为 12.5 h,而未除氧的溶液中半衰期仅为 30 min,理论重量能量密度仅为 0.04 MJ/kg。随后的研究发现在 BF_2 配位的偶氮苯的邻对位取代上给电子基团,增加分子的电子密度,将使吸收光谱进一步红移,甚至可以移动到近红外区域[25]。但是给电子能力的增加,会缩短半衰期。

偶氮苯的 π-π^* 吸收带红移,通常会导致顺式异构体的半衰期显著减短,而通过邻位取代将顺反异构体的 n-π^* 吸收分离,虽然可以避免半衰期减短,但却会使得能量密度下降。因此有时需要做出一些小的妥协来平衡这种冲突,从而实现最大的太阳能转换效率。

12.2.2　提高光子能量

Moth-Poulsen 课题组[26]将三重态-三重态湮灭的上转换材料(TTA-UC)和分子光储热系统结合起来,搭建了具有三层结构的微流控装置,实现了白光下的能量存储。其中 $FvRu_2$ 衍生物作为太阳能储存单元,敏化剂钯Ⅱ八乙基卟啉用来吸收低能量的光子,并传递给能量受体 9,10-二苯基蒽构成 TTA-UC 系统。9,10-二苯基蒽的荧光发射光谱($\lambda_{max} = 430$ nm)与 $FvRu_2$ 衍生物发生光致异构所需的光子能量相当。为了验证白光下的储能性质,设计了以下装置,最上层是截止滤波片,过滤波长小于 495 nm 的光,中间是 $FvRu_2$ 衍生物的溶液以储存太阳光,最下层是钯Ⅱ八乙基卟啉和 9,10-二苯基蒽的溶液以激发出短波长的光。与未加 TTA-UC 体系的对照组相比,太阳能储热效率提高了约 130%,且装置连续运行 50 h 后,仍保持稳定的太阳能储热效率。TTA-UC 技术虽然能改进分子与太阳光谱的匹配,但是目前仍存在一些问题,如上转换效率不高,对空气中的氧气非常敏感,增加了装置的复杂度等。

除了上述两种方法外,还可以将多种不同吸收波长的分子同时应用于一个储能系统,从而扩大对太阳光谱的利用。吴思课题组[27]设计了一种多层光储热薄膜器件,实现多个光谱段的利用。最上层是含有香豆素 314 的聚合物,可以吸收波长在 400~510 nm 的蓝光,产生黄绿色荧光(560 nm),并且不影响紫外光和黄绿光的透过。第二层是含有邻位四甲氧基取代的偶氮苯聚合物(PmAzo),在 >500 nm 的绿光照射下,异构为顺式异构体,储存了这一部分可见光。第三层是截止滤光片,只允许<400 nm 的紫外光通过。第四层是含烷氧基偶氮苯聚合物(PAzo),吸收从滤光片透过的紫外光,异构为顺式异构体。在太阳光照射下,PmAzo 薄膜和 PAzo 薄膜中的异构产率分别为 73% 和 24%。虽然这一器件结构实现了多波段太阳光谱的利用,但是由于太阳光下两层储热薄膜的异构产率不高,以及 PmAzo 低的异构体能量差,最终存储的总重量能量密度仅为 0.04 MJ/kg(其中 PmAzo 为 0.01 MJ/kg,PAzo 为 0.03 MJ/kg)。

12.3 太阳能的储存

由于地球的自转,太阳能具有间歇性,并且到达地表的辐射量还受到大气条件变化的影响。因此需要将太阳能高效的储存起来,以满足无光照时的能量需求。光开关异构体之间的焓值差和亚稳态异构体的半衰期,分别对应着储存的能量密度和能量储存时间。分子光储热系统要满足实际需求,需达到或高于潜热和显热储能材料的重量能量密度(0.3 MJ/kg),能量储存时间需至少在 6~10 h,以匹配昼夜交替规律。

12.3.1 提高能量密度

能量密度是分子光储热系统的重要性能指标,它的数值直接反应了分子对光能存储能力的大小,受亚稳态异构体和稳态异构体之间的能量差控制。提高亚稳态异构体的能量或降低稳态异构体的能量,都能扩大能量差,从而提高能量密度。但是提高亚稳态异构体的能量,常伴随着热回复活化能的降低,从而导致能量储存时间缩短。而降低稳态异构体的能量则可在提高能量密度的同时,兼顾分子的能量储存时间。目前有效提高能量密度的方法主要是两种:①纳米碳材料模板法,通过纳米碳材料模板,使分子有序的堆积,为精准控制分子间作用力提供手段;②光化学相变法,是使分子能同时储存异构热和相变潜热,从而提高能量密度。

1. 模板法

Grossman 及其合作者[28]通过理论计算,预测了以单壁碳纳米管(SWCNT)为模板,紧密接枝上光储热的偶氮苯分子(接枝率为 1:4~1:8,每 4~8 个碳原子上接枝一个偶氮苯分子),能够有效的提高能量密度和半衰期。SWCNT 的主要作用是使得偶氮苯分子有序、紧密的堆积,堆积的紧密程度可以通过调节接枝率来控制。根据理论计算,亚稳态顺式异构体的能量先随分子间距离的减小而降低,在分子间距离为 6 Å 时达到最小值,继续减小分子间距离,相邻分子间的排斥相互作用开始增加,使得能量急剧增加。对于反式异构体,当分子间距离约为 4.24 Å 时(沿 SWCNT 轴四个碳原子间的距离),能量达到最小值。因此,在分子间距离约为 4.24 Å 时,两种异构体间的能极差比单个偶氮苯分子增加了约 30%。在偶氮苯上合理增加羟基的数量和位置,使得反式偶氮苯形成最多的氢键,而顺式偶氮苯形成最少的氢键,可以实现更大的能量差。

随后,Grossman 课题组[29]通过实验证实了 SWCNT 的模板作用。他们以 1:18 的接枝率将偶氮苯接枝在 SWCNT 上,发现异构焓从单个分子的 58 kJ/mol 提高到了 120 kJ/mol,提高了近 110%。即使考虑上 SWCNT 对质量的增加,重量能量密度也提高了 25%左右(从 0.16 MJ/kg 提高到了 0.20 MJ/kg)。虽然 1∶18 的接枝率低于理论预测值,但是通过理论计算分析发现,在固态时相邻的 Azo-SWCNTs 会互相穿插,从而缩短了偶氮分子间的作用距离。

与 SWCNT 模板类似,在还原氧化石墨烯模板上高密度接枝偶氮苯(RGO-AZO),同样能提高两种异构体的能量差。封伟课题组[30-35]制备了一系列 RGO-AZO,通过优化偶氮苯与石墨烯的连接方式来提高接枝率,引入分子内/分子间氢键,并利用了含双偶氮单元的分子来进一步增加分子间作用力,提高了材料的光储热性能。通过在分子间增加单重氢键,得到了高达 0.40 MJ/kg 的重量能量密度。具体过程如下:合成对位羧基取代的偶氮苯,并通过多次重氮盐自由基法将它们共价连接在 RGO 上,实现了 1∶16~1∶19 的接枝率;反式偶氮苯在石墨烯表面形成一个分子间氢键,转变为顺式异构体后氢键被破坏,因此增大了异构体之间的能量差;随后他们制备了两个间位都被羧基取代的 RGO-AZO 体系,通过形成多重氢键,进一步提高了重量能量密度(0.50 MJ/kg);接着该课题组将双偶氮单元和三偶氮单元的分子接枝到 RGO,得到了 0.54 MJ/kg 的重量能量密度。

于海峰与其合作者[36]以石墨烯为模板,接枝上了具有超支化结构的偶氮苯,提高了偶氮苯的储热性能。石墨烯表面逐层接枝的具体方案如下:首先通过用 3-氨基丙基三乙氧基硅烷对石墨烯表面进行改性,得到表面胺基功能化的石墨烯;然后依次用聚丙烯酸酯单体和三(2-氨基乙基)胺对石墨烯表面进行逐层扩增,此步骤重复多次得到表面大量胺基改性的石墨烯;最后通过迈克尔加成反应将偶氮苯分子接枝在石墨烯上。随着层数的增加,偶氮苯的接枝率提高(单层 1∶108,三层 1∶30),重量能量密度显著提升。具有三层超支化结构的偶氮苯-石墨烯杂化物重量能量密度为 0.37 MJ/kg,是原始偶氮苯的三倍。此外,偶氮苯-石墨烯杂化物在 20 次循环后仍表现出优异的储热性能。

利用纳米碳材料为模板不仅能提高能量密度,还可以使半衰期延长到上千小时,但是这些材料的储能速度缓慢,通常需要紫外光照射十几个小时,这限制了它们在实际中的应用。

2. 光化学相变

光化学相变是指在分子在发生异构的过程时,伴随着相变的发生,从而将异构焓和相变潜热同时储存在分子中。目前报道的所有光化学相变的文章,都是基于偶氮苯或偶氮杂环分子体系,这是因为偶氮苯的顺式异构体结构扭曲,极性及空间体积都增加。一般情况下反式异构体为固相,顺式异构体为液相。木家伸夫(Kimizuka)及其合作者[37]报道了一类光致可逆离子晶体和离子液体之间相互转变的偶氮苯衍生物(n,m)-X。它由偶氮苯母核、不同长度的烷氧基链(n)、不同长度的亚甲基间隔基(m)、多个低聚(乙二醇)链的铵基以及阴离子组成。初始(6,4)-Br 为黄色的离子晶体,在偏光显微镜下表现出双折射,同时 XRD 衍射峰证实为层状堆积的晶体。在 365 nm 紫外光照下,黄色晶体变为红色液体,双折射现象和 XRD 衍射峰消失。随后用 470 nm 的蓝光照射,又恢复为黄色晶体,双折射现象与 XRD 衍射峰重新出现。基于这种可逆的光化学相变,提高了偶氮苯的光储热能量密度。没有光化学相变的离子液体 cis-(6,4)-Tf$_2$N 在 DSC 测试中只出现一个放热峰,对应为顺式→反式的异构放热,焓值为 46.1 kJ/mol。而离子液体 cis-(6,4)-Br 出现两个叠加的放热峰,包括顺式→反式的异构放热以及离子液体→离子晶体的结晶峰,总焓值为 97.1 kJ/mol,是单纯异构焓值的两倍多。但是由于分子两端都引入大的官能团,使得相对分子量大,重量能量密度只有 0.13 MJ/kg。

于海峰课题组[38]将可以发生光化学相变的4-甲氧基偶氮苯负载在织物表面,不仅利用了光化学相变提高了能量密度,还利用织物的柔韧性制备了柔性的太阳能光储热器件。4-甲氧基偶氮苯能在室温发生光致固体→液体的转变原因是,两种异构体的熔点差异大,其中反式异构体的熔点为 53℃,而顺式异构体的熔点接近室温,为 25℃。柔性太阳能光储热器件的制备方法简单,可适用于大规模制备,具体过程如下:将4-甲氧基偶氮苯加热到 60℃使其融化为液体,随后放入织物,熔融态的偶氮苯填充到织物空隙中,冷却回室温后即得到了所需的器件。与纯4-甲氧基偶氮苯分子相比,在相同的光照强度和时间下,织物负载的体系能实现更高的异构产率(提高约一倍)。因为织物中的空隙为光照射提供了更多的入射面积,并为偶氮苯的异构和相变提供了更多空间。在织物上负载后还能防止液态的顺式异构体泄露,并使半衰期延长到 50 h 左右。加热可以促进顺式→反式的转变,实现热量的快速释放,加热到 60~80℃时,储能织物的表面温度比未储能织物高 2℃。在 460 nm 可见光的触发下可以同时释放出顺式→反式的异构热以及液体→固体的结晶热,储能织物的表面温度升高了 3~5℃。但是这一器件中,不具有储能性质的织物占了重量的 60%,使得最终器件的总体重量能量密度仅为 0.08 MJ/kg。

于海峰课题组[39]还报道了将偶氮苯分子接枝到不同代的树枝状大分子(G1,G3 和 G5)上,三种 Gn-Azo 都能发生光化学相变。在 365 nm 的紫外光照射后下,黄色的 G3-Azo 粉末变为红色的黏液。流变学测试证明紫外光照前 G3-Azo 的储能模量(G')高于损耗模量(G''),相应的损耗角正切值($\tan \delta = G''/G'$)小于 0.5,表明反式 G3-Azo 处于固态。紫外光照射后 G3-Azo 的 G' 低于 G'',并且相应的 $\tan \delta$ 大于 1,表明顺式 G3-Azo 是黏性液体。初始 G1-Azo、G3-Azo 和 G5-Azo 的玻璃化转变温度 T_g 分别约为 22℃、29℃和 33℃,紫外光照射后 T_g 分别变为 19℃、18℃和 17℃,能量密度随着树枝状大分子代数的增加而提升,G5-Azo 的重量能量密度为 0.21 MJ/kg。但是这一体系在固态下的异构产率不高,仅有表层偶氮苯异构。

最近我们基于吡唑偶氮苯醚,开发了一类室温下快速光化学相变的分子,结合异构热和相变潜热重量能量密度高达 0.32~0.37 MJ/kg,半衰期为 90 d,在可见光触发下放出比环境温度高 20℃的热量,并首次提出了利用光能实现热能品级的提升,如图 12-5(a)所示[40]。发生光化学相变的是,前提反式异构体的熔点高于室温,顺式异构体的熔点低于室温。但是两种异构体熔点与分子结构的关系尚不明确。基于此,我们设计了图 12-5(b)中的两个系列分子 An($n=1$~12)和 Bn($n=3$~11),分别是不含和含乙烯基端基的直链烷基链,系统地调控了顺反异构体的熔点。An 和 Bn 的反式异构体,随链长增加熔点都不发生明显的变化,分别在 100℃左右和 90℃左右。而顺式异构体的熔点,随链长的增加先降低随后升高,处于中间链长的 A6(27℃)和 B8(19℃)具有最低的熔点。这可能是因为反式异构体为平面结构,对位烷基链的长度对分子堆积影响小。顺式异构体为弯曲的构型,处于中间链长时,分子间相互作用力最弱。筛选出来的光化学相变分子,在 365 nm 紫外光照射下,反式异构体不仅吸收光子能量,发生反式→顺式的异构,还会自发的从环境中吸收热量,克服晶体内的分子间作用力,最终变为顺式液体,这一过程同时将光能和室温环境热储存在分子中。在可见光照射下,发生顺式液体→反式晶体的转变,这一过程将储存的光能和室温环境热同时以高温热的形式释放出来,在整个过程中分子起着类似热泵的作用,在光能的驱动下实现了低品级室温热向高品级热能的转变。另一个有趣的现象是,顺式异构体具有高的过冷度,在−20℃下保存一天仍能维持在液态,即仍保留了相变潜热。基于这一特性,验证了它在低温环境中(−15℃)的除冰能力。该研究不仅提高了分子的能量密度,还开辟了利用光开关分子提升热能品级的先河。理论上进一步降低了顺式异构体的熔点,分子就可以吸收利用更低品级的热能。

Han与其合作者[41]对四种吡唑偶氮苯的氮原子进行十二烷基酯取代,同样实现了光化学相变,总重量能量密度为0.23 MJ/kg。十二烷基酯取代在增强反式异构体结晶性的同时,减弱了顺式异构体的分子间作用力,使得顺式液体具有高的过冷度,在宽的温度范围内(−50~90℃)都能维持稳定的液态,不发生熔化或结晶。顺式异构体低的结晶性,使得低温下(−30℃)光触发顺式液体→反式固体的转变并释放出潜热成为可能。在极端寒冷的天气中燃料的点燃和电池的使用常会受到限制,而低温光触热能释放证明这一材料在寒冷天气中具有潜在的应用价值。

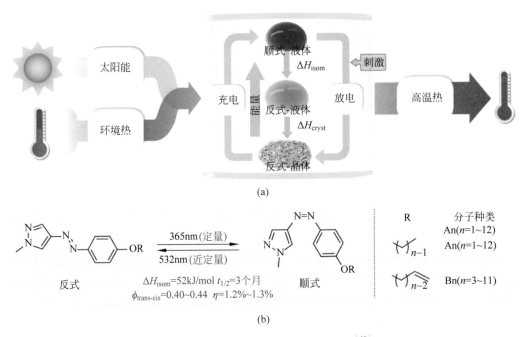

(a)

(b)

图 12-5　太阳能和环境热联合储存过程[40]

(a) 太阳能和环境热联合储存的示意图,两种形式的能量通过反式晶体→顺式液体转变同时收集/储存,光控放热时,通过从顺式液体→反式晶体的转变同时放出异构热和结晶热;(b) An 和 Bn 系列吡唑偶氮苯醚衍生物的分子结构示意图

Han课题组[42]随后制取了邻位四取代偶氮苯的衍生物,通过激发这些化合物的 n-π* 的跃迁,实现了可见光触发的反式固体→顺式液体的转变。实现这一过程的关键是在邻位四取代偶氮苯末端修饰了十三酸酯,使得顺式异构体的分子堆积受到破坏,熔点降低。同时,他们还设计了一套太阳光下储热装置,装置由底部放有黑色纸的玻璃温室、窄带通可见光滤光片和光开关分子组成。温室用来提高环境温度,促进潜热的储存,滤光片则是过滤掉

太阳光中会使分子发生顺式→反式的蓝光。当环境温度为25~33℃时,光照5 h后,实现了固体到液体的转变,完成了能量的储存。这一工作虽然实现了在自然光环境中储存光能量和环境热,但是由于邻位四取代降低了偶氮苯的能量密度,这些分子的重量能量密度都不高,仅为0.07~0.15 MJ/kg。由于低的能量密度,用430 nm蓝光触发分子从顺式液体→反式固体的过程,仅放出比环境温度高2~3℃的热量。

12.3.2 延长半衰期

前文提及的邻位四取代,能使偶氮苯分子在可见光下发生异构的同时提高储存半衰期,但是会降低能量密度。碳材料模板法将分子一端固定在模板上,增加了分子间的相互作用力,同时提高了能量密度和储存半衰期,但是基于碳材料模板法制备的薄膜器件通常需要长时间光照才能实现能量的有效存储。

近年来,一种新的提高半衰期的方式是将偶氮苯中的一个或两个苯环替换为杂环,通过调控杂环的种类以及连接位点,可以实现半衰期从几小时到几天甚至几年的变化。

2014年Fuchter课题组,将其中一个苯环用吡唑环取代(吡唑环的4位与偶氮键连接,4pzH),实现了长达1000 d的半衰期,并且理论计算结果表明能量密度还能保持与原始偶氮苯相似的水平[43]。经密度泛函理论(DFT)计算发现,cis-4pzH高的半衰期与分子的构象有关,吡唑环-偶氮键平面与另一个苯环之间成几乎正交的结构,吡唑环上氢原子与苯环形成分子内C-Hg···π相互作用,稳定了这一构象,这种T形结构有助于提高顺式异构体的半衰期。另一方面,T形结构降低了顺式异构体中的共轭程度,使得顺式异构体π-π*跃迁蓝移,从而使两种异构体的π-π*吸收带能够很好地分离,实现近乎定量的反式→顺式的光异构。但是,T形结构也会使得顺式异构体的n-π*跃迁变成对称性禁阻,从而使得cis-4pzH的n-π*跃迁吸收峰弱,顺反异构体间的n-π*吸收峰重叠严重,最终导致顺式→反式的光异构产率不高(70%±3%)。在4pzH的苯环邻位进行双甲基取代(4pzMe)后,由于空间位阻作用,cis-4pzMe的构象发生扭曲,偏离T形结构,提高了n-π*跃迁吸收峰强度,从而实现了近定量(>98%)的双向光致异构。但是双甲基化后,半衰期缩短了近100倍,为10 d左右。

随后Fuchter课题组[44]对吡唑偶氮苯体系进行了系统的研究,合成吡唑环与偶氮基连接位点不同的吡唑偶氮苯,即分别用吡唑环的3位(3pzH),4位(4pzH)和5位(5pzH)与偶氮键连接,揭示了T形结构稳定顺式异构体的原因,并发现3pzH的双向光异构产率大于97%,半衰期长达74 d。通过计算吡唑偶氮苯从顺式→反式热回复过程的过渡态及热回复活化能发现,在吡唑偶氮苯体系中,反转机理是顺式异构体热回复的最低能量途径。反转过程可以发生在与苯环相连的偶氮上(模式Ⅰ)也可以发生在与吡唑环相连的偶氮上(模式Ⅱ)。经模式Ⅰ得到的过渡态结构接近顺式异构体构象,其中的吡唑环与苯环几乎垂直。而经模式Ⅱ得到的过渡态结构更接近反式异构体构象,其中的两个芳环几乎共平面。最低能量的过渡态是经模式Ⅰ形成的,即过渡态采取T形构象,分子内弱相互作用分析表明,在T形过渡态构象中能稳定过渡态的色散作用力弱,过渡态处于较高的能量态,热回复能垒高,从而实现高的半衰期。3pzH和5pzH分别由于空间位阻效应,顺式异构体与过渡态都偏离T形结构,偏离T形的过渡态结构使分子内色散作用力增强,稳定了过渡态,从而降低了热回复活化能,半衰期减短。对于 3pzH,得益于邻位氮原子相对较小的空间位阻,使得 *cis*-3pzH 虽然偏离了 T 形结构,但偏离角度较小,从而在光异构产率与半衰期之间达到一个平衡。

最近,我们对 4pzH 结构进行修饰,在苯环上取代了甲氧基,合成了一类吡唑偶氮苯醚分子,实现了近定量的双向光异构产率以及长达 90 d 的半衰期[45]。这类分子还具有合成简便,容易功能化衍生等优点。以氨基吡唑为起始原料,仅需通过一步重氮偶联即可生成吡唑偶氮苯酚,该反应产率高(>90%),反应时间短(2 h),后处理过程简便,容易大量生产。吡唑偶氮苯酚很容易进行官能化,可以与卤代烃发生醚化反应生成吡唑偶氮苯醚,与羧酸发生酯化反应生成吡唑偶氮苯酚酯。与 4pzH 的最大吸收波长相比($\lambda_{max}=328$ nm),吡唑偶氮苯醚中氧的孤电子对与芳环形成 p-π 共轭,延长了整个体系的共轭长度,从而使得最大吸收波长红移($\lambda_{max}=342$ nm),而吡唑偶氮苯酚酯中受羰基的吸电子作用,p-π 共轭减弱,红移程度较小($\lambda_{max}=332$ nm)。波长红移使得吡唑偶氮苯醚能在 365 nm 的光照下,实现近定量的反式→顺式的异构,而 4pzH 需要在更短波长的紫外光(355 nm)下才能完全异构。此外,由于顺式的吡唑偶氮苯醚构象略微偏离 T 形结构(吡唑环与苯环之间的夹角约为 70°),实现了近定量的顺式→反式的光异构产率。基于吡唑偶氮苯醚的这些优异性能,我们设计了前文介绍的光储热分子,实现了目前分子光储热体系中最高的太阳能转化效率(1.2%~1.3%)。

用吡唑环替代偶氮苯中一个苯环,使偶氮分子的光物理性能得到巨大的提升,近年来越来越多的杂环体系引入到偶氮中,但是受限于合成方法具有特殊电子结构的 1,2,3-三唑环,还未引入到偶氮分子开关内。最近,我们通过偶氮炔类化合物经点击反应,成功制备了不同类型的 1,2,3-三唑偶氮化合物,实现了几乎定量的双向异构产率,以及长达 170 d 的半衰期[46]。偶氮炔类化合物通过芳基重氮四氟硼酸盐与炔基锂试剂制得,这一反应的产率通常高达 80% 以上,值得注意的是,偶氮炔类化合物虽然由非环 π 体系组成,但在光照下也能发生异构,这与通常由两个芳环构成的偶氮分子有明显的不同,这一分子的光物理性质还在进一步研究中。

生成的偶氮炔类化合物可经"一锅法"点击反应制备 1,2,3-三唑偶氮化合物,反应具体过程如下:通过卤代烷与 NaN_3 之间的取代反应或芳胺、t-BuONO 和 $TMSN_3$ 之间的重氮化-叠氮化反应,原位生成叠氮化物;随后加入四正丁基氟化铵脱去偶氮炔类化合物的硅烷保护基;原位生成的叠氮化物和原位脱保护的偶氮炔类化物在 Cu(I) 的催化下发生环加成反应。未经修饰的 1,2,3-三唑偶氮分子的在紫外光下表现几乎定量的反式→顺式的异构,而由于具有与 *cis*-4pzH 相同的 T 形结构,顺式→反式的光异构过程产率较低(65%)。通过对苯环一侧进行适当地修饰,可以提高 1,2,3-三唑偶氮分子的光物理性能。这一类光开关分子更显著的特点是在 1-位氮原子上连接不同的官能团,分子仍可以保持与母体结构相似的光物理性质,这是因为 1,2,3-三唑环具有自去耦合的作用,连接在 1-和 4-位之间的官能团电子共轭被破坏。基于它的自去耦合特性,有望将不同吸收波长的光储热分子连接起来,而不改变每个组分的光物理性质,从而实现全太阳光谱的利用。

双侧杂环取代的偶氮苯体系,有望进一步调控分子的几何构型和电子结构,但是这一体系尚未引起足够的重视。我们研究了一系列偶氮双吡唑光开关分子(图 12-6)[47],这类分子均表现出优异的光物理性质:近乎定量的双向光异构,较高的量子产率($\Phi_{trans \to cis}=0.32\sim$

$0.47, \Phi_{cis \to trans} = 0.49 \sim 0.76$），长短可调的顺式异构体半衰期（从 7 h 到 681 d）。六种分子的具体结构如图 12-6 所示，通过偶氮键将 N-甲基吡唑的 C3、C4 和 C5 位两两相连，得到 6 种偶氮双吡唑分子，其中 3 个分子偶氮键两侧结构对称（3-3、4-4 和 5-5），另外 3 个分子两侧结构不对称（3-4、3-5 和 4-5）。含 4-吡唑基的三个分子（3-4、4-4、4-5）采用重氮偶联的反应合成，另外三个分子（3-3、3-5、5-5），先由 3-氨基吡唑氧化偶联得到中间体，再与碘甲烷进行 N-甲基化，"一锅法"合成了三个连接位点不同的目标分子。偶氮双吡唑分子的反式异构体均为平面结构，而顺式异构体通常呈现扭曲的几何构型，这与 4pzH 倾向于采取 T 形结构不同，偏离 T 形结构使得顺式异构体表现出比反式异构体更为明显的 n-π^* 吸收峰，从而在绿光照射下可以实现几乎定量的顺式→反式的异构。cis-4-4 和 cis-3-4 具有高度的热稳定性，其 25℃ 环境下的半衰期长达近两年，DFT 计算结果表明偶氮双吡唑分子的顺式→反式的热回复最低能量路径遵循旋转机制，这与 4pzH 遵循反转机制不一样。

另一有趣的现象是，计算发现，双吡唑偶氮苯的邻位取代上四个甲基，反式异构体仍然能保持为平面结构，而偶氮苯上引入四个甲基，由于空间位阻会迫使两个苯环发生旋转，偏离平面构型。这一现象说明，在双吡唑环上进行邻位四取代，受到的空间位阻效应更小，基于偶氮双吡唑分子进行衍生，可以实现既利用取代基的电子效应又保持分子的平面结构。高的顺式异构体热稳定性以及几乎定量的光异构产率，使得偶氮双吡唑分子在分子光储热系统中有巨大的应用潜力，同时 5-5 分子在 400 nm 可见光照射下仍有 85% 的反式→顺式异构产率，这一分子有望用于可见光的能量储存。

上述结果说明，将苯环替换为芳杂环是调控偶氮分子光物理性质的重要手段和方法。芳杂环的种类多样，且不同的位点与偶氮键连接会产生不一样的光物理性质，这些特点使得偶氮芳杂环领域还有非常广阔的探索空间。

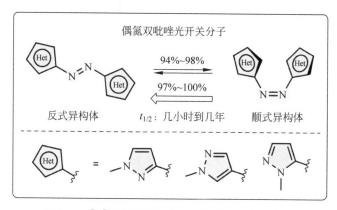

图 12-6　[47] 双杂环偶氮的分子结构及光物理性质

12.4　释放储存的能量

为了实现能量的稳定储存，分子设计成具有长的半衰期，但是在实际使用中经常需要在相对较短时间内释放能量，因此按需释放储存的能量是使分子光储热系统走向实用化的关键步骤。目前已经用来加快能量释放的方式包括：催化剂、加热以及光照等。

Moth-Poulsen 课题组在设计了具有太阳能收集、存储和能量释放的分子光储热系统,如图 12-7(a)所示。其中能量释放部分是将负载有酞菁钴的活性炭(CoPc@C),置于小型固定床催化反应器中,用来催化 QC 到 NBD 的逆反应[48]。具体催化装置如图所示 12-7(b),小型固定床催化反应器(装有 CoPc@C 的聚四氟乙烯管)放置在高真空室中,以提供绝热的环境,在催化床前后各放置一个热电偶,用于测量由 QC→NBD 过程引起的温度变化。将 1.5 M 的 QC 甲苯溶液以 5 mL/h 的速度流经固定床,在 2.5 min 后溶液温度升高 63.4℃,这是目前分子太阳能体系测得的最高宏观放热值。但是 CoPc@C 的催化稳定性不高,仅 340 s 后就失去了活性。他们用类似的装置完成了偶氮苯的催化放热,使浓度为 5×10^{-4} M 的顺式异构体甲苯溶液,以 1 mL/h 的速度,流经填充有 $[Cu(CH_3CN)_4]PF_6$ 催化剂的固定床,大约 48% 的顺式异构体回复为反式[49]。但是,由于 $[Cu(CH_3CN)_4]PF_6$ 的催化效率低,顺式→反式的转化速率太慢,因而即使在真空绝热环境中,仍无法观察到明显的放热。

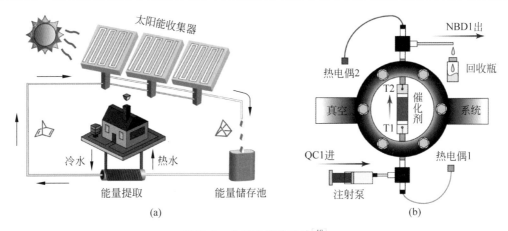

图 12-7 分子光储热系统[48]

(a)分子光储热系统的示意图;(b)催化放热的示意图。T1 和 T2 分别是流经催化中心前后热电偶测量的温度

加热和光照都能使顺式偶氮苯快速克服回复能垒,实现顺式→反式的异构,完成能量的释放。Grossman 课题组将偶氮苯与甲基丙烯酸通过酯键连接起来,随后经聚合反应制备了自支撑的光储热薄膜,该薄膜能实现固态下的能量储存和释放[50]。通过红外相机记录了加热条件下储能薄膜的能量释放过程,当环境温度升高到 100~110℃时,储热薄膜开始向环境释放热量,最高能放出比环境温度高 10℃ 左右的热量,整个放热过程持续大约几十秒。

我们最近基于吡唑偶氮苯醚衍生物制备的光储热薄膜[40],在 532 nm(110 mW/cm^2)的光照下,55 s 达到最高放热温度,高出环境温度约 24℃。相比之下,目前文献报道的偶氮苯小分子、偶氮聚合物和偶氮苯-石墨烯杂化材料,在光储能量释放时仅产生高于环境几度的温差。

目前报道的加热和光照释放能量的过程,都需要持续的加热和光照,而维持加热和光照需要额外的能量,不利于分子光储热系统的实际应用。理论上可以通过局部的瞬态加热或局部的光辐照,使得局部的分子开始释放热量,一部分释放的热量用于将分子的回复速度保持在与所需能量释放速度相对应的值,则分子光储热材料可以自我维持在放热状态。类似于燃料点燃后,可以自我维持在燃烧的状态。同样地停止放热只需将温度降到阈值以下,类似于燃料的熄灭过程。

12.5 小结

分子光储热,是一种将太阳能储存在化学键中的技术,储存的化学能随后可以在外界刺激下以热能的形式释放出来。在本章中,我们总结了这一技术的最新进展,包括:通过分子结构设计来使吸收光谱红移,实现与太阳光谱更好的匹配;调节亚稳态异构体与稳态异构体的能量差,这决定了储能密度;延长亚稳态异构体的热回复半衰期,对应着能量存储时间;设计触发能量释放的器件结构。虽然在单一分子体系内同时实现可见光下高效异构、高量子产率,高亚稳态异构体半衰期,以及高能量密度仍然是一个巨大的挑战,但是与其他太阳能储存技术(例如,燃料电池、氧化还原电池等)相比,它们可能具有独特的优势,包括装置简单、零排放、易于运输、可循环使用以及能量的可控释放。这些使得分子光储热技术,可作为传统太阳能转换技术(如光伏电池和人工光合作用)的有力补充。

致谢:

感谢国家重点研发计划青年科学家项目(2017YFA0207500),国家自然科学基金项目(22022507,51973111),北京分子科学国家研究中心开放课题项目(BNLMS202004)以及中国博士后科学基金项目(2020M681279)的支持。

第 13 章　碳中和误区与实现路径

刘科　吴昌宁　曹道帆　李俊国

　　本章主笔人刘科系南方科技大学创新创业学院院长,澳大利亚国家工程院外籍院士,他长期坚持传播绿色发展前沿理念,在普及碳中和相关科学知识方面不遗余力,推动了广泛的碳中和认知研讨。他曾在美国工作二十年,先后供职于埃克森美孚、联合技术公司、通用电气公司等跨国企业,回国后在神华集团北京低碳清洁能源研究所任要职,近年来加入南方科技大学带领团队开展了一系列创新创业教育与产学研实践,研究领域覆盖了石油与天然气工程、氢能与燃料电池、近零排放发电、煤炭清洁高效利用与土壤改良等。

　　本章针对碳中和的一些典型认知误区进行了澄清,通过回溯技术的发展逻辑,从甲醇经济、新型低碳能源系统、煤炭领域碳中和新技术、光农结合等角度探讨了碳中和的可能实现路径。尽管本章作者使用了“误区”一词,但实质上更多的是对各个技术路线“现实情况”的描述与反思,将引发科技工作者与大众深入思考“如何在对经济影响最小的前提下实现碳中和”“如何确保双碳目标与经济社会协同发展”等问题。

——主编的话

摘　要：在"碳达峰、碳中和"的时代背景下,需要对一些误区进行澄清,同时认清技术的发展逻辑,找寻现实发展的路径。短期内我们还缺不了化石能源。尽管风能、太阳能、提高能效、二氧化碳(CO_2)制化学品、CCS、CCUS等路径方法都会对减碳有些贡献,也值得鼓励其持续探索和实施,但相对于目前大量排放的CO_2,这些路径方法在近期的减碳贡献比例是相当有限的。因此,本文从甲醇经济、新型低碳能源系统、煤炭领域碳中和新技术、光农结合等角度探讨了碳中和的可能实现路径,尝试解答怎样才能在对经济影响最小的前提下实现碳中和的问题。

关键词：化石能源,可再生能源,甲醇经济,微矿分离,氢能碳中和近期很热,大家都在谈[1]。要实现碳中和目标,首先要正确认识碳中和,这需要"全谱"分析。如果将人类多元化的经验想象成可听声的频谱单元,在听声音方面,存在两个极端现象:窄带和全谱。我们可以以类似的想象方式来对碳中和进行理解。不能通过单一尺度来理解碳中和,这并不仅仅是因为其中包含诸多变量,也因为这些变量有着完全不同的参照系,它们是跨学科变量,要想取得"全谱"的认知,就需要摒弃先入为主的"窄带"观念,从多个角度考虑问题。

改革开放 40 年来,我国发生了翻天覆地的变化,相信未来 40 年我们能实现碳中和的宏伟目标,但短期内我们还缺不了化石能源。据统计,2020 年,我国 CO_2 排放大约 103 亿 t(报道数据多在 102 亿 t 到 108 亿 t 之间[2]),其中,煤炭、石油、天然气排放达到 95 亿 t,其他部分的排放来自沼气、生物质等。所以,约 92% 的 CO_2 排放是这三种化石能源燃烧及转化利用过程产生的。衡量任何一家公司、任何一家单位、任何一个系统,把这三种化石能源的排放算准就可以把握碳排放量了。大家都说每天用空调、开车等等都与碳排放有关,每一个人、每一小步节能,都可以为碳中和做出一点贡献,但完成碳中和这个任务还是非常艰巨的,而且是一个漫长的过程,这也是为什么国家领导人提出到 2030 才达峰,2060 才中和[3],而不是现在。

13.1　关于碳中和的误区

碳中和是一个非常复杂的系统工程,需要通过多种技术渠道及各种努力去减碳;每个行业对自己的减碳路径都有所强调,但对其他行业的减碳路径及各种路径对减碳贡献的量不是很清晰,大众对碳中和的挑战及认知有一定局限,存在以下几个误区,需要用数据来说明。

13.1.1　第一个误区

有些人认为太阳能、风能比火电便宜了,因此太阳能和风能完全可以取代火电实现碳中和。

针对这种认识,开个玩笑地说"只对了六分之一"。一年 8760 h,我国的太阳能发电只占一年的 1/5~1/6 之间,风能是 2000 h,1/4~1/5 之间。太阳能每年发电小时数因地而异,在 1100~2000 h 之间不等,超过 2000 h 的区域不多。也就是说,太阳能在 1/6~1/5 的时间段比火电便宜;而在其他时间段,如果要储电,其成本会远远高于火电。风能的情况类似。太阳能和风能是便宜了,但最大的问题是非稳定供电。

不可否认,我国的太阳能和风能发展了近四十年,取得了非常大的成绩,我们对这个领域做出贡献的科学家、工程师必须致以崇高的敬意。尽管太阳能、风能增量巨大,但与火电相比仍然相当有限。以 2019 年为例,全国的太阳能和风能发电总量约 6300 亿 kW·h,相当于 1.92 亿 t 标准煤的发电量,也就是说,太阳能和风能发电只能取代煤炭发电的 12.5%

左右[4]。

电网靠电池储电的概念是非常危险的。据估算，目前全世界电池生产商十年的产能仅能满足东京全市三天用的电能[1]。如果说我们有 4/5 或者 5/6 的时间要靠电池储电，这是不可想象的。而且，这个世界也没有足够多的钴和锂资源用来制造这个量级的电池。基于这样的背景约束，在我国弃光弃风的问题已非常严重，然而目前大规模电网只能容纳大约 15% 的非稳定电源。如果继续增加太阳能、风能设施的同时，大规模储能问题解决不了，只能废弃更多。

弃光弃风在我国有两方面的原因：一是技术因素，就是因为太阳能、风能是没办法预测的，电网小于 15% 可以容纳，多于 15% 容纳不了，随着智能电网的发展，这个比例会有所上升，但仍然需要时间；二是机制因素，地方保护主义的存在可能会让地方出于对当地 GDP 的考虑，宁可用当地的火电，也因各种原因不用风电、光电、水电。机制问题在中央大力推动"碳中和"的背景下是可以解决的，但技术问题的解决依赖于科学和技术的发展，这个发展过程是难以预测的，仍然需要时间。

因此，太阳能和风能需要大力发展，但受制于储电成本仍然很高，在可见的未来仍然无法完全取代化石能源发电。

13.1.2　第二个误区

有些人认为如果储能技术进步，太阳能和风能就能彻底取代火电。

这个假设太不切实际了，因为自铅酸电池发明至今一百多年来，人类花了数千亿美元的研发经费研究储能，可从铅酸电池的 90 kW·h/m³ 增加到今天特斯拉蓄电池的 600 千瓦时/立方米[5]，电池的能量密度并没有得到革命性的根本改变。同时，迄今大规模 GW 级（GW，gigawatt，$1\ GW = 10^9\ W$）的储电，最低成本的还是 100 多年前就已被发明的抽水蓄能技术[6-7]。

但在科学技术的突破上，今天无法预测明天的科学发现。举个例子，火药发明之后近一千年才有枪的发明，枪是西方国家统治世界的关键工具，其影响力远大于火药。枪的原理一旦明白后，其实很简单，但如果说火药发明后就可以预测很快会发明枪，那就错了。这只是个比喻，不过能够很好地提醒我们在制定任何战略时，千万不要用尚未发生的突破和假设去决定可以做什么事。过去我们的科技水平整体落后于西方，一张白纸可以借鉴已验证的技术路线去结合我国发展需求描绘科技发展战略。但如今很多领域我们已经实现并跑甚至是领跑，这种情况下制定战略一定要充分论证。我们制定战略一定是以已有的、证明的、现实的技术路线为基础。

不同行业的进步规律不一样，计算机行业有摩尔定律，这么多年确实发展得很快，但是能源行业目前还没找到类似摩尔定律一样的规律[8]，"碳中和"必须选择现实可行的路线来推进。有一个笑话讲的是，比尔·盖茨跟波音公司总裁讲，假如，飞机行业的技术进步跟计算机一样快，那现在人人都可以不用开车，改为开私人飞机了。波音公司的总裁说，假如我的技术跟你一样的话，这个世界就没人敢坐飞机了，因为那个年代计算机动不动就死机。

未来储能技术肯定会有新发明与突破，我们应鼓励储能技术的创新与发展，但制定战略时，要以今天已经被大规模证明的技术为基础。

13.1.3　第三个误区

有些人认为我们可以把 CO_2 转化成各种各样的化学品,如保鲜膜、化妆品等等。

据估算,全世界 87% 的石油都用于生产汽油、柴油、煤油燃料,仅约 13% 的石油就生产了我们日常所需的所有化学品。如果把全世界的化学品都用 CO_2 来造,也只是解决石油排碳过程 13% 比例的碳中和问题。从规模上看,CO_2 制成化学品对减碳的贡献是相当有限的。

我国人均年排放 CO_2 7.4 t,对于三口之家一年是 22 t,那是全国人均水平。像北京这种城市的人均水平比其他地方高一倍,一年就是 40 多吨。中和 40 多吨 CO_2 就要生产出几十吨的含碳产品,无论生产什么含碳产品,给一家人几十吨,一年之内是消耗不了的。

把 CO_2 转化成任何化学品,如果能有经济性则可以去干,但没有经济性则要防止有人打着"碳中和"的概念去拿国家的补贴。

13.1.4　第四个误区

有些人认为可以大量地捕集和利用 CO_2。

近些年大家都在探讨 CCS(Carbon Capture and Storage)或 CCUS(Carbon Capture, Utilization and Storage)。CCS 是把 CO_2 从电厂分离出来打到地底下埋藏起来。CCUS 是 CO_2 分离出来以后用于驱油或制取工业用品,对利用不了的部分进行封存。这个研究开展了很长时间,但目前全世界 CCS、CCUS 的成本都太高了。按常规电厂及地质条件估算,电厂释放出来的 CO_2 要进行 CCS 处理,综合成本约为 70 美元/tCO_2,其中捕集、压缩、运输及封存四个环节的成本分别约占 50%、20%、15%、15% 比例。

目前 CO_2 最大的应用在驱油领域,据统计,中国已投运或在建的 CCUS 项目对 CO_2 的捕集能力约为 300 万 t/年,与 103 亿 t/年的全国排放量相比,年消耗量十分有限。在能驱油的地方尽量地利用 CO_2,但完全要依赖它解决碳中和问题难度很大。

通用电气(GE)公司曾力推零污染火电厂(630 MW IGCC)解决 CO_2 的问题,但建设成本比核电站都要高,导致技术市场化难。法国的电力结构中,有 70% 多是核能,推行了几十年[9]。但自福岛核电站泄漏事故之后,全世界都在提高核能装置的安全系数,这个安全系数到后期每提高一点,成本增幅很大。核能是减碳很重要的主打发电技术,但人们能否接受因其高成本导致的高电价,仍需要讨论。碳中和不光是一个技术问题,更是经济和社会平衡发展的综合性问题。

在目前的技术手段下,靠 CCS 及 CCUS 来处理 CO_2 的成本很高,作用也是有限的。当然处理成本通过研发可以降一些,经济上能否有竞争力,取决于未来碳税的价格。

13.1.5　第五个误区

有些人认为通过提高能效可以显著降低工业流程、产品使用中的碳排放,就可以实现碳中和。

从能源的数据变化可以看到整个社会的变化。我们加入 WTO 之前有一个很重要的数据,我国的煤产量大概是 13 亿 t,基本上自产自销,出口有一点,但很少。结果到 2013 年短短 13 年的时间从 13 亿 t 飙升到约 39 亿 t[10],这是一个巨额增长,当然也伴随着碳排放。这该怎么解读?唯一的解读似乎是加入 WTO,二十年期间能效提高很多,但碳排放增加到了三倍水平。2010 年我国年石油消耗量只有 4 亿 t,十年间已增加到 7 亿 t 以上了。提高能效永远有帮助,这几十年能效增加了更多,但同时碳排放增加了很多(人口增长,以及人均碳排放难以控制地增长,是主要原因)。能效永远要提高,增加能效永远是低成本的减碳手段,这值得鼓励,值得每个人去节能减排,但完全靠提高能效达到碳中和也是不现实的。

13.1.6 第六个误区

有些人认为电动车可以降低碳排放。

为什么我们要发展电动车?主要原因是:中国石油不够,石油 73% 靠进口;雾霾等环境污染问题影响人们的生命健康。假设电网的电大部分是非化石能源/可再生能源的电,电动车实现大规模减碳是有可能的。但鉴于今天我国电网 60% 多比例的电还是依靠煤炭发电,从油井到车轮去分析,电动车排碳是大于燃油车的,只有电网的电大部分是由可再生能源来的时候,电动车才能减碳。抛开电力是否本质低碳去谈电动车降低碳排放,这是另外一个误区。

石油不够,寄希望于已建成的火电设施,对发展电动车是有好处的。但全国已建成的火电厂太多,为了让大家都有饭吃,很多火电厂实际年发电不到 4000 h,这是资产的巨大浪费。短期内电网中火电比例的减控还是很有挑战的。因此单靠电动车不能完全解决碳中和的问题。只有中国的能源结构彻底改变以后,电动车才能算得上清洁能源,也才有可能做到碳中和。

13.2 为什么前一百年电动车未能战胜燃油车

电动车这个概念并不新,100 多年前的 1912 年,纽约、伦敦、巴黎,还有洛杉矶的大街上,行驶的电动车远远多于燃油车。

图 13-1 爱迪生与他的电动车合影(1911 年)[11]

电动车和燃油车之争不是今天刚刚开始。1912 年前后,以爱迪生为首的一批科学家就觉得将来电动车可以统领世界交通[11]。以福特为代表的汽车公司走的是燃油车路线。到了 20 世纪 30 年代以后电动车就几乎销声匿迹了,今天燃油车仍然占有绝对统治地位。

为什么一百年前电动车多于燃油车?因为铅酸电池发明早于内燃机二十多年。有了铅酸电池,再接一个发动机,就是今天高尔夫球场开的车,上面再加一个车体就是汽车了。今天高尔夫球场开的车就是一百年前爱迪生开的车,所以电动车不是全新的技术,它这么多年来创新的核心在电池和电控系统。

那么,为什么前一百年电动车没有竞争过燃油车?世界前一百年选择了燃油车的根本原因是什么?在这里不预测未来,只用数据来回归历史。

1. 燃料动力系统的体积能量密度差异大

交通运输工具汽车和轮船等,最重要的是体积能量密度,而不是重量能量密度。轮船里面有压仓水,汽车里有压重钢板,但是油箱不能无穷大。假设都是 1 m³ 的油箱,不同能源的能量密度经对比可知:每立方米的氢气只有 3.2 kW·h,是最小的;天然气大概 10 kW·h/m³;铅酸电池大概只有 90 kW·h/m³。人类花了上百年时间、上千亿美元的研发经费,到今天电池只由 90 kW·h/m³ 增加到电池的 600 kW·h/m³。而液体汽油是 8600 kW·h/m³,甲醇是 4300 kW·h/m³。人们花了上百年的时间研究电池,电池能量密度有所改进,但电池的 600 kW·h/m³ 和汽油、甲醇相比有巨大的差距。

2. 液体是最好的储能载体

液体能源有个非常好的特点,陆上可以管路输送,海上可以非常便宜地跨海输送,而且可以在常温常压下长期储存。到加油站加油,每升汽油支付 7 元,假设汽油是从休斯敦的炼油厂拿船拉到深圳盐田港,码头装卸及海运的成本连 7 分钱都不到。这是为什么这个世界储藏石油的就那么几个地方,但世界任何一个角落都可以开车的最根本的原因。人类永远选择经济最优化的东西,不是谁喜欢什么,而是什么东西最便宜、最方便。

3. 生产流水线的成本要素差异大

为什么人类的第一条流水线是福特的流水线?内燃发动机是机械的东西,造一台很贵,但当设计一旦定型,在一条流水线每年造 100 万台的时候,每台的成本会极大降低。1913 年,福特的流水线一经量产,就让美国的汽车从 4700 美元降到 380 美元,让每个蓝领工人都可以买得起汽车。

电动车的不同之处在于,每个电池都需要一定量的镍、钴、锂,车上还有铜等各种金属。国际能源署近期做过一个统计:每辆电动车平均需要铜 53.2 kg,锂 8.9 kg,镍 39.9 kg,锰 24.5 kg,钴 13.3 kg,石墨 66.3 kg,稀土 0.5 kg,其他 0.3 kg[12]。电动车的材料成本占主导,所以采用流水线后每台成本会有所下降,可以降一些成本,但降幅有限。

福特流水线的成功不是偶然的。电动车与燃油车的本质差异问题,大众不清楚,但是行业内是清楚的。现在新能源、电动车资本市场很热,但是一旦补贴政策停止了,能不能挣钱就冷暖自知了[13]。电动车遇到这些问题,并不意味着不去发展电动车和电池技术。电池技术的研发永远是重要的。同时,电动车在城市公共汽车、出租车或者市内私人通勤方面,是有优势的,值得推广。

13.3 为什么氢能汽车还没有产业化

氢能一点也不新,早在 20 世纪 60 年代,阿波罗登月的时候就是带着液氢液氧上天,氢能发电供仪器设备使用,产生的水能够供宇航员饮用。

上世纪 90 年代到 2006 年间,美国花了上百亿美元在燃料电池研发上。2003 年美国总统小布什在他的国情咨文演讲时说[14],他会宣布一个计划,美国能源部将花 12 亿美元开发氢燃料电池汽车,15 年后每一个美国人开的车后边排放的都是水蒸气[15]。然而到现在,全世界的燃料电池车加起来也就是 3 万多辆,美国不到 1 万辆。2020 年全世界氢能源车只卖了 1900 多辆。小布什用还没有真正意义上突破了的技术去制定国家战略,耗费了大量投资,尽管在这期间培养了大量的科学家和研发人员,但是对于产业的推动和环境的改变是微乎其微的。

燃料电池汽车,也就是我们说的氢能汽车,为什么没有产业化? 最根本的原因是氢气不适合于作为大众共有的能源载体[16]。氢不是一次能源,而是一种二次能源,或者更确切地说是能源的载体。这个世界有煤田、油田、天然气田,但没有氢田。氢和电以及甲醇一样,是通过别的能源制造的,但是作为载体,氢不具备上面提到的液体能源在能量密度、管道及跨海输送、长期储存方面的优势。

氢气不适合于做大众能源载体,主要原因在于有几个因素是人们无法通过研发改变的。

(1)氢气是体积能量密度最小的物质,我们要求是体积能量密度越大越好。按单位质量基准,氢的能量密度比烃类物质要大得多,但基于单位体积基准,氢的体积能量密度是最

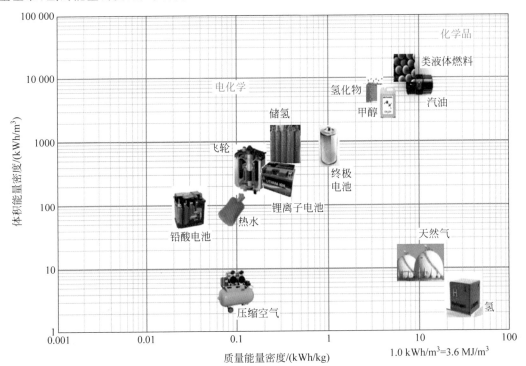

图 13-2 各类能源的能量密度[17]

小的(见图 13-2)。为了增加体积能量密度,只好增加压力。目前看到所有的氢燃料电池车里的储氢罐,都是 35 MPa 和 70 MPa(700 个大气压)。储氢罐如果拿不锈钢设计必须做得非常厚,70 MPa 的高压设备,其生产制造及运维管理挑战是很大的[18]。

(2) 氢气是元素周期表中最小的分子,最小的分子就意味着最容易泄漏,长期储存是问题。

(3) 氢气是爆炸范围最宽的气体,可以从 4%到 74%,在封闭空间(如地下车库)里一旦泄漏遇到火星、电火花就会爆炸,引起其他车爆炸,一栋大楼都有可能毁掉。在封闭的空间里,使用氢气要非常注意。因为氢气的爆炸特性,现在对运氢过隧道是有限制的,建设加氢站也需要保持严格的安全距离。

制氢容易,但储氢、运氢有难度。我国的氢气产能已经超过 3000 万 t/年,几乎所有的氮肥都是由氢制的。世界上化肥厂、炼油厂众多,都需要大量的氢气,但几乎没有化肥厂、炼油厂是靠太阳能、风能制氢,其主要原因是太阳能、风能制氢的成本太高了。

13.4　为什么甲醇可能是最好的储氢载体

储氢技术手段主要靠压缩和冷凝,冷凝后 1 L 液氢的重量是 72 g。1 L 甲醇和水反应可以放出 143 g 的氢,是 1 L 液氢储氢能力的 2 倍。2003 年,UTC、尼桑和壳牌联合研发,推出了全世界第一辆汽油在线转化制氢的燃料电池汽车。页岩气的革命让世界发现了 100 多年都用不完的天然气,就有 100 多年用不完的甲醇。甲醇制氢比汽油转化容易很多。一方面甲醇干净得多,没有硫;另一方面汽油转化需要 850℃以上,甲醇只需 200 多摄氏度就可以。

现在我国甲醇的产能全世界最大,已有 8000 多万 t/年。甲醇现在主要从煤、天然气制,未来可以用太阳能制的 H_2 与 CO_2 反应制,或太阳能催化 CO_2 和水来制甲醇,就变成了绿色的甲醇[19-20]。我国有成熟的煤制甲醇技术,只是生产过程会释放大量 CO_2,因为煤制甲醇工艺中的水气变换反应在制氢时副产了 CO_2。如果这部分氢可以用太阳能和风能制,同时电解水时副产的氧气供煤气化炉使用,这样煤制甲醇工艺过程就不再排放 CO_2,再用甲醇作为能源载体就可以显著减碳。中国科学院大连化学物理研究所、南方科技大学等机构都在做绿色甲醇的研发。中科院在兰州已经建设了 1000 t 的论证示范工厂。未来如果碳税真正上去了,可以用太阳能和风能制氢并生产出绿色甲醇。

这个世界不需要追求绝对的零碳,国际上常提的零碳排放通常是"近零"(Near Zero)和"净零"(Net Zero)。讲碳中和的时候一定要强调,这个世界碳太多不好,但是任何人追求绝对的零碳是不科学的,因为我们吃的食品、植物生长和光合作用都需要 CO_2。如果把我国的经济从煤经济转到天然气经济或者是甲醇经济就可以减碳 60%以上,那么基本上就可以做到碳平衡了。我国讲的是"碳中和",国外讲的是"净零排放",也就是要排放碳的同时,有别的技术或者措施实现排放平衡到一定水平。

H_2 和 CO_2 制绿色甲醇目前还有一定的成本障碍,短期内直接用现有的煤甚至劣质煤制甲醇就可以了。甲醇是一个载体,液体做载体比气、电做载体科学得多。电虽然好输送但不好存储,氢既不好输送,也不好存储,只有液体比较方便[21-22]。

除了能量密度、可低碳循环等方面的优势外,推行甲醇能源的另一个优势是无需投入巨资新建加注服务站点,甲醇站可用已有的加油站改装。简单估算一下布局成本,按照加油站450辆车/天的加注能力,充电站24辆车/天充电能力,小型氢气加注30辆车/天的能力来测算,假设都建一万座,甲醇站大约需要20亿美元,充电站大约需要830亿美元,加氢站大约1.4万亿美元(暂未考虑地价因素)。

13.5 造成雾霾的元凶在哪里

在科技和经济上,我国与发达国家有时间差。当欧美已经在追求节能、绿色、环保的时候,我们还没有完全释放生产力,于是污染、能耗都很高,水、空气、土壤都在重现欧美一百多年前的困境。

雾霾的成因经多年研讨论证,已基本明确。雾霾包括一次颗粒和二次颗粒。化石燃料如柴油燃烧时尾气中直接排放的颗粒是"一次颗粒"(Primary Particulates),约占雾霾总量的1/4。对雾霾贡献最大的是"二次颗粒"(Secondary Particulates),约占其总量的1/2。"二次颗粒"是化石燃料燃烧尾气中的气态污染物(如 NO_x、SO_x)和挥发性有机物(VOC)进入大气后,在一定的水雾状态下与空气中的氨及 VOC 等物质发生气溶胶反应形成的颗粒。氮氧化物在天空遇水就会变成硝酸,硫氧化物氧化遇水就是硫酸。如果我们不使用化肥,就只会形成酸雨而形不成雾霾。然而大量使用化肥向大气中释放了一定规模的氨,氨在大气中呈碱性,酸碱中和生成硝酸铵盐、硫酸铵等固体细颗粒,这些细颗粒才是 PM2.5 的主要来源。一个 PM2.5 颗粒是看不见摸不着的,但当无数个 PM2.5 颗粒悬浮在天空中就可以遮天蔽日[23]。

近些年我国在脱硫脱硝方面花了上万亿元,取得了非常大的进展,但对于过量使用化肥以及氨排放(雾霾的另一元凶)问题的治理还没有足够重视,经费投入也远远不够。化肥在短时间使用副作用不明显,但使用几十年以后,问题很严重。早些年硝酸铵、磷酸铵的使用,导致土壤酸化,土壤中的菌群被杀死,导致大面积的土地板结。长期使用化肥导致农作物的微量元素和矿物质含量大幅降低。伴随着大量使用化肥及农药导致土地酸化、贫化,人类的哮喘、心脏病、癌症等疾病也相应增加。

虽经数百万甚至数千万年,物质不灭,土壤中宝贵的微量元素及矿物质以煤炭的形式保留至今。煤炭中可燃部分,基本是 CO_2 和水通过光合作用形成,不可燃部分是远古时期树根吸收的宝贵的矿物质、微量元素。但如果让煤在锅炉或气化炉中经历高温燃烧或转化,煤中的矿物质由于氧化和聚团的作用将被钝化或失活。

南方科技大学研究团队报道了一项已经工业化的煤炭微矿元素及矿物质分离技术(简称"微矿分离"技术),将煤炭在燃烧/转化前湿法粉碎解离到微米级粒度,并经颗粒表面微纳改性、多相流体多级调控之后将原料中的微量元素及矿物质分离出去,获得高热值、低灰分的清洁固体燃料(CSF)以及未经地表污染的天然远古矿物质(SRM)[24]。CSF 可制成高能类液体燃料,替代现有清洁燃煤,并可作为气化、焦化及炼化原料,推进能源工业原料标准化及资源化利用,可提高能源化工过程效率20%～30%,相应降低产业链碳排放20%以上。SRM 经一系列生物化学转化后可制成微矿生物肥及土壤改良剂,用于治理沙漠、板结土地修复及盐碱地的治理;通过植物及土壤增量固碳显著降低碳排放,系统减碳量可达碳燃料燃烧/转化过程碳排放的30%～100%。

13.6　现实的碳中和路径

欧盟的碳排放量在 1980 年就已达到峰值,美国和日本在 2008 年达到峰值,而我国将在 2030 年达峰。从峰值到中和,欧盟有 70 年时间,美国和日本有 42 年时间,但中国只有 30 年时间。相比之下,中国面临的碳中和的任务更重。在外有压力、内有困难的情况下,走切实可行的道路,既顺应国际趋势,又能推动国内产业的变革。在实现碳中和的过程中把雾霾等污染问题一并解决,让蓝天白云重回祖国大地,因此,碳中和是一个多赢的正确道路。碳中和的几个现实路径,可归纳如下。

13.6.1　通过现有煤化工与可再生能源结合实现低碳能源系统

太阳能、风能电解水既能生产甲醇合成过程所需要的氢气,又可以生产煤气化过程需要的氧气。源于可再生能源(以及先进核能)的绿氢和氧气,可以与现有煤化工装置有机结合,一方面可以取消现有水气变换单元、让现有的煤制甲醇过程实现近零碳排放;另一方面可以取消空分单元以大幅降低设备投资和空分制氧耗电量。

微矿分离技术,可以将廉价的劣质煤高效转化成气化原料,显著降低煤气化过程的原料成本,结合可再生能源制成清洁的甲醇产品,在碳中和的背景下也会有成本竞争力。再用甲醇取代汽柴油开车,甲醇在线制氢发电推动燃料电池汽车或作为电动车的充电宝,这样可大大降低交通运输业的 CO_2 排放,也可以解决部分中国石油不够的问题。

这样的低碳能源系统,把中国强大的太阳能、风能发电能力释放出来,把可再生能源以甲醇液体的形式储存下来,是值得去探索的可再生能源液体储能技术方向。

13.6.2　利用煤炭领域的碳中和技术——微矿分离技术

传统的煤炭使用方式下,燃烧过程排放 CO_2,伴生大量灰渣(约含碳氢组分 10%),这不光是浪费能源,同时灰渣无法利用变成固废,使得如内蒙古等地的很多电厂粉煤灰"成灾"。

在煤燃烧及转化前,把可燃物及矿物质高效分离开,制备低成本类液体燃料及土壤改良剂,源头解决煤污染、滥用化肥及土壤生态问题,同时低成本生产甲醇、氢气等高附加值化学品。副产的土壤改良剂可用于板结土地、盐碱地及沙漠治理,让以前不长植物的荒地变绿,让森林长起来把煤炭燃烧过程放出去的 CO_2 再吸回来。煤炭是远古的森林经过复杂的地质演化过程形成的[25],本身含有一定量的对植物生长有益的矿物质成分。基于微矿分离技术的发电系统的 CO_2 净排放量可显著降低,主要原因包括:①使用更为清洁的燃料 CSF 提高了发电效率,使得相对降低了碳排放量;②SRM 施用后可明显增强土壤的碳吸附量;③由于植物增产带来碳封存增量。以示范项目为例,当 CSF 产量达到 25 万 t 时,每年碳排放约为 69.5 万 t,基于不同的 SRM 系列土壤改良剂产量(25.0 万 t、31.8 万 t、40.8 万 t)及土壤治理面积,可以固化 CO_2 48.7 万 t、61.9 万 t,甚至 74.9 万 t[24]。

这是比较现实的碳中和的路径,而且不需要那么高的成本,适当进行投资就可以做到。

13.6.3　实现光伏与农业的综合发展

将光伏与农业、畜牧业、水资源利用及沙漠治理并举,实现光伏和沙漠治理结合,及光伏和农业联合减碳。

西部缺水,同时水分会往地下渗漏,为此必须采用保水材料。但在西部地区无论如何强化保水,日照后的水分蒸发量大,作物还是难以正常生长。太阳能板的阴影能够很好地解决这个问题。板下的水分挥发减少了,则更适宜种植植物。太阳能板投用之后,需要定期冲洗板面以保证光照效果,冲洗水经回收后恰好可用于给太阳能板底下的农作物做滴灌[26]。这样,太阳能板发电的同时还可以把板底下的土地全部变成绿色;沙漠土壤改善后,还可以把太阳能板挪到其他位置。如此往复,一片片土地可以接力治理出来。

13.6.4　峰谷电与热储能综合利用

火电厂是半夜也不能停的。现在我国的火电厂在半夜 12 点到早上的 6 点这个区间,尽管还在排放大量 CO_2,但发的电没人用,是浪费掉的。电不好储存,可以用热的形式储存下来,利用分布式储热模块在谷电时段把电以热的形式储下来,在需要时用于供热或空调。这样可以让 1/4 甚至是 1/3 的时间产生的电不至被浪费,可大大降低 CO_2 排放,实现真正的煤改电。再配合屋顶光伏战略及县域经济,进一步减少电能消耗。

能量存储不仅仅是电能。国内储能领域对于储电关注较多,但实际上大多数的能量从消费端来看都是用在了热能领域,储热技术也是需要我们去关注和发展的[29-30]。

13.6.5　利用可再生能源制取甲醇,然后做分布式发电

可使用甲醇氢能分布式能源替代诸多使用柴油机的场景,和太阳能、风能等不稳定可再生能源多能互补。用甲醇液体作为太阳能及风能的载体,甲醇制氢再发电或者甲醇直接发电取代柴油发电机做分布式热电联供,结合屋顶光伏、储热、热泵技术在广大农村取代燃煤,不仅低碳、环保而且可以减碳。

13.7　小结

在"碳达峰、碳中和"的时代背景下,需要对一些误区进行澄清,同时认清技术的发展逻辑,找寻现实发展路径,本文抛砖引玉,从新型低碳能源系统、煤炭领域碳中和新技术、光农结合、热储能、分布式发电等角度介绍了几条碳中和的可能实现路径。实现碳中和过程中需要做出的决策涉及广泛的知识学科,若非进行跨学科的磋商和考量,很难实现真正意义上的碳中和,所以我们需要逐步建立基于顶层设计和数据决策的系统、科学的整套方案。

致谢:

本章为作者在 2020 年至 2021 年的一系列演讲稿综合整理而成,此文稿的完成得到了南方科技大学化学系、创新创业学院、清洁能源研究院师生的帮助和支持,在此感谢翁力、王欣、陈禹蒙、黄伟三位教授在数据测算等方面的贡献,以及江锋浩、胡顺轩、赵冰龙、刘露等人在文档校对与编辑中的贡献。

第 14 章　海阳核电核能供热示范工程探索实践与展望

吴放

　　核能作为一种安全稳定、绿色低碳、经济高效的能源，必将在推动能源结构调整优化、加快实现双碳目标的道路上占据日益重要的地位。山东海阳核电在国内率先开展核能供热示范工程研究建设，以实践论证了核能单一发电向核能综合利用拓展的可行性，环保效益、经济效益、社会效益显著，并提升了能源利用效率和资源利用率，为核能助力减碳减排、助推能源转型提供了成功范例和全新思路，极具示范推广意义。后续，随着大规模核能供热、海水淡化等一系列核能综合利用项目陆续落地，将为北方地区低碳供暖、缓解淡水资源匮乏等生态民生问题提供新的解决方案，进一步实现核能由低碳电力向低碳生活应用拓展，由对经济发展贡献向生态民生贡献拓展。未来，我国核能迎来规模化发展的同时配套多元化拓展应用，将在构建以新能源为主体的新型电力系统中扮演更加重要角色，为绿色生产生活方式加快形成、经济社会高质量发展以及双碳目标如期实现做出更大贡献。

——主编的话

摘　要：核能供热作为国内减碳技术的重要突破,具有清洁低碳、供热成本低、运行稳定等多重优势,可满足大规模集中供暖基本负荷需求。山东海阳核能供热项目成功实现了国内核能供热零的突破,创造性落实了党中央"加快推进北方地区冬季清洁取暖"指示精神,一期 70 万 m² 项目于 2019 年 11 月建成投运,被国家能源局命名为"国家能源核能供热商用示范工程",已累计完成两个供暖季；二期 450 万 m² 项目已于 2021 年 11 月建成投运,山东海阳市城区所有燃煤供热全部由核能供热替代,海阳成为全国首个"零碳"供暖城市。核能供热项目的成功实践,验证了核电厂热电联产的可行性,既提高了电厂热能的综合利用率,又具有热源可靠性高、环保效益好等优势,为解决清洁供暖问题、助力社会绿色低碳发展提供了全新的解决方案。在核能供热成功实践的基础上,海阳核电积极拓展核能利用场景,开展核能梯级高效利用,大力发展多元化核能产业,为构建清洁低碳安全高效的能源体系、实现双碳目标做出积极贡献。

关键词：核能供热,探索,实践,展望

海阳核电核能供热工程作为全国首例,引领和示范作用显著。随着后续核能供热长距离、大规模发展及核能用能形式的梯级高效利用,可大范围替代燃煤供热并推动减碳减排,必将在实现"3060"目标进程中承担更加重要的角色。2021年,国家"十四五"规划明确提出"开展山东海阳等核能综合利用示范"[1-4],充分印证了海阳核电核能供热的探索研究高度契合国家经济社会高质量发展的需要,也为未来核能产业多元化发展方向提供了重要参考。

14.1　海阳核电核能供热示范工程建设意义

14.1.1　开展核能供热有利于生态环境改善,促进绿色低碳发展

2021年3月15日,习近平总书记在中央财经委员会第9次会议上指出:"实现碳达峰、碳中和是一场广泛而深刻的经济社会系统性变革,要把碳达峰、碳中和纳入生态文明建设整体布局,拿出抓铁有痕的劲头,如期实现2030年前碳达峰、2060年前碳中和的目标。"核能具有清洁低碳、能量密度大、基荷电力稳定等特点,是推动能源清洁低碳转型的重要动力。核能供热将核能用能形式从电扩展到热,实现电厂余热回收利用、节能减碳等多重效益,为进一步释放核能推动碳达峰碳中和的潜能提供了全新的思路。

14.1.2　开展核能供热有利于解决清洁供热问题,促进地企　共赢发展

目前,我国冬季供热用能主要来自燃煤,每年消耗煤炭达5亿t,而煤改气、煤改电等方式受天然气资源稀缺、电网负担加重、供热价格偏高等因素制约。山东省作为燃煤消耗大省,清洁热源短缺问题严峻,预计到2025年,仅青岛市清洁供热缺口便达6.8亿 m^2 。山东省核电厂址资源丰富、核能产业发展潜力大,具备大规模实施核能供热的客观优势。若核电项目配套供热协同建设,核能供热特有的环保效益将大大减轻地方减碳减排压力,为优化能源结构、改善大气环境、造福地方民生等作出重要贡献,实现地企双方互惠互利、合作共赢[5-6]。

14.1.3　开展核能供热有利于推动核能技术创新,促进企业　高质量发展

开展核能供热是核电企业建设清洁能源基地和核能综合利用基地的重要支撑,依托核能供热及更多核能综合利用形式的研究和项目建设,可进一步加强与国内外科研院校等单位产学研一体化合作,打造专业化核能综合利用创新人才队伍,探索建立多元化科技创新投入增长机制,推动科技创新成果转化应用、提升企业科技创新能力水平,以技术创新赋能企业高质量发展。

14.2 开展海阳核电核能供热示范工程的探索与实践

海阳核电深入贯彻习近平生态文明思想,围绕核电厂余热利用、热效率提高,结合地方清洁取暖、绿色协调发展的实际需求,研究制定了"现实可行、兼顾长远,由易到难、分步实施,地方协同、产业配套,生态优先、绿色发展"的核能综合利用原则,积极开展核能供热研究建设,填补了国内在核能综合利用领域的空白,为我国核能产业发展开辟了新路径。

14.2.1 海阳核电核能供热技术前期研究论证

1. 开展可行性研究及项目立项

2018 年,海阳核电首台机组投产商运后即着手筹划核能供热项目,充分调研学习瑞典、俄罗斯、保加利亚、瑞士等国际核能供热成熟案例与先进经验,获悉核能供热在世界上已有超过 1000 堆·年的成熟应用经验,且清华大学于 1983 年便完成了我国首次核能低温供热实验,核能供热安全性、可靠性得到充分验证。在调研基础上,海阳核电加快推进核能供热分析论证,委托设计单位、主机厂出具了核能供热对机组的核岛、汽轮机影响分析报告,组织召开《山东海阳核电厂一期核能对外供热工程可行性研究报告》专家审评会,全面评估论证了核能供热项目的技术可行性、安全性和经济性。同时,积极克服核能供热在国内无既定审批手续的困难,获取国家能源局、国家核安全局、山东省能源局等主管单位和地方政府的大力支持,于 2018 年 12 月正式立项。项目建设期间,国家有关部委领导多次莅临核能供热工程建设现场检查指导,充分认可项目的开创意义和示范作用。

2. 携手地方政府加快项目推进

为加快核能供热项目的落地建设,海阳核电积极争取地方政府理解与支持。海阳核电主动与海阳市政府联合成立核能供热推进工作领导小组,沟通确定设计接口参数,签订《关于共同推进海阳核电厂核能供热项目开发的战略合作协议》,推动地企双方结成紧密合作关系,迅速形成合力,加快解决项目实施过程中的各类问题。在项目推进的同时,海阳核电积极与地方政府共同做好科普宣传工作,发布《抽汽供热项目科普宣传工作方案》《全国首个核能抽汽供热主题宣传方案》,为不同受众"量身定制"科普活动内容,受众达 6 万人次,取得社会和民众的理解与支持,为核能供热项目建设营造了良好的外部环境。

3. 探索建立新的商业模式

在项目运营方面,海阳核电积极主动与地方政府等利益相关方加强协调,由政府牵头整合社会资源、提供政策支持,并采取"核电企业—市政府—供热公司"合作模式,即电厂提供热能,政府购买热量,供热公司按计量付费。核电企业按照不高于煤热价原则,让利于地方政府、民众和地方热力公司。核电企业、政府、供热公司分段负责管道建设运营,通过核电企业厂内换热站、地方热力换热站、热力管网系统将热量传递至最终用户。海阳核电通过商业模式的创新,成功搭建起各方互惠互利的合作平台,有力保障了核能供热项目的落地实施。

14.2.2　国家能源核能供热商用示范工程实践

2018 年底,海阳核电结合前期可行性研究,制定了依托海阳核电一期 2 台 AP1000 压水堆核电机组为海阳市供热计划,并确定"一次规划、分步实施"原则。第一步,利用核电厂区现有辅助蒸汽裕量向海阳市政 70 万 m² 供暖;第二步,通过从汽轮机高压缸抽取高参数蒸汽为海阳市政供热,供热面积 450 万 m²。2019 年 11 月,海阳核能抽汽供热一期工程70 万 m² 项目正式建成投运。

1. 海阳核电核能供热示范工程技术特点分析

按照系统设计,70 万 m² 与 450 万 m² 供热工程平均采暖热指标均取 45 W/m²,设计热负荷分别为 31.5 MW 与 202.5 MW,实际供暖期取 136 d。在核电厂厂区内建设核能供热首站一座,按照子项共用、设备分步实施的原则进行规划配置。首站内设置热网加热器,利用厂区辅助蒸汽(第一步)或汽轮机高压缸抽汽(第二步),对热网循环水加压加热后,供至厂外二级热力站。作为热源的供热蒸汽来自核电厂常规岛二回路系统(图 14-1 中紫色线路),与循环放射性冷却剂的一回路(图 14-1 中红色线路)完全隔绝,首站热网循环水系统为三回路(图 14-1 中黑色线路),到采暖热用户侧则为供热系统的四回路或五回路(图 14-1 中绿色线路),每个回路只有热量传递,并无介质交换,从设计上保证了机组运行和居民用热的绝对安全。核电机组抽汽供热系统流程如图 14-1 所示。

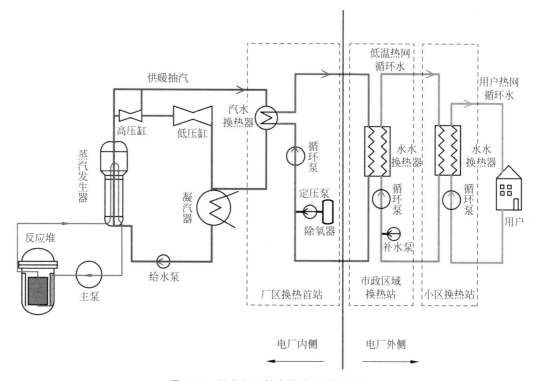

图 14-1　核电机组抽汽供热系统流程图

从系统角度来看,整个核能供热系统包含热网供热蒸汽、热网循环水、热网加热器疏水以及热网补水定压四个子系统。其中:热网供热蒸汽系统系统功能是从汽轮机高压缸排汽管道上抽汽,送至供热首站用于采暖期加热热网循环水,实现热量传递。并在供热管道设置关断阀,当热网加热器管束发生破裂时,可快速关闭关断阀将热网加热器从核电厂二回路切除,保障机组运行安全。70 万 m^2 与 450 万 m^2 供热参数对比(表 14-1 和表 14-2)如下:

表 14-1　第一步 70 万 m^2 供热参数表

	压力/MPa	温度/℃	焓值/(kJ/Kg)	流量/(t/h)
供热蒸汽(辅助蒸汽)	1.1	185	2783.23	48.2
蒸汽疏水	0.8	80	335	48.2
热网供水	1.6	130	547	460
热网回水	0.4	70	293	460

表 14-2　第二步 450 万 m^2 供热参数表

	压力/MPa	温度/℃	焓值/(kJ/Kg)	流量/(t/h)
供热蒸汽(汽轮机抽汽)	0.981	179	2521.3	346
蒸汽疏水	0.8	80	335	346
热网供水	1.6	130	547	2902
热网回水	0.4	70	293	2902

高参数蒸汽携带热量到达热网循环水系统后,在此将热网循环回水升压、升温,送至市政二级换热站,为下游采暖用户提供热量,实现热量二次传递。在供热首站内配置四台 25% 容量的卧式、单级、双吸、离心热网循环水泵为热网循环提供动力。

高参数蒸汽热量实现热量传递后,在热网加热器内凝结为疏水,此时热网加热器疏水系统负责将疏水送反汽轮机回热系统,起到回收热量和工质的作用。同时,在热网加热器疏水管线设置水质监测,以免热网循环水渗入加热器疏水、进入凝汽器,影响二回路水质。

此外,还设置了热网补水定压系统,功能是向热网循环水泵入口的回水管路上补水且保持定压,确保当热网循环泵停运时,供热管网内不发生汽化。如出现热网事故工况,正常补水量无法满足要求时,可开启事故补水管线隔离阀,接入热网循环水回水母管发挥补水、定压功能。

2. 海阳核电核能供热示范工程供热能力及经济性分析

核能抽汽供热具有装机容量大、无间歇性、受自然条件约束少等特点。1 台百万千瓦核电机组只要抽出已经发过部分电的五分之一的蒸汽,就可以满足一个百万人口城市的居民用暖需求。单台百万千瓦核电机组实施改造后能够提供 3000 万 m^2 的供暖能力,一座多台机组核电基地,可满足直径 100 km 范围内的城市集中供暖需求。

按照海阳核电 1 号机组抽汽 346 t/h(供热面积 450 万 m^2)对外供热估算,电厂改造后年供热量 173 万 GJ;海阳核电 2 号机组抽汽 1500 t/h 对外供热,年供热量 970 万 GJ。初步测算核能清洁供暖出厂热价约为 40 元/GJ,输送 100 km 的成本约为 25 元/GJ。目前青岛地区燃煤供热机组出厂热价约为 50 元/GJ,政府向供热企业提供一定的供热补贴。总体而言,核能供热项目的经济性与燃煤供热相比,具有较强的市场竞争力,经济上可行、技术上有保证,将有效促进传统供热模式向新兴供热模式和业态转变。

3. 海阳核电核能供热示范工程的环保效益和社会效益

目前,燃煤释放的 CO_2 温室气体是导致全球气候变暖重要来源,其减排问题已成为国际气候公约组织关注的焦点,我国"3060"目标提出后,CO_2 减排任务艰巨。海阳核电核能抽汽供热 70 万 m^2 工程投运以来,已完成两个供暖季,累计供热 58.2 万 GJ,相当于节省原煤 3.2 万 t,减排烟尘 217 t、CO_2 5.5 万 t。核能供热替代区域现有供热锅炉,不仅可减少烟气污染物排放、避免了燃煤灰渣产生,而且将大大改善城市环境质量、美化城市景观,还能杜绝硫、氮等元素进入大气,降低酸雨发生的概率。

示范项目建成以来,为当地社区提供了集中供热热源,有效改善居民生活质量,保障城市供热安全,带动当地经济发展,促进社会、企业稳定和谐发展,发挥了良好的社会效益。借助示范项目的研究建设,海阳核电探索了一套适用于核电机组供热改造的审批流程,弥补了国内核能供热项目审批空白;总结出一套以政府为主导,能源企业、热力公司配合协作,适用于大规模清洁能源供热的商业模式,有利于项目快速推进和各方利益的保障;形成一整套可复制、可推广的建设经验,为国内核能产业发展实现了良好开局。海阳当地政府以此为契机,制定了"山东省核能综合开发利用示范市"建设规划,力争将海阳打造成核电产业营商环境最好、核电产业链条最完备的城市。

示范项目建成投运后,国家能源局委托独立第三方对项目进行了评估,结论是"清洁、安全、稳定、高效,在技术上取得了核能利用效率的提升,经济上具备了与燃煤供热持平的竞争力,具有大规模推广应用价值,实现了'居民用暖价格不增加、政府财政负担不增长、热力公司利益不受损、核电企业经营做贡献、生态环保效益大提升'多方共赢的实际效果"。2020年6月,中国核能行业协会组织对该示范项目进行了鉴定,认为本项目科技成果达到国际先进水平,具有显著的社会效益和环保效益。核能供热示范项目的成功为冬季清洁供热及核能综合利用开辟了新领域、新思路,为后续大规模核能供暖方案推广实施积累了宝贵的实践经验和公众基础。

14.2.3 积极推进海阳核电核能供热后续项目建设和成果应用

1. 建成海阳核电核能供热 450 万 m^2 工程

在核能抽汽供热一期工程 70 万 m^2 项目成功经验的基础上,海阳核电结合地方实际需求,迅速启动 1 号机组 450 万 m^2 供热项目建设。该工程于 2020 年 11 月开工,2021 年 11 月正式投产,项目具备 202.5 MW 供热能力,年供热负荷 173 万 GJ,全面替代了海阳市区现有的 10 台燃煤锅炉,海阳被打造成全国首个"零碳"供暖城市。作为"十四五"开局之年建成的民生工程,海阳核电厂热效率将提高了 3.25%,每个供暖季相当于节约原煤 10 万 t,减排 CO_2 18 万 t、烟尘 691 t、NO_x 1123 t、SO_2 1188 t,有效改善了区域供暖季大气环境,节约环保投资,并大大缓解了燃煤产运压力。

2. 探索实践"水、热、储"联合运行

在核能供热成功实践的基础上,为进一步拓展核能综合利用技术创新应用和缓解北方地区冬春季节性缺水的实际问题,2020 年 11 月 15 日,海阳核电建成投运了全球首个水热同传示范工程(图 14-2),取得核能综合利用的新突破。水热同传打破了供水、供热需要三根管道的传统模式,大幅降低了供水、供热的工程投资及运营成本,能够节约城市地下空间资源,并可同步缓解区域热资源紧张和水源紧张两项事关民生的重大问题。示范工程供能面积 1 万 m²,为海阳核电厂员工宿舍区内近 2 千人同时供热供水,水质指标优于国家饮用水标准。

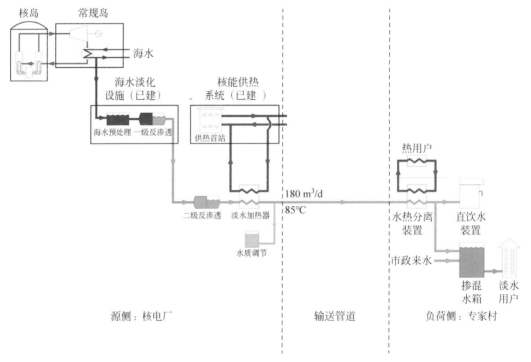

图 14-2　水热同传系统原理图

在水热同传基础上,2021 年 5 月份,海阳核电与清华大学合作建成世界首个"水热同产同送"试验工程(图 14-3)。该项技术利用机组抽汽和余热,驱动水热同产设备,经多级闪蒸、多效蒸馏工艺,每小时生产 5 t 满足饮用水标准的 95℃高品质淡水,通过"水热同传"管道,输送至用户端进行水热分离后使用。中国工程院院士及专家评估认为该项技术整合实现传统单独产热供热、单独制水供水两套系统的功能,降低了建设投资和运行成本,提高了能源及设施利用率,应用场景十分广泛。该技术随着规模扩大及应用推广,经济性将不断提高,对保障国内供水安全、实现可持续发展,以及拉动基础建设投资、促进经济发展都具有重要意义。

储热是配合供热系统协调运行、提高供热稳定性的一项技术。供热系统配套储热可平衡核能供热抽汽量和用户实际负荷,在供暖季显著减少核电机组供热抽汽调节次数,提高核电机组运行的安全稳定性,减轻机组生产人员的运行负担;在极端天气下,可以利用储热水罐对热源进行补热,提高核能供热质量;大规模储热系统还可通过消纳调峰负荷,将谷电转为热能储存,间接参与核电机组调峰,提高能源利用效率、保障机组功率平稳。目前,海阳核电已建成专家村智慧能源项目 700 立方储热罐,与核能"水热同传"工程协调试运行;完成

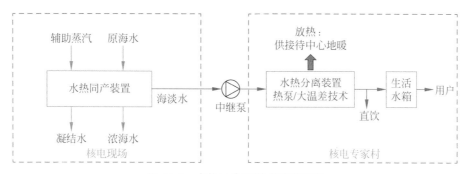

图 14-3　水热同产同送系统原理图

容量 1.5 万 m^3 的大型水储热示范项目可研工作,该储热示范项目为 450 万 m^2 核能供热工程配置设施,设计容量为 500 MWh、可储热 1800 GJ。该项目实施后,相当于每年可减少标煤消耗 1.27 万 t、烟尘排放量 509.1 t、SO_2 排放量 203.6 t、NO_x 排放量 95.4 t。

14.3　海阳核电核能供热长距离大规模技术研究与规划

2021 年 3 月,《中华人民共和国国民经济和社会发展第十四个五年规划和 2035 远景目标纲要》中明确提出"开展山东海阳等核能综合利用示范"要求,为海阳核电高质量发展指明了努力方向。海阳核电按照国家"十四五"规划部署,确立了核能梯级高效利用思路,开展核能供热大规模研究和规划,打造环境友好型企业,努力开创企业高质量发展的新局面。

海阳核电目前正在开展 2 号机组 3000 万 m^2 供热项目研究工作。该项目从高压缸排汽管道抽汽,抽汽能力 1500 t/h,供热能力 900 MW,年供热负荷 970 万 GJ,可解决周边百公里范围内 3000 万 m^2 供热需求,预计 2023 年供暖季投运。

海阳核电规划建设 6 台机组,根据厂址规划及地方发展规划,海阳核电研究编制了《胶东半岛清洁供暖解决方案》,启动厂内大规模抽汽供热改造和面向青岛市区长距离输热可研工作,稳步扩大供暖能力。海阳 3、4 号机组为在建项目机组,5、6 号机组为待建项目机组,该 4 台机组已按照热电联产机组设计考虑,在前端设计中便落实汽轮机选型等要素以满足大规模供热能力。规划以核电厂为基础热源,以多点"风光＋储热"为辅助及调蓄热源,通过开放式骨干热网与各集中供暖区现有二级供热管网连接,提供核电厂周边 100 km 以内城市区域清洁供暖的解决方案。

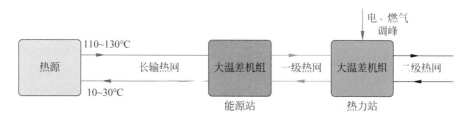

图 14-4　长距离核能供热系统示意图

长距离大规模供热技术充分考虑了几个方面的技术创新。

(1) 堆、电、热匹配控制技术应用。实施大规模供热时,汽轮机抽汽量将占到蒸汽总量的 22%，需创新调整反应堆与汽轮机协调运行的控制方案，以实现与供热功率相匹配，满足供热工况。

（2）调整式抽汽技术应用。通过调节汽轮机低压缸入口蒸汽参数，提升抽汽工况下高压缸压力，降低蒸汽湿度增大对汽轮机末级叶片的不利影响。

（3）长距离输热技术应用。3000 万 m^2 供热半径将达到 100 千米，可通过在用户侧设置热泵提取回水中的热量，提高供回水温差（130℃/30℃），搭配长距离供热技术，提升输送效率、降低热损耗（图 14-4）。

（4）在热网侧搭配风光等可再生能源的蓄热装置。通过热网侧的精准控制实现负荷日调节、调峰，并兼具热网扩容和应急备用等功能，最大程度减少对热网调峰、备用热源的依赖，实现电厂负荷稳定、传统热源替代、能源效率提高等多重目标。

根据可研报告数据显示，海阳核电 1 至 4 号机组完成供热改造后，每年可对外供热量 2907 万 GJ，相当于每个采暖季可节约 91.1 万 t 标煤，减少冬季 CO_2 排放 310 万 t，二氧化硫排放量 580 t，减少氮氧化物排放量 1159 t。同时，核电厂热效率也可提高 3% 以上。后续随着海阳 5、6 号机组建成后，集中核能供热的面积区域将进一步扩大，核能供热节能环保的作用将进一步发挥。

14.4 小结

海阳核电将积极顺应用能方式和现代科学技术发展趋势，深入探索人工智能、数字经济在核能供热以及核能综合利用领域的应用，进一步推广示范项目成果的应用，为社会经济快速发展、能源结构绿色转型和构建以新能源为主体的新型电力系统做出更大贡献。

总结与展望

地球上的万物生长都取决于太阳的能量。由于持续暴露在阳光下,地球表面始终保持一定的温度。工业革命以来日益增加的人类活动,造成了全球变暖与普遍的环境污染,已成为人类社会必须直接面对的事实。人们一直在积极寻求减缓全球气温上升的速度与减少环境污染的方法。

实际上,根据联合国的报告,到 2020 年,地球表面的温度已经升高了 1.25℃。如果我们可以利用此 1.25℃ 温差中包含的巨大能量,就可以实现可持续的环境保护与能源供应。中国政府承诺在 2060 年达到“碳中和”,意味着中国的净碳排放届时将达到零。而其他 60 多个国家已经承诺到 2050 年实现碳中和,科学家们认为,必须在这一共识期限内实现碳中和,才有合理的机会避免最严重的气候灾难。与中国相比,这些国家规模很小,中国现在的排放量占世界 28%。中国到 2060 年实现碳中和,实际上就是要努力实现以 1.5℃ 目标为导向的长期深度脱碳转型路径。中国应在 2050 年实现 CO_2 的净零排放以及全部温室气体在 2020 年基础上减排 90%,才可为 2060 年实现碳中和奠定基础。

为了保障中国碳中和目标的实现,中国需要做好以下方面:

(1)健全应对气候变化的相关法律法规,完善相关制度建设。气候变化相关法律法规是碳中和目标实现的必要条件。将碳中和目标纳入社会发展规划目标中,提高全民参与度,完善碳排放与气候变化相关的法律法规制定工作,将碳中和愿景提升为全社会共识与行为规范,同时保障碳中和承诺的落实有法可依、有据可循。另外,还需要加快构建统一有效的全国用能权、碳排放交易市场,充分发挥国内外碳市场机制在节能减排中的作用。

(2)未来 40 年内达到“碳中和”,对于中国来说,时间比较紧迫,工作量很大、压力也不小。需要从“十四五”规划开始布局到 2060 年,在未来四十年的各个“五年规划”中提出明确的、阶段性的减排目标,争取在“碳中和”相关领域提前布局。特别是需要鼓励全社会的积极参与,国有能源企业应该发挥在资金与技术上的优势,起到引领与示范作用,成为清洁低碳安全高效的能源体系下的重要参与者和贡献者。

(3)大力加强与完善能源科技创新政策设计,推进颠覆性零碳和负碳技术的创新发展。各级政府需要完善能源科技创新政策设计,重点关注发电、钢铁、建材、交通、居民、商业等影响面广的零碳和负碳技术的发展,未来需要大幅度加强投资新兴能源技术的研发和创新,通过颠覆性能源技术创新引领世界碳中和发展,重新打造一条绿碳、低碳能源产业链。

(4)积极参与国际碳中和努力,加强能源国际合作,加快全球碳减排进程。目前全球已经有超过 120 个国家提出了碳中和目标,作为全球最大的碳排放和煤炭消费国,中国碳中和目标的提出无疑会加快全球气候变化治理进程。增强国际合作不仅可以提升中国的国际影响力,同时可以实现不同国家之间在节能减排、低碳、零碳以及负碳等相关技术上的互补,最终实现互惠互利、合作共赢。

人类一直期望能够像自然一样找到无尽的能源供应。是否有可能获得一种技术,可以直接转换地球上普遍存在、无处不在、取之不尽、用之不竭的超低品位(温度差小于 25℃)环境热量,而无需提供额外的电能发电?有了如此先进的能源技术,人类在未来的大规模使用后,将获得真正可持续的、完全环保的绿色能源,并彻底摆脱对石化能源的依赖。使用环境热能发电的另一个非常重要的原因是,它可以从根本上解决世界上当前的能源平衡和公平问题。当前,所有能源,无论是石油、天然气、水电、核电、太阳能、风电等,都存在根本问题,即能源分配不均。这些不平等的能源分配引起了无数争端甚至战争,也给世界人民带来了无数的灾难。

未来能够获得的真正绿色、可持续、充沛而足以支撑未来我国乃至全世界社会经济发展的能源是什么?这是摆在我们面前的首要问题。

从自然界的能源来源与持续性来看,万物生长靠太阳,由于有太阳持续的照射,地球会一直保持一定的温度,更重要的是因为有持续巨量的光、热能输入到地球,我们就可以有可靠、充沛、持续的能源资源。温室、大棚、太阳能热水器是目前我国应用最广泛的太阳热能采集与利用方式,截至 2018 年,我国大棚与温室面积高达 151.6 亿 m^2,太阳能集热器面积达 5.3 亿 m^2,两者之和为 156.9 亿 m^2。按照太阳入射热能量 0.8 kW·h/m^2,平均每天利用太阳热 6 h 计算,每天这些太阳能集热器可以采集高达 753.12 亿 kW·h。如果能够以 10% 的效率转换为电能,每年这些大棚、温室与太阳能集热器就可以发电 19 500 亿 kW·h,是 2018 年全国火电与核电发电量 46 504 亿 kW·h 的 41.97%,比我国每年进口石油所能够产生全部能量的 2 倍还多。太阳热能是取之不尽用之不竭的绿色能源,温室、大棚、太阳能热水器造价低廉,按照与应用地域场景十分广阔。目前所缺乏的是一种能够把这些超低品质热能量(温差小于 20℃)转换为电力的技术。工业革命以来人类活动使得全球气候变暖,这已经成为了人类不得不直接面对的事实,人们一直在积极寻找一种能够减缓或降低全球气温升高的技术。如果一旦这样的技术能够广泛使用,就为人类找到的真正可持续的绿色能源。

大自然是人类的生存之本和发展之基,自然界先于人类的存在而存在,人类的发展受制于自然,自然因为人类的创造更加丰富。自然具有不依赖于人的内在创造力,但是它不仅创造了地球上适合生命存在的环境和条件,而且创造了包括人在内的各种生命物种和整个生态系统。人类发展的历史告诉我们,唯有通过创新才能够解决所有在发展中遇到的各种问题。自然资源的蕴藏量与承受力是有限的,但是我们人类的创造力是无限的。相信通过全世界的共同努力,环境污染、气候变化等这些人类带来的问题终有一天会由人类自己妥善解决,人与自然会找到一个长久和谐共生的方式。

参 考 文 献

第 1 章

[1] 冯林琳."碳足迹"的由来[N].中国财经报,2021-08-26(5).

[2] 肖婧学.由国际组织报告的中国能源效率现状:《国际能源署能效市场报告中国特刊》简介[J].中国统计,2017(10):34-36.

[3] 李峰,王文举,闫甜.中国试点碳市场抵消机制[J].经济与管理研究,2018,39(12):94-103.

[4] 刘琛.中国碳交易市场发展现状与机遇[J].国际石油经济,2016,24(4):6-11.

[5] 张圣楠,张显,薛文昊,等.基于区块链的可再生能源消纳凭证交易系统性能优化[J].电力需求侧管理,2021,23(2):10-15.

[6] 王文军,赵黛青,陈勇.我国低碳技术的现状、问题与发展模式研究[J].中国软科学,2011,(12):84-91.

[7] 关路,张景静,张一宁.我国森林碳汇机制建设对集体林权改革绩效的影响[J].税务与经济,2021,(5):69-76.

[8] 王京.碳捕捉新技术清除二氧化碳的研究[J].化工设计通讯,2021,47(6):50-51.

[9] 丁仲礼.中国碳中和框架路线图研究[J].中国工业和信息化,2021,(8):54-61.

[10] 纪多颖,张倩,骆祉丞,等.CMIP6二氧化碳移除模式比较计划(CDRMIP)概况与评述[J].气候变化研究进展,2019,15(5):457-464.

[11] 欧阳志远,史作廷,石敏俊,等."碳达峰碳中和":挑战与对策[J].河北经贸大学学报,2021,42(5):1-11.

[12] 马晨晨.多地限电背后:煤炭大国何以遭遇"燃煤之急"?[N].第一财经,2021-10-03.

[13] 王婧.企业绿色技术创新与"双碳"目标下的城市转型升级[J].张江科技评论,2021,4:22-24.

[14] 耿世刚,孟卫东,尹凡.低碳城市建设与产业转型升级的对接研究[J].云南社会科学,2019,4:153-158.

[15] 吴迪,徐政.新动能引领制造业高质量发展[J].中南财经政法大学学报,2021,(5):123-134.

[16] 彭苏萍.煤炭行业低碳转型发展的工程路径与技术需求[J].能源,2021,(8):49-51.

[17] 黄晶.中国2060年实现碳中和目标亟需强化科技支撑[J].可持续发展经济导刊,2020,(10):15-16.

[18] 鲁博文,张立麒,徐勇庆,等.碳捕集、利用与封存(CCUS)技术助力碳中和实现[J].工业安全与环保,2021,47(S1):30-34.

[19] 董书豪.我国碳捕获、利用与封存(CCUS)技术的发展现状与展望[J].广东化工,2021,48(17):69-70.

[20] 刘元玲.特朗普执政以来美国国内气候政策评析[J].当代世界,2019,(12):64-70.

[21] 郑嘉禹,杨润青.美国正式重返《巴黎协定》[J].生态经济,2021,37(4):1-4.

[22] 董一凡.试析欧盟绿色新政[J].现代国际关系,2020,(9):41-48.

第 2 章

[1] 王铁崖.国际法[M].北京:法律出版社,1995:293.

[2] 中国气象局.联合国气候变化框架公约[N/OL].2013-11-7[2021-08-29].http://www.cma.gov.cn/2011xzt/2013zhuant/20131108/2013110803/201311/t20131107_230897.html.

[3] 中国能源出版社.《巴黎协定》相关内容[J]北京:中国能源,2016-11-1:1.

[4] World Bank Group. State and Trends of Carbon Pricing 2020[M/OL]. Washington DC. 2020-05-01[2021-08-29]. https://openknowledge.worldbank.org/bitstream/handle/10986/33809/9781464815867.pdf? sequence = 4&isAllowed=y.

第3章

[1] WANG Z L, WANG A C. On The Origin Of Contact-Electrification [J]. Materials Today, 2019, 30: 34-51.

[2] WANG Z L. On Maxwell's Displacement Current For Energy And Sensors: The Origin Of Nanogenerators [J]. Materials Today, 2017, 20(2): 74-82.

[3] WANG Z L. On The First Principle Theory Of Nanogenerators From Maxwell'S Equations [J]. Nano Energy, 2019, 68: 104272.

[4] ZHU G, PAN C F, GUO W X, et al. Triboelectric-Generator-Driven Pulse Electrodeposition For Micropatterning [J]. Nano Letters, 2012, 12 (9): 4960-4965.

[5] WANG S H, LIN L, XIE Y N, et al. Sliding-Triboelectric Nanogenerators Based On In-Plane Charge-Separation Mechanism [J]. Nano Letters, 2013, 13(5): 2226-2233.

[6] WANG Z L. Triboelectric Nanogenerators As New Energy Technology And Self-Powered Sensors—Principles, Problems And Perspectives [J]. Faraday Discussions, 2014, 176: 447-458.

[7] MENG B, TANG W, TOO Z H, et al. A Transparent Single-Friction-Surface Triboelectric Generator And Self-Powered Touch Sensor [J]. Energy & Environmental Science, 2013, 6: 3235-3240.

[8] WANG S H, XIE Y N, NIU S M, et al. Freestanding Triboelectric-Layer-Based Nanogenerators For Harvesting Energy From A Moving Object Or Human Motion In Contact And Non-Contact Modes [J]. Advanced Materials, 2014, 26(18): 2818-2824.

[9] NIU S M, WANG S H, LIN L, et al. Theoretical Study Of Contact-Mode Triboelectric Nanogenerators As An Effective Power Source [J]. Energy & Environmental Science, 2020, 6: 3576-3583.

[10] YANG Y, ZHANG Z S, ZHANG H L, et al. A Single-Electrode Based Triboelectric Nanogenerator As Self-Powered Tracking System [J]. Advanced Materials, 2013, 25(45): 6594-6601.

[11] 张弛, 付贤鹏, 王中林. 摩擦纳米发电机在自驱动微系统研究中的现状与展望[J]. 机械工程学报, 2019, 55(7): 89-101.

[12] ZHANG C, TANG W, HAN C B, et al. Theoretical Comparison, Equivalent Transformation, And Conjunction Operations Of Electromagnetic Induction Generator And Triboelectric Nanogenerator For Harvesting Mechanical Energy [J]. Advanced

Materials, 2014, 26 (22): 3580-3591.

[13] ZI Y L, GUO H Y, WEN Z, et al. Harvesting Low-Frequency (<5 Hz) Irregular Mechanical Energy: A Possible Killer Application Of Triboelectric Nanogenerator [J]. ACS Nano, 2016, 10 (4): 4797-4805.

[14] ZHAO J Q, ZHEN G W, LIU G X, et al. Remarkable Merits Of Triboelectric Nanogenerator Than Electromagnetic Generator For Harvesting Small-Amplitude Mechanical Energy [J]. Nano Energy, 2019, 61 (March): 111-118.

[15] XU S H, FU X P, LIU G X, et al. Comparison Of Applied Torque And Energy Conversion Efficiency Between Rotational Triboelectric Nanogenerator And Electromagnetic Generator [J]. Iscience, 2021, 24 (4): 135907.

[16] HUANG J, FU X, LIU G, et al. Micro/Nano-Structures-Enhanced Triboelectric Nanogenerators By Femtosecond Laser Direct Writing[J]. Nano Energy, 2019, 62: 638-644.

[17] LI S, FAN Y, CHEN H, et al. Manipulating The Triboelectric Surface Charge Density Of Polymers By Low-Energy Helium Ion Irradiation/Implantation [J]. Energy & Environmental Science, 2020, 13: 896-907.

[18] WANG H L, GUO Z H, ZHU G, et al. Boosting The Power And Lowering The Impedance Of Triboelectric Nanogenerators Through Manipulating The Permittivity For Wearable Energy Harvesting [J]. ACS Nano, 2021, 15: 7513-7521.

[19] WANG R, MU L, BAO Y, et al. Holistically Engineered Polymer-Polymer And Polymer-Ion Interactions In Biocompatible Polyvinyl Alcohol Blends For High-Performance Triboelectric Devices In Self-Powered Wearable Cardiovascular Monitorings[J]. Adv Mater, 2020, 32: E2002878.

[20] WU C, KIM T W, PARK J H, et al. Enhanced Triboelectric Nanogenerators Based On Mos2 Monolayer Nanocomposites Acting As Electron-Acceptor Layers [J]. ACS Nano, 2017, 11: 8356-8363.

[21] XU W, ZHENG H, LIU Y, et al. A Droplet-Based Electricity Generator With High Instantaneous Power Density[J]. Nature, 2020, 578: 392-396.

[22] ZHU G, PAN C F, GUO W X, et al. Triboelectric-Generator-Driven Pulse Electrodeposition For Micropatterning [J]. Nano Letters, 2012, 12:

4960-4965.

[23] ZHANG C, TANG W, ZHANG L M, et al. Contact Electrification Field-Effect Transistor [J]. ACS Nano,2014,8: 8702-8709.

[24] ZHAO J Q, GUO H, PANG Y K, et al. Flexible Organic Tribotronic Transistor For Pressure And Magnetic Sensing [J]. ACS Nano, 2017, 11: 11566-11573.

[25] YANG Z W, PANG Y K, ZHANG L M, et al. Tribotronic Transistor Array As An Active Tactile Sensing System [J]. ACS Nano, 2016, 10: 10912-10920.

[26] BU T Z,JIANG D D,YANG X,et al. Liquid Metal Gated Tribotronic Transistors As An Electronic Gradienter For Angle Measurement [J]. Advanced Electronic Materials,2018,4: 1800269.

[27] PANG Y K, CHEN L B, HU G F, et al. Tribotronic Transistor Sensor For Enhanced Hydrogen Detection [J]. Nano Research,2017,10: 3857-3864.

[28] YU J, YANG X, GAO G, et al. Bioinspired Mechano-Photonic Artificial Synapse Based On Graphene/Mos2 Heterostructure [J]. Science Advances,2021,7: 1-9.

[29] ZHAO J Q,BU T Z,ZHANG X,et al. Intrinsically Stretchable Organic-Tribotronic-Transistor For Tactile Sensing [J]. Research,2020,2020: 1-10.

[30] ZHANG C, TANG W, PANG Y, et al. Active Micro-Actuators For Optical Modulation Based On A Planar Sliding Triboelectric Nanogenerator[J]. Advanced Materials,2015,27,(4): 719-726.

[31] LI A, ZI Y, GUO H, et al. Triboelectric Nanogenerators For Sensitive Nano-Coulomb Molecular Mass Spectrometry [J]. Nature Nanotechnology,2017,12,(5): 481-487.

[32] LI C, YIN Y, WANG B, et al. Self-Powered Electrospinning System Driven By A Triboelectric Nanogenerator[J]. ACS Nano 2017, 11, (10): 10439-10445.

[33] CHENG J, DING W, ZI Y, et al. Triboelectric Microplasma Powered By Mechanical Stimuli[J]. Nature Communications,2018,9,(1): 3733.

[34] LIU F,LIU Y,LU Y,et al. Electrical Analysis Of Triboelectric Nanogenerator For High Voltage Applications Exampled By Dbd Microplasma[J]. Nano Energy,2019,56: 482-493.

[35] WANG Z,SHI Y,LIU F,et al. Distributed Mobile Ultraviolet Light Sources Driven By Ambient Mechanical Stimuli[J]. Nano Energy,2020,74.

[36] YANG H, PANG Y, BU T, et al. Triboelectric Micromotors Actuated By Ultralow Frequency Mechanical Stimuli[J]. Nature Communications, 2019,10,(1): 2309.

[37] LEI R, SHI Y, DING Y, et al. Sustainable High-Voltage Source Based On Triboelectric Nanogenerator With A Charge Accumulation Strategy[J]. Energy & Environmental Science,2020.

[38] GUO H, CHEN J, WANG L, et al. A Highly Efficient Triboelectric Negative Air Ion Generator [J]. Nature Sustainability,2020.

[39] FANG C L,TONG T,BU T Z,et al. Overview Of Power Management For Triboelectric Nanogenerators [J]. Advanced Intelligent Systems, 2020, 2 (2): 1900129.

[40] WANG S H, LIN Z H, NIU S M, et al. Motion Charged Battery As Sustainable Flexible-Power-Unit [J]. ACS Nano,2013,7 (12): 11263-11271.

[41] ZHU G, CHEN J, ZHANG T J, et al. Radial-Arrayed Rotary Electrification For High Performance Triboelectric Generator [J]. Nature Communications,2014,5 (1): 3426.

[42] TANG W,ZHOU T,ZHANG C,et al. A Power-Transformed-And-Managed Triboelectric Nanogenerator And Its Applications In A Self-Powered Wireless Sensing Node [J]. Nanotechnology,2014,25 (22): 225402.

[43] XI F B, PANG Y K, LI W, et al. Universal Power Management Strategy For Triboelectric Nanogenerator [J]. Nano Energy,2017,37: 168-176.

[44] XI F B,PANG Y K,LIU G X,et al. Self-Powered Intelligent Buoy System By Water Wave Energy For Sustainable And Autonomous Wireless Sensing And Data Transmission [J]. Nano Energy,2019,61: 1-9.

[45] FU X P,XU S H,GAO Y Y,et al. Breeze-Wind-Energy-Powered Autonomous Wireless Anemometer Based On Rolling Contact-Electrification [J]. Acs Energy Letters,2021,6 (6): 2343-2350.

[46] LI W J,LIU Y Y,WANG S W,et al. Vibrational Triboelectric Nanogenerator-Based Multinode Self-Powered Sensor Network For Machine Fault Detection [J]. Ieee/Asme Transactions On Mechatronics,2020,25 (5): 2188-2196.

[47] XU F, DONG S S, LIU G X, et al. Scalable Fabrication Of Stretchable And Washable Textile Triboelectric Nanogenerators As Constant Power Sources For Wearable Electronics [J]. Nano Energy,2021,88: 106247.

[48] WU C,WANG A C,DING W,et al. Triboelectric Nanogenerator: A Foundation Of The Energy For The New Era [J]. Advanced Energy Materials 2018,9(1): 1802906.

第 4 章

[1] MIN G，ROWE D M. Conversion Efficiency Of Thermoelectric Combustion Systems［J］. IEEE Transactions On Energy Conversion，2007，22(2)：528-534.

[2] SNYDER G J，TOBERER E S. Complex Thermoelectric Materials［J］. Nature Materials，2008，7(2)：105114Son.

[3] WOOD C. Materials For Thermoelectric Energy Conversion［J］. Reports On Progress In Physics，1988，51(4)：459-539.

[4] ZHENG X，LIU C，YAN Y，et al. A Review Of Thermoelectrics Research-Recent Developments And Potentials For Sustainable And Renewable Energy Applications［J］. Renewable And Sustainable Energy Reviews，2014，32：486-503.

[5] JUNIOR O A，MARAN A，HENAO N. A Review Of The Development And Applications Of Thermoelectric Microgenerators For Energy Harvesting［J］. Renewable And Sustainable Energy Reviews，2018，91：376-393.

[6] NIELSCH K，BACHMANN J，KIMLING J，et al. Thermoelectric Nanostructures：From Physical Model Systems Towards Nanograined Composites ［J］. Advanced Energy Materials，2011，1(5)：713-731.

[7] YAO T. Thermal Properties Of Alas/Gaas Superlattices［J］. Applied Physics Letters，1987，51(22)：1798-1800.

[8] CHEN B，ZHANG Q M，BERNHOLC J. Si Diffusion In Gaas And Si-Induced Interdiffusion In Gaas/Alas Superlattices［J］. Physical Review B，1994，49(4)：2985.

[9] LEE S M，CAHILL D G，VENKATASUBRAMANIAN R. Thermal Conductivity Of Si-Ge Superlattices［J］. Applied Physics Letters，1997，70(22)：2957-2959.

[10] FEUCHTER M，JOOSS C，KAMLAH M. The 3ω-Method For Thermal Conductivity Measurements In A Bottom Heater Geometry［J］. Physica Status Solidi (A)，2016，213(3)：649-661.

[11] DUAN N，WANG X，LI N，et al. Thermal Analysis Of High-Power Ingaas-Inp Photodiodes ［J］. IEEE Journal Of Quantum Electronics，2006，42(12)：1255-1258.

[12] HARMAN T C，SPEARS D L，WALSH M P. Pbte/Te Superlattice Structures With Enhanced Thermoelectric Figures Of Merit［J］. Journal Of Electronic Materials，1999，28(1)：L1-L5.

[13] HARMAN T，TAYLOR P，SPEARS D，et al. Thermoelectric Quantum-Dot Superlattices With High ZT［J］. Journal Of Electronic Materials，2000，29(1)：L1-L2.

[14] HARMAN T，TAYLOR P，WALSH M，et al. Quantum Dot Superlattice Thermoelectric Materials And Devices ［J］. Science，2002，297(5590)：2229-2232.

[15] VINEIS C J，SHAKOURI A，MAJUMDAR A，et al. Nanostructured Thermoelectrics：Big Efficiency Gains From Small Features［J］. Advanced Materials，2010，22(36)：3970-3980.

[16] MAHAN G D，WOODS L M. Multilayer Thermionic Refrigeration［J］. Physical Review Letters，1998，80(18)：4016-4019.

[17] RAWAT V，SANDS T. Growth Of Tin/Gan Metal/Semiconductor Multilayers By Reactive Pulsed Laser Deposition［J］. Journal Of Applied Physics，2006，100(6)：064901.

[18] RAWAT V，KOH Y K，CAHILL D G，et al. Thermal Conductivity Of (Zr，W)N/Scn Metal/Semiconductor Multilayers And Superlattices［J］. Journal Of Applied Physics，2009，105(2)：024909.

[19] ZEBARJADI M，BIAN Z，SINGH R，et al. Thermoelectric Transport In A Zrn/Scn Superlattice［J］. Journal Of Electronic Materials，2009，38(7)：960-963.

[20] CAHILL D G. Thermal Conductivity Measurement From 30 To 750 K：The 3 Omega Method［J］. Review Of Scientific Instruments，1990，61(2)：802-808.

[21] CARSLAW H S，JAEGER J C. Conduction Of Heat In Solids［M］. Oxford：Oxford University Press，1959.

[22] HO C Y，POWELL R W，LILEY P E. Thermal Conductivity Of The Elements［J］. Journal Of Physical And Chemical Reference Data，1972，1(2)：279-421.

[23] VINING C B. A Model For The High Temperature Transport Properties Of Heavily Doped N Type Silicon Germanium Alloys［J］. Journal Of Applied Physics，1991，69(1)：331-341.

[24] BOUKAI A I，BUNIMOVICH Y，TAHIR-KHELI J，

et al. Silicon Nanowires As Efficient Thermoelectric Materials [M]. Co-Published With Macmillan Publishers Ltd, UK, 2008.

[25] TONKIKH A A, ZAKHAROV N D, EISENSCHMIDT C, et al. Aperiodic Sisn/Si Multilayers For Thermoelectric Applications [J]. Journal Of Crystal Growth, 2014, 392: 49-51.

[26] PERNOT G, STOFFEL M, SAVIC I, et al. Precise Control Of Thermal Conductivity At The Nanoscale Through Individual Phonon-Scattering Barriers [J]. Nature Materials, 2010, 9 (6): 491-495.

[27] YAMASHITA O, SADATOMI N. Thermoelectric Properties Of $Si_{1-x}ge_x$ ($X \leq 0.10$) With Alloy And Dopant Segregations [J]. Journal Of Applied Physics, 2000, 88(1): 245-251.

[28] ROWE D M. Thermoelectric Power Generation [J]. Proceedings Of The Institution Of Electrical Engineers, 1978, 125(11): 1113-1136.

[29] HUXTABLE S T, ABRAMSON A R, TIEN C-L, et al. Thermal Conductivity Of Si/Sige And Sige/Sige Superlattices [J]. Applied Physics Letters, 2002, 80(10): 1737-1739.

[30] BORCA-TASCIUC T, LIU W, LIU J, et al. Thermal Conductivity Of Symmetrically Strained Si/Ge Superlattices [J]. Superlattices And Microstructures, 2000, 28(3): 199-206.

[31] KOGA T, SUN X, CRONIN S, et al. Carrier Pocket Engineering To Design Superior Thermoelectric Materials Using Gaas/Alas Superlattices [M]. MRS Online Proceedings Library Archive. 1998.

[32] CHEN G, BORCA-TASCIUC T, LIU W L, et al. Thermal Conductivity Of Symmetrically Strained Si/Ge Superlattices [J]. Superlattices And Microstructures, 2000, 28(3): 199-206.

[33] VENKATASUBRAMANIAN R. Lattice Thermal Conductivity Reduction And Phonon Localizationlike Behavior In Superlattice Structures [J]. Physical Review B, 2000, 61(4): 3091-3097.

[34] MAJUMDAR A, REDDY P. Role Of Electron-Phonon Coupling In Thermal Conductance Of Metal-Nonmetal Interfaces [J]. Applied Physics Letters, 2004, 84(23): 4768-4770.

[35] HOPKINS P E, KASSEBAUM J L, NORRIS P M. Effects Of Electron Scattering At Metal-Nonmetal Interfaces On Electron-Phonon Equilibration In Gold Films [J]. Journal Of Applied Physics, 2009, 105(2).

[36] ORDONEZ-MIRANDA J, ALVARADO-GIL J J, YANG R. The Effect Of The Electron-Phonon Coupling On The Effective Thermal Conductivity Of Metal-Nonmetal Multilayers [J]. Journal Of

Applied Physics, 2011, 109(9).

[37] 陈立东, 刘睿恒, 史讯. 热电材料与器件 [M]. 北京: 科学出版社, 2018.

[38] BOURGAULT D, GIROUD-GARAMPON C, CAILLAULT N, et al. Thermoelectrical Devices Based On Bismuth-Telluride Thin Films Deposited By Direct Current Magnetron Sputtering Process [J]. Sensor Actuat A-Phys, 2018, 273: 84-89.

[39] YANG F, ZHENG S, WANG H, et al. A Thin Film Thermoelectric Device Fabricated By A Self-Aligned Shadow Mask Method [J]. Journal Of Micromechanics And Microengineering, 2017, 27(5): 055005.

[40] KIM J H, CHOI J Y, BAE J M, et al. Thermoelectric Characteristics Of N-Type Bi_2Te_3 And P-Type Sb_2Te_3 Thin Films Prepared By Co-Evaporation And Annealing For Thermopile Sensor Applications [J]. Materials Transactions, 2013, 54(4): 618-625.

[41] TAKAYAMA K, TAKASHIRI M. Multi-Layered-Stack Thermoelectric Generators Using P-Type Sb_2Te_3 And N-Type Bi_2Te_3 Thin Films By Radio-Frequency Magnetron Sputtering [J]. Vacuum, 2017, 144: 164-171.

[42] FOURMONT P, GERLEIN L F, FORTIER F-X, et al. Highly Efficient Thermoelectric Microgenerators Using Nearly Room Temperature Pulsed Laser Deposition [J]. ACS Appl Mater Inter, 2018, 10(12): 10194-10201.

[43] TRUNG N H, VAN TOAN N, ONO T. Fabrication Of Ⅱ-Type Flexible Thermoelectric Generators Using An Electrochemical Deposition Method For Thermal Energy Harvesting Applications At Room Temperature [J]. Journal Of Micromechanics And Microengineering, 2017, 27(12): 125006.

[44] KOROTKOV A, LOBODA V, DZYUBANENKO S, et al. Fabrication And Testing Of MEMS Technology Based Thermoelectric Generator; Proceedings Of The 2018 7th Electronic System-Integration Technology Conference (ESTC), F, 2018 [C]. IEEE.

[45] XIAO Z, KISSLINGER K, DIMASI E, et al. The Fabrication Of Nanoscale Bi_2Te_3/Sb_2Te_3 Multilayer Thin Film-Based Thermoelectric Power Chips [J]. Microelectronic Engineering, 2018, 197: 8-14.

[46] LI G, FERNANDEZ J G, RAMOS D A L, et al. Integrated Microthermoelectric Coolers With Rapid Response Time And High Device Reliability [J]. Nat Electron, 2018, 1(10): 555-561.

[47] KIM C S, YANG H M, LEE J, et al. Self-Powered

Wearable Electrocardiography Using A Wearable
Thermoelectric Power Generator [J]. ACS Energy
Lett,2018,3(3): 501-507.

[48] KISHORE R A, NOZARIASBMARZ A,
POUDEL B, et al. Ultra-High Performance
Wearable Thermoelectric Coolers With Less
Materials [J]. Nat Commun,2019,10(1): 1765.

[49] NAN K, KANG S D, LI K, et al. Compliant And
Stretchable Thermoelectric Coils For Energy
Harvesting In Miniature Flexible Devices [J]. Sci
Adv,2018,4(11): Eaau5849.

[50] HONG S, GU Y, SEO J K, et al. Wearable
Thermoelectrics For Personalized Thermoregulation [J].
Sci Adv,2019,5(5): Eaaw0536.

第 5 章

[1] PETERSEN K E. Silicon As A Mechanical Material
[J]. Proceedings Of The IEEE, 1982, 70 (5):
420-457.

[2] SINGH K, AKHTAR S, VARGHESE S, et al.
Design And Development Of MEMS Pressure
Sensor Characterization Setup With Low Interfacing
Noise By Using NI-PXI System [J]. Springer
International Publishing,2014.

[3] DENNIS J, AHMED A, KHIR M. Fabrication And
Characterization Of A CMOS-MEMS Humidity
Sensor. Sensors. 2015,15(7): 16674-16687.

[4] HASAN A, NURUNNABI M, MORSHED M, et
al. Recent Advances In Application Of Biosensors In
Tissue Engineering [J]. Biomed Research
International,2014,2014(7): 307519-307519.

[5] MISHRA M K, DUBEY V, MISHRA P M, et al.
MEMS Technology: A Review [J]. Journal Of
Engineering Research And Reports,2019: 1-24.

[6] GHODSSI R, LIN P. MEMS Materials And
Processes Handbook [J]. Chemie Ingenieur
Technik,2011,78(10): 1480-1482.

[7] FRAGA M, PESSOA R, MASSI M, et al.
Applications Of SiC-Based Thin Films In Electronic
And MEMS Devices [M]. Physics and
Technology,2012.

[8] BECKER E W, EHRFELD W, HAGMANN P, et al.
Fabrication Of Microstructures With High Aspect
Ratios And Great Structural Heights By Synchrotron
Radiation Lithography, Galvanoforming, And Plastic
Moulding (LIGA Process) [J]. Microelectronic

Engineering,1986,4(1): 35-56.

[9] FAN L S, TAI Y C, MULLER R S. IC-Processed
Electrostatic Micro-Motors; Proceedings Of The
1988 International Electron Devices Meeting, F,
1988 [C].

[10] WANG Z, LEONOV V, FIORINI P, et al. Realization
Of A Wearable Miniaturized Thermoelectric
Generator For Human Body Applications [J].
Sensors And Actuators A-Physical,2009,156(1):
95-102.

[11] SNYDER G J, LIM J R, HUANG C K, et al.
Thermoelectric Microdevice Fabricated By A
MEMS-Like Electrochemical Process [J]. Nature
Materials,2003,2(8): 528-531.

[12] SILVA E W D, KAVIANY M. Fabrication And
Measured Performance Of A First-Generation
Microthermoelectric Cooler [J]. Journal Of
Microelectromechanical Systems, 2005, 14 (5):
1110-1117.

[13] ROTH R, ROSTEK R, COBRY K, et al. Design
And Characterization Of Micro Thermoelectric
Cross-Plane Generators With Electroplated
Bi_2Te_3, Sbxtey And Reflow Soldering [J]. Journal
Of Microelectromechanical Systems,2014,23(4):
961-971.

[14] BOTTNER H, NURNUS J, GAVRIKOV A, et al.
New Thermoelectric Components Using
Microsystem Technologies [J]. Journal Of
Microelectromechanical Systems, 2004, 13 (3):
414-420.

第 6 章

[1] LAB N R E. Energy technology cost and
performance data. [EB/OL]. [2011-03-13]. http://
www. nrel. gov/analysis/tech_costs. html.

[2] SEEBECK T J. Magnetische Polarisation der
Metalle und Erze durch Temperatur-Differenz [J].
Annalen der Physik,2010,82(2): 253-286.

[3] JCAP. Nouvelles expériences sur la caloricité des
courants électrique [C]//Annales de Chimie et de
Physique,1834,56: 371-386.

[4] THOMSON W. On a mechanical theory of thermo-
electric currents [J]. Proceedings of the Royal
Society of Edinburgh,1857,3: 91-98.

[5] GOLDSMID H J. Introduction to Thermoelectricity [M]. Heidelberg: Springer, 2009.

[6] RAVICH Y I, EFIMOVA B A, SMIRNOV I A, et al. Semiconducting Lead Chalcogenides [M]. Springer US, 1970.

[7] BARDEEN J, SHOCKLEY W. Deformation potentials and mobilities in non-polar crystals[J]. Physical review, 1950, 80(1): 72.

[8] SLACK G A. the thermal conductivity of nonmetallic crystals [J]. Solid state physics, 1979, 34: 1-71.

[9] MORELLI D T, SLACK G A. High lattice thermal conductivity solids[M]//High thermal conductivity materials. Springer, New York, NY, 2006: 37-68.

[10] IOFFE A V, IOFFE A F. Thermal conductivity of semiconductor solid solutions[J]. Soviet Physics-Solid State, 1960, 2(5): 719-728.

[11] IOFFE A F. Semiconductor thermoelements and thermoelectric cooling [M]. London: Infosearch Ltd., 1957.

[12] CHASMAR R P, STRATTON R. The thermoelectric figure of merit and its relation to thermoelectric generators[J]. International journal of electronics, 1959, 7(1): 52-72.

[13] ROBERTS R B. Absolute scale of thermoelectricity [J]. Nature, 1977, 36(1): 91-107.

[14] BORUP K A, et al. Measuring thermoelectric transport properties of materials [J]. Energy & Environmental Science, 2015, 8(2): 423-435.

[15] WEI T R, et al. How to measure thermoelectric properties reliably [J]. Joule, 2018, 2(11): 2183-2188.

[16] GOLDSMID H J. Thermal conduction in semiconductors[M]. Oxford: Pergamon, 1961.

[17] TRITT T M. Thermal conductivity: theory, properties, and applications [M]. New York: Springer, 2005.

[18] CAHILL D G, POHL R O. Thermal conductivity of amorphous solids above the plateau [J]. Physical Review B, 1987, 35(8): 4067-4073.

[19] ZHANG X, et al. Electronic quality factor for thermoelectrics [J]. Sci Adv, 2020, 6(46): eabc0726.

[20] BHANDARI C M, ROWE D M. Optimization of Carrier Concentration[M]//ROWES D M. CRC handbook of thermoelectric. Boca Raton, CRC Press, 1995: 43-53.

[21] PEI Y, et al. Optimum carrier concentration in n-type PbTe thermoelectrics [J]. Advanced Energy Materials, 2014, 4: 1400486.

[22] ZHANG X, PEI Y. Manipulation of charge transport in thermoelectrics [J]. npj Quantum Materials, 2017, 2(1): 68.

[23] FU C, et al. Band engineering of high performance p-type FeNbSb based half-Heusler thermoelectric materials for figure of merit zT>1 [J]. Energy Environ. Sci., 2015, 8(1): 216-220.

[24] PEI Y, et al. Low effective mass leading to high thermoelectric performance [J]. Energy & Environmental Science, 2012, 5(7): 7963-7969.

[25] WANG H, et al. Weak electron-phonon coupling contributing to high thermoelectric performance in n-type PbSe [J]. Proc Natl Acad Sci U S A, 2012, 109(25): 9705-9709.

[26] NIMTZ G, SCHLICHT B. Narrow-gap lead salts [J]. Springer Tracts in Modern Physics, 1983, 98: 1-117.

[27] GIBBS Z M, et al. Temperature dependent band gap in PbX (X=S, Se, Te) [J]. Applied Physics Letters, 2013, 103(26): 262109.

[28] PEI Y, et al. Convergence of electronic bands for high performance bulk thermoelectrics [J]. Nature, 2011, 473: 66-69.

[29] KORKOSZ R J, et al. High ZT in p-type (PbTe)$_{1-2x}$(PbSe)$_x$(PbS)$_x$ thermoelectric materials [J]. J Am Chem Soc, 2014, 136(8): 3225-37.

[30] PEI Y, WANG H, SNYDER G J. Band Engineering of Thermoelectric Materials [J]. Advanced Materials, 2012, 24(46): 6125-6135.

[31] LIU W, et al. Convergence of conduction bands as a means of enhancing thermoelectric performance of n-type Mg$_2$Si$_{1-x}$Sn$_x$ Solid Solutions [J]. Physical Review Letters, 2012, 108(16): 166601.

[32] FU C, et al. high band degeneracy contributes to high thermoelectric performance in p-type half-heusler compounds [J]. Advanced Energy Materials, 2014, 4(18): 1400600.

[33] TANG Y, et al. Convergence of multi-valley bands as the electronic origin of high thermoelectric performance in CoSb$_3$ skutterudites [J]. Nat Mater, 2015, 14(12): 1223-1228.

[34] HEREMANS J P. Thermoelectric materials: The anharmonicity blacksmith [J]. Nature Physics, 2015.

[35] WU Y, et al. Lattice strain advances thermoelectrics [J]. Joule, 2019, 3(5): 1276-1288.

[36] CHEN Z, ZHANG X, PEI Y. Manipulation of phonon transport in thermoelectrics [J]. Adv Mater, 2018, 30(17): e1705617.

[37] ZEIER W G, et al. Thinking like a chemist: intuition in thermoelectric materials [J]. Angew Chem Int Ed Engl, 2016, 55(24): 6826-6841.

[38] CHEN Z W，et al. Rationalizing phonon dispersion for lattice thermal conductivity of solids [J]. National Science Review，2018，5(6)：888-894.

[39] 赵钦新，等. 余热锅炉研究与设计[M]. 北京：中国标准出版社，2010.

[40] YU J，et al. Unique role of refractory ta alloying in enhancing the figure of merit of NbFeSb thermoelectric materials [J]. Advanced Energy Materials，2018，8(1)：1701313.

[41] LI J，et al. Low-symmetry rhombohedral GeTe thermoelectrics [J]. Joule，2018，2(5)：976-987.

[42] POUDEL B，et al. High-thermoelectric Performance of Nanostructured Bismuth Antimony Telluride Bulk Alloys [J]. Science，2008，320(5876)：634-638.

[43] SHI X，et al. Extraordinary n-Type Mg_3SbBi Thermoelectrics Enabled by Yttrium Doping [J]. Adv Mater，2019，31(36)：e1903387.

[44] SHI X，et al. Multiple-filled skutterudites：high thermoelectric figure of merit through separately optimizing electrical and thermal transports [J]. Journal of the American Chemical Society，2012，134(5)：2842-2842.

[45] MAO J，et al. High thermoelectric cooling performance of n-type Mg_3Bi_2-based materials [J]. Science，2019，365(6452)：495-498.

[46] WOOD M，et al. Improvement of Low-Temperature zT in a Mg_3Sb_2-Mg_3Bi_2 Solid Solution via Mg-Vapor Annealing [J]. Adv Mater，2019，31(35)：e1902337.

[47] HU L，et al. Tuning multiscale microstructures to enhance thermoelectric performance of n-Type Bismuth-Telluride-based solid solutions [J]. Advanced Energy Materials，2015，5(17)：1500411.

[48] YU B，et al. Enhancement of thermoelectric properties by modulation-doping in silicon germanium alloy nanocomposites [J]. Nano Lett，2012，12(4)：2077-2082.

[49] EPSTEIN R I，et al. BiSb and spin-related thermoelectric phenomena[C]// Tri-Technology Device Refrigeration (TTDR). International Society for Optics and Photonics，2016.

[50] BROWN D M，HEUMANN F K. Growth of Bismuth-Antimony Single-Crystal Alloys [J]. Journal of Applied Physics，1964，35：1947-1951.

[51] LENOIR B，et al. Transport properties of Bi-rich Bi-Sb alloys [J]. J. Phys. Chem. Solids，1996，57：89-99.

[52] LENOIR B，et al. Effect of antimony content on the thermoelectric figure of merit of Bi-Sb alloys [J]. Phys. Chem. Solid，1998，59：129-134.

[53] YIM W M，AMITH A. Bi-Sb alloys for magneto-thermoelectric and thermomagnetic cooling [J]. Solid State Electronics，1972，15(10)：1141-1165.

[54] GOLDSMID H J. Recent studies of bismuth telluride and its alloys [J]. Journal of Applied Physics，1961，32：2198.

[55] HUANG B L，KAVIANY M. Ab initioand molecular dynamics predictions for electron and phonon transport in bismuth telluride[J]. Physical Review B，2008，77(12)：125209.

[56] DELVES R T，et al. Anisotropy of the electrical conductivity in bismuth telluride [J]. Proceedings of the Physical Society，1961，75(5)：838.

[57] GOLDSMID H J. The thermal conductivity of bismuth telluride [J]. Proceedings of the Physical Society，1956，69(2)：203.

[58] SOOTSMAN J R，CHUNG D Y，KANATZIDIS M G. New and old concepts in thermoelectric materials [J]. Angew Chem Int Ed Engl，2009，48(46)：8616-8639.

[59] CAILLAT T，et al. Thermoelectric Properties of $(Bi_xSb_{1-x})_2Te_3$ Single Crystal Solid Solutions Grown by the T. H. M. Method [J]. Journal of Physics and Chemistry of Solids，1992，53：1121-1129.

[60] PAN Y，et al. Mechanically enhanced p- and n-type Bi_2Te_3-based thermoelectric materials reprocessed from commercial ingots by ball milling and spark plasma sintering [J]. Materials Science and Engineering：B，2015，197：75-81.

[61] ZHAO D，TAN G. A review of thermoelectric cooling：materials，modeling and applications [J]. Applied thermal engineering，2014，66(1-2)：15-24.

[62] WITTING I T，et al. The Thermoelectric Properties of n-Type Bismuth Telluride：Bismuth Selenide Alloys $Bi_2Te_{3-x}S_{ex}$ [J]. Research，2020，2020：4361703.

[63] KAJIKAWA，T，KIMURA N，YOKOYAMA T. Thermoelectric properties of intermetallic compounds Mg_3Bi_3 and Mg_3Sb_2 for medium temperature range thermoelectric elements[C]// 22nd International Conference on Thermoelectrics. La Grande Motte，France：IEEE，2003.

[64] BHARDWAJ A，et al. Mg_3Sb_2-based Zintl compound：a non-toxic，inexpensive and abundant thermoelectric material for power generation [J]. RSC Advances，2013，3(22)：8504.

[65] TAMAKI H，SATO H K，KANNO T. Isotropic conduction network and defect chemistry in Mg_3 + delta Sb_2-based layered zintl compounds with high

thermoelectric performance [J]. Adv Mater,2016, 28(46): 10182-10187.

[66] ZHANG J, et al. Discovery of high-performance low-cost n-type Mg3Sb2-based thermoelectric materials with multi-valley conduction bands [J]. Nat Commun,2017,8: 13901.

[67] IMASATO K, et al. Improved stability and high thermoelectric performance through cation site doping in n-type La-doped $Mg_3Sb_{1.5}Bi_{0.5}$ [J]. Journal of Materials Chemistry A,2018,6(41): 19941-19946.

[68] SHI X, et al. Extraordinary n-Type Mg_3SbBi thermoelectrics enabled by yttrium doping [J]. Adv Mater,2019; e1903387.

[69] PEI Y,et al. High thermoelectric figure of merit in heavy-hole dominated PbTe [J]. Energy & Environmental Science,2011,4: 2085-2089.

[70] WANG H, et al. Weak electron-phonon coupling contributing to high thermoelectric performance in n-type PbSe [J]. The Proceedings of the National Academy of Sciences of the United States of America,2012,109(25): 9705-9709.

[71] WANG H,et al. High thermoelectric efficiency of n-type PbS [J]. Advanced Energy Materials,2013, 3(4): 488-495.

[72] PEI Y, et al. Stabilizing the optimal carrier concentration for high thermoelectric efficiency [J]. Advanced materials,2011,23; 5674-5678.

[73] CHEN Z, et al. Lattice dislocations enhancing thermoelectric PbTe in Addition to band convergence [J]. Adv Mater, 2017, 29 (23): 1606768.

[74] TAN G,et al. Non-equilibrium processing leads to record high thermoelectric figure of merit in PbTe-SrTe [J]. Nat Commun,2016,7: 12167.

[75] YOU L,et al. Realization of higher thermoelectric performance by dynamic doping of copper in n-type PbTe [J]. Energy & Environmental Science, 2019,12(10): 3089-3098.

[76] BISWAS K, et al. High-performance bulk thermoelectrics with all-scale hierarchical architectures [J]. Nature, 2012, 489 (7416): 414-418.

[77] JOOD P,et al. Excessively doped PbTe with Ge-Induced nanostructures enables high-efficiency thermoelectric modules [J]. Joule, 2018, 2 (7): 1339-1355.

[78] ZHAO L D, et al. All-scale hierarchical thermoelectrics: MgTe in PbTe facilitates valence band convergence and suppresses bipolar thermal transport for high performance [J]. Energy &

Environmental Science,2013,6(11): 3346-3355.

[79] XIAO Y,et al. Cu Interstitials Enable Carriers and Dislocations for Thermoelectric Enhancements in n-PbTe$_{0.75}$Se$_{0.25}$[J]. Chem,2020,6(2): 523-537.

[80] ROSI F D, DISMUKES J P, HOCKINGS E F. Semiconductor materials for thermoelectric power generation up to 700 C [J]. Electrical Engineering, 1960,79(6): 450-459.

[81] CHATTOPADHYAY T, BOUCHERLE J X, VSCHNERING H G. Neutron diffraction study on the structural phase transition in GeTe [J]. Journal of Physics C: Solid State Physics, 1987, 20: 1431.

[82] YANG S H,et al. Nanostructures in high-performance $(GeTe)_x$ $(AgSbTe_2)_{100-x}$ thermoelectric materials [J]. Nanotechnology,2008,19(24): 245707.

[83] GELBSTEIN Y, et al. Controlling metallurgical phase separation reactions of the $Ge_{0.87}Pb_{0.13}Te$ Alloy for High Thermoelectric Performance [J]. Advanced Energy Materials,2013,3(6): 815-820.

[84] NOLAS G S, MORELLI D T, TRITT T M. Skutterudites: A phonon-glass-electron crystal approach to advanced thermoelectric energy conversion applications [J]. Annual Review of Materials Research,2003,29(1): 89-116.

[85] TRITT T M. Recent trends in thermoelectric materials research [M]. San Diego: Academic Press,2001.

[86] CAILLAT T,BORSHCHEVSKY A,FLEURIAL J P. Preparation and thermoelectric properties of p- and n-type $CoSb_3$ [C]//AIP Conference Proceedings. AIP,1994.

[87] SALES B C, MANDRUS D, WILLIAMS R K. Filled skutterudite antimonides: A new class of thermoelectric materials [J]. Science, 1996, 272(5266): 1325-1328.

[88] NOLAS G S,et al. High figure of merit in partially filled ytterbium skutterudite materials [J]. Applied Physics Letters, 2000, 77 (12): 1855-1857.

[89] CHEN L D, et al. Anomalous barium filling fraction and n-type thermoelectric performance of BayCo4Sb12 [J]. Journal of Applied Physics, 2001,90(4): 1864-1868.

[90] VINING C B, et al. Thermoelectric properties of pressure-sintered $Si_{0.8}Ge_{0.2}$ thermoelectric alloys [J]. Journal of Applied Physics, 1991, 69 (8): 4333-4340.

[91] SLACK G A, HUSSAIN M A. The maximum possible conversion efficiency of silicon-germanium thermoelectric generators [J]. Journal of Applied

Physics,1991,70(5): 2694-2718.

[92] JOSHI G,et al. Enhanced thermoelectric figure-of-merit in nanostructured p-type silicon germanium bulk alloys [J]. Nano Letters, 2008, 8 (12): 4670-4674.

[93] BATHULA S, et al. Enhanced thermoelectric figure-of-merit in spark plasma sintered nanostructured n-type SiGe alloys [J]. Applied Physics Letters,2012,101(21): 213902.

[94] ALIEV F G, et al. Narrow band in the intermetallic compounds MNiSn (M=Ti, Zr, Hf) [J]. Zeitschrift für Physik B Condensed Matter, 1990,80(3): 353-357.

[95] YANG J, et al. Evaluation of half-heusler compounds as thermoelectric materials based on the calculated electrical transport properties [J]. Advanced Functional Materials, 2008, 18 (19): 2880-2888.

[96] APPEL O, GELBSTEIN Y. A comparison between the effects of sb and bi doping on the thermoelectric properties of the $Ti_{0.3}Zr_{0.35}Hf_{0.35}NiSn$ half-heusler alloy [J]. Journal of Electronic Materials, 2013, 43(6): 1976-1982.

[97] QIU P, et al. High-efficiency and stable thermoelectric module based on liquid-like materials [J]. Joule,2019,3(6): 1538-1548.

[98] XING Y, et al. High-efficiency half-Heusler thermoelectric modules enabled by self-propagating synthesis and topologic structure optimization [J]. Energy & Environmental Science,2019,12(11): 3390-3399.

[99] LIU D W, et al. Fabrication and evaluation of microscale thermoelectric modules of Bi_2Te_3-based alloys [J]. Journal of Micromechanics and Microengineering,2010,20(12).

[100] FENG S P, et al. Reliable contact fabrication on nanostructured Bi_2Te_3-based thermoelectric materials [J]. Phys Chem Chem Phys, 2013, 15(18): 6757-6762.

[101] COCKFIELD R D. Engineering development testing of the GPHS-RTG converter [C]// Intersociety energy conversion engineering conference. 1981.

[102] BENNETT G, et al. Mission of daring: the general-purpose heat source radioisotope thermoelectric generator[C]// 4th International Energy Conversion Engineering Conference and Exhibit (IECEC). California: AIAA,2006.

[103] HASEZAKI K, et al. Thermoelectric semiconductor and electrode-fabrication and evaluation of SiGe Electrode[C]//The 16th International Conference on Thermoelectrics. Dresden: IEEE,1997.

[104] YANG X Y, et al. Fabrication and contact resistivity of $W-Si_3N_4/TiB_2-Si_3N_4/p-SiGe$ thermoelectric joints [J]. Ceramics International, 2016,42(7): 8044-8050.

[105] LIN J S, MIYAMOTO Y. One-step sintering of SiGe thermoelectric conversion unit and its electrodes [J]. Journal of Materials Research, 2000,15: 647-652.

[106] ZHANG Y,et al. High-performance nanostructured thermoelectric generators for micro combined heat and power systems [J]. Applied Thermal Engineering,2016,96: 83-87.

[107] HE R, et al. Achieving high power factor and output power density in p-type half-Heuslers $Nb_{1-x}Ti_xFeSb$ [J]. The Proceedings of the National Academy of Sciences of the United States of America,2016,113(48): 13576-13581.

[108] JOSHI G, et al. NbFeSb-based p-type half-Heuslers for power generation applications [J]. Energy Environ. Sci. ,2014,7(12): 4070-4076.

[109] SINGH A, et al. Development of low resistance electrical contacts for thermoelectric devices based on n-type PbTe and p-type TAGS-85 ($(AgSbTe_2)_{0.15}(GeTe)_{0.85}$) [J]. Journal of Physics D: Applied Physics,2008,42(1): 015502.

[110] ORIHASHI M,et al. Preparation and Evaluation of PbTe-FGM by Joining Melt-grown Materials[C]// 16th International Conference on Thermoelectrics. Dresden,Germany: IEEE,1997.

[111] EL-GENK M S, SABER H H, CAILLAT T. Efficient segmented thermoelectric unicouples for space power applications [J]. Energy Conversion & Management,2003,44(11): 1755-1772.

[112] EL-GENK M S, et al. Tests results and performance comparisons of coated and un-coated skutterudite based segmented unicouples [J]. Energy Conversion & Management,2006,47(2): 174-200.

[113] CAILLAT T, et al. Development of high efficiency segmented thermoelectric couples [C]//11th International Energy Conversion Engineering Conference. San Jose,CA: IEEE,2013.

[114] MUTO A, et al. Skutterudite unicouple characterization for energy harvesting applications [J]. Advanced Energy Materials, 2013, 3 (2): 245-251.

[115] FLEURIAL J P, CAILLAT T, CHI S C. Electeical contacts for skutterudite thermoelectric materials: US, US 20120006376 A1 [P]. 2012-01-12.

第 7 章

[1] ZHANG Z M，LU B Y. Nano/microscale heat transfer[M]. New York：McGraw-Hill，2007.

[2] GRANQVIST C G. Radiative cooling to low temperatures：General considerations and application to selectively emitting SiO films[J]. Journal of Applied Physics，1981，52(6)：4205-4220.

[3] BAO H，YAN C，WANG B，et al. Double-layer nanoparticle-based coatings for efficient terrestrial radiative cooling[J]. Solar Energy Materials & Solar Cells，2017，168：78-84.

[4] BERDAHL P，MARTIN M，SAKKAL F. Thermal performance of radiative cooling panels[J]. International Journal of Heat and Mass Transfer，1983，26(6)：871-880.

[5] CASTELLI F，KURUCZ R L. Computed H indices from ATLAS9 model atmospheres[J]. Astronomy and Astrophysics，2006，454(1)：333-340.

[6] HU M，ZHAO B，AO X，et al. Comparative analysis of different surfaces for integrated solar heating and radiative cooling：A numerical study[J]. Energy，2018，155(15)：360-369.

[7] TAZAWA M，JIN P，YOSHIMURA K，et al. New material design with $V_{1-x}W_xO_2$ film for sky radiator to obtain temperature stability[J]. Solar Energy，1998，64(3)：3-7.

[8] TMJ N，GA N. Radiative cooling during the day：simulations and experiments on pigmented polyethylene cover foils[J]. Solar Energy Materials & Solar Cells，1995，37(1)：93-118.

[9] GUEYMARD C A. Parameterized transmittance model for direct beam and circum-solar irradiance [J]. Solar Energy，2001，71(5)：325-346.

[10] BARMAN T S，HAUSCHILDT P H，ALLARD F. Model atmospheres for irradiated stars in pre-cataclysmic variables[J]. The Astrophysical Journal，2008，614(1)：338.

[11] SMITH G B，GENTLE A R，ARNOLD M D，et al. The importance of surface finish to energy performance[J]. Renewable Energy and Environmental Sustainability，2017，2：13.

[12] ZHAO B，HU M，AO X，et al. Radiative cooling：A review of fundamentals，materials，applications，and prospects[J]. Applied Energy，2019，(236)：489-513.

[13] WHITEMAN J P，HARLOW H J，DURNER G M，et al. Summer declines in activity and body

temperature offer polar bears limited energy savings[J]. Science，2015，349(6245)：295-298.

[14] ADDEO A，MONZA E，PERALDO M，et al. Selective covers for natural cooling devices[J]. IL Nuovo Cimento C，1978，1(5)：419-429.

[15] ISHII S，DAO T D，NAGAO T. Radiative cooling for continuous thermoelectric power generation in day and night[J]. Applied Physics Letters，2020，117(1)：013901.

[16] LIU Y N，WENG X L，ZHANG P，et al. Ultra-broadb and infrared metamaterial absorber for passive radiative cooling[J]. Chinese Physics Letters，2021，38(3)：034201.

[17] GRANQVIST C G. Radiative cooling to low temperatures：General considerations and application to selectively emitting SiO films[J]. Journal of Applied Physics，1981，52(6)：4205-4220.

[18] LANDRO B，MCCORMICK P G. Effect of surface characteristics and atmospheric conditions on radiative heat loss to a clear sky[J]. International Journal of Heat and Mass Transfer，1980，23(5)：613-620.

[19] ULPIANI G，RANZI G，SHAH K W，et al. On the energy modulation of daytime radiative coolers：A review on infrared emissivity dynamic switch against overcooling[J]. Solar Energy，2020，209：278-301.

[20] HU M，ZHAO B，LI J，et al. Preliminary thermal analysis of a combined photovoltaic-photothermic-nocturnal radiative cooling system[J]. Energy，2017，137(15)：419-430.

[21] KOU J L，JURADO Z，ZHEN C，et al. Daytime radiative cooling using near-black infrared emitters [J]. ACS Photonics，2017，4(3)：626-630.

[22] HARRISON A W. Radiative cooling of TiO_2 white paint[J]. Solar Energy，1978，20(2)：185-188.

[23] MICHELL D，BIGGS K L. Radiation cooling of buildings at night[J]. Applied Energy，1979，5(4)：263-275.

[24] NILSSON T M J，NIKLASSON G A，GRANQVIST C G. Solar-reflecting material for radiative cooling applications：ZnS pigmented polyethylene[J]. Solar Energy Materials & Solar Cells，1992，28(2)：175 193.

[25] TMJ N，GA N. Radiative cooling during the day：

simulations and experiments on pigmented polyethylene cover foils[J]. Solar Energy Materials & Solar Cells,1995,37(1)：93-118.

[26] BERDAHL P. Radiative cooling with MgO and/or LiF layers[J]. Applied Optics,1984,23(3)：370.

[27] GRANQVIST C G, HJORTSBERG A, ERIKSSON T S. Radiative cooling to low temperatures with selectivity IR-emitting surfaces [J]. Thin Solid Films,1982,90(2)：187-190.

[28] ERIKSSON T-S, GRANQVIST C-G. Infrared optical properties of electron-beam evaporated silicon oxynitride films[J]. Applied Optics,1983, 22 (20)：3204.

[29] GRANQVIST C G,HJORTSBERG A,Eriksson T S. Radiative cooling to low temperatures with selectivity IR-emitting surfaces [J]. Thin Solid Films,1982,90(2)：187-190.

[30] BAO H, YAN C, WANG B, et al. Double-layer nanoparticle-based coatings for efficient terrestrial radiative cooling [J]. Solar Energy Materials & Solar Cells,2017,168：78-84.

[31] HUANG Z, RUAN X. Nanoparticle embedded double-layer coating for daytime radiative cooling [J]. International Journal of Heat and Mass Transfer,2017,104：890-896.

[32] GENTLE A R, SMITH G B. Radiative heat pumping from the earth using surface phonon resonant nanoparticles[J]. Nano Letters, 2010, 10(2)：373-379.

[33] TAYLOR S, MCBURNEY R, LONG L, et al. spectrally-selective vanadium dioxide based tunable metafilm emitter for dynamic radiative cooling[J]. Solar Energy Materials and Solar Cells, 2020, 217：110739.

[34] KOU J L, JURADO Z, ZHEN C, et al. daytime radiative cooling using near-black infrared emitters [J]. ACS Photonics,2017,4(3)：626-630.

[35] KECEBAS M A, MENGUC M P, KOSAR A, et al. Passive radiative cooling design with broadband

optical thin-film filters[J]. Journal of Quantitative Spectroscopy and Radiative Transfer,2017,198：179-186.

[36] ZHU L, RAMAN A, FAN S. Color-preserving daytime radiative cooling [J]. Applied Physics Letters,2013,103 (22)：223902.

[37] ZHU L, RAMAN A P, WANG K X. et al. Radiative cooling of solar cells[J]. Optica,2014, 1(1)：32-38.

[38] ZHU L,RAMAN A P,Fan S. Radiative cooling of solar absorbers using a visibly transparent photonic crystal thermal blackbody [J]. Proceedings of the National Academy of Sciences, 2015,112(40)：12282-12287.

[39] EDEN R, RAMAN A, FAN S. Ultrabroadband photonic structures to achieve high-performance daytime radiative cooling[J]. Nano Letters,2013, (13)：1457-1461.

[40] HOSSAIN M, JIA B, MIN G. A metamaterial emitter for highly efficient radiative cooling[J]. Advanced Optical Materials, 2015, 3 (8)：1047-1051.

[41] YIN X, YANG R, TAN G, et al. Terrestrial radiative cooling：Using the cold universe as a renewable and sustainable energy source [J]. Science,370.

[42] HWANG S W, DONG H S, JIN U K, et al. Bismuth vanadate photoanode synthesized by electron-beam evaporation of a single precursor source for enhanced solar water-splitting [J]. Applied Surface Science,2020：146906.

[43] ZHAI Y, MA Y, DAVID S N, et al. Scalable-manufactured randomized glass-polymer hybrid metamaterial for daytime radiative cooling [J]. Science,2017：1062.

[44] MU E,WU Z,WU Z,et al. A novel self-powering ultrathin TEG device based on micro/nano emitter for radiative cooling[J]. Nano Energy,2018,55.

第 8 章

[1] 清华大学建筑节能研究中心.中国建筑节能年度发展研究报告(2015)[M].北京：中国建筑工业出版社,2015.

[2] 钱正英,张光斗.中国可持续发展水资源战略研究综合报告[J].中国水利,2000,2(8)：1-17.

[3] 中华人民共和国水利部.2016 年中国水资源公报 [EB/OL].北京：人民出版社,2017 [2021-9-26]. https://www.sohu.com/a/156443159_651611.

[4] 夏军,翟金良,占车生.我国水资源研究与发展的若干思考[J].地球科学进展,2011,26(9)：905-915.

[5] 李思悦,张全发.对南水北调工程解决中国北方用水问题的分析[J].人民黄河,2005,(8)：28-64.

[6] 万育生,张继群.开发利用海水资源保障沿海地区水资源安全[J].中国水利,2004,(11)：14-15.

[7] 杨尚宝.关于我国海水淡化产业发展的战略思考 [J].水处理技术,2011,34(12)：1-4.

[8] 杨尚宝.我国海水淡化产业发展述评 2016[J].水处理技术,2017,(10):6-11.

[9] 王琪,郑根江,谭永文.我国海水淡化产业进展[J].水处理技术,2014(1):12-15.

[10] 吴芳芳,张效莉.中国海水淡化产业现状评估及发展对策[J].海洋经济,2013,3(5):15-19.

[11] 宋瀚文,刘静,曾兴宇,等.我国海水淡化产能分布特征和出水水质[J].膜科学与技术,2015,35(6):121-125.

[12] 徐赐贤,董少霞,路凯.海水淡化后水质特征及对人体健康影响[J].环境卫生学杂志,2012,(6):313-319.

[13] 曹宇峰,曾松福,林青梅.浅谈我国滨海电厂温排水对海洋环境的影响状况[J].海洋开发与管理,2013,30(2):72-75.

[14] 徐镜波.电厂热排水对水体溶解氧的影响[J].重庆环境科学,1990,(6):24-28.

[15] 潘文彪.海水淡化与水热同产同送技术[D].北京:清华大学,2019.

[16] 沈胜强,张全,刘晓华.低温多效蒸发海水淡化装置的计算分析[J].节能,2005,(6):2-13.

[17] 杨洛鹏.水电联产低温多效蒸发海水淡化系统的热力性能研究[D].大连:大连理工大学,2007.

[18] 温柔.淡化海水在输配过程中的稳定性研究[D].北京:清华大学,2016.

[19] 王晓玲,徐克,苏立永,等.蒸馏海水淡化产品水对铸铁材质腐蚀研究[J].海洋技术,2011,30(1):99-102.

[20] 中华人民共和国国家统计局.中国电力年鉴 2017[M].北京:中国电力出版社,2017.

第 9 章

[1] 陈迎,巢清尘等.碳达峰、碳中和 100 问[M].北京:人民日报出版社,2021.3.

[2] 段旭如.未来能源——可控核聚变[J].中国核电,2020,13(6):735:1-5.

[3] 杨青巍,丁玄同,严龙文,等.受控热核聚变研究进展[J].中国核电,2019,12(05):507-513.

[4] 中国国际核聚变能源计划执行中心.国际核聚变能源研究现状与前景[M].北京:中国原子能出版社,2015.

[5] 李建刚.中国聚变工程实验堆——现状和未来[C]//第十八届全国等离子体科学技术会议摘要集,2017.

[6] 庄革,万宝年,段旭如.中国参与 ITPA 活动及对 ITER 物理的贡献[J].科技中国,2018(1):51-54.

[7] 杨治虎,景成祥.聚变中的某些物理问题[J].核物理动态,1996,13(3):28-36.

[8] 李建刚.托卡马克研究的现状及发展[J].物理,2016,45(2):88-97.

[9] 黄波.晶内/晶界钾泡强化 W-K 合金的可控制备及其性能研究[D].成都:四川大学,2016.

[10] YANG X L, QIU W B, CHEN L Q, et al. Tungsten-potassium: a promising plasma-facing material[J]. Tungsten,2019,1(2):141-158.

[11] 吉爱红,廖子英,武松涛.世界各超导托卡马克装置冷屏结构的设计[J].低温与超导,2003,31(2):33-35.

[12] 侯炳林,朱学武.高温超导体在未来聚变装置中的应用[J].低温与超导,2004,32(3):48-52.

[13] 李建刚,杨愚.受控热核聚变研究及其在我国 HT-7 超导托卡马克上的最新进展[J].物理,2003,32(12):787-790.

[14] 程德威,王惠龄,李嘉,等.超导电力科学技术与低温技术研究的现状与进展[J].低温工程,1999(5):1-7.

[15] 许增裕.聚变材料研究的现状和展望[J].原子能科学技术,2003(S1):105-110.

[16] 郝嘉琨.核材料科学与工程:聚变堆材料[M].北京:化学工业出版社,2007.

[17] 彭述明,王和义.氚化学与工艺学[M].北京:国防工业出版社,2015.

第 10 章

[1] PANETH F. The transmutation of hydrogen into helium[J]. Nature,1927,119:706-707.

[2] FLEISCHMANN M, PONS S, HAWKINS M. Electrochemically induced nuclear fusion of deuterium[J]. J Electroanal Chem.,1989,261:301-308;Erratum,1989,263:187.

[3] JONES S E, PALMER E P, CZIRR J B, et al. Observation of cold nuclear fusion in condensed matter[J]. Nature,1989,338:737-740.

[4] Energy Research Advisory Board. Cold Fusion Research[R]. DOE/S-0073.1989.

[5] HUKE A, CZERSKI K, HEIDE P, et al. Enhancement of deuteron-fusion reactions in metals and experimental implications[J]. Phys. Rev. C,2008,78:015803.

[6] KASAGI J, YUKI H, BABA T, et al. Strongly

enhanced Li+D reaction in Pd observed in deuteron bombardment on PdLix with energies between 30 keV and 75 keV [J]. J. Phys. Soc. Japan,2004, 73(3): 608-612.

[7] FANG K H,WANG T S,YONEMURA H,et al. Screening potential of ^{6}Li(d,α)^{4}He and ^{7}Li(p, α)^{4}He reactions in liquid lithium [J]. J. Phys. Soc. Japan,2011,80: 084201.

[8] KITAMURA A,AWA Y,MINARI T,et al. D(d, p)T reaction rate enhancement in a mixed layer of Au and Pd. Proc. 10th Int. Conf. on Cold Fusion (ICCF-10),Cambridge,MA,USA,August,24-29, 2003 [C]. Siganpore: World Scientific,2005. 623-634.

[9] SCHENKEL T,PERSAUD A,WANG H,et al. Investigation of light ion fusion reactions with plasma discharges [J]. J. Appl. Phys.,2019, 126: 203302.

[10] PINES V,PINES M,CHAIT A,et al. Nuclear fusion reactions in deuterated metals[J]. Phys. Rev. C,2020,101: 044609.

[11] STEINETZ B M,BENYO T L,CHAIT A,et al. Novel nuclear reactions observed in bremsstrahlung-irradiated deuterated metals [J]. Phys. Rev. C,2020, 101: 044610.

[12] LIPOGLAVŠEK M,MARKELJ S,MIHOVILOVIC M,et al. Observation of electron emission in the nuclear reaction between protons and deuterons [J]. Phy. Lett. B,2017,773: 553-556.

[13] PALMER E P. Cold nuclear fusion in the earth [J]. AIP Conf. Proc.,1991,228: 616-645.

[14] LUPTON J E,CRAIG H. A major helium-3 source at 15 °S on the East Pacific Rise [J]. Science,1981,214: 13-18.

[15] 蒋崧生,何明. 地球内部生成^{3}H 的证据[J]. 科学通报,2007,52(13): 1499-1505.

[16] MAMYRIN B A,KHABARIN L V,YUDENICH V S. Anomalously high isotope ratio of ^{3}He/^{4}He in technical-grade metals and semiconductors [J]. Dokl. Akad. Nauk SSSR, 1978, 241 (5): 1054-1057.

[17] PONS S,FLEISCHMANN M. The calorimetry of electrode reactions and measurements of excess enthalpy generation in the electrolysis of D$_2$O using Pd-based cathodes[C]. Proc. 2nd Int. Conf. on Cold Fusion (ICCF-2),Como,Italy,June 29-July 4,1991 [C]. 349-362.

[18] MCKUBRE M C H,CROUCH-BAKER S,RILEY A M, et al. Excess power observations in electrochemical studies of the D/Pd system: the influence of loading. Proc. 3rd Int. Conf. on Cold

Fusion (ICCF-3),Nagoya,Japan,Oct. 21-25,1992 [C]. Tokyo, Japan: Universal Academy Press, Inc,1993. 5-20.

[19] KUNIMATSU K,HASEGAWA N,KUBOTA A, et al. Deuterium loading ratio and excess heat generation during electrolysis of heavy water by a palladium cathode in a closed cell using a partially immersed fuel cell anode. Proc. 3rd Int. Conf. on Cold Fusion (ICCF-3),Nagoya,Japan,Oct. 21-25, 1992 [C]. Tokyo, Japan: Universal Academy Press,Inc,1993. 31-46.

[20] MCKUBRE M C H, CROUCH-BAKER S, HAUSER A K,et al. Concerning reproducibility of excess power production. Proc. 5th Int. Conf. on Cold Fusion (ICCF-5), Monte-Carlo, Monoaco, April 9-13,1995 [C]. 17-43.

[21] STORMS E. The science of Low Energy Nuclear Reaction [M]. Singapore: World Scientific Publishing,2007.

[22] ZHANG W-S,DASH J. Excess heat reproducibility and evidence of anomalous elements after electrolysis in Pd|D$_2$O+H$_2$SO$_4$ electrolytic cells. Proc. 13th Int. Conf. on Cold Fusion (ICCF-13), Sochi,Russia,June 10-15,2007 [C]. 202-216.

[23] STORMS E. The nature of the D + D fusion reaction in palladium and nickel. Proc. 23th Int. Conf. on Condesed Matter Nucl. Sci (ICCF-23), Xiamen,China,June 9-11,2021 [C].

[24] DONG Z M,LIANG C L,LI X Z,ZHENG S X. Temperature Dependence of excess power in both electrolysis and gas-loading experiments [J]. J. Condensed Matter Nucl. Sci.,2019,29: 85-94

[25] LETTS D G,CRAVENS D. Laser stimulation of deuterated palladium [J]. Infinite Energy,2003, 9(50): 10-15.

[26] MCKUBRE M C H,TANZELLA F,HAGELSTEIN P L, et al. The need for triggering in cold fusion reactions. Proc. 10th Int. Conf. Cold Fusion (ICCF-10),Cambridge,MA,USA,Auegst,24-29,2003 [C]. Singapore: World Scientific Pub.,2005. 199-212.

[27] VIOLANTE V,MORETTI S,BERTOLOTTI M, et al. Progress in excess of power experiments with electrochemical loading of deuterium in palladium. Proc. 12th Int. Conf. Cold Fusion (ICCF-12), Yokohama, Japan, Nov. 27-Dec. 2, 2005 [C]. Singapore: World Scientific Pub.,2006. 55-64.

[28] LETTS D G, HAGELSTEIN P L. Dual laser stimulation of excess heat in a Fleischmann-Pons experiment[J]. Infinite Energy, 2009, 14 (84): 32-38.

[29] STRINGHAM R. Bubble driven fusion. Proc. 14th

International Conference on Condensed Matter Nuclear Science（ICCF-14），Washington DC，USA，August 10-15，2008［C］. 411-417.

［30］ ROTHWELL J. Cold fusion and the future［M］. LENR-CANR. org，2006，p. 12.

［31］ ZHANG X-W，ZHANG W-S，WANG D-L，et al. On the explosion in a deuterium/palladium electrolytic system. Proc. 3rd Int. Conf. on Cold Fusion（ICCF-3），Nagoya，Japan，Oct. 21-25，1992［C］. Tokyo，Japan：Universal Academy Press，Inc，1993. 381-384.

［32］ MILES M，HOLLINS R A，BUSH B F，et al. Correlation of excess power and helium production during D_2O and H_2O electrolysis using palladium cathodes［J］. J. Electroanal. Chem. ，1993，346：99-117.

［33］ CHIEN C C，HODKO D，MINEVSKI Z，BOCKRIS J O'M. On an electrode producing massive quantities of tritium and helium［J］. J. Electroanal. Chem. ，1992，338：189-212.

［34］ CLARKE W B，OLIVER B M，MCKUBRE M C H，et al. Search for ^{3}He and ^{4}He in Arata-style palladium cathodes II：evidence for tritium production［J］. Fusion Sci. Technol. ，2001，40（2）：152-167.

［35］ LIPSON A G，LYAKHOV B F，ROUSSETSKI A S，et al. Evidence for low-intensity D-D reaction as a result of exothermic deuterium desorption from Au/Pd/PdO：D heterostructure［J］. Fusion Technol. ，2000，38：238-252.

［36］ MOSIER-BOSS P A，SZPAK S，GORDON F E，FORSLEY L P G. Triple tracks in CR-39 as the result of Pd-D co-deposition：evidence of energetic neutrons［J］. Naturwiss. ，2009，96：135-142.

［37］ BIBERIAN J-P. Anomalous isotopic distribution of silver in a palladium cathode［J］. J. Condensed Matter Nucl. Sci. ，2019，29：211-218.

［38］ IWAMURA Y，SAKANO M，ITOH T. Elemental analysis of Pd complexes：Effects of D_2 gas permeation［J］. Jap. J. Appl. Phys. ，2002，41（1A）：4642-4650.

［39］ KASAGI J，TAJIMA R，HONDA Y，et al. Observation of ^{141}Pr by ^{40}Ar scattering（RBS）on Cs implanted Pd/CaO multilayer foil with D_2 gas permeation. Proc. 20th Int. Conf. on Condensed Matter Nucl. Sci. （ICCF-20），Sendai，Japan，Oct. 6-10，2016［C］. 160-166.

［40］ MILLS R L，KNEIZYS S P. Excess heat production by the electrolysis of an aqueous potassium carbonate electrolyte and the implications for cold fusion［J］. Fusion Tech. ，1991，20：65-81.

［41］ MILEY G H，NAME G，WILLIAMS M J，et al. Quantitative observation of transmutation products occurring in thin-film coated microspheres during electrolysis. Proc. 6th Int. Conf. on Cold Fusion（ICCF-6），Hokkaido，Japan，Oct. 13-18，1996［C］. 629-644.

［42］ FORCADI S，HABEL R，PIANTELLI F. Anomalous heat production in Ni-H system［J］. Il Nuovo Cimento A，1994，107：163-167.

［43］ 安德里奥•罗西. 产生热量的装置和方法［P］. 中国发明专利申请，CN201480037428. 1，2014-4-26.

［44］ PARKHOMOV A G. Investigation of the heat generator similar to Rossi reactor ［J］. International Journal of Unconventional Science，2015，7（3）：68-72.

［45］ TANZELLA F. Mass and heat flow calorimetry in Brillouin's reactor［J］. J. Condensed Matter Nucl. Sci. ，2020，33：33-45.

［46］ ARATA Y，ZHANG Y C. The establishment of solid nuclear fusion reactor［J］. J. High Temp. Soc. ，2008，34（2）：85-93.

［47］ KITAMURA A，TAKAHASHI A，TAKAHASHI K，et al. Excess heat evolution from nanocomposite samples under exposure to hydrogen isotope gases ［J］. Int. J. Hydrogen Energy，2018，43（33）：16187-16200.

［48］ TAKAHASHI A. Progress in Nano-Metal Hydrogen Energy［C］. Proc. 23th Int. Conf. on Condensed Matter Nucl. Sci. （ICCF-23），June 9-11，2021，Xiamen，China.

［49］ MIZUNO T. Observation of excess heat by activated metal and deuterium gas ［J］. J. Condensed Matter Nucl. Sci. ，2017，25：1-25.

［50］ DE NINNO A，FRATTOLILLO A，LOLLOBATTISTA G，et al. Evidence of emission of neutrons from a titanium-deuterium system［J］. Europhys. Lett. ，1989，9：221-224.

［51］ ROUT R K，SRINIVASAN M，SHYAM A，CHITRA V. Detection of high tritium activity on the central titanium electrode of a plasma focus device［J］. Fusion Technol，1991，19：391-394.

［52］ KERVRAN L. Biological transmutations ［M］. Binghamton，NY，USA：Swan House Pub. ，1972.

［53］ VYSOTSKII V I，KORNILOVA A A，SAMOYLOYLENKO I I. Nuclear transmutation of isotopes in growing biological cultures［J］. Infinite Energy，1996，2（10）：63-66.

［54］ LU G-X，ZHANG W-Y. Photocatalytic hydrogen evolution and induced transmutation of potassium to calcium via low-energy nuclear reaction （LENR）driven by visible light［J］. J. Mol. Catal. （China），2017，31（5）：401-410.

［55］ 张武寿. 冷聚变的范式特征：一种科学哲学的视角［J］. 前沿科学，2008，2（7）：75-78.

第 11 章

[1] RYOO R, JOO S H, Jun S. Synthesis of highly ordered carbon molecular sieves via template-mediated structural transformation[J]. The Journal of Physical Chemistry B, 1999, 103 (37): 7743-7746.

[2] JIANG T, WANG Y, WANG K, et al. A novel sulfur-nitrogen dual doped ordered mesoporous carbon electrocatalyst for efficient oxygen reduction reaction[J]. Applied Catalysis B: Environmental, 2016, 189: 1-11.

[3] XI X, WU D, HAN L, et al. Highly uniform carbon sheets with orientation-adjustable ordered mesopores [J]. ACS nano, 2018, 12(6): 5436-5444.

[4] JIAO Y, HAN D, LIU L, et al. Highly ordered mesoporous few-layer graphene frameworks enabled by Fe_3O_4 nanocrystal superlattices [J]. Angewandte Chemie, 2015, 127(19): 5819-5823.

[5] LONG C, CHEN X, JIANG L, et al. Porous layer-stacking carbon derived from in-built template in biomass for high volumetric performance supercapacitors [J]. Nano Energy, 2015, 12: 141-151.

[6] ZHONG Y, XIA X, DENG S, et al. Popcorn inspired porous macrocellular carbon: rapid puffing fabrication from rice and its applications in lithium-sulfur batteries[J]. Advanced Energy Materials, 2018, 8(1): 1701110.

[7] CHEN Z, WU R, LIU Y, et al. Ultrafine Co nanoparticles encapsulated in carbon-nanotubes-grafted graphene sheets as advanced electrocatalysts for the hydrogen evolution reaction[J]. Advanced Materials, 2018, 30(30): 1802011.

[8] LIU Y, FANG Y, ZHAO Z, et al. A Ternary Fe1xS@porous carbon nanowires/reduced graphene oxide hybrid film electrode with superior volumetric and gravimetric capacities for flexible sodium ion batteries [J]. Advanced Energy Materials, 2019, 9(9): 1803052.

[9] XIAO P, BU F, YANG G, et al. Integration of graphene, nano sulfur, and conducting polymer into compact, flexible lithium-sulfur battery cathodes with ultrahigh volumetric capacity and superior cycling stability for foldable devices[J]. Advanced materials, 2017, 29(40): 1703324.

[10] LI S, ZHAO X, FENG Y, et al. A flexible film toward high-performance lithium storage: designing nanosheet-assembled hollow single-hole

ni-co-mn-o spheres with oxygen vacancy embedded in 3d carbon nanotube/graphene network [J]. Small, 2019, 15(27): 1901343.

[11] XIE L, ZHOU S, LIU J, et al. Sequential superassembly of nanofiber arrays to carbonaceous ordered mesoporous nanowires and their heterostructure membranes for osmotic energy conversion[J]. Journal of the American Chemical Society, 2021, 143(18): 6922-6932.

[12] LU Y, FAN H, STUMP A, et al. Aerosol-assisted self-assembly of mesostructured spherical nanoparticles [J]. Nature, 1999, 398(6724): 223-226.

[13] KRESGE C T, LEONOWICZ M E, ROTH W J, et al. Ordered mesoporous molecular sieves synthesized by a liquid-crystal template mechanism[J]. nature, 1992, 359(6397): 710-712.

[14] MENG Y, GU D, ZHANG F, et al. Ordered mesoporous polymers and homologous carbon frameworks: amphiphilic surfactant templating and direct transformation[J]. Angewandte Chemie International Edition, 2005, 44(43): 7053-7059.

[15] WANG R, LAN K, CHEN Z, et al. Janus mesoporous sensor devices for simultaneous multivariable gases detection[J]. Matter, 2019, 1(5): 1274-1284.

[16] KONG B, TANG J, ZHANG Y, et al. Incorporation of well-dispersed sub-5-nm graphitic pencil nanodots into ordered mesoporous frameworks [J]. Nature chemistry, 2016, 8(2): 171-178.

[17] WU J F, GUO X. MOF-derived nanoporous multifunctional fillers enhancing the performances of polymer electrolytes for solid-state lithium batteries[J]. Journal of Materials Chemistry A, 2019, 7(6): 2653-2659.

[18] ZHOU W, GAO H, GOODENOUGH J B. Low-cost hollow mesoporous polymer spheres and all-solid-state lithium, sodium batteries[J]. Advanced Energy Materials, 2016, 6(1): 1501802.

[19] RENEKER D H, CHUN I. Nanometre diameter fibres of polymer, produced by electrospinning[J]. Nanotechnology, 1996, 7(3): 216.

[20] LI Z, ZHANG J T, CHEN Y M, et al. Pie-like electrode design for high-energy density lithium-sulfur batteries[J]. Nature communications, 2015, 6: 8850.

[21] ZHANG Y, ZHANG Y, WANG X, et al. Ultrahigh metal-organic framework loading and flexible nanofibrous membranes for efficient CO_2 capture

with long-term, ultrastable recyclability[J]. ACS applied materials & interfaces, 2018, 10（40）: 34802-34810.

[22] LI G, LEI W, LUO D, et al. Stringed "tube on cube" nanohybrids as compact cathode matrix for high-loading and lean-electrolyte lithium-sulfur batteries[J]. Energy & Environmental Science, 2018,11(9): 2372-2381.

[23] WANG Z, SHEN J, LIU J, et al. Self-supported and flexible sulfur cathode enabled via synergistic confinement for high-energy-density lithium-sulfur batteries [J]. Advanced Materials, 2019, 31(33): 1902228.

[24] XIONG Z, LIAO C, HAN W, et al. Mechanically tough large-area hierarchical porous graphene films for high-performance flexible supercapacitor applications [J]. Advanced materials, 2015, 27(30): 4469-4475.

[25] CHANG J, ADHIKARI S, LEE T H, et al. Leaf vein-inspired nanochanneled graphene film for highly efficient micro-supercapacitors [J]. Advanced Energy Materials, 2015, 5(9): 1500003.

[26] STRAUSS V, MARSH K, KOWAL M D, et al. A simple route to porous graphene from carbon nanodots for supercapacitor applications [J]. Advanced Materials, 2018, 30(8): 1704449.

[27] LI D, SENG K H, SHI D, et al. A unique sandwich-structured C/Ge/graphene nanocomposite as an anode material for high power lithium ion batteries[J]. Journal of Materials Chemistry A, 2013, 1（45）: 14115-14121.

[28] SALVATIERRA R V, RAJI A R O, LEE S K, et al. Silicon nanowires and lithium cobalt oxide nanowires in graphene nanoribbon papers for full lithium ion battery [J]. Advanced Energy Materials, 2016, 6(24): 1600918.

[29] XIANG X, ZHANG K, CHEN J. Recent advances and prospects of cathode materials for sodium-ion batteries[J]. Advanced materials, 2015, 27（36）: 5343-5364.

[30] KONG B, ZU L, PENG C, et al. Direct superassemblies of freestanding metal-carbon frameworks featuring reversible crystalline-phase transformation for electrochemical sodium storage [J]. Journal of the American Chemical Society, 2016,138(50): 16533-16541.

[31] ZHANG M, AMIN K, CHENG M, et al. A carbon foam-supported high sulfur loading composite as a self-supported cathode for flexible lithium-sulfur batteries [J]. Nanoscale, 2018, 10 （ 46 ）: 21790-21797.

[32] SONG X, GAO T, WANG S, et al. Free-standing sulfur host based on titanium-dioxide-modified porous-carbon nanofibers for lithium-sulfur batteries[J]. Journal of Power Sources, 2017, 356: 172-180.

[33] AHMED B, ANJUM D H, HEDHILI M N, et al. Mechanistic Insight into the stability of HfO_2-coated MoS_2 nanosheet anodes for sodium ion batteries[J]. Small, 2015, 11(34): 4341-4350.

[34] XIONG Z, LIAO C, HAN W, et al. Mechanically tough large-area hierarchical porous graphene films for high-performance flexible supercapacitor applications [J]. Advanced materials, 2015, 27(30): 4469-4475.

[35] CHANG J, ADHIKARI S, LEE T H, et al. Leaf vein-inspired nanochanneled graphene film for highly efficient micro-supercapacitors [J]. Advanced Energy Materials, 2015, 5(9): 1500003.

[36] STRAUSS V, MARSH K, KOWAL M D, et al. A simple route to porous graphene from carbon nanodots for supercapacitor applications [J]. Advanced Materials, 2018, 30(8): 1704449.

[37] LI D, SENG K H, SHI D, et al. A unique sandwich-structured C/Ge/graphene nanocomposite as an anode material for high power lithium ion batteries[J]. Journal of Materials Chemistry A, 2013, 1 （45）: 14115-14121.

[38] SALVATIERRA R V, RAJI A R O, LEE S K, et al. Silicon nanowires and lithium cobalt oxide nanowires in graphene nanoribbon papers for full lithium ion battery [J]. Advanced Energy Materials, 2016, 6(24): 1600918.

[39] XIANG X, ZHANG K, CHEN J. Recent advances and prospects of cathode materials for sodium-ion batteries[J]. Advanced materials, 2015, 27（36）: 5343-5364.

[40] KONG B, ZU L, PENG C, et al. Direct superassemblies of freestanding metal-carbon frameworks featuring reversible crystalline-phase transformation for electrochemical sodium storage [J]. Journal of the American Chemical Society, 2016,138(50): 16533-16541.

[41] ZHANG M, AMIN K, CHENG M, et al. A carbon foam-supported high sulfur loading composite as a self-supported cathode for flexible lithium-sulfur batteries [J]. Nanoscale, 2018, 10 （ 46 ）: 21790-21797.

[42] SONG X, GAO T, WANG S, et al. Free-standing sulfur host based on titanium-dioxide-modified porous-carbon nanofibers for lithium-sulfur batteries[J]. Journal of Power Sources, 2017, 356:

172-180.

[43] AHMED B,ANJUM D H,HEDHILI M N,et al. Mechanistic Insight into the stability of HfO_2-coated MoS_2 nanosheet anodes for sodium ion batteries[J]. Small,2015,11(34): 4341-4350.

[44] XIONG Z,LIAO C,HAN W,et al. Mechanically tough large-area hierarchical porous graphene films for high-performance flexible supercapacitor applications [J]. Advanced materials, 2015, 27(30): 4469-4475.

[45] CHANG J,ADHIKARI S,LEE T H,et al. Leaf vein-inspired nanochanneled graphene film for highly efficient micro-supercapacitors [J]. Advanced Energy Materials,2015,5(9): 1500003.

[46] STRAUSS V,MARSH K,KOWAL M D,et al. A simple route to porous graphene from carbon nanodots for supercapacitor applications [J]. Advanced Materials,2018,30(8): 1704449.

[47] LI D,SENG K H,SHI D,et al. A unique sandwich-structured C/Ge/graphene nanocomposite as an anode material for high power lithium ion batteries[J]. Journal of Materials Chemistry A, 2013, 1 (45): 14115-14121.

[48] SALVATIERRA R V,RAJI A R O,LEE S K,et al. Silicon nanowires and lithium cobalt oxide nanowires in graphene nanoribbon papers for full lithium ion battery [J]. Advanced Energy Materials,2016,6(24): 1600918.

[49] XIANG X,ZHANG K,CHEN J. Recent advances and prospects of cathode materials for sodium-ion batteries[J]. Advanced materials,2015,27(36): 5343-5364.

[50] KONG B, ZU L, PENG C, et al. Direct superassemblies of freestanding metal-carbon frameworks featuring reversible crystalline-phase transformation for electrochemical sodium storage [J]. Journal of the American Chemical Society, 2016,138(50): 16533-16541.

[51] ZHANG M,AMIN K,CHENG M,et al. A carbon foam-supported high sulfur loading composite as a self-supported cathode for flexible lithium-sulfur batteries [J]. Nanoscale, 2018, 10 (46): 21790-21797.

[52] SONG X,GAO T,WANG S,et al. Free-standing sulfur host based on titanium-dioxide-modified porous-carbon nanofibers for lithium-sulfur batteries[J]. Journal of Power Sources,2017,356: 172-180.

[53] AHMED B,ANJUM D H,HEDHILI M N,et al. Mechanistic Insight into the stability of HfO_2-coated MoS_2 nanosheet anodes for sodium ion batteries[J]. Small,2015,11(34): 4341-4350.

[54] KONG W, WANG D, YAN L, et al. Ultrathin

HfO_2-modified carbon nanotube films as efficient polysulfide barriers for Li-S batteries[J]. Carbon, 2018,139: 896-905.

[55] YAN K, LU Z, LEE H W, et al. Selective deposition and stable encapsulation of lithium through heterogeneous seeded growth[J]. Nature Energy,2016,1(3): 16010.

[56] LIANG Z, LIN D, ZHAO J, et al. Composite lithium metal anode by melt infusion of lithium into a 3D conducting scaffold with lithiophilic coating[J]. Proceedings of the National Academy of Sciences,2016,113(11): 2862-2867.

[57] ZHANG R, CHEN X, SHEN X, et al. Coralloid carbon fiber-based composite lithium anode for robust lithium metal batteries [J]. Joule, 2018, 2(4): 764-777.

[58] PENG S, LI L, HAN X, et al. Cobalt sulfide nanosheet/graphene/carbon nanotube nanocomposites as flexible electrodes for hydrogen evolution [J]. Angewandte Chemie,2014,126(46): 12802-12807.

[59] WENG B, GRICE C R, MENG W, et al. Metal-organic framework-derived CoWP@ C composite nanowire electrocatalyst for efficient water splitting[J]. ACS Energy Letters, 2018, 3 (6): 1434-1442.

[60] JI D, FAN L, LI L, et al. Hierarchical catalytic electrodes of cobalt-embedded carbon nanotube/carbon flakes arrays for flexible solid-state zinc-air batteries[J]. Carbon,2019,142: 379-387.

[61] YANG Z, ZHAO C, QU Y, et al. Trifunctional self-supporting cobalt-embedded carbon nanotube films for ORR,OER,and HER triggered by solid diffusion from bulk metal[J]. Advanced Materials, 2019,31(12): 1808043.

[62] CHEN Z, HA Y, JIA H, et al. Oriented transformation of Co-LDH into 2D/3D ZIF-67 to achieve Co-N-C hybrids for efficient overall water splitting[J]. Advanced Energy Materials, 2019, 9(19): 1803918.

[63] HANG C, ZHANG J, ZHU J, et al. In situ exfoliating and generating active sites on graphene nanosheets strongly coupled with carbon fiber toward self-standing bifunctional cathode for rechargeable Zn-air batteries[J]. Advanced Energy Materials,2018,8(16): 1703539.

[64] ZHAO C, WANG Y, LI Z, et al. Solid-diffusion synthesis of single-atom catalysts directly from bulk metal for efficient CO_2 reduction[J]. Joule, 2019,3(2): 584-594.

[65] LIN Y X,ZHANG S N,XUE Z H,et al. Boosting selective nitrogen reduction to ammonia on electron-deficient copper nanoparticles[J]. Nature communications,2019,10(1): 4380.

第 12 章

[1] WORLD METEOROLOGICAL ORGANIZATION. WMO statement on the state of the global climate in 2020 [M]. World Meteorological Organization (WMO), 2021.

[2] PEREZ M, PEREZ R. Update 2015-a fundamental look at supply side energy reserves for the planet [J]. Natural Gas, 2015, 2(9): 215.

[3] MERTENS K. Photovoltaics-fundamentals, technology, and practice [M]. Chichester, United Kingdom: John Wiley & Sons Ltd, 2018.

[4] LOONEY B. BP statistical review of world energy, [M]. London, United Kingdom: BP Statistical Review, 2021.

[5] ZHANG B, SUN L. Artificial photosynthesis: opportunities and challenges of molecular catalysts [J]. Chemical Society Reviews, 2019, 48 (7): 2216-2264.

[6] TIAN Y, ZHAO C Y. A review of solar collectors and thermal energy storage in solar thermal applications [J]. Applied Energy, 2013, 104: 538-553.

[7] MOTH-POULSEN K, ĆOSO D, BÖRJESSON K, et al. Molecular solar thermal (MOST) energy storage and release system [J]. Energy & Environmental Science, 2012, 5(9): 8534-8537.

[8] DONG L, FENG Y, WANG L, et al. Azobenzene-based solar thermal fuels: design, properties, and applications [J]. Chemical Society Reviews, 2018, 47(19): 7339-7368.

[9] SUN C-L, WANG C, BOULATOV R. Applications of Photoswitches in the Storage of Solar Energy [J]. ChemPhotoChem, 2019, 3(6): 268-283.

[10] WEIGERT F. Ueber die verwandelbarkeit von Licht in chemische energie [J]. Jahrbuch für Photographie und Reproduktionstechnik, 1909, 23: 109-114.

[11] BÖRJESSON K, LENNARTSON A, MOTH-POULSEN K. Efficiency limit of molecular solar thermal energy collecting devices [J]. ACS Sustainable Chemistry & Engineering, 2013, 1(6): 585-590.

[12] ORREGO-HERNÁNDEZ J, DREOS A, MOTH-POULSEN K. Engineering of norbornadiene/quadricyclane photoswitches for molecular solar thermal energy storage applications [J]. Accounts of Chemical Research, 2020, 53(8): 1478-1487.

[13] BRØNDSTED NIELSEN M, REE N, MIKKELSEN K V, et al. Tuning the dihydroazulene-vinylheptafulvene couple for storage of solar energy [J]. Russian Chemical Reviews, 2020, 89(5): 573-586.

[14] YOSHIDA Z-I. New molecular energy storage systems [J]. Journal of Photochemistry, 1985, 29(1): 27-40.

[15] JEVRIC M, PETERSEN A U, MANSØ M, et al. Norbornadiene-Based photoswitches with exceptional combination of solar spectrum match and long-term energy storage [J]. Chemistry-A European Journal, 2018, 24(49): 12767-12772.

[16] MANSØ M, PETERSEN A U, WANG Z, et al. Molecular solar thermal energy storage in photoswitch oligomers increases energy densities and storage times [J]. Nature Communications, 2018, 9(1): 1945.

[17] BANDARA H M D, BURDETTE S C. Photoisomerization in different classes of azobenzene [J]. Chemical Society Reviews, 2012, 41(5): 1809-25.

[18] MASUTANI K, MORIKAWA M-A, KIMIZUKA N. A liquid azobenzene derivative as a solvent-free solar thermal fuel [J]. Chemical Communications, 2014, 50(99): 15803-15806.

[19] BEHARRY A A, SADOVSKI O, WOOLLEY G A. Azobenzene Photoswitching without Ultraviolet Light [J]. Journal of the American Chemical Society, 2011, 133(49): 19684-19687.

[20] BLÉGER D, SCHWARZ J, BROUWER A M, et al. o-Fluoroazobenzenes as readily synthesized photoswitches offering nearly quantitative two-way isomerization with visible light [J]. Journal of the American Chemical Society, 2012, 134(51): 20597-20600.

[21] SIEWERTSEN R, NEUMANN H, BUCHHEIM-STEHN B, et al. Highly efficient reversible z-e photoisomerization of a bridged azobenzene with visible light through resolved s1(nπ*) absorption bands [J]. Journal of the American Chemical Society, 2009, 131(43): 15594-15595.

[22] HAMMERICH M, SCHUTT C, STAHLER C, et al. Heterodiazocines: synthesis and photochromic properties, trans to cis switching within the bio-optical window [J]. Journal of the American Chemical Society, 2016, 138(40): 13111-13114.

[23] LENTES P, STADLER E, ROHRICHT F, et al. Nitrogen bridged diazocines: photochromes switching within the near-infrared region with high

quantum yields in organic solvents and in water [J]. Journal of the American Chemical Society, 2019, 141(34): 13592-13600.

[24] YANG Y, HUGHES R P, APRAHAMIAN I. Visible light switching of a bf2-coordinated azo compound [J]. Journal of the American Chemical Society, 2012, 134(37): 15221-15224.

[25] YANG Y, HUGHES R P, APRAHAMIAN I. Near-Infrared light activated azo-bf2 switches [J]. Journal of the American Chemical Society, 2014, 136(38): 13190-13193.

[26] BÖRJESSON K, DZEBO D, ALBINSSON B, et al. Photon upconversion facilitated molecular solar energy storage [J]. Journal of Materials Chemistry A, 2013, 1(30): 8521-8524.

[27] SAYDJARI A K, WEIS P, WU S. Spanning the solar spectrum: azopolymer solar thermal fuels for simultaneous uv and visible light storage [J]. Advanced Energy Materials, 2017, 7 (3): 1601622.

[28] KOLPAK A M, GROSSMAN J C. Azobenzene-functionalized carbon nanotubes as high-energy density solar thermal fuels [J]. Nano Letters, 2011, 11(8): 3156-3162.

[29] KUCHARSKI T J, FERRALIS N, KOLPAK A M, et al. Templated assembly of photoswitches significantly increases the energy-storage capacity of solar thermal fuels [J]. Nature Chemistry, 2014, 6(5): 441-447.

[30] FENG Y, LIU H, LUO W, et al. Covalent functionalization of graphene by azobenzene with molecular hydrogen bonds for long-term solar thermal storage [J]. Scientific reports, 2013, 3: 3260.

[31] LUO W, FENG Y, CAO C, et al. A high energy density azobenzene/graphene hybrid: a nano-templated platform for solar thermal storage [J]. Journal of Materials Chemistry A, 2015, 3(22): 11787-11795.

[32] LUO W, FENG Y, QIN C, et al. High-energy, stable and recycled molecular solar thermal storage materials using AZO/graphene hybrids by optimizing hydrogen bonds [J]. Nanoscale, 2015, 7(39): 16214-16221.

[33] FENG W, LI S, LI M, et al. An energy-dense and thermal-stable bis-azobenzene/hybrid templated assembly for solar thermal fuel [J]. Journal of Materials Chemistry A, 2016, 4(21): 8020-8028.

[34] ZHAO X, FENG Y, QIN C, et al. Controlling heat release from a close-packed bisazobenzene-reduced-graphene-oxide assembly film for high-energy

solid-state photothermal fuels [J]. Chemsuschem, 2017, 10(7): 1395-1404.

[35] YANG W, FENG Y, SI Q, et al. Efficient cycling utilization of solar-thermal energy for thermochromic displays with controllable heat output [J]. Journal of Materials Chemistry A, 2019, 7(1): 97-106.

[36] XU X, WU B, ZHANG P, et al. Molecular solar thermal storage enhanced by hyperbranched structures [J]. Solar RRL, 2020, 4(1): 1900422.

[37] ISHIBA K, MORIKAWA M-A, CHIKARA C, et al. Photoliquefiable ionic crystals: a phase crossover approach for photon energy storage materials with functional multiplicity [J]. Angewandte Chemie International Edition, 2015, 54(5): 1532-1536.

[38] HU J, HUANG S, YU M, et al. Flexible Solar Thermal Fuel Devices: Composites of fabric and a photoliquefiable azobenzene derivative [J]. Advanced Energy Materials, 2019, 9(37): 1901363.

[39] XU X, ZHANG P, WU B, et al. Photochromic dendrimers for photoswitched solid-to-liquid transitions and solar thermal fuels [J]. ACS Applied Materials & Interfaces, 2020, 12 (44): 50135-50142.

[40] ZHANG Z-Y, HE Y, WANG Z, et al. Photochemical phase transitions enable coharvesting of photon energy and ambient heat for energetic molecular solar thermal batteries that upgrade thermal energy [J]. Journal of the American Chemical Society, 2020, 142 (28): 12256-12264.

[41] GERKMAN M A, GIBSON R S L, CALBO J, et al. Arylazopyrazoles for long-term thermal energy storage and optically triggered heat release below 0℃ [J]. Journal of the American Chemical Society, 2020, 142(19): 8688-8695.

[42] SHI Y, GERKMAN M, QIU Q, et al. Sunlight-Activated phase change materials for controlled heat storage and triggered release [J]. Journal of Materials Chemistry A, 2021, 9(15): 9798-9808.

[43] WESTON C E, RICHARDSON R D, HAYCOCK P R, et al. Arylazopyrazoles: azoheteroarene photoswitches offering quantitative isomerization and long thermal half-lives [J]. Journal of the American Chemical Society, 2014, 136 (34): 11878-11881.

[44] CALBO J, WESTON C E, WHITE A J P, et al. Tuning azoheteroarene photoswitch performance through heteroaryl design [J]. Journal of the American Chemical Society, 2017, 139 (3): 1261-1274.

[45] ZHANG Z-Y，HE Y，ZHOU Y，et al. Pyrazolylazophenyl ether-based photoswitches: facile synthesis, (near-) quantitative photoconversion, long thermal half-life, easy functionalization, and versatile applications in light-responsive systems [J]. Chemistry-a European Journal, 2019, 25 (58): 13402-13410.

[46] FANG D, ZHANG Z-Y, SHANGGUAN Z, et al. (Hetero) arylazo-1, 2, 3-triazoles: "clicked" photoswitches for versatile functionalization and electronic decoupling [J]. Journal of the American Chemical Society, 2021, 143(36): 14502-14510.

[47] HE Y, SHANGGUAN Z, ZHANG Z-Y, et al. Azobispyrazole family as photoswitches combining (near-) quantitative bidirectional isomerization and widely tunable thermal half-lives from hours to years [J]. Angewandte Chemie International Edition, 2021, 60(30): 16539-16546.

[48] WANG Z, ROFFEY A, LOSANTOS R, et al. Macroscopic heat release in a molecular solar thermal energy storage system [J]. Energy & Environmental Science, 2019, 12(1): 187-193.

[49] WANG Z, LOSANTOS R, SAMPEDRO D, et al. Demonstration of an azobenzene derivative based solar thermal energy storage system [J]. Journal of Materials Chemistry A, 2019, 7 (25): 15042-15047.

[50] ZHITOMIRSKY D, CHO E, GROSSMAN J C. Solid-State solar thermal fuels for heat release applications [J]. Advanced Energy Materials, 2016, 6(6): 1502006.

第 13 章

[1] 'Enhance solidarity' to fight COVID-19, Chinese President urges, also pledges carbon neutrality by 2060 [Z]. UN Affairs, 2020.

[2] 黎嘉琦. 网易研究局碳中和报告 [R]: 网易研究局, 2021.

[3] NORMILE D. China's bold climate pledge earns praise—but is it feasible? [J]. Science, 2020, 370(6512): 17-18.

[4] 中电联电力统计与数据中心. 2019 年电力统计基本数据一览表 [Z]. 中国电力企业联合会, 2021.

[5] High-energy battery technologies [R]. UK: The Faraday Institution, 2020.

[6] SGOURIDIS S, CARBAJALES-DALE M, CSALA D, et al. Comparative net energy analysis of renewable electricity and carbon capture and storage [J]. Nature Energy, 2019, 4(6): 456-465.

[7] OLABI A G, ONUMAEGBU C, WILBERFORCE T, et al. Critical review of energy storage systems [J]. Energy, 2021, 214.

[8] SCHLACHTER F. No Moore's Law for batteries [J]. Proceedings of the National Academy of Sciences, 2013, 110(14): 5273.

[9] Nuclear share figures, 2010-2020 [Z]. 2021: Nuclear Generation by Country.

[10] 朱彤. 中国能源工业七十年回顾与展望 [J]. 中国经济学人: 英文版, 2019, 14(1): 34-65.

[11] BAKER J B. Thomas A. Edison's latest invention [J]. Scientific American, 1911, 104(2): 30-47.

[12] The role of critical minerals in clean energy transitions [R]. Paris: International Energy Agency, 2021.

[13] HARVEY L D D. Rethinking electric vehicle subsidies, rediscovering energy efficiency [J]. Energy Policy, 2020, 146: 111760.

[14] GARMAN D. The Bush administration and hydrogen [J]. Science, 2003, 302 (5649): 1331-1333.

[15] CHALK S, INOUYE L. Chapter 9-The President's U. S. Hydrogen Initiative [M]//SPERLING D, CANNON J S. The Hydrogen Energy Transition. Burlington: Academic Press. 2004: 135-146.

[16] HAMMERSCHLAG R, MAZZA P. Questioning hydrogen [J]. Energy Policy, 2005, 33 (16): 2039-2043.

[17] FISCHER M, WERBER M, SCHWARTZ P V. Batteries: Higher energy density than gasoline? [J]. Energy Policy, 2009, 37(7): 2639-2641.

[18] HWANG H T, VARMA A. Hydrogen storage for fuel cell vehicles [J]. Current Opinion in Chemical Engineering, 2014, 5: 42-48.

[19] RÄUCHLE K, PLASS L, WERNICKE H-J, et al. Methanol for renewable energy storage and utilization [J]. Energy Technology, 2016, 4 (1): 193-200.

[20] SHIH C F, ZHANG T, LI J, et al. Powering the future with liquid sunshine [J]. Joule, 2018, 2(10): 1925-1949.

[21] REED T B, LERNER R M. Methanol: A versatile fuel for immediate use [J]. Science, 1973, 182(4119): 1299-1304.

[22] BIEDERMANN P, GRUBE T, HOEHLEIN B. Methanol as an energy carrier [M]. Forschungszentrum

Juelich GmbH (Germany). Inst. fuer Werkstoffe und Verfahren der Energietechnik 3: Energieverfahrenstechnik, 2006.

[23] LIU K. The major root causes of smog in China and technologies and solutions to Reduce It [J]. Front Eng,2016,3(4): 343-348.

[24] 吴昌宁,翁力,李俊国,等. 微矿分离:煤炭清洁化与土壤改良的新契机[J]. 科学通报,2021, 66(25): 3352-3364.

[25] YI Q, LI W, FENG J, et al. Carbon cycle in advanced coal chemical engineering [J]. Chem Soc Rev,2015,44(15): 5409-5445.

[26] XUE J. Photovoltaic agriculture-New opportunity for photovoltaic applications in China [J]. Renewable and Sustainable Energy Reviews,2017, 73: 1-9.

[27] SARBU I,SEBARCHIEVICI C. A Comprehensive Review of Thermal Energy Storage [J]. Sustainability,2018,10(1): 191.

[28] BAGALINI V, ZHAO B Y, WANG R Z, et al. Solar PV-battery-electric grid-based energy system for residential applications: System configuration and viability [J]. Research (Wash D C),2019, 2019: 3838603.

[29] CHEN H,CONG T N,YANG W, et al. Progress in electrical energy storage system: A critical review [J]. Progress in Natural Science, 2009, 19(3): 291-312.

[30] DING Y. Thermal energy storage: Materials, devices, systems and applications [M]. Royal Society of Chemistry,2021.

第 14 章

[1] 王建强,戴志敏,徐洪杰. 核能综合利用研究现状与展望[J]. 中国科学院院刊,2019,34(4): 460-468.

[2] 国家发改委,国家能源局,环保部,等. 北方地区冬季清洁取暖规划(2017—2021)[Z]. 2017.

[3] 叶奇蓁. 核能供热[N/OL]. 北京:电力科技,2021 [2021-09-26]. https://mp. weixin. qq. com/s? src = 11&timestamp = 1632620764&ver = 3337&signature = wP0HA8zB1s2JHq2JNk4wJU8hz7TZqIeTATOXT 9FOa GqFoO4PKt4qdBKsxZooEB1LhKuuSyUmvu06wuNej0JOd * Jv9YnvQ-brxR36KoXgTz 93Pze6bB9JYX3qHlhSHQai&.

[4] 中华人民共和国国民经济和社会发展第十四个五年规划和 2035 远景目标纲要[M]. 北京:人民出版社,2021.

[5] 山东省人民政府办公厅. 山东省冬季清洁取暖规划(2018—2022 年)[Z]. 2018.

[6] 山东省人民政府办公厅. 山东省人民政府办公厅关于严格控制煤炭消费总量推进清洁高效利用的指导意见[Z]. 2019.

new=1.